Fundamentals of Random Variables and Statistics

제2판

확률변수와 통계의 기초

박소령 가톨릭대학교
김윤희 경희대학교
김석찬 부산대학교
송익호 중국전자과기대학

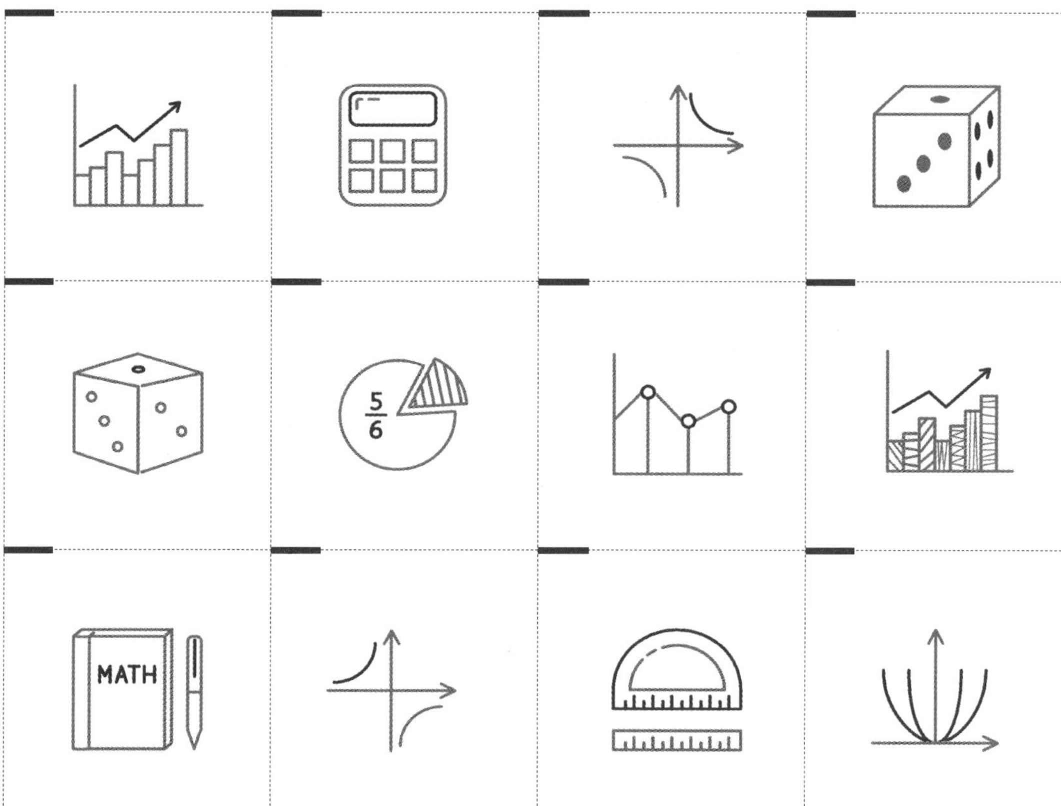

자유아카데미

제2판 머리말

지난 2017년에 이 책의 초판이 나온 뒤로 많은 분들께서 꼼꼼하게 읽어 보시고 소중한 의견들을 보내주셨습니다. 저희 지은이들 또한 초판을 다시 꼼꼼히 읽어보며 다양한 관점에서 이야기를 나누었고, 그 과정에서 책을 더욱 알차고 읽기 쉽게 다듬고자 뜻을 모아 제2판을 준비하게 되었습니다.

제2판에서는 초판에서 미처 생각하지 못했던 것들, 바르지 않은 것들, 명확하지 않은 것들을 여러 군데를 고치고 다듬어 보았습니다. 크게 보면, 초판과 큰 차이가 없다고 말할 수도 있겠지만, 읽는 이들이 이해하기에 애매모호한 문장을 더 쉽고 뚜렷하게 다듬었고, 보기들을 고치고 보완하였으며, 내용의 순서와 일관성에도 특히 주의를 기울였습니다.

조금 더 구체적으로 말씀드리면, 1장에서는 군데군데 표현을 다듬어 말하고자 하는 바를 분명하게 나타내고자 하였고, 논리적 순서와 일관성이라는 관점에서 여러 군데를 다듬었습니다. 이어서 2장에서도 논리적으로 순서에 맞도록 여러 문장을 고치고 다듬었고, 순서를 몇 군데 바꾸었으며, 식의 결과에 이르는 과정을 더욱 자세하게 넣어 조금이라도 더 쉽게 이해할 수 있도록 힘썼습니다.

3장에서는 식을 더욱 일관성 있게 나타내고자 하였고, 몇 군데 바르지 않은 것을 고쳤으며, 분명하지 않은 글귀들을 더욱 뚜렷하고 알기 쉽게 바꾸었습니다. 4장에서는 일반적인 결과와 특별한 결과를 되도록 고루 담으려고 하였고, 결과의 근거들을 더욱 명확하게 밝혔으며, 수를 나타낼 때 일관성이 있는지 살펴서 다듬었습니다.

5장에서는 식의 중간 과정을 더 넣어 조금이라도 더 알기 쉽도록 바꾸었고, 낱말이나 문구를 더욱 구체적으로 나타내었으며, 응용 가능한 환경을 뚜렷하게 명시하고자 고심하였습니다. 마지막으로, 6장에서는 낱말이나 문구를 구체적이고 정확하게 적었고, 5장과 마찬가지로 응용 가능한 환경을 명확하게 나타내었으며, 수를 일관성 있게 표기하고자 살펴보았습니다.

저희들이 이번 제2판을 준비하면서 처음 판을 쓸 때와 마찬가지로 내용이 알차고 바르지 않은 것이 없도록, 또 읽는 이들이 책 내용을 되도록 쉽게 이해할 수 있도록 많은 노력을 기울였습니다. 그렇지만, 저희가 미처 깨닫지 못하였거나 생각하지 못한 것들로 말미암아 고쳐야 할 것 또는 고치면 더 좋을 것이 또 있을 것이라고 생각합니다. 읽는 이들께서 저희에게 그와 같은 것들을 일깨워 주신다면, 바로 잡아 다듬고 고쳐, 다음에 이 책을 더 나은 책으로 만들도록 하겠습니다. 아울러, 이 책이 출간된 다음에 나오는 고칠 것들은 자유아카데미 누리집 (www.freeaca.com) 자료실에 올려 두겠습니다.

아무쪼록 이 책을 읽는 사람들이 이 책을 읽어가며 배움과 익힘의 바다를 지은이들과 함께 헤쳐 앞으로 나아간다면, 저희들이 무엇을 더 바라겠습니까! 고맙습니다.

단기 사천삼백오십팔년 (서기 2025년) 여름

박소령, 김윤희, 김석찬, 송익호

제1판 머리말

이 책에는 확률, 확률변수, 통계를 처음 배우는 대학생들이 주요 개념을 쉽게 이해할 수 있도록 넘치지 않는 수준의 내용을 담았습니다. 확률과 통계와 관련된 문제에서 어려움을 느끼는 분들이 좀 더 수준 높은 책을 보기에 앞서서 이 책을 보면서 벽을 허물 수 있으면 좋겠다는 마음으로 책의 내용을 꾸몄습니다. 이에 조금이라도 어려울 듯한 개념과 문제는 별표 (*)로 표시하여 쉬운 내용만 보고 싶은 분과 어려운 문제에 도전하고자 하는 분들을 모두 배려하였습니다. 장마다 쉬운 문제부터 어려운 문제까지 골고루 넣어 두었습니다.

이 책에서는 집합과 확률, 확률변수, 널리 쓰이는 확률분포, 결합 확률변수, 통계적 추론, 통계의 활용을 주로 다룹니다. 먼저 1장에서는 집합과 그 연산, 확률의 기본개념과 확률공간, 조건부 확률, 여러 가지 확률 모형들을 다루며, 2장에서는 확률변수라는 개념을 들여오고, 확률변수의 분포함수, 확률변수의 변환, 기댓값과 분산, 그리고 적률생성함수를 다룹니다. 특히 확률변수와 분포함수는 여러 가지 뜻에서 매우 중요한 부분이라고 할 수 있습니다. 이어서 3장에서는 2장의 내용을 바탕으로 공학과 과학에서 널리 쓰는 이산 확률변수와 연속 확률변수를 소개합니다. 여러모로 쓸모가 많은 정규 확률변수를 자세하게 다루는 한편, 모의실험에서 쓸 수 있도록 바라는 분포를 따르는 표본을 얻는 방법을 소개합니다. 그 뒤, 4장에서는 확률변수의 기본 개념을 바탕으로 둘 또는 그보다 많은 확률변수를 묶어서 생각하는 결합 확률변수를 다룹니다. 이 책에서는 두 변량 결합 확률변수를 주로 다루고, 조건부 분포와 결합 확률변수의 함수, 정규 결합 확률변수를 자세하게 다룹니다. 또한 여러 확률변수를 더한 것의 확률적 특성을 분석하는 데에 쓸모가 있는 중심극한정리를 소개합니다.

한편, 4장까지는 확률변수의 분포를 알고 있을 때 기댓값이나 특정 사건의 확률을 얻는 것과 같은 문제를 다루었으며, 5장과 6장에서는 어떤 자료의 확률적 특성이 정확히 알려져 있지 않았을 때, 관측된 자료를 바탕으로 조사하고자 하는 대상의 확률적 특성을 분석하는 방법을 다룹니다. 먼저 5장에서는 통계량의 성질을 살펴보고, 통계량을 바탕으로 점 추정, 신뢰구간 추정, 가설 검정과 같은 분석 방법을 살펴봅니다. 특히 5장에서는 주요 개념을 쉽게 이해할 수 있도록 모집단의 분산을 알고 있을 때의 분석 방법을 다루었습니다. 실제 표본조사에서는 모집단의 분산을 모르는 상태에서 통계적으로 추론해야 하는 때가 많이 일어난다는 사실을 바탕으로 6장에는 정규분포를 따르는 모집단에서 분산을 모를 때의 통계적 분석법을 다룹니다. 구체적으로 모평균 분석, 모집단 비교, 단순 선형회귀 방법을 다룹니다.

저희들이 이 책을 쓰며 되도록 쉽게 이해할 수 있도록, 또 바르지 않은 것이 없도록 꽤 힘썼습니다만, 저희가 미처 깨닫지 못하였거나 생각하지 못한 것들로 말미암아 고쳐야 할 것 또는 고치면 더 좋을 것이 있을 것이라고 생각합니다. 읽는 이들께서 저희에게 그와 같은 것들을 일깨워 주신다면, 바로 잡아 다듬고 고쳐, 다음에 이 책을 더 나은 책으로 만들도록 하겠습니다.

이 책이 나올 수 있도록 참으로 여러 사람들이 정성과 시간을 아끼지 않고 도와주었습니다. 특히 삼성전자에 다니는 민황기 박사와 안태훈 박사, 한국과학기술원에 다니는 이승원이 바쁜 시간을 쪼개어 여러 모로 도와주었습니다. 또 이 책을 내는 데에 한국연구재단 도약연구 사업의 (NRF-2015R1A2A1A01005868) 지원이 크나큰 역할을 하였다는 것도 적어 둡니다. 말할 것도 없이, 자유아카데미의 여러분이 이 책이 나오는 데에 여러 모로 신경 써 주셨습니다.

이 책으로 공부하는 모든 이들이 확률, 확률변수, 통계를 쉽게 이해하고 더 깊은 공부를 하거나 관련 업무를 진행할 때 활용할 수 있기를 바라는 마음으로 머리말을 맺습니다.

단기 사천삼백사십구년 (서기 2016년) 섣달

박소령, 김윤희, 김석찬, 송익호

차례

1장 집합과 확률

2장 확률변수

1장

집합과 확률

확률론에서는 전체 집합의 부분 집합에 실수를 배정하는 집합 함수를 바탕으로 확률성을 띠는 현상들을 다룬다. 이때 집합 함수의 값은 0과 1 사이에 들어가도록 정규화하는데, 이와 같이 집합에 배정한 함수를 그 집합의 확률이나 잣대라고 한다. 확률이라는 집합 함수는 집합의 '무게'나 '크기'를 나타낸다고 볼 수 있는데, 우리에게 낯익은 무게, 넓이, 부피, 질량과 같은 것도 이와 비슷한 잣대의 보기이다.

1.1 집합과 집합 연산

확률은 본질적으로 **집합 함수**이기 때문에 확률을 다루기 전에 먼저 집합과 집합 함수에 대해 다루는 것이 알맞을 것이다. 이 절에서는 집합과 그 연산에 대해 살펴본다.

1.1.1 전체 집합[1)]

뜻매김 1.1.1 전체 집합

다루고자 하는 것들을 모두 모은 것을 전체 집합이라고 한다.

전체 집합은 **추상 공간** 또는 **공간**[2)]이라고 부르기도 한다.

뜻매김 1.1.2 원소[3)]

전체 집합을 이루는 가장 작은 단위를 원소라고 한다.

원소는 **구성원** 또는 **점**[4)]이라고 부르기도 한다.

뜻매김 1.1.3 집합[5)]

전체 집합의 원소를 몇 개 모은 것을 집합이라고 한다.

전체 집합은 자주 S라는 문자를 써서 나타낸다. 보통 '명확히' 구분할 수 있는 것들을 모았을 때에만 집합으로 본다. 보기를 들면, '키가 1.5 m보다 큰 사람들의 모임'은 집합이다. 그러나 '크다'의 뜻이 수학적으로 분명하지 않으므로 '키 큰 사람들의 모임'은 집합이 아니다.

전체 집합이나 집합을 나타낼 때에는 중괄호 '{ }'를 쓰는데, $\{1,2,3\}$과 같이 원소를 모두 쓰거나 $\{a_i\}$ 또는 $\{a_i\}_{i=1}^{n}$처럼 쓰기도 하고, $\{s : 10 < s < 20\pi\}$처럼 '$\{s$: 원소의 성질$\}$'과 같은 꼴로도 쓴다.

---

1) universal set
2) abstract space 또는 space
3) element
4) component 또는 point
5) set

보기 1.1.1 디지털 통신에서 이진 부호는 전체 집합 $S=\{0,1\}$로 나타낼 수 있다. 한글의 기본 홀소리 열 개 {ㅏ, ㅑ, ㅓ, ㅕ, ㅗ, ㅛ, ㅜ, ㅠ, ㅡ, ㅣ}와 기본 닿소리 열네 개 {ㄱ, ㄴ, ㄷ, ㄹ, ㅁ, ㅂ, ㅅ, ㅇ, ㅈ, ㅊ, ㅋ, ㅌ, ㅍ, ㅎ}을 써서 만들 수 있는 받침 없는 한 글자를 모은 것은 전체 집합 $S=\{$가, 나, $\cdots$, 히$\}$로 쓸 수 있다. 또한 한글의 홀소리와 닿소리로 만들 수 있는 끝없이 긴 글자 열을 모두 모은 것도 전체 집합이고, 3차원 2진 벡터 8개를 모두 모은 $S=\{(0,0,0),(0,0,1),\cdots,(1,1,1)\}$도 전체 집합이다.

보기 1.1.2 보기 1.1.1에서 다룬 전체 집합 $S=\{0,1\}$에서 0과 1은 원소이다. 한편, 전체 집합 $S=\{$가, 나, $\cdots$, 히$\}$에서 '다'는 원소 가운데 하나이다.

보기 1.1.3 전체 집합이 $S=\{0,1\}$일 때 $\{0\}$도 집합이고 $\{1\}$도 집합이다.

보기 1.1.4 집합 $A=\{1,2,3,4\}$는 $A=\{s: s$는 5보다 작은 자연수$\}$라고 쓸 수도 있다.

전체 집합 S와 그 원소의 집합 G를 생각하자. 이때 어떤 원소 s가 G에 들어 있으면

$$s \in G \tag{1.1.1}$$

과 같이, s가 G에 들어 있지 않으면

$$s \notin G \tag{1.1.2}$$

처럼 쓴다.

보기 1.1.5 집합 $A=\{0,1\}$일 때 $0\in A$이고 $2\notin A$이다.

뜻매김 1.1.4 같음

집합 A의 원소가 모두 집합 B에 들어 있고, 또 집합 B의 원소가 모두 집합 A에 들어 있으면, "두 집합 A와 B는 같다."라고 하고 $A=B$로 쓴다.

보기 1.1.6 집합 $A=\{s: s$는 15보다 크고 70보다 작은 25의 배수$\}$는 $B=\{25,50\}$과 같고, 집합 $C=\{1,2,3\}$과 $D=\{3,1,2\}$는 같다. 곧, $A=B$이고 $C=D$이다.

뜻매김 1.1.5 부분집합[6]

집합 B의 원소가 모두 집합 A에 들어 있으면 B를 A의 부분집합이라고 하고, 이것을 $B \subset A$ 또는 $A \supset B$처럼 쓴다. 한편, B가 A의 부분집합이 아니면 $B \not\subset A$ 또는 $A \not\supset B$처럼 쓴다.

때때로 기호 $\subseteq$를 $\subset$와, $\supseteq$를 $\supset$와, $\not\subseteq$를 $\not\subset$와, 또 $\not\supseteq$를 $\not\supset$와 같은 뜻으로 쓰기도 한다. 다만, 좀더 엄밀하게 말하면, $B \subset A$는 $B \subseteq A$이고 $A \neq B$임을 뜻하고, 이때 B를 A의 **진부분집합**이라고 한다.

보기 1.1.7 집합 $A = \{0, 1, 2, 3\}$이고 $B = \{0, 1\}$이며 $C = \{2, 3\}$이면, B와 C는 A의 부분집합이고 $B \subseteq A$, $B \subset A$, $A \supseteq C$, $A \supset C$처럼 쓸 수 있다. 또 $B \not\supseteq C$이고 $B \not\subseteq C$이며 $\{1, 5\} \not\subseteq A$이고 $B \not\supseteq \{1, 2\}$이다.

보기 1.1.8 집합 $A = \{0, 1, 2, 3\}$이고 $B = \{0, 1\}$이면, B는 A의 진부분집합이고 $B \subset A$로 쓸 수 있다.

보기 1.1.9 어느 집합도 자신의 부분집합이다. 바꾸어 말하면, A가 어떤 집합이더라도 $A \subseteq A$이다.

정리 1.1.1 두 집합 A와 B가 같으면 $A \subseteq B$이고 $B \subseteq A$이다. 또 $A \subseteq B$이고 $B \subseteq A$이면 A와 B가 같다. 다시 말하면,

$$A = B \rightleftarrows A \subseteq B, B \subseteq A \tag{1.1.3}$$

이다.

정리 1.1.1은 두 집합이 같은지를 보일 때에 쓸모 있다.

뜻매김 1.1.6 빈 집합[7]

원소가 하나도 없는 집합을 빈 집합이라고 하고 $\varnothing$ 또는 $\{\ \}$로 쓴다.

---

6) subset

7) empty set 또는 null set

빈 집합은 **공집합**이라고도 부른다. 빈 집합 $\varnothing$은 0이라는 원소 하나만 가진 집합 $\{0\}$과 다른 것이다. 빈 집합의 성질 가운데 아래 정리를 새겨 둘 만하다.

정리 1.1.2 빈 집합은 모든 집합의 부분집합이다.

뜻매김 1.1.7 유한 집합, 무한 집합8)

원소 수가 유한한 집합을 유한 집합이라고 하고, 원소가 끝없이 많은 집합을 무한 집합이라고 한다.

보기 1.1.10 집합 $\{1, 2, 3\}$은 유한 집합이고, 빈 집합 $\{\ \} = \varnothing$도 유한 집합이다. 한편, $\{s : s$는 자연수, $0 < s < 10\}$은 유한 집합이고, $\{s : s$는 실수, $0 < s < 10\}$은 무한 집합이다.

보기 1.1.11 정수의 집합

$$\mathrm{J} = \{\cdots, -1, 0, 1, \cdots\}$$

과 실수의 집합

$$\mathbb{R} = \{x : x\text{는 실수}\}$$

는 무한 집합이다.

뜻매김 1.1.8 구간9)

실수의 집합 $\mathbb{R}$에서 $a < b$인 두 수 a와 b를 생각할 때, a와 b 사이의 모든 실수를 모은 집합을 구간이라고 한다.

구간은 **구간 집합**10)이라고도 부른다. 구간 집합은 **닫힌 구간**, **열린 구간**, **반 열린 – 또는 반 닫힌 – 구간**으로 나눌 수 있다. 무한 집합 $\{s : a \le s \le b\}$는 $[a, b]$처럼 쓰고 닫힌 구간이라고 하며, 무한 집합 $\{s : a < s < b\}$는 (a, b)처럼 쓰고 열린 구간이라고 한다. 또 무한 집합 $\{s : a \le s < b\}$는 $[a, b)$처럼 쓰고, 무한 집합 $\{s : a < s \le b\}$는 $(a, b]$처럼 쓰며, 이 둘을 반 열린 구간 또는 반 닫힌 구간이라고 한다.

---

8) finite set, infinite set
9) interval
10) interval set

보기 1.1.12 무한 집합 $[3,4]=\{s: 3 \le s \le 4\}$는 닫힌 구간이다. 무한 집합 $(2,5)=\{s: 2 < s < 5\}$는 열린 구간이다. 무한 집합 $(4,5]=\{s: 4 < s \le 5\}$는 반 닫힌 구간이고 또 반 열린 구간이다. 무한 집합 $[1,5)=\{s: 1 \le s < 5\}$는 반 닫힌 구간이고 또 반 열린 구간이다.

뜻매김 1.1.9 집합 묶음[11]

모든 원소가 집합인 집합을 집합 묶음이라고 한다.

집합 묶음은 **묶음**, **집합 뭉치**, 또는 **뭉치**라고 부르기도 한다.

보기 1.1.13 집합 $\{1,2\}$, $\{4,5\}$, $\{\ \}$을 생각하자. 그러면

$$E=\{\{1,2\},\{4,5\},\{\ \}\}$$

은 집합 묶음이다.

보기 1.1.14 집합 $(1,2]$와 $[3,4)$를 생각하자. 그러면 $E=\{(1,2],[3,4)\}$는 집합 묶음이다.

보기 1.1.15 집합 $A=\{1,2\}$, $B=\{2,3\}$, $C=\{4,5\}$, $E=\{\{1,2\},\{4,5\},1,2,3\}$를 생각하자. 이때 $A \subseteq E$이고 $A \in E$이며, $B \subseteq E$이고 $B \notin E$이며, $C \not\subseteq E$이고 $C \in E$이다. 여기에서 집합이 아닌 원소가 들어 있기 때문에 E는 집합이기는 하지만 집합 묶음은 아니다.

뜻매김 1.1.10 거듭제곱 집합[12]

집합 S의 부분집합을 모두 모은 집합 묶음을 S의 거듭제곱 집합이라고 한다.

보기 1.1.16 집합 $S=\{3\}$의 거듭제곱 집합은 $\{\varnothing,\{3\}\}$이다.

보기 1.1.17 집합 $S=\{4,5\}$의 거듭제곱 집합은 $\{\varnothing,\{4\},\{5\},\{4,5\}\}$이다.

---

11) class of sets, collection of sets, 또는 family of sets
12) power set

1.1.2 집합의 연산과 그 성질

뜻매김 1.1.11 여집합[13)]

전체 집합 S의 원소 가운데 어떤 집합의 원소가 아닌 것들의 모음을 그 집합의 여집합이라고 한다. 여집합은 위 첨자 c를 써서 나타낸다. 곧, $A \subseteq S$일 때 A의 여집합은

$$A^c = \{s : s \notin A, s \in S\} \tag{1.1.4}$$

이다.

여집합은 **보집합**이라고도 부른다.

그림 1.1.1에 집합 A와 그 여집합 A^c를 **벤 그림**[14)]으로 보였다.

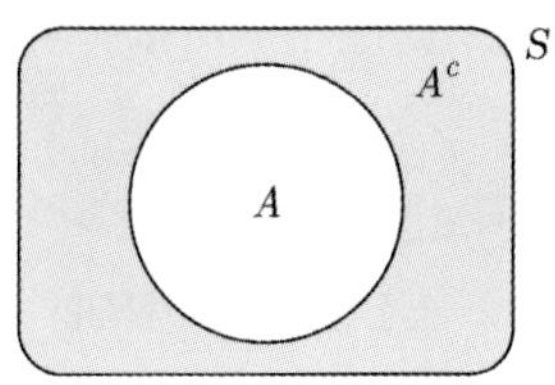

그림 1.1.1 집합 A와 그 여집합 A^c

보기 1.1.18 전체 집합이 $S = \{0, 1, 2, 3\}$이고 $B = \{0, 1\}$이면 $B^c = \{2, 3\}$이다.

보기 1.1.19 전체 집합이 실수의 집합 $\mathbb{R}$일 때, 구간 $A = (-\infty, 1]$의 여집합은 $A^c = (1, \infty)$이다. 구간은 그 뜻매김에서 실수의 집합을 바탕으로 하기 때문에, 구간의 여집합을 말하려고 할 때 굳이 전체 집합이 무엇인지를 밝히지 않아도 문제가 없을 것이다.

전체 집합 S의 여집합은 $S^c = \varnothing$이고, 어떤 집합 B를 생각하더라도 늘 $(B^c)^c = B$라는 것을 쉽게 알 수 있다.

---

13) complement
14) Venn diagram

뜻매김 1.1.12 **합집합**[15)]

두 집합을 생각할 때, 어느 한 집합에라도 들어 있는 원소를 모두 모은 집합을 그 두 집합의 합집합이라고 하고, $\cup$ 또는 $+$로 나타낸다. 바꾸어 말하면, 두 집합 A와 B의 합집합은

$$A \cup B = A + B = \{s : s \in A \text{ 또는 } s \in B\} \tag{1.1.5}$$

이다.

합집합은 합이라고도 부른다. 그림 1.1.2에 집합 A와 B의 합집합을 벤 그림으로 보였다.

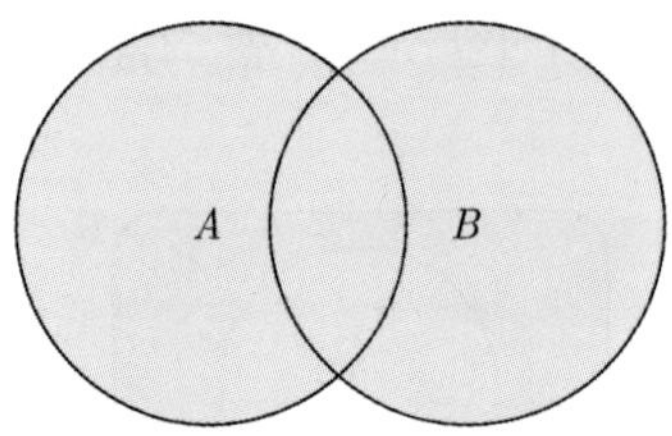

그림 1.1.2 집합 A와 B의 합집합 $A \cup B$

보기 1.1.20 집합 $A = \{1, 2, 3\}$이고 $B = \{0, 1\}$이면 $A \cup B = \{0, 1, 2, 3\}$이다.

정리 1.1.3 **합집합의 성질**

전체 집합 S의 어떤 부분집합 B를 생각하더라도

$$B \cup B = B, \tag{1.1.6}$$

$$B \cup B^c = S, \tag{1.1.7}$$

$$B \cup S = S, \tag{1.1.8}$$

$$B \cup \varnothing = B \tag{1.1.9}$$

이다. 또 어떤 집합 A와 B를 생각하더라도

$$A \subset (A \cup B), \tag{1.1.10}$$

$$B \subset (A \cup B) \tag{1.1.11}$$

15) sum 또는 union

이고,

$$A \subset B\text{이면 } A \cup B = B \tag{1.1.12}$$

이다. 한편, 세 집합 A, B, C를 생각할 때

$$A \subset C\text{이고 } B \subset C\text{이면 } (A \cup B) \subset C \tag{1.1.13}$$

이고, 네 집합 A, B, C, D를 생각할 때

$$A \subset C\text{이고 } B \subset D\text{이면 } (A \cup B) \subset (C \cup D) \tag{1.1.14}$$

이다.

뜻매김 1.1.13 교집합[16)]

두 집합을 생각할 때 두 집합 모두에 들어 있는 원소를 다 모은 집합을 그 두 집합의 교집합이라고 하고, $\cap$ 또는 곱의 꼴로 나타낸다. 다시 말하면, 두 집합 A와 B의 교집합은

$$A \cap B = AB = \{s : s \in A, s \in B\} \tag{1.1.15}$$

이다.

교집합은 **곱**, **곱집합**, 또는 **공통 집합**[17)]이라고도 부른다. 그림 1.1.3에 집합 A와 B의 교집합을 벤 그림으로 보였다.

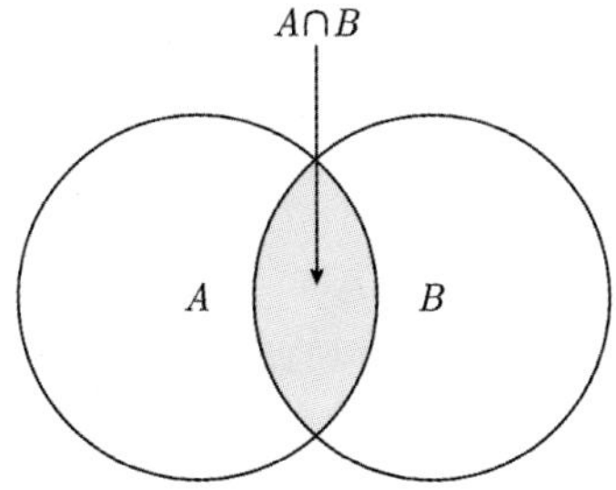

그림 1.1.3 집합 A와 B의 교집합 $A \cap B$

16) intersection
17) product, product set, 또는 common set

보기 1.1.21 집합 $A=\{1,2,3\}$이고 $B=\{0,1\}$이면 $A\cap B=AB=\{1\}$이다.

보기 1.1.22 구간 $[1,3)$과 $(2,5]$의 교집합은 $[1,3)\cap(2,5]=(2,3)$이다.

정리 1.1.4 교집합의 성질

전체 집합 S의 어떤 부분집합 B를 생각하더라도

$$B\cap B=B, \tag{1.1.16}$$

$$B\cap B^c=\varnothing, \tag{1.1.17}$$

$$B\cap S=B, \tag{1.1.18}$$

$$B\cap\varnothing=\varnothing \tag{1.1.19}$$

이다. 또 어떤 집합 A와 B를 생각하더라도

$$(A\cap B)\subset A, \tag{1.1.20}$$

$$(A\cap B)\subset B \tag{1.1.21}$$

이고,

$$A\subset B\text{이면 } A\cap B=A \tag{1.1.22}$$

이다. 한편, 세 집합 A, B, C를 생각할 때

$$B\subset C\text{이면 } (A\cap B)\subset(A\cap C) \tag{1.1.23}$$

이다.

보기 1.1.23 함수 $f_1(x)=x+1$과 $f_2(x)=x^3-3$을 생각하자. 이제 $A=\{f_1(x): x\geq 3\}$이고 $B=\{f_2(x): x\leq 2\}$일 때 $A\cup B$와 $A\cap B$를 얻어 보자.

풀이 먼저 $A=[4,\infty)$이고 $B=(-\infty,5]$라는 것을 쉽게 알 수 있다. 따라서 $A\cap B=[4,5]$이고 $A\cup B=(-\infty,\infty)$이다.

뜻매김 1.1.14 서로 배반[18)]

두 집합의 곱이 빈 집합이면 – 곧, 두 집합 A와 B가 $A\cap B=AB=\varnothing$을 만족시키면 – 이 두 집합을 서로 배반이라고 한다.

---

18) mutually exclusive 또는 disjoint

서로 배반은 **서로 소**라고도 부른다.

보기 1.1.24 집합 $C=\{1,2,3\}$과 $D=\{4,5,6\}$은 서로 배반이다.

보기 1.1.25 집합 $A=\{1,2,3,4\}$와 $B=\{4,5,6\}$을 생각하면, $A\cap B=\{4\}$이므로 A와 B는 서로 배반이 아니다.

보기 1.1.26 구간 $[1,3)$과 $[3,5]$는 서로 배반이다. 구간 $[3,4]$와 $[4,5]$는 서로 배반이 아니다.

뜻매김 1.1.15 쪼갬[19]

어떤 집합이 있을 때, 서로 배반이고 합이 그 집합인 부분집합들의 묶음을 그 집합의 쪼갬이라고 한다. 바꾸어 말하면,

$$A_1\cup A_2\cup\cdots\cup A_n=S \tag{1.1.24}$$

이고, $i\neq j$일 때

$$A_i\cap A_j=\varnothing \tag{1.1.25}$$

인 묶음 $\{A_1,\ A_2,\ \cdots,\ A_n\}$을 집합 S의 쪼갬이라고 한다.

쪼갬은 **분할**이라고도 부른다. 집합 묶음 $\{A,\varnothing\}$은 집합 A의 분할이다. 다만, 집합 묶음 $\{A\}$는 집합 A의 분할이라고 하지 않는다. 그림 1.1.4에 집합 S의 쪼갬 가운데 하나인 $\{A_1,A_2,\cdots,A_6\}$을 보였다.

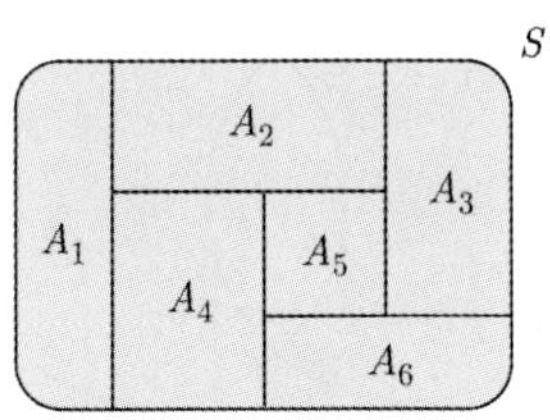

그림 1.1.4 집합 S의 쪼갬 $\{A_1,A_2,\cdots,A_6\}$

19) partition

보기 1.1.27 집합 $A=\{1,2\}$와 집합 $B=\{1,2,3,4\}$를 생각하자. 그러면 $\{\{1\},\{2\}\}$는 A의 쪼갬이다. 한편, 묶음 $\{\{1\},\{2\},\{3\},\{4\}\}$는 B의 분할이고, 묶음 $\{\{1\},\{2\},\{3,4\}\}$, $\{\{1\},\{2,3\},\{4\}\}$, $\{\{1,2\},\{3\},\{4\}\}$, $\{\{1,2\},\{3,4\}\}$도 모두 B의 분할이다.

보기 1.1.28 집합 묶음 $\{[3,3.3),[3.3,3.4],(3.4,3.6],(3.6,4)\}$는 구간 $[3,4)$의 쪼갬이다.

뜻매김 1.1.16 차집합[20]

두 집합을 생각할 때, 한 집합의 원소 가운데 다른 집합에도 들어 있는 것들을 뺀 나머지의 모음을 두 집합의 차집합이라고 하고, $-$ 또는 $\setminus$로 나타낸다.

차집합은 차라고도 부른다. 집합 A에서 B를 뺀 차집합은

$$A-B=A\setminus B=\{s: s\in A, s\not\in B\} \tag{1.1.26}$$

이고, 집합 B에서 A를 뺀 차집합은

$$B-A=B\setminus A=\{s: s\in B, s\not\in A\} \tag{1.1.27}$$

이다.

그림 1.1.5에 차집합 $A-B$를 벤 그림으로 보였다. 여기에서

$$A-B=A\cap B^c=(A^c\cup B)^c=A-AB \tag{1.1.28}$$

임을 새겨 둘 만하다.

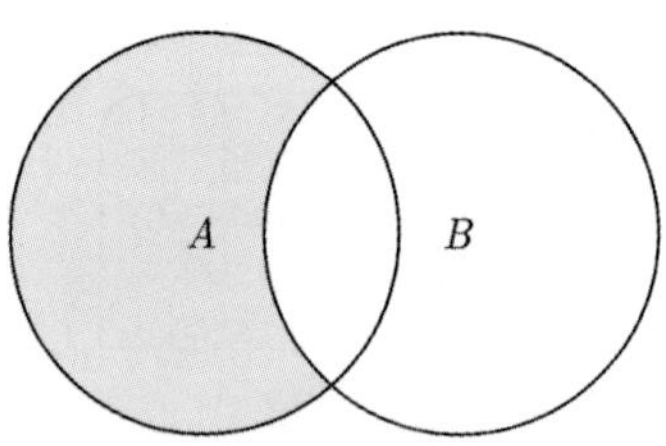

그림 1.1.5 차집합 $A-B$

보기 1.1.29 집합 $A=\{1,2,3\}$이고 $B=\{0,1\}$이면 $A-B=\{2,3\}$이고 $B-A=\{0\}$이다. 구간 $[1,3)$과 $(2,5]$의 차를 생각하면 $[1,3)-(2,5]=[1,2]$이고 $(2,5]-[1,3)=[3,5]$이다.

---

20) difference

정리 1.1.5 차집합의 성질

전체 집합 S의 어떤 부분집합 A를 생각하더라도

$$S - A = A^c, \tag{1.1.29}$$
$$A - S = \varnothing, \tag{1.1.30}$$
$$A - A^c = A, \tag{1.1.31}$$
$$A - A = \varnothing, \tag{1.1.32}$$
$$A - \varnothing = A, \tag{1.1.33}$$
$$\varnothing - A = \varnothing \tag{1.1.34}$$

이다.

1.1.3 집합 연산의 법칙

정리 1.1.6 교환 법칙, 결합 법칙, 분배 법칙

합집합과 교집합은 아래 법칙을 따른다.

1. 교환 법칙[21]

$$A \cup B = B \cup A \tag{1.1.35}$$
$$A \cap B = B \cap A \tag{1.1.36}$$

2. 결합 법칙[22]

$$(A \cup B) \cup C = A \cup (B \cup C) \tag{1.1.37}$$
$$(A \cap B) \cap C = A \cap (B \cap C) \tag{1.1.38}$$

3. 분배 법칙 (배분 법칙)[23]

$$(A \cup B) \cap C = (A \cap C) \cup (B \cap C) \tag{1.1.39}$$
$$(A \cap B) \cup C = (A \cup C) \cap (B \cup C) \tag{1.1.40}$$

---

21) commutative law

22) associative law

23) distributive law

보기 1.1.30 집합 $A=\{0,1,2,6\}$, $B=\{0,2,3,4\}$, $C=\{0,1,3,5\}$를 생각하자. 먼저 교환 법칙과 결합 법칙이 성립함은 쉽게 알 수 있다. 이제

$$(A\cup B)\cap C=\{0,1,2,3,4,6\}\cap\{0,1,3,5\}=\{0,1,3\}$$

이고

$$(A\cap C)\cup(B\cap C)=\{0,1\}\cup\{0,3\}=\{0,1,3\}$$

이므로 분배 법칙 (1.1.39)가 성립함을 볼 수 있다.

한편, (1.1.39)와 (1.1.40)을 확장하면

$$B\cap\left(\bigcup_{i=1}^{n}A_i\right)=\bigcup_{i=1}^{n}(B\cap A_i) \tag{1.1.41}$$

과

$$B\cup\left(\bigcap_{i=1}^{n}A_i\right)=\bigcap_{i=1}^{n}(B\cup A_i) \tag{1.1.42}$$

를 얻는다. 여기에서

$$\bigcup_{i=1}^{n}A_i=A_1\cup A_2\cup\cdots\cup A_n \tag{1.1.43}$$

이고

$$\bigcap_{i=1}^{n}A_i=A_1\cap A_2\cap\cdots\cap A_n \tag{1.1.44}$$

이다.

정리 1.1.7 드모르간의 법칙[24)]

두 집합 A_1과 A_2를 생각하자. 그러면

$$(A_1\cup A_2)^c=A_1^c\cap A_2^c \tag{1.1.45}$$

이고

$$(A_1\cap A_2)^c=A_1^c\cup A_2^c \tag{1.1.46}$$

이다.

24) de Morgan's law

증명 정리 1.1.1에서 다룬 (1.1.3)을 바탕으로 이 정리를 보이도록 하자.

(가) 식 (1.1.45)의 증명: 먼저 x가 $(A_1 \cup A_2)^c$의 원소라고 하자. 그러면 x는 $A_1 \cup A_2$의 원소가 아니므로 A_1의 원소도 아니고 A_2의 원소도 아니다. 바꾸어 말하면, x는 A_1^c의 원소이고 A_2^c의 원소이다. 이것은 x가 $A_1^c \cap A_2^c$의 원소라는 것을 뜻한다. 그러므로

$$(A_1 \cup A_2)^c \subset A_1^c \cap A_2^c \tag{1.1.47}$$

이다. 다음에 x가 $A_1^c \cap A_2^c$의 원소라고 하자. 그러면 x는 A_1^c의 원소이고 A_2^c의 원소이므로 A_1의 원소도 아니고 A_2의 원소도 아니다. 다시 말하면 x는 $A_1 \cup A_2$의 원소가 아니므로 $(A_1 \cup A_2)^c$의 원소이다. 따라서

$$A_1^c \cap A_2^c \subset (A_1 \cup A_2)^c \tag{1.1.48}$$

이다. 식 (1.1.3), (1.1.47), (1.1.48)에서 바라는 결과를 얻는다.

(나) 식 (1.1.46)의 증명: 먼저 (1.1.45)에서 A_i를 A_i^c로 바꾸어 넣으면

$$\left(A_1^c \cup A_2^c\right)^c = \left(A_1^c\right)^c \cap \left(A_2^c\right)^c = A_1 \cap A_2 \tag{1.1.49}$$

이다. 이 식에서 두 변의 보집합을 생각하면 바라는 결과를 얻는다.

보기 1.1.31 전체집합 $S = \{1, 2, 3, 4\}$와 집합 $A_1 = \{1\}$, $A_2 = \{2, 3\}$, $A_3 = \{1, 3, 4\}$를 생각하고, 두 집합을 골라 드모르간의 법칙이 성립하는지 살펴보자.

풀이 먼저 $(A_1 \cup A_2)^c = \{1, 2, 3\}^c = \{4\}$는 $A_1^c \cap A_2^c = \{2, 3, 4\} \cap \{1, 4\} = \{4\}$와 같다. 마찬가지로, $(A_1 \cap A_2)^c = \varnothing^c = S$는 $A_1^c \cup A_2^c = \{2, 3, 4\} \cup \{1, 4\} = S$와 같다. 또 $(A_2 \cup A_3)^c = S^c = \varnothing$은 $A_2^c \cap A_3^c = \{1, 4\} \cap \{2\} = \varnothing$과 같다. 한편, $(A_1 \cap A_3)^c = \{1\}^c = \{2, 3, 4\}$는 $A_1^c \cup A_3^c = \{2, 3, 4\} \cup \{2\} = \{2, 3, 4\}$와 같다.

좀 더 일반적으로 집합 A_1, A_2, $\cdots$, A_n을 생각하자. 그러면 A_i들의 합집합의 여집합은 A_i의 여집합 A_i^c들의 교집합과 같고, A_i들의 교집합의 여집합은 A_i의 여집합 A_i^c들의 합집합과 같다. 바꾸어 말하면,

$$\left(\bigcup_{i=1}^{n} A_i\right)^c = \bigcap_{i=1}^{n} A_i^c \tag{1.1.50}$$

이고

$$\left(\bigcap_{i=1}^{n} A_i\right)^c = \bigcup_{i=1}^{n} A_i^c \tag{1.1.51}$$

이다.

1.2 확률 공간

확률성이라는 개념은 여러 가지 현상을 분석할 때 매우 쓸모 있고 또 중요한 역할을 한다. 확률성을 띠는 구체적인 보기로 동전 던지기, 주사위 굴리기, 잡음, 확산[25], 산란[26]과 같은 것을 들 수 있다. 또 유전 법칙이 알려져 있기는 하지만, 태어날 아이의 성별이나 눈 색깔을 미리 확실히 알 수 없고, 확률론을 써서 다룰 수 있다.

이미 1.1절에서도 말했듯이, 확률론은 확률성을 지닌 현상을 수학적으로 모형화하여 해석하는 학문 분야인데, 이때 필요한 원소나 연산과 같은 것을 뜻매김하고 모아 놓은 수학적 공간을 **확률공간**이라고 한다. 좀 더 구체적으로는 **표본공간**, **사건공간**, **확률 측도** 세 가지를 모아 확률공간이라고 일컫는다.

1.2.1 표본공간

뜻매김 1.2.1 확률 실험[27]

몇 번이고 거듭할 수 있고, 실험 상황을 완벽히 제어할 수 있다고 하더라도 결과를 미리 정확히 알 수 없는 실험을 확률 실험이라고 한다.

보기 1.2.1 어떤 상품을 만들 때 기계를 아무리 잘 만들고 설치하여 쓰더라도 만든 상품들이 똑같지 않을 수 있다. 따라서 상품 만드는 일을 확률 실험으로 모형화할 수 있다.

---

25) diffusion
26) dispersion 또는 scattering
27) random experiment

보기 1.2.2 동전 던지기는 확률 실험이다. 그 까닭은 실험 상황을 완벽히 제어하더라도 동전 던지기의 결과를 미리 알 수 없기 때문이다.

보기 1.2.3 **절차, 관측, 모형**

확률 실험에서는 절차, 관측, 모형[28]을 명확하게 설정하여야 한다. 보기를 들면, 동전 던지기에서 이 세 가지를 다음과 같이 설정할 수 있다.

- 절차: 동전 하나를 위로 던져서 고른 바닥에 떨어뜨린다.
- 관측: 떨어진 동전이 움직임을 멈추었을 때, 보이는 쪽을 살펴본다.
- 모형: 이전 결과가 현재 결과에 영향을 미치지 않는다.

뜻매김 1.2.2 표본공간[29]

확률 실험에서 나올 수 있는 결과를 모두 모은 집합을 표본공간이라고 한다.

표본공간은 확률 실험에서 나올 수 있는 결과를 모두 모은 집합, 곧 1.1절에서 다룬 전체 집합을 일컫는 것이다. 표본공간은 전체 집합과 마찬가지로 자주 S로 쓴다. 표본공간의 원소를 **표본점** 또는 **기초 결과**[30]라고 한다.

보기 1.2.4 동전 던지기에서 표본공간은 $S=\{앞, 뒤\}$이고 표본점은 앞과 뒤이다. 주사위 굴리기에서 표본공간은 $S=\{1,2,3,4,5,6\}$이고 표본점은 $1,2,\cdots,6$이다. 어떤 수가 처음 나올 때까지 주사위를 굴린 횟수의 표본공간은 $S=\{1,2,\cdots\}$이고 표본점은 $1,2,\cdots$이다.

보기 1.2.5 실수 a와 b 사이의 값을 하나 마음대로 고르는 확률 실험에서 표본공간은 $S=\{s: a<s<b\}$이다.

1.2.2 사건공간

확률을 제대로 뜻매김할 때에는 사건공간을 먼저 뜻매김한다. 그 다음, 사건공간 안에 들어 있는 집합들에 대하여 확률을 생각한다.

---

28) procedure, observation, model
29) sample space
30) sample point 또는 elementary outcome

뜻매김 1.2.3 사건공간[31)]

표본공간 S에서 얻은 집합들의 묶음 $\mathscr{F}$가 아래 두 조건을 만족시키면 이 묶음 $\mathscr{F}$를 사건공간이라고 한다.

조건 1 집합 A가 묶음 $\mathscr{F}$의 원소이면, A의 여집합 A^c도 묶음 $\mathscr{F}$의 원소이다. 곧,

$$A \in \mathscr{F} \rightarrow A^c \in \mathscr{F} \tag{1.2.1}$$

이다.

조건 2 집합 A_1, A_2, $\cdots$이 모두 묶음 $\mathscr{F}$의 원소이면, A_1, A_2, $\cdots$의 합집합 $A_1 \cup A_2 \cup \cdots$도 묶음 $\mathscr{F}$의 원소이다. 곧

$$A_1, A_2, \cdots \in \mathscr{F} \rightarrow A_1 \cup A_2 \cup \cdots \in \mathscr{F} \tag{1.2.2}$$

이다.

표본공간이 정해져 있어도 사건공간을 일반적으로 여러 개 생각할 수 있다. 한편, 사건공간의 원소인 집합을 **사건**이라고 부르고, 사건 가운데에서 표본점 하나로 이루어진 사건을 **기초 사건**이라고 한다. 표본공간에서 얻은 집합 가운데에서 사건공간 안에 들어 있는 것만을 일컫는 이름이 사건이다. 따라서 1.1.2절에서 설명한 집합의 연산과 성질은 사건에도 그대로 적용된다. 또 집합에서의 여집합, 합집합, 곱집합을 사건에서는 **여사건**, **합사건**, **곱사건**이라고 부른다.

보기 1.2.6 동전 던지기를 생각하자. 그러면 표본공간은 $S=\{앞, 뒤\}$이다. 이때, 사건공간 $\mathscr{F}=\{앞, 뒤, S, \varnothing\}$을 생각하면, S, $\{앞\}$, $\{뒤\}$, $\varnothing$은 모두 사건이다. 또 $\{앞\}$과 $\{뒤\}$는 기초 사건이다.

보기 1.2.7 가위바위보

가위바위보의 표본공간은 $S=\{이김, 비김, 짐\}$이다. 이 표본공간의 가장 작은 사건공간은 $\mathscr{F}_S=\{\varnothing, S\}$이고, 가장 큰 사건공간은 S의 거듭제곱 집합인

$$\mathscr{F}_L=\{\varnothing, \{이김\}, \{비김\}, \{짐\}, \{이김, 비김\}, \{이김, 짐\}, \{비김, 짐\}, S\}$$

이다.

---

31) event space

무엇보다도 사건은 집합이라는 것을 새겨 두어야 한다. 그러므로 표본공간의 원소는 사건일 수 없으며, 표본공간의 부분집합만이 사건공간의 원소일 수 있다. 또한 표본공간과 빈 집합은 늘 사건공간의 원소, 곧 사건이다.

보기 1.2.8 주사위 굴리기를 생각하면 표본공간은 $S=\{1,2,3,4,5,6\}$이다. 이때 표본공간 S의 원소 1은 사건일 수 없지만, 표본공간 S의 부분집합 $\{1\}$이나 $\{1,2,3\}$은 때에 따라 사건공간의 원소일 수 있다. 이것은 사건공간이 $\mathcal{F}_1=\{\{1\},\{2,3,4,5,6\},S,\varnothing\}$일 때와 $\mathcal{F}_2=\{\{1,2,3\},\{4,5,6\},S,\varnothing\}$일 때를 생각하면 쉽게 알 수 있다.

한편, 어떤 집합이 사건이면 그 여집합도 – 그것이 일어날 수 없더라도 – 사건이라는 것을 새겨 둘 만하다.

보기 1.2.9 어떤 회로에서 전류를 재는 실험을 생각하자. 실수 $\mathbb{R}$을 표본공간으로 삼아 $\{a : a \leq 1000 \text{ mA}\}$가 사건 가운데 하나라면, 그 회로에 흐르는 전류가 1000 mA를 넘을 수 없다고 하더라도 $\{a : a > 1000 \text{ mA}\}$는 사건일 것이다.

사건공간의 원소는 모두 표본공간의 부분집합이지만, 표본공간의 부분집합이 늘 사건공간의 원소인 것은 아니다.

보기 1.2.10 표본공간이 $S=\{ㄱ, ㄴ, ㄷ, ㄹ\}$일 때, S의 부분집합의 묶음인 사건공간

$$\mathcal{F}=\{\{ㄱ\},\{ㄴ, ㄷ, ㄹ\},S,\varnothing\}$$

을 생각하자. 이때 S의 부분집합 $\{ㄱ\}$은 사건공간 $\mathcal{F}$의 원소이지만, S의 또다른 부분집합 $\{ㄴ\}$은 사건공간 $\mathcal{F}$의 원소가 아니다.

1.2.3 확률측도

뜻매김 1.2.4 확률측도[32]

표본공간 S에서 얻은 사건공간 $\mathcal{F}$를 생각하자. 이때, 아래 세 공리를 만족시키며 $\mathcal{F}$의 원소인 사건 A_i마다 실수 $P(A_i)$를 배정하는 집합 함수 P를 확률

32) probability measure

측도 또는 확률이라고 한다.

공리 1 어떤 사건의 확률도 0보다 작지 않다. 바꾸어 말하면, $A_i \in \mathscr{F}$ 일 때

$$P(A_i) \geq 0 \tag{1.2.3}$$

이다.

공리 2 표본공간 S의 확률은 1이다. 바꾸어 말하면,

$$P(S) = 1 \tag{1.2.4}$$

이다.

공리 3 끝없이 많은 사건 $\{A_i\}_{i=1}^{\infty}$가 서로 배반이면

$$P\left(\bigcup_{i=1}^{\infty} A_i\right) = \sum_{i=1}^{\infty} P(A_i) \tag{1.2.5}$$

이다.

확률측도 P는 사건에 확률을 배정하는 함수이며, 이것을 **확률함수**, **확률분포**, 또는 **분포**[33]라고 부르기도 한다. 이때 함숫값 $P(A)$는 사건 A가 일어날 확률을 뜻하며, $\Pr\{A\}$로 쓰기도 한다. 또, 확률은 집합의 함수이므로 $P(\{a\})$ 꼴로 쓰는 것이 원칙이지만, 문제가 없을 때에는 $P(a)$ 꼴로 쓰기도 한다.

보기 1.2.11 위 공리에서 빈 집합의 확률은

$$P(\varnothing) = 0$$

이고, A가 사건공간의 원소일 때 그 여사건의 확률은

$$P(A^c) = 1 - P(A)$$

이며, 어떤 사건 A를 생각하더라도 그 확률이 1을 넘지 않는다는 것을, 곧

$$P(A) \leq 1$$

임을 쉽게 알 수 있다.

33) probability function, probability distribution, 또는 distribution

정리 1.2.1 두 사건 A_i와 A_j가 서로 배반이면

$$P(A_i \cup A_j) = P(A_i) + P(A_j) \tag{1.2.6}$$

이고, 유한개의 사건 $\{A_i\}_{i=1}^{n}$이 서로 배반이면

$$P\left(\bigcup_{i=1}^{n} A_i\right) = \sum_{i=1}^{n} P(A_i) \tag{1.2.7}$$

이다.

식 (1.2.7)은 (1.2.6)을 거듭 쓰거나, $A_{n+1} = \varnothing$, $A_{n+2} = \varnothing$, $\cdots$ 인 $\{A_i\}_{i=1}^{\infty}$를 생각하여 보기 1.2.11에서 얻은 결과 $P(\varnothing) = 0$을 공리 3에 쓰면 얻을 수 있다. 한편, (1.2.7)은 **덧셈성** 또는 **유한 덧셈성**[34]이라고 부르며, 서로 공통점이 없는 사건을 합집합한 것의 확률은 사건마다의 확률을 더한 것과 같다는 것이다. 이것은 좀 더 근본적으로 부피, 무게, 넓이, 질량과 같은 다른 **잣대**와 마찬가지로 확률도 더해지는 성질을 지닌다는 뜻이다. 보기를 들면, 서로 겹치지 않는 영역들을 생각할 때 그 넓이는 겹치지 않는 영역들의 넓이를 더한 것과 마땅히 같아야 한다.

확률측도를 뜻매김하는 공리 1, 2, 3은 직관적으로도 그럴듯한 것이다. 확률은 0보다 작지 않다는 첫째 공리는 넓이, 부피, 무게와 같은 다른 잣대와 마찬가지로, 어떻게 보면 마음대로 고른 셈이다. 둘째 공리는 "무언가는 일어난다." 또는 "실험을 하면 얻을 수 있는 결과 가운데 어느 것이든 하나는 얻는다."라는 뜻이다. 셋째 공리는 **셀 수 있는 덧셈성**[35]이라고 부르며, 거꾸로 생각하면 (1.2.7)을 끝없이, 점근적으로, 또는 극한으로 확장한 것이다. 바로 이 공리 3을 기준으로 고전적인 – 초보적인 – 확률론과 콜모고로프[36]가 발전시킨 현대 확률론이 나뉜다. 공리 3은 사건들의 극한으로밖에 나타낼 수 없는 복잡한 사건의 확률을 계산하고자 점근 결과나 극한 결과들을 다룰 때 필요하다. 이것은 마치 유한 급수의 극한으로 적분을 얻는 것과 비슷하다.

보기 1.2.12 표본공간 S와 사건공간 $\{\varnothing, S\}$에서 생각할 수 있는 확률측도는 $P(\varnothing) = 0$, $P(S) = 1$뿐이다.

---

34) additivity 또는 finite additivity
35) countable additivity
36) Kolmogorov

보기 1.2.13 표본공간 $S = \{0, 1\}$과 사건공간 $\mathscr{F} = \{\varnothing, \{0\}, \{1\}, S\}$을 생각하자. 이때 확률측도의 보기를 하나 들면

$$P(A) = \begin{cases} 0, & A = \varnothing, \\ \frac{3}{10}, & A = \{0\}, \\ \frac{7}{10}, & A = \{1\}, \\ 1, & A = S \end{cases}$$

이다.

보기 1.2.14 동전을 한 번 던지는 실험에서 표본공간 $S = \{앞, 뒤\}$와 사건공간 $\{\varnothing, \{앞\}, \{뒤\}, S\}$를 생각하자. 그러면

$$P(A) = \begin{cases} 0, & A = \varnothing, \\ \frac{1}{2}, & A = \{앞\}, \\ \frac{1}{2}, & A = \{뒤\}, \\ 1, & A = S \end{cases}$$

처럼 둘 수 있다.

1.2.4 확률의 성질

표본공간 S, 사건공간 $\mathscr{F}$, 확률측도 P가 이루는 확률공간 $(S, \mathscr{F}, P)$를 생각할 때 (1.2.3)~(1.2.5)에서 다음과 같은 성질을 얻을 수 있다.

성질 1 두 사건 A와 B를 생각할 때

$$A \subset B\text{이면 } P(A) \le P(B) \tag{1.2.8}$$

이다.

성질 2 두 사건 A와 B를 생각할 때

$$P(A \cup B) \le P(A) + P(B) \tag{1.2.9}$$

이고

$$P(A \cup B) = P(A) + P(B) - P(A \cap B) \tag{1.2.10}$$

이다.

성질 3 묶음 $\{B_1, B_2, \cdots, B_n\}$이 표본공간 S의 분할이고, $i = 1, 2, \cdots, n$일 때 $B_i \in \mathcal{F}$이며, $C \in \mathcal{F}$이면

$$P(C) = P(C \cap B_1) + P(C \cap B_2) + \cdots + P(C \cap B_n) \qquad (1.2.11)$$

이다.

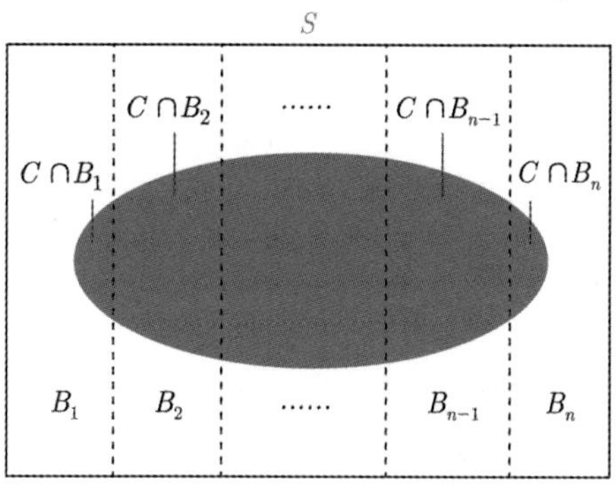

그림 1.2.1 식 (1.2.11)을 나타내는 그림

보기 1.2.15 어떤 확률공간에서 $P(가 \cup 나) = 0.7$, $P(가) = 0.5$, $P(나) = 0.3$일 때 $P(가 \cap 나)$를 얻어 보자.

풀이 식 (1.2.10)을 쓰면 $P(가 \cap 나) = P(가) + P(나) - P(가 \cup 나) = 0.1$을 쉽게 얻을 수 있다.

한편, $i = 1, 2, \cdots$일 때 $B_i \in \mathcal{F}$이면 (1.2.9)를 일반적으로

$$P\left(\bigcup_{i=1}^{\infty} B_i\right) \le \sum_{i=1}^{\infty} P(B_i) \qquad (1.2.12)$$

처럼 쓸 수 있으며, 이 식을 **부울 부등식**[37]이라고 한다. 또한 (1.2.10)을 세 사건에 대해 확장하면

$$\begin{aligned} P(A_1 \cup A_2 \cup A_3) = & \ P(A_1) + P(A_2) + P(A_3) - P(A_1 \cap A_2) \\ & - P(A_2 \cap A_3) - P(A_3 \cap A_1) + P(A_1 \cap A_2 \cap A_3) \end{aligned} \qquad (1.2.13)$$

이다.

37) Boole inequality

보기 1.2.16 동전을 세 번 던지는 확률 실험을 생각하자. 그러면 표본공간 S에서 생각할 수 있는 기초 사건은 $2^3 = 8$개 있고 이들의 확률은 모두 같을 것이다. 이때 앞이 적어도 한 번 나올 확률을 얻어 보자.

풀이 기초 사건 여덟 개 가운데 한 사건이 일어날 확률은 $\frac{1}{8}$이다. 그러므로 앞이 적어도 한 번 나올 확률을

$$\begin{aligned} &P(\text{적어도 한 번은 앞이 나옴}) \\ &\quad = P(\{\text{앞, 앞, 앞}\}) + P(\{\text{앞, 앞, 뒤}\}) + P(\{\text{앞, 뒤, 앞}\}) \\ &\quad\quad + P(\{\text{뒤, 앞, 앞}\}) + P(\{\text{앞, 뒤, 뒤}\}) + P(\{\text{뒤, 앞, 뒤}\}) \\ &\quad\quad + P(\{\text{뒤, 뒤, 앞}\}) \\ &\quad = \frac{7}{8} \end{aligned}$$

처럼 직접 얻을 수도 있고,

$$\begin{aligned} &P(\text{적어도 한 번은 앞이 나옴}) \\ &\quad = 1 - P(\text{세 번 모두 뒤가 나옴}) \\ &\quad = 1 - \frac{1}{8} = \frac{7}{8} \end{aligned}$$

처럼 얻을 수도 있다.

1.2.5 확률의 다른 뜻매김

현대 확률론에서는 1.2.1~1.2.3절에서 다룬 것처럼 먼저 확률공간을 뜻매김하고 세 공리를 바탕으로 확률을 뜻매김한다. 한편, 확률을 다른 방법으로 뜻매김할 수도 있다.

확률 실험에서 결과들이 모두 같은 정도로 일어날 때, 일어날 수 있는 결과의 가지 수와 바라는 결과의 가지 수의 비율로 확률을 뜻매김할 수 있는데, 이것을 때로는 **고전적 뜻매김**이라고 한다. 이 뜻매김은 확률 실험에서 일어날 수 있는 결과들의 확률이 모두 같을 때에만 쓸 수 있다. 구체적으로는 확률 실험에서 일어날 수 있는 결과들이 같은 정도로 일어난다면, 나올 수 있는 모든 결과의 가지 수를 N, 바라는 결과 A의 가지 수를 N_A라고 할 때 A의 확률은

$$P(A) = \frac{N_A}{N} \tag{1.2.14}$$

이다. 이때 모든 결과의 '가지 수' N과 바라는 결과 A의 '가지 수' N_A에서, '가지 수'는 아래 보기 1.2.18에 다룬 것처럼 넓이, 부피, 길이 같은 것일 때도 있다.

보기 1.2.17 동전을 던져 앞이 나올 확률을 얻어 보자.

풀이 일어날 수 있고 확률이 같은 결과가 앞과 뒤 두 가지이고, 바라는 결과는 그 가운데 한 가지인 앞이므로, 앞이 나올 확률은 $\frac{1}{2}$이다.

보기 1.2.18 길이가 1인 줄을 아무렇게나 셋으로 나눌 때, 세 도막이 모두 $\frac{1}{4}$보다 길 확률 P_3을 얻어 보자.

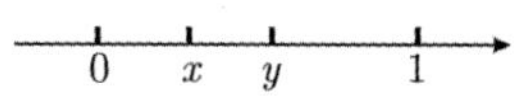

그림 1.2.2 막대기를 자르는 곳: $0<x,y<1$

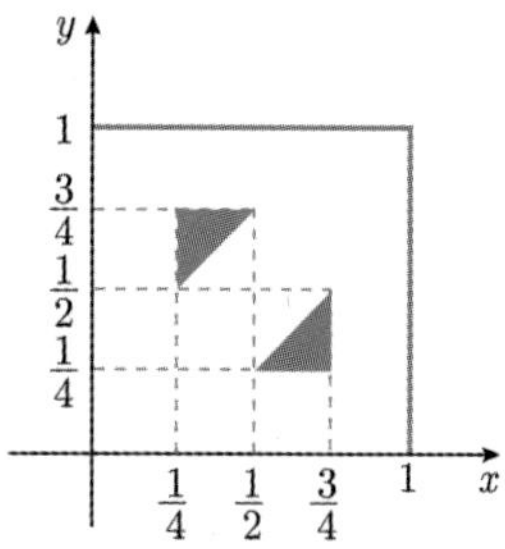

그림 1.2.3 세 도막이 모두 $\frac{1}{4}$보다 길도록 막대기 자르기

풀이 그림 1.2.2에 보인 것처럼 길이가 1인 줄을 수직선 위의 구간 $[0,1]$이라고 생각하고, 자르는 곳의 좌표를 x와 y라고 두면, $0<x<1$이고 $0<y<1$이다. 이제 $x<y$이고 $\frac{1}{4}<x<\frac{1}{2}$이며 $x+\frac{1}{4}<y<\frac{3}{4}$이거나, $x>y$이고 $y+\frac{1}{4}<x<\frac{3}{4}$이며 $\frac{1}{4}<y<\frac{1}{2}$이면 세 도막이 모두 $\frac{1}{4}$보다 길 것이다. 따라서

$$P_3=\frac{\text{바라는 결과가 일어나는 }(x,y)\text{ 영역의 넓이}}{\text{전체 }(x,y)\text{ 영역의 넓이}}$$

을 바탕으로 그림 1.2.3을 새겨서 바라는 확률을 얻으면

$$\begin{aligned}P_3&=\frac{x<y,\ \frac{1}{4}<x<\frac{1}{2},\ x+\frac{1}{4}<y<\frac{3}{4}\text{인 영역의 넓이}}{0<x<1\text{이고 }0<y<1\text{인 영역의 넓이}}\\&\quad+\frac{x>y,\ y+\frac{1}{4}<x<\frac{3}{4},\ \frac{1}{4}<y<\frac{1}{2}\text{인 영역의 넓이}}{0<x<1\text{이고 }0<y<1\text{인 영역의 넓이}}\\&=\frac{1}{4}\times\frac{1}{4}\times\frac{1}{2}+\frac{1}{4}\times\frac{1}{4}\times\frac{1}{2}\\&=\frac{1}{16}\end{aligned}$$

이다.

보기 1.2.19 집적회로 n개 가운데 m개가 불량일 때, 이 집적회로 n개 가운데에서 아무렇게나 집은 하나가 불량일 확률 α_1을 얻어 보자.

풀이 집적회로 n개 가운데 아무렇게나 하나를 집는 방법의 가지 수는 n이고 불량인 집적회로 m개 가운데 아무렇게나 하나를 집는 방법의 가지 수는 m이므로, 집적회로 n개 가운데 아무렇게나 하나를 집을 때 집은 것이 불량일 확률은

$$\alpha_1 = \frac{m}{n}$$

이다.

고전적 뜻매김과 달리 확률 실험을 여러 번 시행하여 바라는 결과가 나오는 **상대 빈도**[38]로 확률을 정할 수 있다. 실험 횟수를 n, 바라는 결과 A가 나온 횟수를 n_A라고 하면, 바라는 결과 A의 상대 빈도는

$$q_n(A) = \frac{n_A}{n} \tag{1.2.15}$$

이다. 이때 실험 횟수 n이 커지면 상대 빈도 $q_n(A)$는 일정한 값으로 자리를 잡아 가는 때가 자주 일어난다. 다시 말하면, 바라는 결과 A의 확률은 $n \to \infty$일 때의 상대 빈도로

$$P(A) = \lim_{n \to \infty} q_n(A) \tag{1.2.16}$$

처럼 나타낼 수 있다. 이 뜻매김은 (1.2.16)에 보인 극한값을 실제로 얻을 수 없고, 다만 어림셈으로밖에 얻을 수 없다는 단점을 지니고 있다.

보기 1.2.20 보험회사에서 어떤 나이의 사람들을 대상으로 생명보험 상품을 만들고자 한다. 그런데 그 나이의 사람이 한 해 동안 살아 있을 확률은 해마다 바뀌므로 고전적 뜻매김은 쓰기 어렵다. 이런 때에는 앞으로도 이제까지와 같은 경향을 보일 것이라고 추정하여, 오랫동안 쌓아둔 그 나이 사람들의 기록을 바탕으로 상대 빈도를 얻어 한 해 동안 살아 있을 확률로 둔 다음, 이것을 바탕으로 보험료를 정할 수 있다.

38) relative frequency

1.3 조건부 확률

확률론에서 가장 쓸모 있는 개념 가운데 하나가 조건부 확률이다. 조건부 확률이 쓸모 있고 중요한 까닭은 다음과 같다. 첫째, 여러 가지 실제 상황에서 우리가 얻으려고 하는 것이 부분 정보가 있을 때의 확률, 곧 조건부 확률이기 때문이다. 둘째, 바라는 확률을 바로 얻을 수 있더라도, 알맞게 조건화하여 조건부 확률을 먼저 얻은 다음 바라는 확률을 얻는 것이 종종 더 쉽기 때문이다.

1.3.1 조건부 확률

한 사건이 일어났다고 둘 때 다른 사건이 일어날 확률을 조건부 확률이라고 한다.

뜻매김 1.3.1 조건부 확률[39]

사건 B가 일어났을 때 사건 A의 조건부 확률을 $P(A|B)$처럼 쓰며

$$P(A|B) = \frac{P(A \cap B)}{P(B)}, \quad P(B) > 0 \text{일 때} \tag{1.3.1}$$

이다.

바꾸어 말하면, 사건 B가 일어났을 때 사건 A의 조건부 확률이란, 처음 표본공간 S 대신 조건 사건 B를 새 표본공간으로 둔 A의 확률을 일컫는 것이다. 이때 B를 새 표본공간으로 둔 사건 A를 $A|B$처럼 쓰기도 한다.

보기 1.3.1 조건 사건 B가 표본공간 S이면 $A \cap B = A \cap S = A$이고 $P(B) = P(S) = 1$이므로

$$P(A|S) = P(A)$$

이다.

39) conditional probability

한편, $P(B) > 0$일 때 뜻매김 1.3.1에서 쉽게

$$A \subset B\text{이면} \quad P(A|B) = \frac{P(A)}{P(B)} \tag{1.3.2}$$

와

$$B \subset A\text{이면} \quad P(A|B) = 1 \tag{1.3.3}$$

임을 알 수 있다.

보기 1.3.2 정육면체 주사위를 한 번 굴려 나온 수가 짝수라는 것을 알았을 때, 그 수가 2일 확률을 얻어 보자.

풀이 먼저 $A = \{2\}$라고 두고 $B = \{2, 4, 6\}$이라고 두면 바라는 확률은 $P(A|B)$이다. 이제 $A \cap B = A$, $P(A \cap B) = P(A) = \frac{1}{6}$, $P(B) = \frac{1}{2} > 0$이므로 $P(A|B) = \frac{1}{6} \times \left(\frac{1}{2}\right)^{-1} = \frac{1}{3}$이다. 이 결과는 조건부 확률 $P(A|B)$가 $B = \{2, 4, 6\}$을 새로운 표본공간으로 보았을 때 $A = \{2\}$의 확률이라는 것을 뜻한다.

정리 1.3.1 곱셈 정리, 덧셈 정리[40)]

두 사건 A_1과 A_2의 공통사건 $A_1 \cap A_2$의 확률은

$$\begin{aligned} P(A_1 \cap A_2) &= P(A_1)P(A_2 | A_1) \\ &= P(A_2)P(A_1 | A_2) \end{aligned} \tag{1.3.4}$$

처럼 쓸 수 있고, 이것을 곱셈 정리라고 한다. 또 두 사건 A_1과 A_2의 합사건 $A_1 \cup A_2$의 확률은

$$P(A_1 \cup A_2) = P(A_1) + P(A_1^c \cap A_2) \tag{1.3.5}$$

처럼 쓸 수 있고, 이것을 덧셈 정리라고 한다.

증명 먼저 (1.3.4)는 (1.3.1)에서 쉽게 알 수 있다. 다음으로 $A_1 \cup A_2 = A_1 \cup A_1^c A_2$이고 A_1과 $A_1^c A_2$가 서로 배반이므로 $P(A_1 \cup A_2) = P(A_1) + P(A_1^c A_2)$라는 것을 쉽게 알 수 있다.

---

40) multiplication theorem, addition theorem

한편,

$$1 = P(S \mid A_2) = P(A_1^c \cup A_1 \mid A_2) = P(A_1^c \mid A_2) + P(A_1 \mid A_2) \tag{1.3.6}$$

이므로 $P(A_1^c \mid A_2) = 1 - P(A_1 \mid A_2)$이다. 이제, (1.3.4)와 (1.3.6)을 (1.3.5)에 쓰면

$$\begin{aligned} P(A_1 \cup A_2) &= P(A_1) + P(A_1^c A_2) \\ &= P(A_1) + P(A_2) P(A_1^c \mid A_2) \\ &= P(A_1) + P(A_2)\{1 - P(A_1 \mid A_2)\} \\ &= P(A_1) + P(A_2) - P(A_2) P(A_1 \mid A_2) \\ &= P(A_1) + P(A_2) - P(A_1 \cap A_2) \end{aligned} \tag{1.3.7}$$

을 얻는다. 이 결과는 앞에서 다룬 확률의 성질 (1.2.10)과 같은 것이다.

정리 1.3.1의 곱셈 정리를 확장하면, $i = 2, 3, \cdots, n$일 때 $P(A_i \mid A_1 A_2 \cdots A_{i-1}) > 0$이면 사건 $\{A_i\}_{i=1}^n$의 공통사건 $\bigcap_{i=1}^n A_i = A_1 A_2 \cdots A_n$의 확률을

$$P\left(\bigcap_{i=1}^n A_i\right) = P(A_1) P(A_2 \mid A_1) P(A_3 \mid A_1 A_2) \cdots P(A_n \mid A_1 A_2 \cdots A_{n-1}) \tag{1.3.8}$$

처럼 쓸 수 있다. 이와 비슷하게 정리 1.3.1의 덧셈 정리를 확장하면, (1.3.7)의 첫 줄에서

$$\begin{aligned} P\left(\bigcup_{i=1}^n A_i\right) = &\ P(A_1) + P(A_1^c A_2) + P(A_1^c A_2^c A_3) + \cdots \\ &+ P(A_1^c A_2^c \cdots A_{n-1}^c A_n) \end{aligned} \tag{1.3.9}$$

를 얻을 수 있다.

보기 1.3.3 어떤 주머니에 노란 공이 셋, 파란 공이 둘 들어 있다. 이 주머니에서 공을 하나 꺼낸 뒤, 그 공을 주머니에 다시 넣지 않고 공을 하나 더 꺼낸다. 이때 처음 공은 노란 공이고 둘째 공은 파란 공일 확률을 얻으시오.

풀이 사건을 $A = \{$처음 공이 노란 공$\}$과 $B = \{$둘째 공이 파란 공$\}$이라고 두면, 바라는 확률은 $P(A \cap B)$이다. 먼저 $P(A)$는 이 주머니에서 노란 공을 꺼낼 확률이므로 $P(A) = \frac{3}{5}$이다. 한편, $P(B|A)$는 처음 공이 노란 공일 때 둘째 공이 파란 공일 확률이고, 이것은 노란 공 하나를 꺼낸 뒤에 주머니에 남아 있는 노란 공 둘, 파란 공 둘 가운데에서 파란 공을 꺼낼 확률이다. 다시 말하면, $P(B|A) = \frac{2}{4}$이다. 따라서

$$P(AB) = P(B|A)P(A) = \frac{3}{10}$$

이다. 이 확률은 $\frac{{}_3P_1 \times {}_2P_1}{{}_5P_2}$처럼 얻을 수도 있다.

다시 두 사건 A와 B를 생각하자. 먼저 사건 A를

$$A = AB \cup AB^c \tag{1.3.10}$$

처럼 나타낼 수 있다. 그런데 AB와 AB^c는 서로 배반이므로

$$\begin{aligned} P(A) &= P(AB) + P(AB^c) \\ &= P(A|B)P(B) + P(A|B^c)P(B^c) \\ &= P(A|B)P(B) + P(A|B^c)\{1 - P(B)\} \end{aligned} \tag{1.3.11}$$

을 얻는다. 식 (1.3.11)이 뜻하는 바는 사건 B가 일어났을 때 사건 A의 조건부 확률과 사건 B가 일어나지 않았을 때 사건 A의 조건부 확률을 각각 조건 사건 B와 B^c의 확률을 가중값으로 곱하여 더하면 사건 A의 확률을 얻을 수 있다는 것이다. 식 (1.3.11)을 바탕으로 하면 직접 얻기 어려운 확률을 조건부 확률을 써서 쉽게 얻을 수 있다.

보기 1.3.4 속이 보이지 않는 주머니가 둘 있다. 그림 1.3.1과 같이 주머니 1에는 흰 공이 둘, 검은 공이 넷, 주머니 2에는 흰 공이 하나, 검은 공이 하나 들어 있다. 주머니 1에서 아무렇게나 공을 하나 꺼내 주머니 2에 넣은 뒤, 주머니 2에서 아무렇게나 공을 하나 꺼낸다. 주머니 2에서 꺼낸 공이 흰 공일 확률을 얻어 보자.

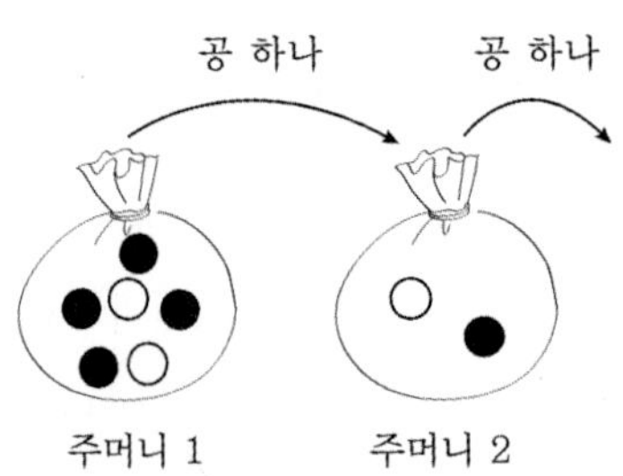

그림 1.3.1 보기 1.3.4의 확률실험

풀이 사건 $B=$ {주머니 1에서 꺼낸 공이 흰 공}과 $A=$ {주머니 2에서 꺼낸 공이 흰 공}을 생각하자. 그러면 $B^c=$ {주머니 1에서 꺼낸 공이 검은 공}이고, $P(B)=\frac{2}{6}$, $P(B^c)=\frac{4}{6}$, $P(A|B)=\frac{2}{3}$, $P(A|B^c)=\frac{1}{3}$이다. 그러므로

$$P(A)=P(A|B)P(B)+P(A|B^c)P(B^c)=\frac{2}{3}\times\frac{2}{6}+\frac{1}{3}\times\frac{4}{6}=\frac{4}{9}$$

이다.

식 (1.3.11)에서 조건 사건 수를 둘에서 여럿으로 확장하면 아래 전체확률 정리를 얻는다.

정리 1.3.2 전체확률 정리[41]

사건 $B_1, B_2, \cdots, B_n$이 서로 배반이고 $A \subset \bigcup_{i=1}^{n} B_i$이면

$$P(A)=\sum_{i=1}^{n} P(A \mid B_i)P(B_i) \tag{1.3.12}$$

이다.

정리 1.3.2에서 다룬 전체확률 정리는 조건부 확률을 바탕으로 바라는 확률을 얻을 때 매우 쓸모 있다. 아래 보기를 살펴보자.

보기 1.3.5 어떤 모임의 30%가 십 대이고, 40%가 이십 대이며, 30%가 삼십 대이다. 십 대 가운데 45%가, 이십 대에서는 20%가, 삼십 대에서는 35%가 안경을 썼다. 이 모임에서 한 사람을 아무렇게나 고를 때, 그 사람이 안경을 쓴 사람일 확률을 얻어 보자.

풀이 먼저 $A=$ {안경 씀}, $B_1=$ {십 대}, $B_2=$ {이십 대}, $B_3=$ {삼십 대}라고 하면, $P(B_1)=0.3$, $P(B_2)=0.4$, $P(B_3)=0.3$이고, $P(A \mid B_1)=0.45$, $P(A \mid B_2)=0.2$, $P(A \mid B_3)=0.35$이므로,

$$\begin{aligned} P(A) &= P(A \mid B_1)P(B_1)+P(A \mid B_2)P(B_2)+P(A \mid B_3)P(B_3) \\ &= 0.45\times0.3+0.2\times0.4+0.35\times0.3=0.32 \end{aligned}$$

를 얻을 수 있다.

---

41) total probability theorem

보기 1.3.6 속이 보이지 않는 주머니가 둘 있다. 주머니 1에는 노란 공이 둘, 파란 공이 셋 들어 있고, 주머니 2에는 노란 공이 하나, 파란 공이 넷 들어 있다. 이제 두 주머니 가운데 하나를 아무렇게나 고른 다음, 그 주머니에서 공을 하나 꺼낼 때, 꺼낸 공이 노란 공일 확률을 얻어 보자.

풀이 전체확률 정리를 쓰면

$$P(\text{꺼낸 공이 노란 공}) = \sum_{i=1}^{2} P(\text{꺼낸 공이 노란 공} \mid \text{주머니 } i\text{에서 꺼냄}) \times P(\text{주머니 } i\text{에서 꺼냄})$$

처럼 쓸 수 있다. 여기에서 주머니를 아무렇게나 고른다고 했으므로

$$P(\text{주머니 1에서 꺼냄}) = P(\text{주머니 2에서 꺼냄}) = \frac{1}{2}$$

이고, 주머니 1에는 노란 공 둘과 파란 공 셋이 들어 있으므로

$$P(\text{꺼낸 공이 노란 공} \mid \text{주머니 1에서 꺼냄}) = \frac{2}{5}$$

이며, 주머니 2에는 노란 공 하나와 파란 공 넷이 들어 있으므로

$$P(\text{꺼낸 공이 노란 공} \mid \text{주머니 2에서 꺼냄}) = \frac{1}{5}$$

임을 쉽게 알 수 있다. 그러므로

$$P(\text{꺼낸 공이 노란 공}) = \frac{2}{5} \times \frac{1}{2} + \frac{1}{5} \times \frac{1}{2} = \frac{3}{10}$$

이다.

보기 1.3.7 어떤 디지털 정보에서 비트 0의 확률은 0.6이고 비트 1의 확률은 0.4이다. 이 디지털 정보를 전송할 때, 비트 0을 보내고 오류 없이 받을 확률은 0.8이고, 비트 1을 보내고 오류 없이 받을 확률은 0.9라고 한다. 이 디지털 전송에서 오류가 일어날 확률을 얻어보자.

풀이 비트 0을 보내고 오류가 일어날 확률은 1−0.8=0.2이고, 비트 1을 보내고 오류가 일어날 확률은 1−0.9=0.1이므로,

$$
\begin{aligned}
&P(\text{오류가 일어날 확률})\\
&= P(\text{비트 0을 보냄})P(\text{오류가 일어남}|\text{비트 0을 보냄})\\
&\quad +P(\text{비트 1을 보냄})P(\text{오류가 일어남}|\text{비트 1을 보냄})\\
&= 0.6\times0.2 + 0.4\times0.1 = 0.16
\end{aligned}
$$

이다.

1.3.2 베이스의 정리

조건부 확률의 뜻매김 식에서 $P(A\cap B)=P(B|A)P(A)=P(A|B)P(B)$임을 알 수 있다. 이 관계를 바탕으로 아래 베이스의 정리를 얻을 수 있다.

정리 1.3.3 베이스의 정리[42]

조건부 확률 $P(B|A)$를

$$P(B|A)=\frac{P(A|B)P(B)}{P(A)} \tag{1.3.13}$$

처럼 나타낼 수 있다.

이제 전체확률 정리 (1.3.12)와 베이스의 정리 (1.3.13)을 바탕으로 아래 정리를 얻을 수 있다.

정리 1.3.4

사건 $B_1, B_2, \cdots, B_n$이 서로 배반이고 $A\subset\bigcup_{i=1}^{n}B_i$일 때

$$P(B_k|A)=\frac{P(A|B_k)P(B_k)}{\sum_{i=1}^{n}P(A|B_i)P(B_i)} \tag{1.3.14}$$

처럼 쓸 수 있다.

식 (1.3.14)의 오른쪽 항에서 분모는 $P(A)$라는 것을 − 곧 $\sum_{i=1}^{n}P(A|B_i)P(B_i)=P(A)$라는 것을 − 눈여겨볼 만하다.

---

42) Bayes' theorem

보기 1.3.8 보기 1.3.4에서 주머니 2에서 꺼낸 공이 희다고 했을 때, 주머니 1에서 꺼낸 공이 흰 공이었을 확률을 얻어 보자.

풀이 보기 1.3.4에서 둔 것처럼 사건 $B=\{$주머니 1에서 꺼낸 공이 흰 공$\}$, $A=\{$주머니 2에서 꺼낸 공이 흰 공$\}$이라고 하자. 그러면 $P(B)=\frac{2}{6}$, $P(A|B)=\frac{2}{3}$이고, 보기 1.3.4에서 얻은 것처럼 $P(A)=\frac{4}{9}$이므로,

$$P(B|A)=\frac{P(A|B)P(B)}{P(A)}=\frac{\frac{2}{3}\times\frac{2}{6}}{\frac{4}{9}}=\frac{1}{2}$$

이다.

보기 1.3.9 보기 1.3.5의 모임에서 한 사람을 골랐을 때 그 사람이 안경을 쓴 사람이었다면, 그 사람이 이십 대일 확률을 얻어 보자.

풀이 보기 1.3.5에서 둔 것처럼 $A=\{$안경 씀$\}$, $B_1=\{$십 대$\}$, $B_2=\{$이십 대$\}$, $B_3=\{$삼십 대$\}$라고 하면, $P(B_2)=0.4$이고 $P(A|B_2)=0.2$이다. 보기 1.3.5에서 이미 얻은 것처럼 $P(A)=0.32$이므로, 베이스의 정리를 쓰면

$$P(B_2|A)=\frac{P(A|B_2)P(B_2)}{P(A)}=\frac{0.2\times0.4}{0.32}=\frac{1}{4}$$

을 얻는다.

보기 1.3.10 보기 1.3.6에서 꺼낸 공이 노란 공일 때 그 공이 주머니 2에서 나온 것일 확률을 얻어 보자.

풀이 먼저 $A=\{$꺼낸 공이 노란 공$\}$과 $B=\{$주머니 2에서 꺼냄$\}$이라고 두면, 얻어야 할 확률은 $P(B|A)$이다. 한편, 보기 1.3.6에서 이미 얻은 것처럼 $P(B)=\frac{1}{2}$, $P(A|B)=\frac{1}{5}$, $P(A)=\frac{3}{10}$이므로, 베이스의 정리를 쓰면

$$P(B|A)=\frac{P(A|B)P(B)}{P(A)}=\frac{\frac{1}{5}\times\frac{1}{2}}{\frac{3}{10}}=\frac{1}{3}$$

을 얻는다.

보기 1.3.11 주머니 1, 2, 3, 4에 어떤 부품이 각각 2000, 500, 1500, 1000개 담겨 있다. 주머니에 들어 있는 부품이 잘못 만든 부품일 확률은 주머니 1, 2, 3, 4에서 각각 0.05, 0.04, 0.02, 0.03이다. 이제 주머니 1, 2, 3, 4의 부품을 상자 하나에 모두 담아 골고루 섞어 놓은 뒤, 상자 안에서 부품을 하나 꺼낸다고 하자.

(가) 상자에서 꺼낸 부품이 잘못 만든 부품일 확률을 얻으시오.

(나) 상자에서 꺼낸 부품이 잘못 만든 부품이었을 때, 그것이 주머니 2에 있던 부품일 확률을 얻으시오.

(다) 상자에서 꺼낸 부품이 잘못 만든 부품이었을 때, 그것이 주머니 3에 있던 나온 부품일 확률을 얻으시오.

풀이 먼저, $A=$ {상자에서 꺼낸 부품이 잘못 만든 부품임}과 $B_i=$ {상자에서 꺼낸 부품이 주머니 i에서 나온 부품임}이라고 두자. 상자 안의 부품 수는 주머니의 부품 수를 모두 더한 5000개이고, 그 가운데에서 주머니 1의 부품이 2000개이므로, $P(B_1)=\frac{2000}{5000}=0.4$이다. 마찬가지 방법으로, $P(B_2)=\frac{500}{5000}=0.1$, $P(B_3)=\frac{1500}{5000}=0.3$, $P(B_4)=\frac{1000}{5000}=0.2$를 얻을 수 있다. 또한, '상자에서 꺼낸 부품이 주머니 i에서 나온 부품일 때, 그것이 잘못 만든 부품일 확률'은 $P(A|B_i)$로 나타낼 수 있고, 이 확률은 문제에서 주어진 '주머니 i에 들어있는 부품이 잘못 만든 부품일 확률'과 같다. 이 확률들을 표 1.3.1의 둘째와 셋째 행에 정리하였다.

(가) 집합 B_1, B_2, B_3, B_4는 서로 배반이고 $A \subset \bigcup_{i=1}^{n} B_i$이므로, 전체확률 정리를 쓰면

$$\begin{aligned} P(A) &= \sum_{i=1}^{4} P(A|B_i)P(B_i) \\ &= 0.05\times 0.4 + 0.04\times 0.1 + 0.02\times 0.3 + 0.03\times 0.2 = 0.036 \end{aligned}$$

을 얻는다.

(나) 얻어야 할 확률은 $P(B_2|A)$이다. 이제 (가)에서 얻은 $P(A)=0.036$를 새겨, 베이스의 정리를 쓰면

$$P(B_2|A)=\frac{P(A|B_2)P(B_2)}{P(A)}=\frac{0.04\times 0.1}{0.036}=\frac{1}{9}$$

을 얻는다.

(다) 위 (나)에서와 비슷하게, 베이스의 정리를 쓰면

$$P(B_3|A)=\frac{P(A|B_3)P(B_3)}{P(A)}=\frac{0.02\times0.3}{0.036}=\frac{1}{6}$$

을 얻는다. 덧붙이자면, 상자에서 꺼낸 부품이 잘못 만든 부품이었을 때, 그것이 주머니 1에서 나온 부품일 확률과 주머니 4에서 나온 부품일 확률을 (나) 또는 (다)와 비슷하게 얻으면

$$P(B_1|A)=\frac{P(A|B_1)P(B_1)}{P(A)}=\frac{0.05\times0.4}{0.036}=\frac{5}{9}$$

$$P(B_4|A)=\frac{P(A|B_4)P(B_4)}{P(A)}=\frac{0.03\times0.2}{0.036}=\frac{1}{6}$$

이다.

위 (나)와 (다)에서 얻은 조건부 확률을 표 1.3.1의 마지막 행에 나타내었다. 여기에서,

$$\sum_{i=1}^{4}P(B_i|A)=P(S|A)=1$$

임을 알 수 있다.

표 1.3.1 보기 1.3.11의 확률

B_i	주머니 1	주머니 2	주머니 3	주머니 4
$P(B_i)$	0.4	0.1	0.3	0.2
$P(A\|B_i)$	0.05	0.04	0.02	0.03
$P(B_i\|A)$	$\frac{5}{9}$	$\frac{1}{9}$	$\frac{1}{6}$	$\frac{1}{6}$

1.3.3 독립 사건

주머니 1에는 노란 공이 하나, 파란 공이 둘 들어 있고, 주머니 2에는 노란 공이 둘, 파란 공이 넷 들어 있다고 하자. 그러면 주머니를 아무렇게나 하나 골라 그 안에서 공을 아무렇게나 하나 꺼낼 때, 어느 주머니를 고르는지가 꺼낸 공의 색에 영향을 미치지 않을 것이다. 이때

$$\begin{aligned} P(\text{노란 공}) &= P(\text{노란 공}|\text{주머니 1})P(\text{주머니 1}) \\ &\quad + P(\text{노란 공}|\text{주머니 2})P(\text{주머니 2}) \\ &= \frac{1}{3}\times\frac{1}{2}+\frac{1}{3}\times\frac{1}{2}=\frac{1}{3} \end{aligned} \tag{1.3.15}$$

이고, 마찬가지로 계산하면 $P(\text{파란 공})=\frac{2}{3}$이다. 또

$$P(\text{노란 공})=P(\text{노란 공}|\text{주머니 1})=P(\text{노란 공}|\text{주머니 2}) \tag{1.3.16}$$

이고

$$P(\text{파란 공})=P(\text{파란 공}|\text{주머니 1})=P(\text{파란 공}|\text{주머니 2}) \tag{1.3.17}$$

이다. 한편, 주머니 1에는 노란 공이 하나, 파란 공이 둘 들어 있고, 주머니 2에는 노란 공이 둘, 파란 공이 하나 들어 있다면, 주머니를 아무렇게나 하나 골라 그 안에서 공을 아무렇게나 하나 꺼낼 때, 어느 주머니를 고르는지가 꺼낸 공의 색에 영향을 미칠 것이다.

이때 한 사건이 다른 사건에 영향을 미치는지 그렇지 않은지를 수학적으로 나타내는 도구가 독립이라는 개념이다.

뜻매김 1.3.2 서로 독립인 두 사건[43]

두 사건 A와 B의 공통 사건의 확률이 두 사건의 확률의 곱과 같으면, 곧

$$P(A\cap B)=P(A)P(B) \tag{1.3.18}$$

이면, 사건 A와 B는 서로 독립이라고 한다.

두 사건 가운데 하나가 표본공간 S처럼 확률이 1인 사건이거나 빈 집합 $\varnothing$처럼 확률이 0인 사건이면 (1.3.18)이 성립하므로, 확률이 1이거나 0인 사건은 어느 사건과도 서로 독립이라는 것을 알 수 있다. 한편, 서로 배반인 두 사건은 일반적으로 서로 독립이 아니지만, 서로 배반인 두 사건 가운데 적어도 하나의 확률이 0이면 그 두 사건은 서로 독립이다.

보기 1.3.12 집합 $S=\{1,2,\cdots,6\}$에서 고른 수가 k일 사건의 확률이 $P(k)=\frac{1}{6}$, $k=1,2,\cdots,6$이라고 두자. 이제 사건 $A=\{5,6\}$과 $B=\{3,4,5\}$를 생각

43) two independent events

하면, $P(A)=\frac{1}{3}$이고, $P(B)=\frac{1}{2}$이며, $P(A\cap B)=P(5)=\frac{1}{6}$이므로 $P(A\cap B)=P(A)P(B)$이다. 따라서 사건 $A=\{5,6\}$과 $B=\{3,4,5\}$는 서로 독립이다. 한편, 집합 $S=\{1,2,\cdots,5\}$에서 고른 수가 k일 사건의 확률이 $P(k)=\frac{1}{5}$, $k=1,2,\cdots,5$이면, 빈 집합과 S가 아닌 어떤 두 사건을 생각하더라도 서로 독립이 아니다.

보기 1.3.13 직렬 연결과 병렬 연결[44)]

어떤 회로가 동작하는지는 다른 회로의 영향을 받지 않는다고 하자. 또 회로 하나가 제대로 동작할 확률은 p라고 하자. 이제 회로 두 개가 직렬로 이어져 있을 때 전체 회로가 제대로 동작하는 사건 $W_{1,2}$의 확률과 회로 두 개가 병렬로 이어져 있을 때 전체 회로가 제대로 동작하는 사건 $W_{2,2}$의 확률을 얻어 보자.

풀이 회로 두 개가 직렬로 이어져 있을 때에는 두 회로가 모두 제대로 동작해야만 전체 회로가 제대로 동작하므로

$$P(W_{1,2})=p^2$$

이다. 한편, 회로 두 개가 병렬로 이어져 있을 때에는 회로 두 개 가운데 적어도 하나가 제대로 동작하면 전체 회로가 제대로 동작한다. 여기에서 적어도 하나가 제대로 동작하는 사건은 어느 회로도 제대로 동작하지 않는 사건의 여사건이고, 어느 회로도 제대로 동작하지 않는 확률은 $(1-p)^2$이다. 그러므로 전체 확률 1에서 어느 회로도 제대로 동작하지 않는 확률을 빼면, 바라는 확률

$$P(W_{2,2})=1-(1-p)^2$$

을 얻는다. 위 결과들을 확장하면, 회로 n개가 모두 직렬로 이어져 있을 때 전체 회로가 제대로 동작하는 사건 $W_{1,n}$의 확률은

$$P(W_{1,n})=p^n$$

이고, 회로 n개가 모두 병렬로 이어져 있을 때 전체 회로가 제대로 동작하는 사건 $W_{2,n}$의 확률은

---

44) series connection, parallel connection

$$P(W_{2,n}) = 1-(1-p)^n$$

임을 알 수 있다. 여기에서 $p \in (0,1)$이고 $n=2,3,\cdots$일 때 $1-(1-p)^n > p^n$이라는 것을 눈여겨볼 만하다. 다시 말하면, 회로를 병렬로 잇는 것이 더 안정적이다. 이것은 예비 자원이 많을수록 더 안정적이라는 것을 뜻한다.

정리 1.3.4 사건 A와 B가 독립이라고 하자. 그러면 $P(A|B)=P(A)$이고, $P(B|A)=P(B)$이며 A와 B^c도 독립이다.

뜻매김 1.3.3* 여러 사건의 독립

집합 $\{1, 2, \cdots, n\}$의 유한 부분집합 D를 어떻게 두더라도

$$P\left(\bigcap_{i \in D} A_i\right) = \prod_{i \in D} P(A_i) \tag{1.3.19}$$

이면, 사건 $A_1, A_2, \cdots, A_n$을 서로 독립이라고 한다.

보기 1.3.14* 결과가 나올 확률이 모두 같은 확률실험에서 표본공간이 $S=\{1,2,3,4\}$일 때 세 사건 $A_1=\{1,3,4\}$, $A_2=\{2,3,4\}$, $A_3=\{3\}$을 생각하자. 이때 $P(A_1)=\frac{3}{4}$, $P(A_2)=\frac{3}{4}$, $P(A_3)=\frac{1}{4}$이고

$$P(A_1A_2A_3) = P(\{3\}) = \frac{1}{4}$$

이므로

$$P(A_1)P(A_2)P(A_3) = \frac{9}{64} \neq P(A_1A_2A_3)$$

이다. 따라서 세 사건 A_1, A_2, A_3은 서로 독립이 아니다.

한편, 여러 사건을 생각할 때, 둘씩 고른 것은 모두 서로 독립이더라도 전체적으로 독립이 아닐 수 있다.

보기 1.3.15* 결과가 나올 확률이 모두 같은 확률실험에서 표본공간이 $S=\{1,2,3,4\}$일 때, 세 사건 $A_1=\{1,2\}$, $A_2=\{2,3\}$, $A_3=\{1,3\}$을 생각하자. 그러면 $P(A_1)=P(A_2)=P(A_3)=\frac{1}{2}$이고, $P(A_1A_2)=P(\{2\})=\frac{1}{4}$이며, $P(A_2A_3)=P(\{3\})=\frac{1}{4}$이고, $P(A_3A_1)=P(\{1\})=\frac{1}{4}$이므로, A_1과 A_2는 서로 독립이고, A_2와 A_3은 서로 독립이며, A_3과 A_1은 서로 독립이다. 그러나

$$P(A_1A_2A_3)=P(\varnothing)=0$$

이고

$$P(A_1)P(A_2)P(A_3)=\frac{1}{8}$$

이므로, 세 사건 A_1, A_2, A_3은 서로 독립이 아니다. 셋 또는 그보다 많은 사건들이 둘씩만 모두 서로 독립이면, 짝 독립[45]이라고 하기도 한다.

1.4 경우의 수

확률 실험에서 일어날 수 있는 결과들의 확률이 모두 같을 때에는 고전적 뜻매김을 바탕으로 일어날 수 있는 결과의 가지 수와 바라는 결과의 가지 수의 비율로 확률을 얻을 수 있다. 이 절에서는 결과의 가지 수를 셀 때 쓸모 있는 방법을 다루어 보자.

뜻매김 1.4.1 이산 결합 공간[46]

크기가 m인 – 곧 원소를 m개 품은 – 이산 표본공간 S_1에서의 확률 실험과 크기가 n인 이산 표본공간 S_2에서의 확률 실험을 함께 시행할 때, 전체 표본공간 S는 두 표본공간의 결합 공간 $S_1\times S_2$이고, 그 크기는 mn이다.

보기 1.4.1 동전 하나 던지기와 주사위 하나 굴리기를 한꺼번에 시행할 때 표본공간은 $S=$ {(앞, 1), (앞, 2), (앞, 3), (앞, 4), (앞, 5), (앞, 6), (뒤, 1), (뒤, 2), (뒤, 3), (뒤, 4), (뒤, 5), (뒤, 6)}이고, 그 크기는 $2\times6=12$이다.

45) pair-wise independence
46) discrete combined space

보기 1.4.2 동전 둘을 한 번 던지면 – 또는 동전 하나를 두 번 던지면 – 표본공간은 $S=\{$(앞, 앞), (앞, 뒤), (뒤, 앞), (뒤, 뒤)$\}$이고, 그 크기는 $2\times 2=4$이다.

뜻매김 1.4.2 이어 곱하기[47)]

서로 다른 n개를 늘어놓는 방법은 $n=1,2,\cdots$일 때

$$n!=n(n-1)\times\cdots\times 1 \tag{1.4.1}$$

가지이다. 여기에서 !를 이어 곱하기라고 한다. 한편,

$$0!=1 \tag{1.4.2}$$

처럼 둔다.

이어 곱하기는 순차 곱, 순차 곱셈, 또는 계승이라고도 부른다.

보기 1.4.3 다섯 숫자 $\{1,2,3,4,5\}$를 한 번씩 쓰면, 다섯 자리 수를 $5!=5\times 4\times 3\times 2\times 1=120$개 만들 수 있다.

뜻매김 1.4.3 순열[48)]

같은 것을 다시 고르지 않을 때, 서로 다른 n개에서 k개를 골라 늘어놓는 방법은 모두

$${}_nP_k=n(n-1)\cdots(n-k+1)=\frac{n!}{(n-k)!},\quad k=0,1,\cdots,n \tag{1.4.3}$$

가지이다. 여기에서 ${}_nP_k$를 (n,k) 순열이라고 한다.

보기 1.4.4 다섯 숫자 $\{2,3,4,5,6\}$ 가운데에서 숫자를 둘 골라, 고른 숫자를 한 번씩 쓰면 두 자리 수를 ${}_5P_2=20$개 만들 수 있다.

보기 1.4.5 서양 놀이딱지 한 묶음은 52장인데, 마름모, 삽, 토끼풀 잎, 하트 네 무늬마다 열세 장이고, 그 열세 장에는 2, 3, $\cdots$, 10과 J, Q, K, A가 하나씩

47) factorial
48) permutation

적혀 있다. 서양 놀이딱지 52장에서 같은 무늬 다섯 장을 골라 늘어놓는 방법의 가지 수는 $4 \times {}_{13}P_5 = 617760$이다.

보기 1.4.6 보기 1.3.3에서 처음 공은 노란 공이고 둘째 공은 파란 공일 확률을 순열을 사용하여 얻어 보자.

풀이 노란 공이 셋, 파란 공이 둘 들어 있는 주머니에서 공을 하나 꺼낸 뒤, 그 공을 주머니에 다시 넣지 않고 공을 하나 더 꺼내었을 때, 처음 공은 노란 공이고 둘째 공은 파란 공일 경우는 ${}_3P_1 \times {}_2P_1$가지이다. 한편, 주머니에서 공을 둘 꺼냈으므로 나올 수 있는 결과는 모두 ${}_5P_2$가지이다. 그러므로, 바라는 확률은

$$\frac{{}_3P_1 \times {}_2P_1}{{}_5P_2} = \frac{3}{10}$$

이다.

정리 1.4.1 중복 순열

같은 것을 다시 고를 수도 있을 때, 서로 다른 n개에서 k개를 골라 늘어놓는 방법은 모두 n^k가지이다.

보기 1.4.7 서로 다른 숫자 넷을 써서 만들 수 있는 비밀 번호는 10^4가지이다. 한편, 세 숫자 $\{3,4,5\}$를 거듭 쓰면 네 자리 수를 $3^4 = 81$개 만들 수 있다.

보기 1.4.8 동전 셋을 한 번 – 또는 동전 하나를 세 번 – 던질 때 생기는 표본점은 $2^3 = 8$개이다.

뜻매김 1.4.4 조합[49)]

같은 것을 다시 고르지 않을 때, 서로 다른 n개에서 k개를 고르는 방법은 $k = 0, 1, \cdots, n$일 때

$$ {}_nC_k = \binom{n}{k} = \frac{n!}{(n-k)!k!} \tag{1.4.4}$$

가지이고, 이것을 (n,k) 조합이라고 한다.

49) combination

위 (1.4.4)에 보인 ${}_nC_k$는 **이항 계수**[50]라고도 하는데, 이 수는

$$ {}_nC_k = {}_nC_{n-k} \tag{1.4.5} $$

와 같은 대칭성을 지니고 있다. 한편, (1.4.3)과 (1.4.4)에서

$$ {}_nC_k = \frac{{}_nP_k}{k!} \tag{1.4.6} $$

임을 알 수 있다.

보기 1.4.9 집합 $\{0,1,2,\cdots,9\}$에서 두 수를 고르는 방법은 ${}_{10}C_2 = 45$가지이다.

보기 1.4.10 서양 놀이딱지 52장에서 다섯 장을 고를 때, 두 장에 적힌 숫자 또는 문자가 같고 나머지 석 장에 적힌 숫자 또는 문자가 같은 경우는 ${}_{13}P_2 \times {}_4C_3 \times {}_4C_2 = 3744$가지이다.

보기 1.4.11 주사위를 n번 굴릴 때, 5 또는 6이 k번 나오는 사건 A의 확률을 얻어 보자.

풀이 먼저 주사위를 한 번 던져서 5 또는 6이 나올 확률은 $\frac{1}{3}$이고, n번 가운데 바라는 사건이 k번 일어나는 경우의 수는 ${}_nC_k$이다. 따라서 사건 A의 확률은

$$ P(A) = {}_nC_k\left(\frac{1}{3}\right)^k\left(1-\frac{1}{3}\right)^{n-k} = {}_nC_k\frac{2^{n-k}}{3^n} $$

이다.

정리 1.4.2* 다항 계수

표본공간 $S=\{s_0,s_1,\cdots,s_{n-1}\}$에서 실험을 n번 거듭할 때 s_i가 n_i번 나타나는 경우의 가지 수는 $i=0,1,\cdots,m-1$이고 $n_i \in \{0,1,\cdots,n\}$일 때

$$ \binom{n}{n_0,n_1,\cdots,n_{m-1}} = \begin{cases} \dfrac{n!}{n_0!n_1!\cdots n_{m-1}!}, & \displaystyle\sum_{k=0}^{m-1} n_k = n \text{일 때}, \\ 0, & \text{그 밖에는} \end{cases} \tag{1.4.7} $$

이고, 이것을 **다항 계수**[51]라고 한다.

---

50) binomial coeffcient
51) multinomial coefficient

증명 바라는 가지 수는 n번 가운데 s_0이 n_0번 일어나고, 남은 $n-n_0$번 가운데 s_1이 n_1번 일어나며, …, 남은 $n-n_0-\cdots-n_{m-2}$번 가운데 s_{n-1}이 n_{m-1}번 일어나는 경우의 가지 수이므로

$$\begin{aligned}&\binom{n}{n_0}\binom{n-n_0}{n_1}\cdots\binom{n-n_0-\cdots-n_{m-2}}{n_{m-1}} \\ &\quad=\frac{n!}{n_0!(n-n_0)!}\frac{(n-n_0)!}{n_1!(n-n_0-n_1)!}\cdots\frac{(n-n_0-\cdots-n_{m-2})!}{n_{m-1}!} \\ &\quad=\frac{n!}{n_0!n_1!\cdots n_{m-1}!}\end{aligned} \tag{1.4.8}$$

이다.

보기 1.4.12* 제대로 만든 주사위를 굴려 나온 눈을 생각하고, $A=\{1,2,3\}$, $B=\{4,5\}$, $C=\{6\}$이라고 두자. 이제 이 주사위를 10번 던질 때 A가 네 번, B가 다섯 번, C가 한 번 나오는 가지 수는 $\binom{10}{4,5,1}=1260$이고, 그 확률은

$$\binom{10}{4,5,1}\left(\frac{1}{2}\right)^4\left(\frac{1}{3}\right)^5\left(\frac{1}{6}\right)^1=\frac{35}{648}\approx 0.0540$$

이다.

연습문제

문제 1.1.1 집합 $S=\{1,7\}$의 거듭제곱 집합 2^S을 얻으시오.

문제 1.1.2 전체 집합이 $S=[0,3)$이고 $B=(1,3)$일 때 B^c를 얻으시오.

문제 1.1.3 집합 $A=(5,\infty)$, $B=(7,\infty)$, $C=(0,3]$이다. 집합 $A\cap B$, $A\cap C$, $A\cup B$, $A-B$를 얻으시오.

문제 1.1.4 5차원 2진 벡터를 모두 모은 전체 집합에 들어 있는 원소가 몇 개인지 말하시오.

문제 1.1.5 아래가 바른지 그른지 말하시오.
(가) 집합 $\{1,2,3\}$은 유한 집합이다.
(나) 빈 집합 $\{\ \}=\varnothing$은 유한 집합이다.
(다) 집합 $\{s: s$는 자연수, $3\le s<5\}$는 유한 집합이다.
(라) 집합 $\{s: s$는 실수, $1\le s<3\}$은 무한 집합이다.
(마) 집합 $\{s: s$는 실수, $3\le s<3\}$은 무한 집합이다.

문제 1.1.6 순서쌍으로 이루어진 전체 집합 $G=\{(x,y): x=1,2,3,\ y=1,2,3,4,5\}$를 생각하자.
(가) 집합 G의 부분 집합으로 $x>y$인 (x,y)의 집합 A를 원소를 모두 적어 나타내시오.
(나) 집합 G의 부분 집합으로 $y=x^2$인 (x,y)의 집합 B를 원소를 모두 적어 나타내시오.
(다) 집합 $C=(A\cup B)^c$를 원소를 모두 적어 나타내시오.

문제 1.1.7 집합 $A=\{0,1,2,6\}$, $B=\{0,2,3,4\}$, $C=\{0,1,3,5\}$를 생각하여, 배분법칙 $(A\cap B)\cup C=(A\cup C)\cap(B\cup C)$가 성립함을 보이시오.

문제 1.1.8 집합 $S=\{0,1,2,3,4\}$와 그 부분집합 $A_1=\{1,3\}$, $A_2=\{2,3\}$, $A_3=\{1,3,4\}$를 생각하자. 이 세 부분집합에서 $n=3$일 때의 식 (1.1.50)과 (1.1.51)이 성립함을 보이시오.

문제 1.1.9* 함수 $f_1(x)=\frac{1}{x}$과 $f_2(x)=2\ln x$를 생각하자. 이제 $A=\left\{f_1(x): x \geq \frac{1}{4}\right\}$이고 $B=\left\{f_2(x): x \leq \sqrt{e}\right\}$일 때 $A \cup B$와 $A \cap B$를 얻으시오.

문제 1.1.10* 집합 $A=\{1,2,3\}$의 분할 가운데에서 빈 집합이 원소가 아닌 것을 모두 얻으시오.

문제 1.1.11* 전체집합 $S=\{x: 1 \leq x \leq 100,\ x\text{는 자연수}\}$와 그 부분집합 $A=\{x: 1 \leq x \leq 100,\ x\text{는 3으로 나누었을 때 나머지가 2인 자연수}\}$와 $B=\{x: 1 \leq x \leq 100,\ x\text{는 5로 나누었을 때 나머지가 4인 자연수}\}$를 생각하자. 이때 $(A \cup B)^c$의 원소의 개수를 얻으시오.

문제 1.1.12* 식 (1.1.50)과 (1.1.51)에 보인

$$\left(\bigcup_{i=1}^{n} A_i\right)^c = \bigcap_{i=1}^{n} A_i^c$$

과

$$\left(\bigcap_{i=1}^{n} A_i\right)^c = \bigcup_{i=1}^{n} A_i^c$$

을 보이시오.

문제 1.1.13** 세 집합 A, B, C에서 $A \subseteq B$이고 $C=B-A$이면 $A=B-C$라는 것을 보이시오.

문제 1.2.1 주사위 두 개를 던질 때, 두 주사위 눈의 합이 7일 확률을 얻으시오.

문제 1.2.2 제대로 만든 주사위 두 개를 생각하자. 이 주사위들을 동시에 던졌을 때 주사위 눈의 차가 3 이하일 확률을 얻으시오.

문제 1.2.3* 김 아무개와 이 아무개 두 사람이 세 번 시합하여 두 번 먼저 이기는 사람이 상금을 받는다. 김 아무개가 홀수째 시합에서 이길 확률이 0.6, 짝수째 시합에서 이길 확률이 0.4이고, 비기는 때는 없다.

(가) 시합에서 김 아무개가 이기면 1, 이 아무개가 이기면 2라고 쓸 때 전체 결과를 나타내는 표본공간을 얻으시오.

(나) 김 아무개가 상금을 받을 확률을 얻으시오.

문제 1.2.4* 표본공간이 $S=\{ㄱ, ㄴ, ㄷ\}$일 때, S의 부분집합의 묶음인 $\{\{ㄱ\}, S, \phi\}$은 사건공간인가? 또 묶음 $\{\{ㄱ\}, \{ㄴ, ㄷ\}, S, \phi\}$은 사건공간인가? 이 두 묶음 가운데 사건공간이 있다면, 그 공간에서 $\{ㄱ, ㄷ\}$의 확률을 얻으시오.

문제 1.2.5* 표본공간이 $S=\{1,2,3,4\}$일 때, 두 사건 $A=\{1,2\}$와 $B=\{2,3\}$을 포함하는 사건공간 $\mathcal{F}$를 생각하자. 집합 $C=\{1\}$과 $D=\{1,3\}$이 $\mathcal{F}$의 원소임을 보이시오.

문제 1.2.6** 굵기를 0으로 볼 수 있는 막대기에서 두 곳을 아무렇게나 골라 자른 세 도막이 세모를 이룰 확률 P_T를 얻으시오.

문제 1.3.1 사건 A, B, C가 서로 독립이고, $P(AB)=\frac{1}{3}$, $P(BC)=\frac{1}{6}$, $P(AC)=\frac{2}{9}$일 때, 사건 C의 확률을 얻으시오.

문제 1.3.2 어떤 지역에서 길고양이의 암수 비율이 암컷:수컷=27:23이고, 암컷은 61%, 수컷은 58%가 중성화 수술을 받았다고 한다. 이 지역에서 길고양이 한 마리를 마주쳤을 때, 이 고양이가 중성화 수술을 받은 고양이일 확률을 얻으시오.

문제 1.3.3 어떤 보험회사가 사람들을 사고 성향이 있는 사람과 그렇지 않은 사람으로 나눈다고 하자. 이 보험회사의 통계 자료를 따르면 사고 성향이 있는 사람은 1년 안에 사고를 일으킬 확률이 0.4이고, 사고 성향이 없는 사람은 그 확률이 0.2이다. 인구의 30%가 사고 성향이 있다고 하자.

(가) 보험 계약자가 보험에 가입한 지 1년 안에 사고를 일으킬 확률을 얻으시오.
(나) 보험 계약자가 보험에 가입한 지 1년 안에 사고를 일으켰을 때, 그 계약자가 사고 성향이 있는 사람일 확률을 얻으시오.

문제 1.3.4 어느 지역에서 1000 사람 가운데에서 100 사람 꼴로 A형 간염 항원을 지니고 있다고 한다. 또 A형 간염 검사 결과는 양성 반응과 음성 반응이 있으며, 양성 반응일 때 A형 간염 항원을 지니고 있다고 하고 음성 반응일 때 A형 간염 항원을 지니고 있지 않다고 판정한다. 검사 오류 확률이 0.05이다. 다시 말하면, A형 간염 항원 보유자를 검사했을 때 음성 반응이 나올 확률 $P(-\mid A)$는 0.05이고, A형 간염 항원 보유자가 아닌데 양성 반응이 나올 확률 $P(+\mid A^c)$ 또한 0.05이다.
(가) 아무렇게나 고른 한 사람을 검사했을 때 음성 반응이 나올 확률 $P(-)$를 얻으시오.
(나) 검사 결과가 음성인 사람이 A형 간염 항원을 지니고 있을 확률 $P(A\mid -)$를 얻으시오.

문제 1.3.5 걸릴 확률이 0.2%인 어떤 질병의 감염 여부를 진단하기 위하여 검출기를 개발하였는데, 이 질병에 걸린 사람에게 검출기가 양성 반응을 보일 확률은 95%라고 한다. 그러나 이 질병에 걸리지 않은 사람에게도 검출기가 양성 반응을 보일 경우가 있고 그 확률은 3%라고 한다.
(가) 어떤 사람에게 검출기가 양성 반응을 보일 확률을 얻으시오.
(나) 어떤 사람에게 검출기가 양성 반응을 보였을 때, 그 사람이 이 질병에 걸리지 않은 사람일 확률을 얻으시오.
(다) 어떤 사람에게 검출기가 음성 반응을 보였을 때, 그 사람이 이 질병에 걸린 사람일 확률을 얻으시오.

문제 1.3.6* 월요일에 비가 올 사건 A와 일기예보에서 월요일에 비가 온다고 할 사건 B를 생각하자. 이제 $P(A)=0.3$이고 $P(B\mid A)=0.8$이며 $P(B^c\mid A^c)=0.7$일 때, 일기예보에서 비가 온다고 하지 않았는데 실제로 비가 올 확률을 얻으시오.

문제 1.3.7* 상자 1에는 낡은 지우개 두 개와 새 지우개 세 개가, 상자 2에는 낡은 지우개 한 개와 새 지우개 여섯 개가 들어 있다. 이제 "아무렇게나 상자를 하나 골라 그 상자에서 지우개를 아무렇게나 하나 꺼낸다."라는 확률실험을 두 번 시행하되, 처음 꺼낸 것은 버린다고 하자.

(가) 꺼낸 지우개 두 개가 모두 낡은 것일 확률 P_2, 하나는 낡은 것이고 다른 하나는 새 것일 확률 P_1, 꺼낸 지우개 두 개가 모두 새 것일 확률 P_0을 얻으시오.

(나) 꺼낸 지우개 두 개가 모두 낡은 것이라고 할 때, 하나는 상자 1에서, 다른 하나는 상자 2에서 나왔을 확률을 얻으시오.

문제 1.3.8* 서양 놀이딱지 한 묶음은 쉰두 장인데, 마름모, 삽, 토끼풀 잎, 하트 네 무늬마다 열세 장이고, 그 열세 장에는 $2, 3, \cdots, 10$과 J, Q, K, A가 하나씩 적혀 있다. 이런 서양 놀이딱지 한 묶음에 조커[52] 한 장을 보탠 쉰세 장의 놀이딱지 묶음을 생각해 보자. 이 놀이딱지 묶음에서 석 장을 남기고 나머지 쉰 장을 각각 열 장씩 다섯 뭉치로 나눌 때, 열 장씩 나눈 다섯 뭉치 가운데 한 뭉치에 마름모 A, 토끼풀 잎 A, 하트 A가 함께 있을 확률은 $\frac{300}{11713}$이고, 남은 세 장 가운데 삽 A와 조커가 함께 있을 확률은 $\frac{3}{1378}$이며, 열 장씩 나눈 다섯 뭉치 가운데 한 뭉치에 마름모 A, 토끼풀 잎 A, 하트 A가 함께 있고, 남은 세 장 가운데 삽 A와 조커가 함께 있을 확률이 $\frac{36}{573937}$이다. 열 장씩 나눈 다섯 뭉치 가운데 한 뭉치에 마름모 A, 토끼풀 잎 A, 하트 A가 함께 있는 것을 알았을 때, 남은 세 장 가운데 삽 A와 조커가 함께 있을 확률을 얻으시오.

문제 1.3.9* 제대로 만든 주사위 하나를 한 번 굴리는 실험에서 $A = \{2,4,5,6\}$, $B_1 = \{1,2\}$, $B_2 = \{3,4,5\}$를 생각하자.

(가) 확률 $P(A)$, $P(B_1)$, $P(B_2)$를 얻으시오. 또, $P(A|B_1)$과 $P(A|B_2)$를 얻으시오.

(나) 합 $\sum_{j=1}^{2} P(A|B_j)P(B_j)$를 얻으시오.

(다) 식 (1.3.13)을 써서 $P(B_2|A)$를 얻으시오.

(라) 식 (1.3.14)를 써서 $P(B_2|A)$를 얻고, 위 (3)에서 얻은 결과와 같은지 다른지 살펴보시오. 혹시 다르면, 어느 것이 왜 바르지 않은지 그 까닭을 설명하시오.

문제 1.4.1 서로 다른 공 12개를 빈 칸 12개에 아무렇게나 놓는다고 하자. 한 칸에 공을 몇 개라도 놓을 수 있다고 할 때 모든 칸이 채워질 확률을 얻으시오.

---

52) joker

문제 1.4.2 다섯 마리가 출전한 승마 경기에서 모든 말의 승률이 같다. 방식 1에서는 1등과 2등을 정확하게 맞히면 상금을 받고, 방식 2에서는 등수에 상관없이 2등 안에 든 말을 맞히면 상금을 받는다.

(가) 방식 1에서 상금을 받을 확률을 얻으시오.

(나) 방식 2에서 상금을 받을 확률을 얻으시오.

문제 1.4.3 고속도로 요금 내는 곳을 지나는 자동차가 승용차일 확률은 0.5, 트럭일 확률은 0.3, 버스일 확률은 0.2라고 한다. 자동차가 모두 50대 지나갔을 때, 승용차가 30대, 트럭이 15대, 버스가 5대일 확률을 얻으시오.

문제 1.4.4 상자에 들어 있는 제품 50개 가운데에서 불량품이 10개라고 하자. 제품 50개 가운데에서 아무렇게나 10개를 골라서 검사할 때 정확하게 5개가 불량일 확률을 얻으시오.

문제 1.4.5* 주사위를 10번 던져서 4 이상의 눈이 9번 이상 나오면 김아무개가 이기고, 2 이하의 눈이 8번 이상 나오면 이아무개가 이긴다고 한다. 이 경기에서 누가 이길 확률이 더 높은가?

문제 1.4.6* 주머니에 번호 1과 2가 표시된 검은 공 하나씩과 번호 3과 4가 각각 표시된 흰 공 하나씩이 들어 있다. 이제, 주머니에서 공을 하나 꺼낸다고 하자. 사건 $A=\{$꺼낸 공이 검은 공$\}$, $B=\{$꺼낸 공이 짝수$\}$, $C=\{$꺼낸 공의 번호가 2보다 큼$\}$이라고 하면 두 사건 A와 B, B와 C, C와 A는 각각 서로 독립인가? 또 세 사건 A, B, C는 서로 독립인가?

문제 1.4.7* 어떤 주머니에 1이 적힌 공이 1개, 2가 적힌 공이 2개, 3이 적힌 공이 3개, 4가 적힌 공이 4개, 5가 적힌 공이 5개가 있다고 한다. 이 주머니에서 공 3개를 한꺼번에 꺼낸다고 할 때, 공에 적힌 숫자의 합이 12 이상일 확률을 얻으시오.

2장

확률변수

1장에서는 불확실한 현상이나 실험 결과를 수학적으로 설명하고 측정하는 도구의 하나로써 사건과 확률에 대하여 살펴보았다. 이제 2장에서는 표본공간의 원소들을 실수와 이어 주는 함수인 확률변수와 확률변수의 확률적인 성질을 나타내는 몇 가지 분포함수를 뜻매김한다. 또한 분포의 특성을 대표하는 기댓값과 분산, 이를 일반화한 적률 및 적률생성함수를 다룸으로써, 확률적인 현상에 대한 수학적 모형을 만들고 분석하는 방법을 살펴본다.

2.1 확률변수와 분포함수

이 절에서는 먼저 확률변수와 분포함수를 정의하고, 실제 분석 상황에서 널리 쓸모 있는 조건부 분포함수에 대하여 살펴보자.

2.1.1 확률변수

쉽게 말하면, 확률변수[1]는 그림 2.1.1에서 보인 것과 같이 정의역이 표본공간인 실수 함수를 일컫는 것이다. 사실 확률변수는 '변수'가 아니라 '함수'이지만, 이제까지의 관례를 따라 이 책에서도 확률변수라고 쓴다. 보통 확률변수는 대문자로 X, Y, $\cdots$과 같이 쓰고, **실현**[2] 또는 **표본 값**[3] 이라고도 불리는 확률변수의 값은 $x, y, \cdots$과 같이 소문자로 나타낸다.

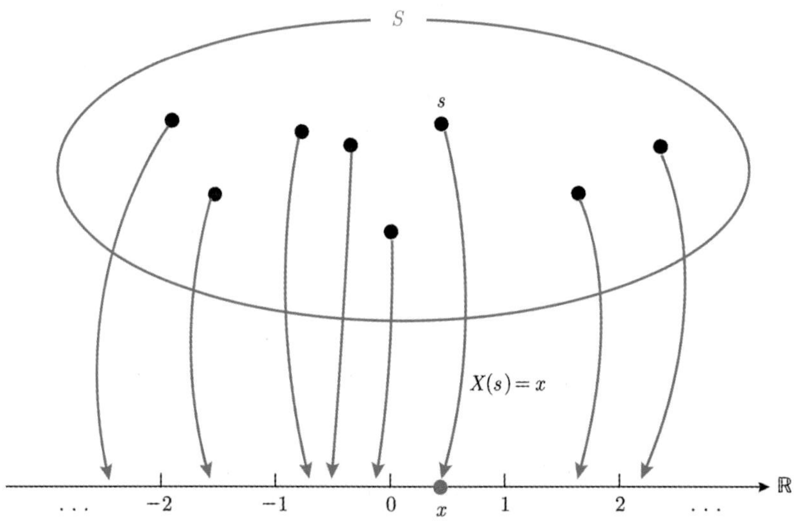

그림 2.1.1 확률변수

뜻매김 2.1.1 확률변수

확률 실험 결과들이 이루는 표본공간 S를 생각하자. 이 표본공간 S의 원소 s에 실수 값 $x = X(s)$를 배정하는 함수 X를 확률변수라고 한다.

1) random variable
2) realization
3) sample value

뜻매김 2.1.2 이산 확률변수[4], 연속 확률변수[5], 혼합 확률변수[6]

치역이 이산 공간인 – 곧, 셀 수 있는[7] 원소의 집합인 – 확률변수를 이산 확률변수라고 하고, 치역이 연속 공간인 확률변수를 연속 확률변수라고 한다. 이산 확률변수와 연속 확률변수를 섞은 꼴인 확률변수를 혼합 확률변수라고 한다.

위에서 셀 수 있는은 '자연수의 부분집합과 일대일 대응을 찾을 수 있는'을 뜻한다.

보기 2.1.1 이산 확률변수

디지털 통신에서 보낼 이진 부호를 $b \in \{0,1\}$이라고 할 때,

$$X(b) = 2b - 1 = \begin{cases} +1, & b = 1, \\ -1, & b = 0 \end{cases}$$

이라고 두면, 이 확률변수 X의 치역은 $S_X = \{-1, 1\}$이다. 이 관계를 그림 2.1.2에 나타내었다.

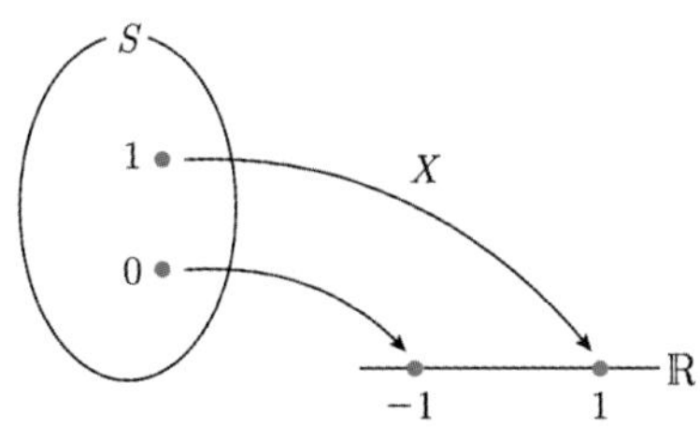

그림 2.1.2 보기 2.1.1의 이산 확률변수

보기 2.1.2 이산 확률변수

정육면체 주사위를 굴려 윗면에 나온 주사위 눈을 x라고 할 때,

$$X(x) = x$$

와

$$Y(x) = \begin{cases} 1, & x\text{는 짝수}, \\ 0, & x\text{는 홀수} \end{cases}$$

라고 두면, 확률변수 X의 치역은 $S_X = \{1,2,3,4,5,6\}$이고 확률변수 Y의 치역은 $S_Y = \{0,1\}$이다. 이 관계를 그림 2.1.3에 나타내었다.

4) discrete random variable
5) continuous random variable
6) mixed random variable
7) countable

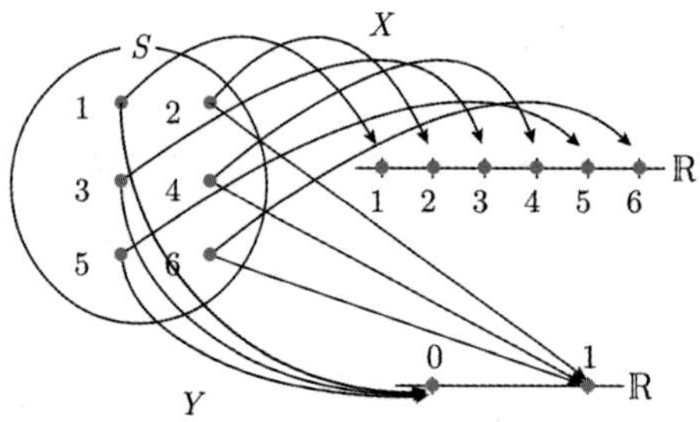

그림 2.1.3 보기 2.1.2의 이산 확률변수

보기 2.1.3 연속 확률변수

그림 2.1.4와 같이 회전판에 다트를 던져서 꽂힌 지점의 각도를 θ라고 할 때, $X(\theta)=\dfrac{\theta}{360°}$라고 두면, 확률변수 X의 치역은 $S_X=[0,1)$이다.

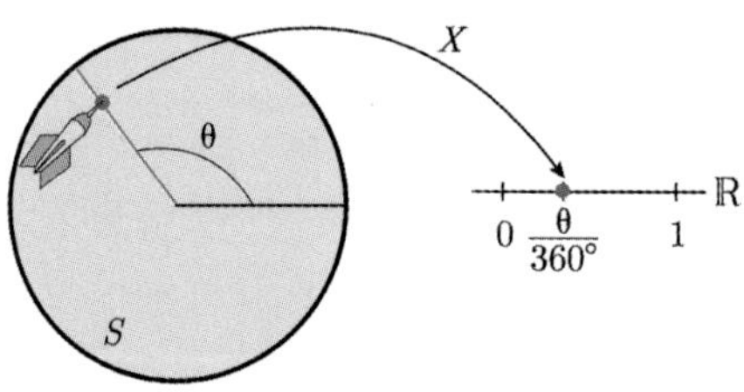

그림 2.1.4 보기 2.1.3의 연속 확률변수

보기 2.1.4 연속 확률변수

그림 2.1.5와 같이 중심이 원점 O이고 반지름이 r인 동그라미 안에 아무렇게나 찍은 점 Q의 좌표를 (x,y)라고 할 때, 선분 $\overline{OQ}$의 길이는 $L(Q)=\sqrt{x^2+y^2}$이고, 확률변수 L의 치역은 $S_L=[0,r)$이다.

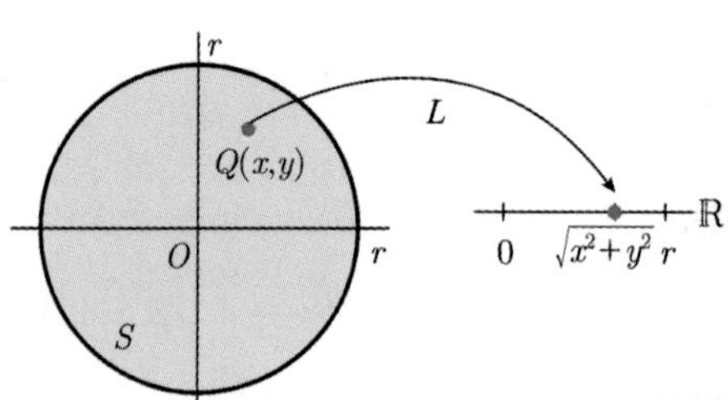

그림 2.1.5 보기 2.1.4의 연속 확률변수

보기 2.1.5* **혼합 확률변수**

동전 던지기와 다트 던지기를 순차적으로 하는 경기가 있다. 경기 참가자는 참가비 500원을 지불하고, 동전을 던진다. 동전의 앞면이 나오면 다트를 던진 뒤, 다트가 꽂힌 지점의 각도를 θ라고 할 때 $1000\times\frac{\theta}{360°}$원을 받고, 동전의 뒷면이 나오면 경기를 마친다. 이 경기에서 참가자가 벌어들이는 총금액을 M원이라고 하면, 확률변수 M은 $P(M=-500)=0.5$이고 $-500<M<500$에서는 연속인 혼합 확률변수이다.

보기 2.1.6* **혼합 확률변수**

전화를 걸었을 때 상대의 응답이 $g\in$ {받음, 통화하고 있음, 받지 않음}이라고 하자. 그러면 통화 시간을 나타내는 확률변수를 $X(g)=t,\ t\geq 0$처럼 쓸 수 있다. 이때 $g\in$ {통화하고 있음, 받지 않음}이면 $X(g)=0$이므로 $X=0$일 때 0보다 큰 확률 $P(X=0)$이 존재하고 $X>0$에서는 연속이다. 따라서 X는 혼합 확률변수이다.

확률변수는 $X(s)=x$와 같이 표본공간의 원소 s에 대한 함수로 뜻매김하지만, 일반적으로는 표본공간의 원소 s를 명시하지 않고 $X=x$와 같이 표현하며, s에 대해서는 말로 풀어서 설명한다. 다시 말하면, 보기 2.1.1에서 '디지털 통신에서 보낼 이진 부호를 b라고 할 때 확률변수 $X=2b-1$', 보기 2.1.3에서 '회전판에 다트를 던져서 꽂힌 지점의 각도를 θ라고 할 때 확률변수 $X=\frac{\theta}{360°}$'처럼 나타낸다.

2.1.2 확률분포함수

확률변수의 확률적인 특성을 나타내는 함수에는 누적분포함수, 확률밀도함수, 확률질량함수와 같은 것이 있으며, 이들을 모두 확률분포함수, 확률함수, 또는 분포함수라고 한다. 확률변수 X의 누적분포함수 $F_X(x)$는 $X=-\infty$부터 $X=x$까지의 확률을 누적한 함수이다. 또한 확률변수가 이산 확률변수일 때에는 한 점의 확률을 나타내는 확률질량함수를 주로 쓰고, 확률변수가 연속 확률변수일 때에는 누적분포함수를 미분하여 얻은 확률밀도함수를 쓴다. 점 질량을 더하거나 질량 밀도를 적분하여 질량을 얻을 수 있는 것처럼, 확률질량을 더하거나 확률밀도를 적분하여 확률을 얻을 수 있다.

먼저 이산 확률변수가 어떤 값일 확률을 나타내는 확률질량함수에 대하여 살펴보자.

뜻매김 2.1.3 확률질량함수[8]

확률변수 X가 이산 확률변수일 때,

$$p_X(x) = P(X = x) \tag{2.1.1}$$

을 X의 확률질량함수라고 한다.

확률질량함수의 값은 확률을 나타내는 값이므로

$$0 \le p_X(x) \le 1 \tag{2.1.2}$$

이며, 이산 확률변수 X의 치역을 $S_X \subset (-\infty, \infty)$라고 할 때

$$\sum_{x=-\infty}^{\infty} p_X(x) = \sum_{x \in S_X} p_X(x) = \sum_{x \in S_X} P(X = x) = 1 \tag{2.1.3}$$

이다.

보기 2.1.7 확률질량함수

보기 2.1.2에서 확률변수 X의 확률질량함수는

$$p_X(x) = \begin{cases} \dfrac{1}{6}, & x = 1,2,3,4,5,6, \\ 0, & \text{그 밖에는} \end{cases}$$

이고, 확률변수 Y의 확률질량함수는

$$p_Y(y) = \begin{cases} 0.5, & y = 0,1, \\ 0, & \text{그 밖에는} \end{cases}$$

이다. 표 2.1.1은 $p_X(x)$를 표로 나타낸 것이고, 그림 2.1.6은 $p_Y(y)$를 그래프로 나타낸 것이다.

표 2.1.1 보기 2.1.7의 확률질량함수 $p_X(x)$

x	1	2	3	4	5	6
$p_X(x)$	$\frac{1}{6}$	$\frac{1}{6}$	$\frac{1}{6}$	$\frac{1}{6}$	$\frac{1}{6}$	$\frac{1}{6}$

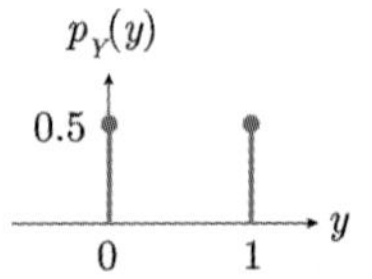

그림 2.1.6 보기 2.1.7의 확률질량함수 $p_Y(y)$

8) probability mass function (pmf)

다음으로 확률변수가 어떤 값이거나 그보다 작을 확률을 나타내는 누적분포함수를 살펴보자.

뜻매김 2.1.4 누적분포함수[9)]

함수

$$F_X(x) = P(X \le x) \tag{2.1.4}$$

를 확률변수 X의 누적분포함수라고 한다.

누적분포함수 $F_X(x)$는 확률변수 X가 $-\infty$부터 시작하여 값 x가 되기까지의 확률을 모두 모은 확률이다. 따라서 누적분포함수는 줄지 않는 함수이고, 이산 확률변수의 누적분포함수는 오른쪽에서 연속인 계단 모양의 불연속 함수이며, 연속 확률변수의 누적분포함수는 연속 함수이다.

보기 2.1.8 이산 확률변수의 누적분포함수

제대로 만든 주사위를 굴려 나온 수를 확률변수 X라고 하자. 그러면

$$\begin{aligned} F_X(x) &= P(X \le x) \\ &= \begin{cases} 1, & x \ge 6, \\ \dfrac{i}{6}, & i \le x < i+1,\ i = 1,2,3,4,5, \\ 0, & x < 1 \end{cases} \end{aligned}$$

을 얻는다. 그림 2.1.7에 $F_X(x)$의 그래프를 나타내었다.

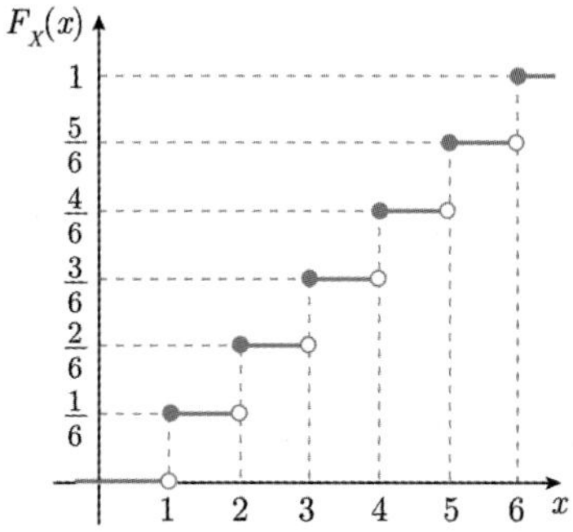

그림 2.1.7 보기 2.1.8의 누적분포함수

9) cumulative distribution function (cdf)

보기 2.1.9 연속 확률변수의 누적분포함수

구간 [0,1]에서 점 하나를 마음대로 골라 그 좌표를 확률변수 Y라고 하자. 그러면 Y의 누적분포함수는

$$F_Y(x) = \begin{cases} 1, & x \geq 1, \\ x, & 0 \leq x < 1, \\ 0, & x < 0 \end{cases}$$

이다. 그림 2.1.8에 이 누적분포함수의 그래프를 보였다.

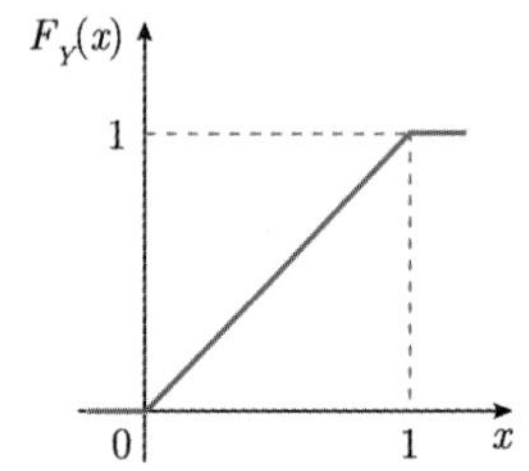

그림 2.1.8 보기 2.1.9의 누적분포함수

누적분포함수는 이 밖에도 다음과 같은 성질을 지니고 있다.

정리 2.1.1 누적분포함수의 성질

확률변수 X의 누적분포함수 F_X는 다음과 같은 성질을 지니고 있다.

(1) $F_X(-\infty) = 0$ (2.1.5)

$F_X(\infty) = 1$ (2.1.6)

(2) $x_1 < x_2$이면 $F_X(x_1) \leq F_X(x_2)$ (2.1.7)

(3) $P(X > x) = 1 - F_X(x)$ (2.1.8)

(4) $x_1 \leq x_2$일 때 $P(x_1 < X \leq x_2) = F_X(x_2) - F_X(x_1)$ (2.1.9)

(5) $P(X = x) = F_X(x) - F_X(x^-)$ (2.1.10)

$F_X(x) = F_X(x^+)$ (2.1.11)

여기서 $F_X(x^+) \triangleq \lim_{\epsilon \to 0} F_X(x+\epsilon)$와 $F_X(x^-) \triangleq \lim_{\epsilon \to 0} F_X(x-\epsilon)$는 각각 $F_X(x)$의 우극한과 좌극한이다.

누적분포함수의 성질을 하나씩 살펴보자.

(1) $F_X(-\infty)$는 아무것도 모으지 않은 값이므로 0이고, $F_X(\infty)$는 확률을 모두 모은 값이므로 1이다.

(2) 누적분포함수는 확률을 모은 함수인데, 확률은 0보다 작지 않으므로, 줄지 않는 함수이다. 또한 $F_X(x_1) = F_X(x_2)$는 $P(X \in (x_1, x_2]) = 0$일 때 성립한다.

(3) $P(X > x) = 1 - P(X \le x) = 1 - F_X(x)$이다.

(4) $x_2 > x_1$일 때

$P(x_1 < X \le x_2) = P(X \le x_2) - P(X \le x_1) = F_X(x_2) - F_X(x_1)$이다.

(5) 확률변수의 값이 한 점 x일 확률은 $P(X = x) = P(X \le x) - P(X < x)$이다. 그러므로 이산 확률변수처럼 값이 x일 확률이 0보다 크면 누적분포함수는 x에서 $P(X = x)$만큼 늘어나 불연속 함수가 되고, x에서 오른쪽 연속이 된다. 연속 확률변수에서는 어느 점 x에서도 $P(X = x) = 0$이므로 $F_X(x^-) = F_X(x^+)$이고 누적분포함수가 어느 점에서도 연속이다.

보기 2.1.10 누적분포함수의 성질

보기 2.1.8과 그림 2.1.7에서 다룬 누적분포함수 $F_X(x)$는 0에서 시작하여 1까지 계단 모양으로 늘어나는 함수이고, $F_X(4)$의 값은 $F_X(4^-) = \frac{1}{2}$이 아니라 $F_X(4) = F_X(4^+) = \frac{2}{3}$이며, $P(X = 4) = F_X(4) - F_X(4^-) = \frac{1}{6}$이다.

보기 2.1.11* 혼합 확률변수의 누적분포함수

보기 2.1.5의 동전 던지기와 다트 던지기로 구성된 경기에서 참가자가 벌어들이는 총금액에 대한 확률변수 M을 다시 살펴보자. 경기 참가자는 참가비 500원을 지불하고 동전을 던진다. 앞면이 나오면 다트를 던져서 1000원 $\times \frac{\theta}{360°}$을 받고, 뒷면이 나오면 더 이상 다트 경기를 하지 않는다. 이 경기에서 참가자가 벌어들이는 총금액을 M원이라고 하였다. 확률변수 M의 누적분포함수는 그림 2.1.9와 같이 연속인 구간과 불연속점이 섞인 그래프로 나타난다.

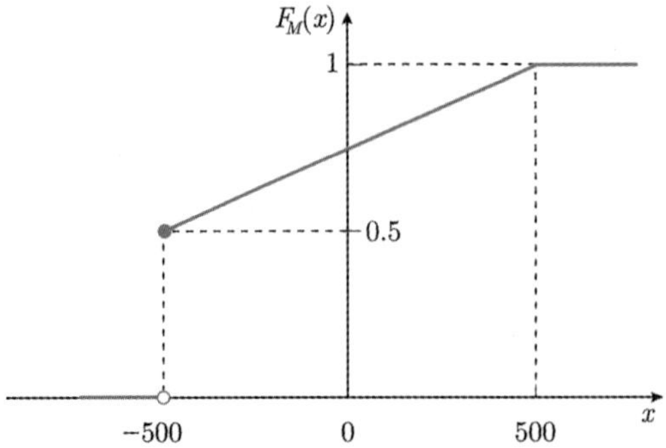

그림 2.1.9 보기 2.1.11의 누적분포함수

이산 확률변수에서는 점 x에 확률 값, 다시 말해 확률 질량이 부여되므로 그림 2.1.7과 같이 누적분포함수가 계단 모양이고 x가 커지면 1에 수렴한다. 한편, 실수 영역에서는 어느 구간에도 점이 셀 수 없을 만큼 많기 때문에 연속 확률변수를 다룰 때 점에 0보다 큰 확률 값을 부여하면 전체 확률을 1로 만들 수 없다. 그러므로 연속 확률변수에서는 '점'에서의 확률이 0이어야만 한다. 이러한 까닭으로 말미암아 연속 확률변수에서는 '점'이 아닌 '구간'에 확률을 부여하고, 어떤 구간에서 적분하였을 때 그 구간의 확률 값을 나타내는 '확률밀도'로 확률분포를 나타낸다.

뜻매김 2.1.5 확률밀도함수[10)]

누적분포함수의 도함수

$$f_X(x) = \frac{dF_X(x)}{dx} \tag{2.1.12}$$

를 확률변수 X의 확률밀도함수라고 한다.

보기 2.1.9에서 살펴본 바와 같이 연속 확률변수의 누적분포함수는 모든 실수에서 연속이므로 연속 확률변수의 확률밀도함수는 쉽게 얻을 수 있다. 이산 확률변수나 혼합 확률변수일 때에도 누적분포함수를 미분하여 확률밀도함수를 얻을 수 있으나, 확률밀도함수를 나타내려면 한 점에서의 적분 값이 존재하는 **특이함수**[11)]를 써야 한다. 이 책에서는 연속 확률변수의 확률밀도함수만을 다룬다.

확률밀도함수와 누적분포함수는 미적분 관계에 있으므로 확률밀도함수에는 다음과 같은 성질이 있다.

10) probability density function (pdf)
11) singular function

정리 2.1.2 확률밀도함수의 성질

확률변수 X의 확률밀도함수 f_X는 다음과 같은 성질을 지니고 있다.

(1) $f_X(x) \geq 0$ (2.1.13)

(2) $\int_{-\infty}^{\infty} f_X(x)dx = 1$ (2.1.14)

(3) $\int_{-\infty}^{x} f_X(u)du = F_X(x)$ (2.1.15)

확률밀도함수의 성질을 하나씩 살펴보자.

(1) 누적분포함수가 줄지 않는 함수이므로 그 도함수인 확률밀도함수는 0보다 작지 않다.
(2) 확률밀도함수를 모든 구간에서 적분하면 전체 확률인 1이다.
(3) 누적분포함수 F_X의 도함수가 확률밀도함수 f_X이고 $F_X(-\infty)=0$이므로, 확률밀도함수 f_X를 $-\infty$부터 x까지 적분하면 x에서의 누적분포함수 값 $F_X(x)$이다.

정리 2.1.2의 성질 (1)과 (2)는 어떤 함수가 확률밀도함수인지 아닌지를 판단하는 바탕이기도 하다. 다시 말하면, 성질 (1) 또는 (2)를 만족시키지 않는 함수는 확률밀도함수가 될 수 없다. 또한 성질 (3)을 활용하여 구간 $(x_1, x_2]$에서의 확률을

$$\begin{aligned} P(x_1 < X \leq x_2) &= P(X \leq x_2) - P(X \leq x_1) = F_X(x_2) - F_X(x_1) \\ &= \int_{-\infty}^{x_2} f_X(x)\,dx - \int_{-\infty}^{x_1} f_X(x)\,dx \\ &= \int_{x_1}^{x_2} f_X(x)\,dx \end{aligned} \quad (2.1.16)$$

과 같이 얻을 수 있다. 한편, 연속 확률변수에서는 한 점의 확률이 0이므로 X가 연속 확률변수일 때 $P(x_1 < X < x_2)=P(x_1 < X \leq x_2)=P(x_1 \leq X < x_2)=P(x_1 \leq X \leq x_2)$이다.

보기 2.1.12 확률밀도함수와 누적분포함수

보기 2.1.3의 다트 던지기에서 θ는 (0°, 360°) 구간에서 같은 가능성으로 일어난다고 할 수 있으므로 확률변수 X의 확률밀도함수는 구간 (0, 1)에서 동일한 값 $f_X(x)=c$이다. 또한 전체 확률이 1이라는 것을 새기면, $\int_0^1 c\,dx = 1$이므로

$c = 1$이다. 따라서 X의 확률밀도함수 $f_X(x)$와 누적분포함수 $F_X(x)$는 그림 2.1.10과 같다.

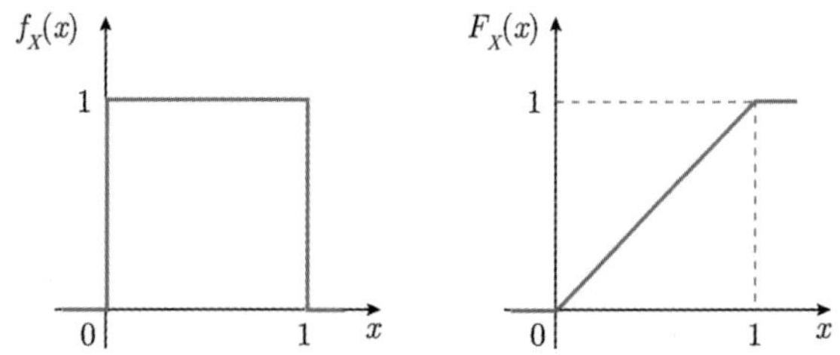

그림 2.1.10 보기 2.1.12에서의 확률밀도함수와 누적분포함수

그림 2.1.10의 $f_X(x)$와 같이 일정 구간 (a, b)에서 확률밀도가 $\frac{1}{b-a}$로 일정한 분포를 고른 분포[12]라고 부르고 $U(a,b)$로 나타낸다. 고른 분포에 대해서는 연속 확률분포를 다루는 3.2절에서 조금 더 자세히 설명한다.

보기 2.1.13 확률밀도함수의 성질

확률변수 X의 누적분포함수가

$$F_X(x) = \begin{cases} 1, & x \geq 1, \\ x^2, & 0 \leq x < 1, \\ 0, & x < 0 \end{cases}$$

일 때, X의 확률밀도함수는

$$f_X(x) = \frac{d}{dx} F_X(x) = \begin{cases} 2x, & 0 \leq x < 1, \\ 0, & x < 0,\ x \geq 1 \end{cases}$$

처럼 얻을 수 있다. 그림 2.1.11에 확률밀도함수와 누적분포함수의 그래프를 나타내었다. 또한 사건 $\frac{1}{4} \leq X < \frac{1}{2}$의 확률은

$$P\left(\frac{1}{4} \leq X < \frac{1}{2}\right) = \int_{\frac{1}{4}}^{\frac{1}{2}} 2x\, dx = \left(\frac{1}{2}\right)^2 - \left(\frac{1}{4}\right)^2 = \frac{3}{16}$$

으로, $F_X\left(\frac{1}{2}\right) - F_X\left(\frac{1}{4}\right)$의 값과 같다.

---

12) uniform distribution

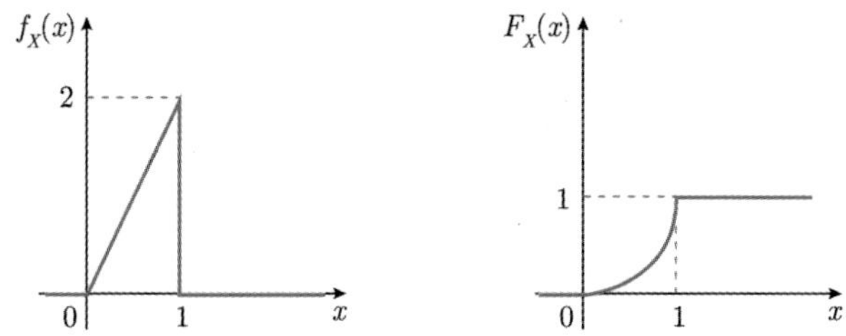

그림 2.1.11 보기 2.1.13에서의 확률밀도함수와 누적분포함수

보기 2.1.14 다음 가운데에서 확률밀도함수가 될 수 있는 함수는 어느 것인가?

(1) $f_1(x) = \begin{cases} x, & -1 \le x < 1, \\ 0, & x < -1,\ x \ge 1 \end{cases}$

(2) $f_2(x) = \begin{cases} x^2, & -1 \le x < 1, \\ 0, & x < -1,\ x \ge 1 \end{cases}$

(3) $f_3(x) = \begin{cases} 1 - |x|, & -1 \le x < 1, \\ 0, & x < -1,\ x \ge 1 \end{cases}$

풀이 먼저 $f_1(x)$는 그림 2.1.12 (가)에서 볼 수 있듯이 $-1 \le x < 0$인 구간에서 $f_1(x) < 0$이기 때문에 식 (2.1.13)을 만족시키지 않는다. 그러므로 $f_1(x)$는 확률밀도함수가 될 수 없다. 다음으로 $f_2(x)$는 모든 실수 x에서 $f_2(x) \ge 0$이지만 $\int_{-\infty}^{\infty} f_2(x)dx = \frac{2}{3}$이기 때문에 식 (2.1.14)를 만족시키지 아니하여 확률밀도함수가 될 수 없다. 마지막으로 $f_3(x)$는 모든 실수 x에서 $f_3(x) \ge 0$이고 $\int_{-\infty}^{\infty} f_3(x)dx = 1$이므로 어떤 확률변수의 분포를 나타내는 확률밀도함수가 될 수 있다.

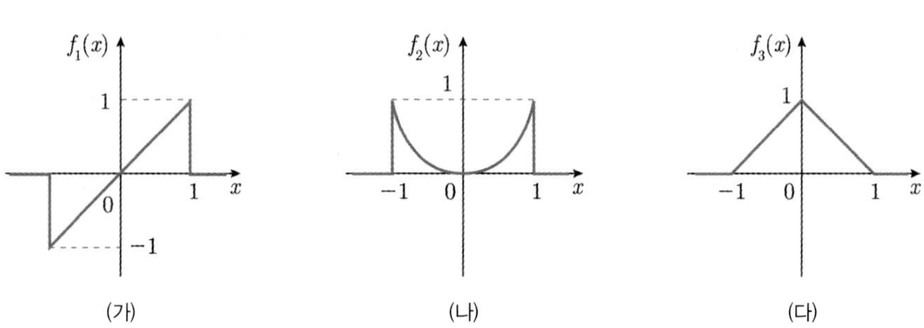

그림 2.1.12 보기 2.1.14의 함수들

2.1.3 조건부 확률함수

축구 경기에서 어느 팀의 최종 득점을 확률변수로 나타낸다고 하자. 경기가 시작되기 전 최종 득점의 확률분포와 전반전에서 이 팀이 두 골을 넣은 뒤 최종 득점의 확률분포는 서로 다르다. 전반전에서 두 골을 득점하였다면 최종 득점이 0이거나 1인 사건의 확률은 0이 되기 때문이다. 이 절에서는 이것과 같이 어떤 사건이 이미 일어났을 때, 곧 어떤 사건이 조건으로 주어졌을 때, 확률변수의 분포가 어떻게 바뀌는지 살펴보자.

뜻매김 2.1.6 조건부 확률질량함수[13)]

확률이 $P(A)>0$인 사건 A가 이미 일어났다는 조건이 주어졌을 때 이산 확률변수 X의 확률질량함수를 사건이 주어진 조건부 확률질량함수라고 하고 $p_{X|A}$처럼 쓰며

$$p_{X|A}(x) = P(X=x|A) = \frac{P(X=x,\ A)}{P(A)} \tag{2.1.17}$$

이다.

특히 $P(A)>0$인 사건 A가 확률변수 X의 치역에 들어 있으면, 바꾸어 말해서 $A \subset S_X$이면, $x \in A$일 때 $\frac{P(X=x,\ A)}{P(A)} = \frac{P(X=x)}{P(A)} = \frac{p_X(x)}{P(A)}$이고, $x \notin A$일 때 $\frac{P(X=x,\ A)}{P(A)} = \frac{P(\varnothing)}{P(A)} = 0$이다. 그러므로 $A \subset S_X$일 때 조건부 확률질량함수를

$$p_{X|A}(x) = \begin{cases} \dfrac{p_X(x)}{P(A)}, & x \in A, \\ 0, & x \notin A \end{cases} \tag{2.1.18}$$

과 같이 나타낼 수 있다. 그러나 사건 A가 확률변수 X의 치역에 들어 있지 않으면, 바꾸어 말해서 $A \not\subset S_X$이면 식 (2.1.18)을 쓸 수 없다는 점을 새겨 두어야 한다.

13) conditional pmf

보기 2.1.15 조건부 확률질량함수

정육면체 주사위를 굴려 윗면에 나온 주사위 눈을 확률변수 X라고 할 때 X의 확률질량함수는

$$p_X(x)=\begin{cases}\dfrac{1}{6}, & x=1,2,3,4,5,6,\\ 0, & \text{그 밖에는}\end{cases}$$

이다. 주사위를 굴려 나온 눈이 홀수임을 알고 있을 때 X의 확률질량함수는

$$p_{X|A}(x)=\begin{cases}\dfrac{1}{3}, & x=1,3,5,\\ 0, & \text{그 밖에는}\end{cases}$$

이며, 여기에서 사건 A={주사위를 굴려 나온 눈이 홀수}이다. 또한 주사위를 굴려 나온 눈이 3보다 작지 않다는 것을 알고 있을 때 X의 확률질량함수는

$$p_{X|B}(x)=\begin{cases}\dfrac{1}{4}, & x=3,4,5,6,\\ 0, & \text{그 밖에는}\end{cases}$$

이며, 여기에서 사건 B={주사위를 굴려 나온 눈이 3보다 작지 않음}이다.

보기 2.1.16 조건부 확률질량함수

확률질량함수가 표 2.1.2 (가)와 같은 확률변수 Y를 생각하자. 사건 $A=\{Y\geq 0\}$이 주어졌다면 $P(A)=P(Y\geq 0)=p_Y(0)+p_Y(1)+p_Y(2)+p_Y(5)=0.8$이므로 조건부 확률질량함수 $p_{Y|A}(y)$는 표 2.1.2 (나)와 같고, 사건 $B=\{-1<Y<2\}$가 주어졌다면 $P(B)=P(-1<Y<2)=p_Y(0)+p_Y(1)=0.5$이므로 조건부 확률질량함수 $p_{Y|B}(y)$는 표 2.1.2 (다)와 같다.

표 2.1.2 보기 2.1.16의 확률질량함수

(가)

y	-2	0	1	2	5
$p_Y(y)$	0.2	0.4	0.1	0.2	0.1

(나)

y	-2	0	1	2	5
$p_{Y\|A}(y)$	0	0.5	0.125	0.25	0.125

(다)

y	-2	0	1	2	5
$p_{Y\|B}(y)$	0	0.8	0.2	0	0

이산 확률변수에서는 사건이 주어진 조건부 확률질량함수를 조건부 확률로 뜻매김하였다. 연속 확률변수에서는 누적분포함수에 조건부 확률을 적용하여 사건이 주어진 조건부 누적분포함수를 먼저 뜻매김하고, 이 조건부 누적분포함수를 미분하여 사건이 주어진 조건부 확률밀도함수를 뜻매김할 수 있다.

뜻매김 2.1.7 **조건부 누적분포함수**[14]**, 조건부 확률밀도함수**[15]

확률이 $P(A)>0$인 사건 A가 이미 일어났다는 조건이 주어졌을 때 연속 확률변수 X의 누적분포함수를 사건이 주어진 조건부 누적분포함수라고 하고 $F_{X|A}$처럼 쓰며

$$F_{X|A}(x) \;=\; P(X \le x|A) \;=\; \frac{P(X \le x, A)}{P(A)} \tag{2.1.19}$$

이다. 또한

$$f_{X|A}(x) = \frac{d}{dx} F_{X|A}(x) \tag{2.1.20}$$

을 사건 A가 주어진 X의 조건부 확률밀도함수라고 한다.

보기 2.1.17 **조건부 확률밀도함수**

확률밀도함수가 $f_X(x) = \begin{cases} 2x, & 0 \le x < 1 \\ 0, & x < 0,\ x \ge 1 \end{cases}$인 확률변수 X에 대하여 실험한 결과가 사건 $A = \{X < 0.7\}$에 들어 있음을 알게 되었다면, 조건부 누적분포함수는

$$F_{X|A}(x) = \frac{P(X \le x, X < 0.7)}{P(A)} = \begin{cases} 1, & x \ge 0.7, \\ \dfrac{P(X \le x)}{P(A)}, & 0 \le x < 0.7, \\ 0, & x < 0 \end{cases}$$

$$= \begin{cases} 1, & x \ge 0.7, \\ \dfrac{F_X(x)}{P(A)}, & 0 \le x < 0.7, \\ 0, & x < 0 \end{cases}$$

이고, 이 조건부 누적분포함수를 미분하면 조건부 확률밀도함수

14) conditional cdf
15) conditional pdf

$$f_{X|A}(x) = \begin{cases} \dfrac{f_X(x)}{P(A)}, & 0 \le x < 0.7, \\ 0, & x < 0,\ x \ge 0.7 \end{cases}$$

을 얻을 수 있다. 여기서 사건 A의 확률이 $P(A) = \int_0^{0.7} 2x\,dx = 0.49$이므로

$$f_{X|A}(x) = \begin{cases} \dfrac{200}{49}x, & 0 \le x < 0.7, \\ 0, & x < 0,\ x \ge 0.7 \end{cases}$$

이다.

보기 2.1.18 조건부 확률밀도함수

확률밀도함수가 $f_T(t) = \begin{cases} e^{-t}, & t \ge 0 \\ 0, & t < 0 \end{cases}$인 확률변수 T를 생각하자. 그러면 $a \ge 0$인 사건 $\{T \ge a\}$가 주어졌을 때 조건부 누적분포함수는

$$\begin{aligned} F_{T|T \ge a}(t) &= \frac{P(T \le t, T \ge a)}{P(T \ge a)} = \begin{cases} \dfrac{P(a \le T \le t)}{P(T \ge a)}, & t \ge a, \\ 0, & t < a \end{cases} \\ &= \begin{cases} \dfrac{F_T(t) - F_T(a)}{P(T \ge a)}, & t \ge a, \\ 0, & t < a \end{cases} \end{aligned}$$

이고, 조건부 확률밀도함수는

$$f_{T|T \ge a}(t) = \begin{cases} \dfrac{f_T(t)}{P(T \ge a)}, & t \ge a, \\ 0, & t < a \end{cases}$$

이다. 구체적으로 사건 $A = \{T \ge 1\}$과 사건 $B = \{T \ge 2\}$가 주어진 때의 조건부 확률밀도함수를 각각 얻어 보자. 두 사건의 확률이 $P(A) = P(T \ge 1) = \int_1^{\infty} e^{-t}dt = e^{-1}$이고 $P(B) = P(T \ge 2) = \int_2^{\infty} e^{-t}dt = e^{-2}$이므로, 조건부 확률밀도함수는

$$f_{T|A}(t) = \begin{cases} e^{-(t-1)}, & t \ge 1, \\ 0, & t < 1 \end{cases}$$

과

$$f_{T|B}(t) = \begin{cases} e^{-(t-2)}, & t \ge 2, \\ 0, & t < 2 \end{cases}$$

이다. 그림 2.1.13에 $f_T(t)$, $f_{T|A}(t)$, $f_{T|B}(t)$의 그래프를 나타내었다.

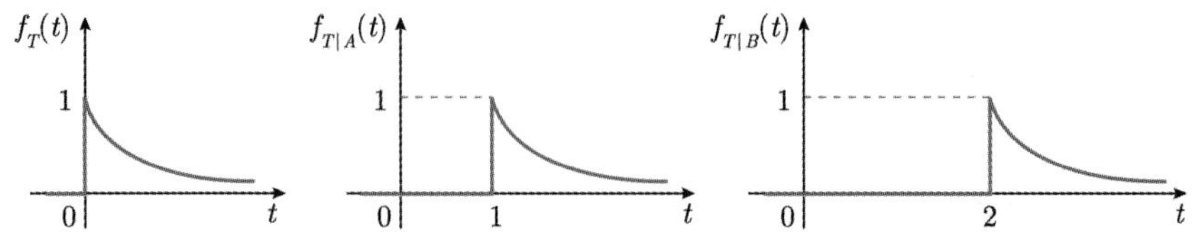

그림 2.1.13 보기 2.1.18의 확률밀도함수

정리 2.1.3 이산 확률변수 X가 어떤 확률 실험의 결과로 정의되고 $\{A_1, A_2, \cdots, A_n\}$이 그 확률 실험의 표본공간의 분할일 때, 이산 확률변수 X의 확률질량함수는

$$p_X(x) = \sum_{k=1}^{n} p_{X|A_k}(x) P(A_k) \tag{2.1.21}$$

처럼 나타낼 수 있다.

증명 사건 B를 $\{X = x\}$로 두고, 정리 1.3.2에서 다룬 전체확률 정리

$$P(B) = \sum_{k=1}^{n} P(B|A_k) P(A_k) \tag{2.1.22}$$

를 쓰면

$$\begin{aligned} p_X(x) &= P(X = x) \\ &= \sum_{k=1}^{n} P(X = x|A_k) P(A_k) \\ &= \sum_{k=1}^{n} p_{X|A_k}(x) P(A_k) \end{aligned} \tag{2.1.23}$$

을 쉽게 보일 수 있다.

보기 2.1.19 정사면체 주사위 두 개와 정육면체 주사위 한 개 가운데에서 하나를 골라 던져 나온 눈을 X라고 하자. 어느 주사위를 고를 확률도 $\frac{1}{3}$이라고 할 때, 확률변수 X의 확률질량함수를 얻어 보자.

풀이 정사면체 주사위를 고르는 사건을 A라고 하고 정육면체 주사위를 고르는 사건을 B라고 하면, $P(A) = \frac{2}{3}$이고, $P(B) = \frac{1}{3}$이며, 각 사건에서 X의 분포는 표 2.1.3 (가), (나)와 같다. 따라서 $x = 1, 2, 3, 4$일 때에는

$$p_X(x) = \frac{2}{3}p_{X|A}(x) + \frac{1}{3}p_{X|B}(x) = \frac{2}{3}\times\frac{1}{4} + \frac{1}{3}\times\frac{1}{6} = \frac{2}{9}$$

이고, $x = 5, 6$일 때에는

$$p_X(x) = \frac{2}{3}p_{X|A}(x) + \frac{1}{3}p_{X|B}(x) = \frac{2}{3}\times 0 + \frac{1}{3}\times\frac{1}{6} = \frac{1}{18}$$

이다. 곧, X의 분포는 표 2.1.3 (다)와 같다.

표 2.1.3 보기 2.19의 확률질량함수

(가)

x	1	2	3	4
$p_{X\|A}(x)$	$\frac{1}{4}$	$\frac{1}{4}$	$\frac{1}{4}$	$\frac{1}{4}$

(나)

x	1	2	3	4	5	6
$p_{X\|B}(x)$	$\frac{1}{6}$	$\frac{1}{6}$	$\frac{1}{6}$	$\frac{1}{6}$	$\frac{1}{6}$	$\frac{1}{6}$

(다)

x	1	2	3	4	5	6
$p_X(x)$	$\frac{2}{9}$	$\frac{2}{9}$	$\frac{2}{9}$	$\frac{2}{9}$	$\frac{1}{18}$	$\frac{1}{18}$

뜻매김 2.1.7과 정리 2.1.3의 증명을 연속 확률변수에 적용하면 다음 정리를 얻을 수 있다.

정리 2.1.4 연속 확률변수 X가 어떤 확률 실험의 결과로 정의되고 $\{A_1, A_2, \cdots, A_n\}$이 그 확률 실험의 표본공간의 분할일 때, 연속 확률변수 X의 확률밀도함수는

$$f_X(x) = \sum_{k=1}^{n} f_{X|A_k}(x)P(A_k) \tag{2.1.24}$$

처럼 나타낼 수 있다.

보기 2.1.20 비트 0과 1을 주고받는 통신 시스템에서 수신기 관측값을 확률변수 X라고 하고, 비트 0을 보낸 사건을 H_0, 비트 1을 보낸 사건을 H_1이라고 하자. 또한 두 사건 H_0과 H_1이 주어진 경우의 조건부 확률밀도함수가

$$f_{X|H_0}(x)=\begin{cases}\dfrac{2}{3}, & -0.75 \le x < 0.75,\\ 0, & \text{그 밖에는}\end{cases}$$

$$f_{X|H_1}(x)=\begin{cases}\dfrac{2}{3}, & 0.25 \le x < 1.75,\\ 0, & \text{그 밖에는}\end{cases}$$

이라고 하자.

(1) 두 사건 H_0과 H_1의 확률이 $P(H_0)=P(H_1)=\frac{1}{2}$일 때, X의 확률밀도함수는

$$\begin{aligned} f_X(x) &= \frac{1}{2}f_{X|H_0}(x)+\frac{1}{2}f_{X|H_1}(x) \\ &= \begin{cases}\dfrac{1}{3}, & -0.75 \le x < 0.25,\ 0.75 \le x < 1.75,\\ \dfrac{2}{3}, & 0.25 \le x < 0.75,\\ 0, & \text{그 밖에는}\end{cases}\end{aligned}$$

이다.

(2) 두 사건 H_0과 H_1의 확률이 $P(H_0)=\frac{1}{4}$이고 $P(H_1)=\frac{3}{4}$일 때, X의 확률밀도함수는

$$\begin{aligned} f_X(x) &= \frac{1}{4}f_{X|H_0}(x)+\frac{3}{4}f_{X|H_1}(x) \\ &= \begin{cases}\dfrac{1}{6}, & -0.75 \le x < 0.25,\\ \dfrac{2}{3}, & 0.25 \le x < 0.75,\\ \dfrac{1}{2}, & 0.75 \le x < 1.75,\\ 0, & \text{그 밖에는}\end{cases}\end{aligned}$$

이다.

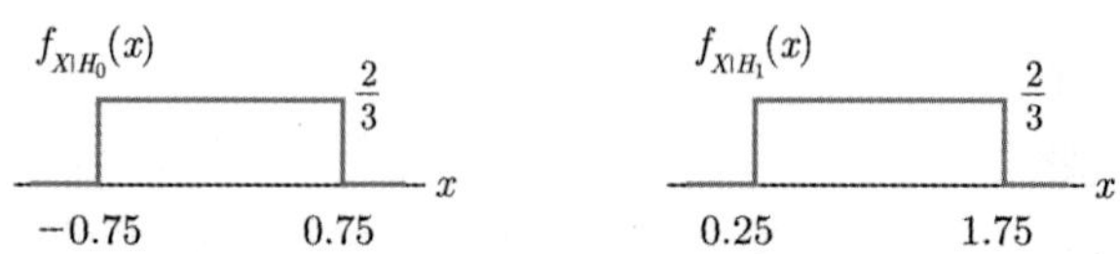

그림 2.1.14 보기 2.1.20의 조건부 확률밀도함수

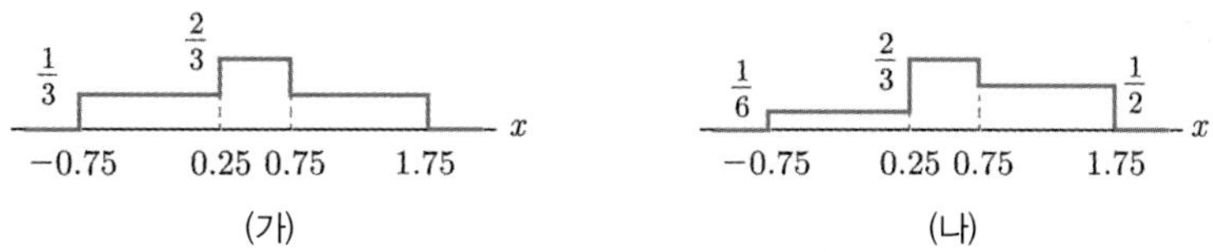

그림 2.1.15 보기 2.1.20에서 (가) $P(H_0)=P(H_1)=\dfrac{1}{2}$일 때 X의 확률밀도함수, (나) $P(H_0)=\dfrac{1}{4}$, $P(H_1)=\dfrac{3}{4}$일 때 X의 확률밀도함수

2.2 확률변수의 변환

이 절에서는 어떤 확률변수의 확률 특성을 알고 있을 때, 그 확률변수를 변환한 새로운 확률변수의 확률 특성을 생각해 보자. 이 절에서 다루는 내용은 확률적인 신호 또는 실험 결과가 특정 시스템이나 처리 과정을 거쳐 나오는 출력의 확률 특성을 분석하는 데에 매우 쓸모 있다.

2.2.1 이산 확률변수의 변환

이산 확률변수 X의 확률질량함수를 바탕으로 새로운 확률변수 $Y=g(X)$의 확률질량함수를 얻는 방법을 몇 가지 보기를 들어 살펴보자.

보기 2.2.1 이산 확률변수의 선형 변환

확률변수 X가 이산 확률변수이고 상수 a가 0이 아닐 때, 확률변수 $Y=aX+b$의 확률질량함수는

$$\begin{aligned} p_Y(y) &= P(Y=y) \;=\; P(aX+b=y) \;=\; P\left(X=\frac{y-b}{a}\right) \\ &= p_X\left(\frac{y-b}{a}\right) \end{aligned}$$

이다. 보기를 들어, 이산 확률변수 X의 분포가 표 2.2.1 (가)에 보인 것과 같을 때 확률변수 $Y=2X-1$을 생각하자. 확률변수 X의 치역이 $S_X=\{-2, 0, 1, 2, 5\}$이므로 Y의 치역은 $S_Y=\{y \mid y=2x-1, \quad x\in S_X\}$ $=\{-5, -1, 1, 3, 9\}$이고, 확률질량함수는

$$p_Y(y) = \begin{cases} p_X\left(\dfrac{y+1}{2}\right), & y = -5, -1, 1, 3, 9, \\ 0, & \text{그 밖에는} \end{cases}$$

이다. 이 확률질량함수는 표 2.2.1 (나)에 보인 것과 같다.

표 2.2.1 이산 확률변수의 선형 변환 $Y = 2X - 1$

(가)

x	-2	0	1	2	5
$p_X(x)$	0.2	0.4	0.1	0.2	0.1

(나)

y	-5	-1	1	3	9
$p_Y(y)$	0.2	0.4	0.1	0.2	0.1

보기 2.2.2 이산 확률변수의 제곱

확률변수 X가 이산 확률변수이고 상수 a가 0보다 클 때, 확률변수 $Y = aX^2$의 확률질량함수는

$$p_Y(y) = P(Y = y) = P(aX^2 = y) = P\left(X^2 = \frac{y}{a}\right)$$

$$= \begin{cases} P\left(X = \sqrt{\dfrac{y}{a}}\right) + P\left(X = -\sqrt{\dfrac{y}{a}}\right), & y > 0, \\ P(X = 0), & y = 0, \\ 0, & y < 0 \end{cases}$$

$$= \begin{cases} p_X\left(\sqrt{\dfrac{y}{a}}\right) + p_X\left(-\sqrt{\dfrac{y}{a}}\right), & y > 0, \\ p_X(0), & y = 0, \\ 0, & y < 0 \end{cases}$$

이다. 보기를 들어, 이산 확률변수 X의 분포가 표 2.2.1 (가)와 같을 때 확률변수 $Y = X^2$을 생각하자. 확률변수 X의 치역이 $S_X = \{-2,\ 0,\ 1,\ 2,\ 5\}$이므로 Y의 치역은 $S_Y = \{y \mid y = x^2,\ x \in S_X\} = \{0,\ 1,\ 4,\ 25\}$이고, 확률질량함수는

$$p_Y(y) = \begin{cases} p_X(\sqrt{y}) + p_X(-\sqrt{y}), & y = 1, 4, 25, \\ p_X(0), & y = 0, \\ 0, & \text{그 밖에는} \end{cases}$$

이다. 이 확률질량함수는 표 2.2.2에 보인 것과 같다.

표 2.2.2 이산 확률변수의 제곱 $Y = X^2$

y	0	1	4	25
$p_Y(y)$	0.4	0.1	0.4	0.1

보기 2.2.3 이산 확률변수의 제곱근

이산 확률변수 X가 0보다 작지 않을 때, $Y = \sqrt{X}$의 확률질량함수를

$$p_Y(y) = P(\sqrt{X} = y) = \begin{cases} P(X = y^2), & y \ge 0, \\ 0, & y < 0 \end{cases}$$

$$= \begin{cases} p_X(y^2), & y \ge 0, \\ 0, & y < 0 \end{cases}$$

과 같이 얻을 수 있다. 보기를 들어, 이산 확률변수 Y의 분포가 표 2.2.2와 같을 때 확률변수 $W = \sqrt{Y}$를 생각하자. 확률변수 Y의 치역이 $S_Y = \{0, 1, 4, 25\}$이므로 W의 치역은 $S_W = \{w \mid w = \sqrt{y},\ y \in S_Y\} = \{0, 1, 2, 5\}$이고, 확률질량함수는

$$p_W(w) = \begin{cases} p_Y(w^2), & w = 0, 1, 2, 5, \\ 0, & \text{그 밖에는} \end{cases}$$

이다. 이 확률질량함수는 표 2.2.3에 보인 것과 같다.

표 2.2.3 이산 확률변수의 제곱근 $W = \sqrt{Y}$

w	0	1	2	5
$p_W(w)$	0.4	0.1	0.4	0.1

보기 2.2.4 이산 확률변수의 절댓값

확률변수 X가 이산 확률변수일 때, $Y = |X|$의 확률질량함수를

$$p_Y(y) = P(|X| = y) = \begin{cases} P(X = y) + P(X = -y), & y > 0, \\ P(X = 0), & y = 0, \\ 0, & y < 0 \end{cases}$$

$$= \begin{cases} p_X(y) + p_X(-y), & y > 0, \\ p_X(0), & y = 0, \\ 0, & y < 0 \end{cases}$$

과 같이 얻을 수 있다. 보기를 들어, 이산 확률변수 X의 분포가 표 2.2.1 (가)와 같을 때 확률변수 $Y = \left|\frac{X}{2}\right|$를 생각하자. 확률변수 X의 치역이

$S_X = \{-2, 0, 1, 2, 5\}$이므로 Y의 치역은 $S_Y = \left\{y \mid y = \left|\dfrac{x}{2}\right|, x \in S_X\right\}$ $= \{0, 0.5, 1, 2.5\}$이고, 확률질량함수는

$$p_Y(y) = \begin{cases} p_X(2y) + p_X(-2y), & y = 0.5,\ 1,\ 2.5, \\ p_X(0), & y = 0, \\ 0, & \text{그 밖에는} \end{cases}$$

이다. 이 확률질량함수는 표 2.2.4에 보인 것과 같다.

표 2.2.4 이산 확률변수의 절댓값 $Y = \left|\dfrac{X}{2}\right|$

y	0	0.5	1	2.5
$p_Y(y)$	0.4	0.1	0.4	0.1

2.2.2 연속 확률변수의 변환: 누적분포함수

이제 연속 확률변수 X의 확률밀도함수에서 새로운 연속 확률변수 $Y = g(X)$의 누적분포함수를 얻는 방법을 생각한다.

보기 2.2.5 연속 확률변수의 선형 변환

확률변수 X가 연속 확률변수이고 상수 a가 0이 아닐 때, 확률변수 $Y = aX + b$의 누적분포함수는

$$\begin{aligned} F_Y(y) &= P(Y \le y) = P(aX + b \le y) \\ &= \begin{cases} P\left(X \le \dfrac{y-b}{a}\right), & a > 0, \\ P\left(X \ge \dfrac{y-b}{a}\right), & a < 0 \end{cases} \\ &= \begin{cases} F_X\left(\dfrac{y-b}{a}\right), & a > 0, \\ 1 - F_X\left(\dfrac{y-b}{a}\right), & a < 0 \end{cases} \end{aligned}$$

이다. 보기를 들어, 확률변수 X의 누적분포함수가

$$F_X(x) = \begin{cases} 1, & x \ge 1, \\ x, & 0 \le x < 1, \\ 0, & x < 0 \end{cases}$$

일 때, $Y = 2X + 1$의 누적분포함수는

$$F_Y(y) = F_X\left(\frac{y-1}{2}\right) = \begin{cases} 1, & y \geq 3, \\ \dfrac{y-1}{2}, & 1 \leq y < 3, \\ 0, & y < 1 \end{cases}$$

이다. 누적분포함수 $F_X(x)$와 $F_Y(y)$를 그림 2.2.1에 나타내었다.

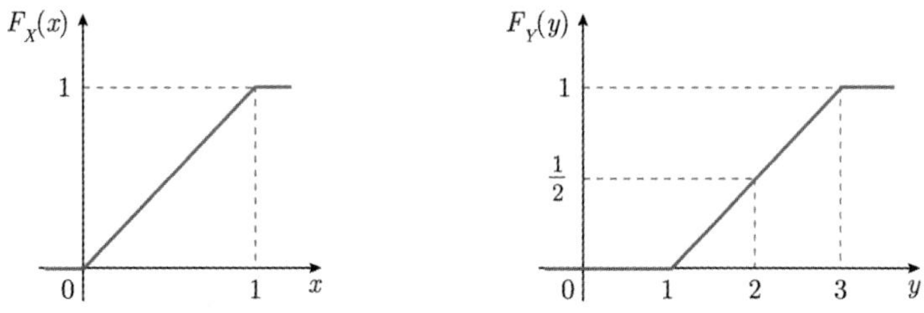

그림 2.2.1 연속 확률변수의 선형 변환 $Y=2X+1$

보기 2.2.6 연속 확률변수의 역

확률변수 X가 연속 확률변수일 때, $Y=\dfrac{1}{X}$의 누적분포함수를

$$\begin{aligned} F_Y(y) &= P\left(\frac{1}{X} \leq y\right) = P(X \leq yX^2) = P(X(yX-1) \geq 0) \\ &= \begin{cases} P\left(X \leq 0 \text{ 또는 } X \geq \dfrac{1}{y}\right), & y > 0, \\ P(X \leq 0), & y = 0, \\ P\left(\dfrac{1}{y} \leq X \leq 0\right), & y < 0 \end{cases} \\ &= \begin{cases} F_X(0) + 1 - F_X\left(\dfrac{1}{y}\right), & y > 0, \\ F_X(0), & y = 0, \\ F_X(0) - F_X\left(\dfrac{1}{y}\right), & y < 0 \end{cases} \end{aligned}$$

과 같이 얻을 수 있다. 보기를 들어, 확률변수 X의 누적분포함수가

$$F_X(x) = \begin{cases} 1, & x \geq 1, \\ x, & 0 < x < 1, \\ 0, & x \leq 0 \end{cases}$$

이면, $F_X(0) = 0$이고

$$F_X\left(\frac{1}{y}\right) = \begin{cases} 1, & 0 < y \leq 1, \\ \dfrac{1}{y}, & y > 1, \\ 0, & y \leq 0 \end{cases}$$

이므로, $Y=\dfrac{1}{X}$의 누적분포함수는

$$F_Y(y)=\begin{cases}1-\dfrac{1}{y}, & y>1,\\ 0, & y\le 1\end{cases}$$

이다. 누적분포함수 $F_X(x)$와 $F_Y(y)$를 그림 2.2.2에 나타내었다.

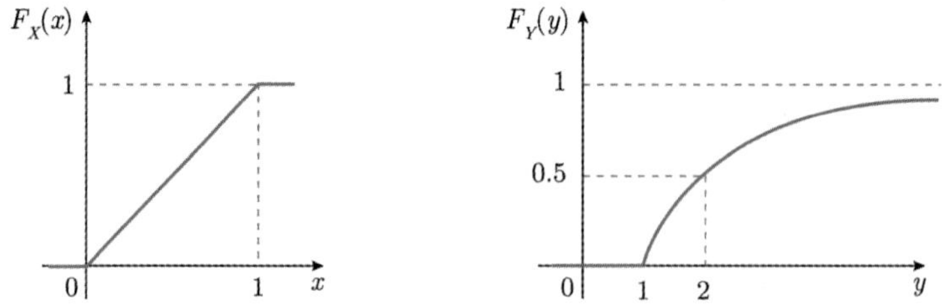

그림 2.2.2 연속 확률변수의 역 $Y=\dfrac{1}{X}$

보기 2.2.7 연속 확률변수의 제곱근

연속 확률변수 X가 0보다 작지 않을 때, $Y=\sqrt{X}$의 누적분포함수를

$$\begin{aligned}F_Y(y)&=P(\sqrt{X}\le y)\\ &=\begin{cases}P(X\le y^2), & y\ge 0,\\ 0, & y<0\end{cases}\\ &=\begin{cases}F_X(y^2), & y\ge 0,\\ 0, & y<0\end{cases}\end{aligned}$$

과 같이 얻을 수 있다. 이 결과를 바탕으로

$$F_X(x)=\begin{cases}1, & x\ge 1,\\ x, & 0\le x<1,\\ 0, & x<0\end{cases}$$

일 때, $Y=\sqrt{X}$의 누적분포함수를 얻으면,

$$F_Y(y)=\begin{cases}1, & y\ge 1,\\ y^2, & 0\le y<1,\\ 0, & y<0\end{cases}$$

이다. 그림 2.2.3에 누적분포함수 $F_X(x)$와 $F_Y(y)$를 보였다.

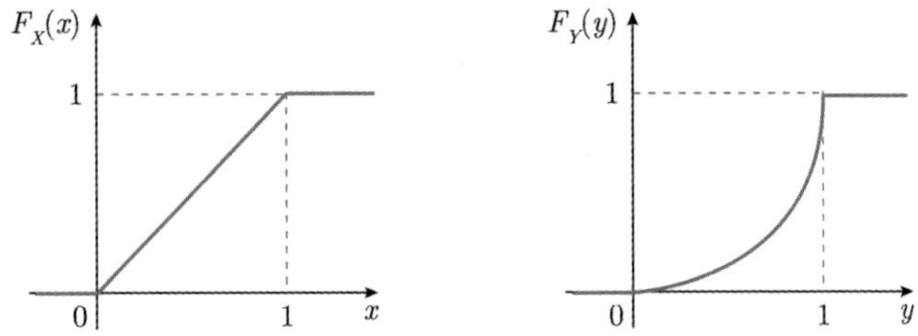

그림 2.2.3 연속 확률변수의 제곱근 $Y=\sqrt{X}$

보기 2.2.8 연속 확률변수의 제곱

확률변수 X가 연속 확률변수이고 상수 a가 0보다 클 때, 확률변수 $Y=aX^2$의 누적분포함수는

$$F_Y(y)=P(aX^2 \le y)=P\left(X^2 \le \frac{y}{a}\right)$$

$$=\begin{cases} P\left(-\sqrt{\frac{y}{a}} \le X \le \sqrt{\frac{y}{a}}\right), & y \ge 0, \\ 0, & y<0 \end{cases}$$

$$=\begin{cases} F_X\left(\sqrt{\frac{y}{a}}\right)-F_X\left(-\sqrt{\frac{y}{a}}\right), & y \ge 0, \\ 0, & y<0 \end{cases}$$

과 같다. 이 결과를 바탕으로

$$F_X(x)=\begin{cases} 1, & x \ge 1, \\ x^2, & 0 \le x < 1, \\ 0, & x<0 \end{cases}$$

일 때 $Y=X^2$의 누적분포함수를 얻어 보자. 먼저

$$F_X(\sqrt{y})=\begin{cases} 1, & y \ge 1, \\ y, & 0 \le y < 1, \\ 0, & y<0 \end{cases}$$

이고, $y \ge 0$일 때 $F_X(-\sqrt{y})=0$이므로

$$F_Y(y)=F_X(\sqrt{y})=\begin{cases} 1, & y \ge 1, \\ y, & 0 \le y < 1, \\ 0, & y<0 \end{cases}$$

이다. 누적분포함수 $F_X(x)$와 $F_Y(y)$를 그림 2.2.4에 보였다.

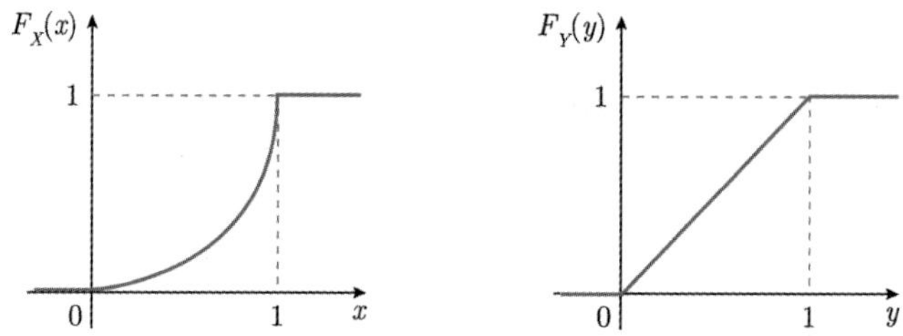

그림 2.2.4 연속 확률변수의 제곱 $Y = X^2$

보기 2.2.9 연속 확률변수의 절댓값

연속 확률변수 X의 누적분포함수가 $F_X(x)$일 때, 한 점이 나타내는 확률은 0임을 활용하여 $Y = |X|$의 누적분포함수를

$$F_Y(y) = P(|X| \le y) = \begin{cases} P(-y \le X \le y), & y \ge 0, \\ 0, & y < 0 \end{cases}$$

$$= \begin{cases} F_X(y) - F_X(-y), & y \ge 0, \\ 0, & y < 0 \end{cases}$$

과 같이 얻을 수 있다. 이 결과를 바탕으로

$$F_X(x) = \begin{cases} 1, & x \ge 1, \\ \dfrac{x+1}{2}, & -1 \le x < 1, \\ 0, & x < -1 \end{cases}$$

일 때, $Y = |X|$의 누적분포함수를 얻으면,

$$F_Y(y) = \begin{cases} 1, & y \ge 1, \\ \dfrac{y+1}{2} - \dfrac{-y+1}{2} = y, & 0 \le y < 1, \\ 0, & y < 0 \end{cases}$$

이다. 그림 2.2.5에 누적분포함수 $F_X(x)$와 $F_Y(y)$를 보였다.

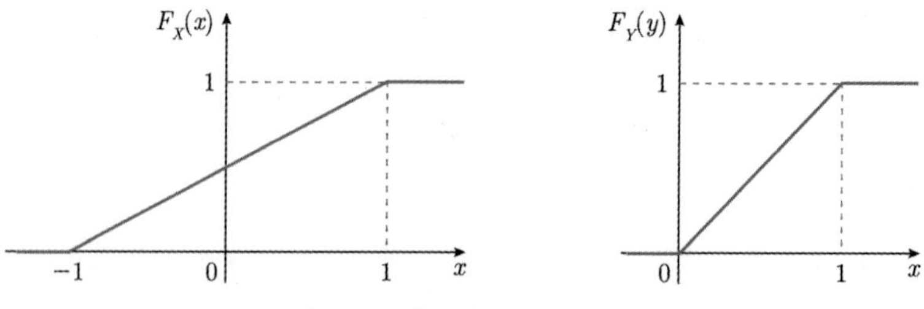

그림 2.2.5 연속 확률변수의 절댓값

보기 2.2.10* 확률변수와 제한기

확률변수 X가 연속 확률변수일 때, 제한기 $g(x)=\begin{cases} b, & x \geq b, \\ x, & -b \leq x < b, \\ -b, & x < -b \end{cases}$를 거친 확률변수 $Y=g(X)$의 누적분포함수를 얻어 보자. 먼저 Y는 $-b$보다 작을 수 없으므로 $y<-b$이면 $F_Y(y)=0$이고, Y는 b보다 클 수 없으므로 $y \geq b$이면 $F_Y(y)=F_Y(b)=1$이며, $-b \leq y \leq b$이면 $F_Y(y)=P(Y \leq y) = P(X \leq y) = F_X(y)$이다. 정리하면

$$F_Y(y)=\begin{cases} 1, & y \geq b, \\ F_X(y), & -b \leq y < b, \\ 0, & y < -b \end{cases}$$

이다. 이 누적분포함수 $F_Y(y)$는 $y=\pm b$에서 일반적으로 불연속이다. 보기를 들면, 누적분포함수가

$$F_X(x)=\begin{cases} 1, & x \geq 1, \\ \frac{1}{2}(x+1), & -1 \leq x < 1, \\ 0, & x < -1 \end{cases}$$

인 확률변수 X가 $b=\frac{1}{2}$인 제한기를 거쳤을 때, 제한기 출력 Y의 분포는

$$F_Y(y)=\begin{cases} 1, & y \geq \frac{1}{2}, \\ \frac{1}{2}(y+1), & -\frac{1}{2} \leq y < \frac{1}{2}, \\ 0, & y < -\frac{1}{2} \end{cases}$$

이다. 그림 2.2.6에 $F_X(x)$, $g(x)$, $F_Y(y)$를 보였다.

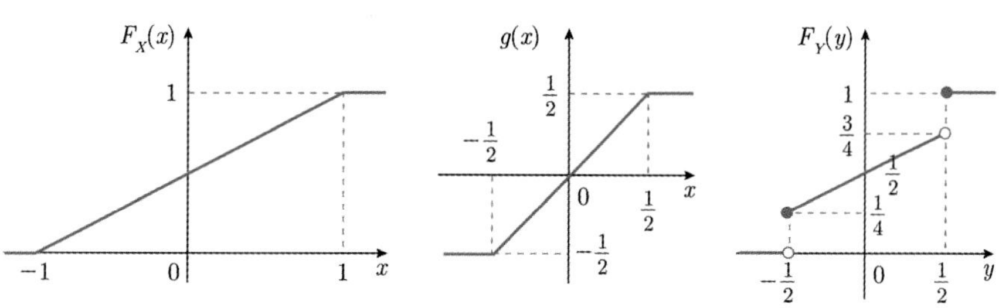

그림 2.2.6 확률변수와 제한기

2.2.3 연속 확률변수의 변환: 일대일 변환의 확률밀도함수

2.2.2절에서는 연속 확률변수 X가 $Y=g(X)$로 변환되었을 때 X의 누적분포함수 $F_X(x)$를 바탕으로 Y의 누적분포함수 $F_Y(y)$를 얻는 방법을 살펴보았다. 그 결과를 바탕으로 Y의 누적분포함수 $F_Y(y)$를 미분하여 Y의 확률밀도함수 $f_Y(y)$를 얻을 수 있다. 이제 변환 $g(x)$가 일대일 함수일 때, X의 확률밀도함수 $f_X(x)$를 바탕으로 $Y=g(X)$의 확률밀도함수 $f_Y(y)$를 바로 얻는 방법을 살펴보자.

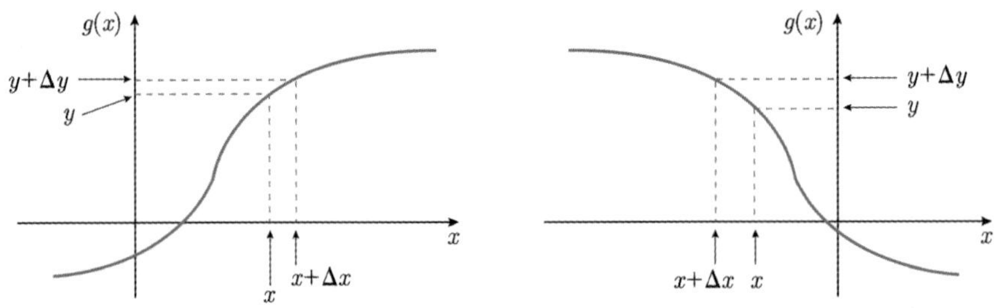

(가) (나)

그림 2.2.7 연속 확률변수의 변환: 일대일 변환

먼저 그림 2.2.7 (가)와 같이 변환 $g(x)$가 미분할 수 있는 느는 함수이면, 함수 $g(x)$의 역함수를 $g^{-1}(x)$처럼 쓸 때,

$$\begin{aligned} P(y \le Y < y+\Delta y) &= P(y \le g(X) < y+\Delta y) \\ &= P\left(g^{-1}(y) \le X < g^{-1}(y+\Delta y)\right) \\ &= P(x \le X < x+\Delta x) \end{aligned} \tag{2.2.1}$$

처럼 $Y=g(X)$의 확률을 X의 확률로 나타낼 수 있다. 이제 Δy를 매우 작은 값으로 두면, 마찬가지로 Δx도 매우 작아지므로

$$P(y \le Y < y+\Delta y) = f_Y(y)\Delta y \tag{2.2.2}$$

이고

$$P(x \le X < x+\Delta x) = f_X(x)\Delta x \tag{2.2.3}$$

이므로 $f_Y(y)\Delta y = f_X(x)\Delta x$이다. 따라서 $\Delta y \to 0$일 때를 생각하면

$$f_Y(y) = \lim_{\Delta y \to 0} f_X(x)\frac{\Delta x}{\Delta y} = f_X(x)\frac{dx}{dy} = f_X(x)\frac{1}{\frac{dg(x)}{dx}} = \frac{f_X(x)}{g'(x)} \tag{2.2.4}$$

를 얻을 수 있다.

이와 비슷하게 변환 $g(x)$가 그림 2.2.7 (나)와 같이 미분할 수 있는 주는 함수라고 하면,

$$P(y \le Y < y + \Delta y) = P(x + \Delta x < X \le x) = -f_X(x)\Delta x \quad (2.2.5)$$

로 나타낼 수 있다. 이제 $\Delta y \to 0$이라고 두면

$$f_Y(y) = -\lim_{\Delta y \to 0} f_X(x)\frac{\Delta x}{\Delta y} = -f_X(x)\frac{dx}{dy} = -\frac{f_X(x)}{g'(x)} \quad (2.2.6)$$

을 얻을 수 있다. 위 두 결과 (2.2.4)와 (2.2.6)을 묶어서 한꺼번에 나타내면 아래 정리를 얻을 수 있다.

정리 2.2.1 연속 확률변수의 일대일 함수의 확률밀도함수

확률변수 X의 확률밀도함수가 $f_X(x)$이고 변환 $g(x)$가 일대일 함수일 때, $Y = g(X)$의 확률밀도함수 $f_Y(y)$는

$$f_Y(y) = \left[\frac{f_X(x)}{|g'(x)|} \right]_{x = g^{-1}(y)} \quad (2.2.7)$$

이다.

한편, 2.2.2절에서 다룬 것과 같이 누적분포함수를 먼저 얻은 다음 이 결과는 얻을 수도 있다. 먼저 변환 $g(x)$가 미분할 수 있는 느는 함수라고 하면 Y의 누적분포함수는

$$F_Y(y) = P(Y \le y) = P(X \le g^{-1}(y)) = F_X(g^{-1}(y)) \quad (2.2.8)$$

이고, 따라서 Y의 확률밀도함수는

$$f_Y(y) = \frac{d}{dy}F_Y(y) = f_X(g^{-1}(y))\frac{d}{dy}g^{-1}(y) = f_X(x)\frac{dx}{dy} \quad (2.2.9)$$

이다. 이것과 비슷하게 변환 $g(x)$가 미분할 수 있는 주는 함수라고 하면 Y의 누적분포함수는

$$F_Y(y) = P(Y \le y) = P(X \ge g^{-1}(y)) = 1 - F_X(g^{-1}(y)) \quad (2.2.10)$$

이고, Y의 확률밀도함수는

$$f_Y(y) = \frac{d}{dy}F_Y(y) = -f_X(g^{-1}(y))\frac{d}{dy}g^{-1}(y) = -f_X(x)\frac{dx}{dy} \tag{2.2.11}$$

과 같이 얻을 수 있다. 식 (2.2.9)는 (2.2.4)와, (2.2.11)은 (2.2.6)과 같은 것이다.

보기 2.2.11 연속 확률변수의 선형 변환

확률변수 X가 연속 확률변수이고 상수 a가 0이 아닐 때, 확률변수 $Y = aX + b$를 생각하자. 그러면 $y = g(x) = ax + b$일 때 $x = \frac{y-b}{a}$이고 $|g'(x)| = |a|$이므로, (2.2.7)에서

$$f_Y(y) = \frac{1}{|a|}f_X\left(\frac{y-b}{a}\right)$$

를 얻을 수 있다. 이 식은 보기 2.2.5에서 얻은 누적분포함수

$$F_Y(y) = \begin{cases} F_X\left(\frac{y-b}{a}\right), & a > 0, \\ 1 - F_X\left(\frac{y-b}{a}\right), & a < 0 \end{cases}$$

를 미분하여 얻은 결과와 같다. 보기를 들어, X의 확률밀도함수 $f_X(x)$가 그림 2.2.8의 왼쪽에 보인 것과 같다면, $Y = 2X + 1$의 확률밀도함수 $f_Y(y)$는 그림 2.2.8의 오른쪽에 보인 것과 같다.

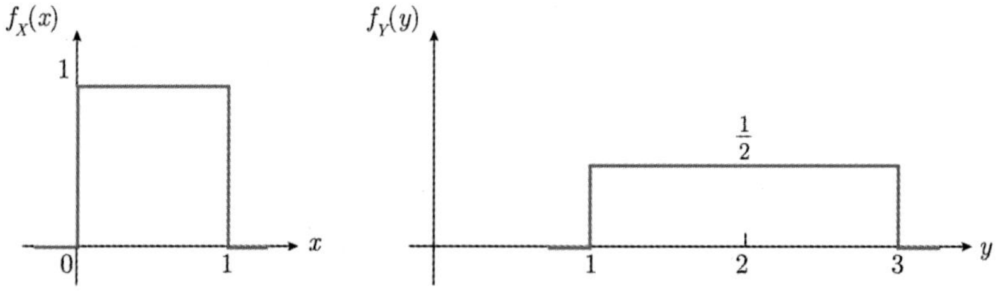

그림 2.2.8 연속 확률변수의 선형 변환 $Y = 2X + 1$

보기 2.2.12 연속 확률변수의 역

확률변수 X가 연속 확률변수일 때, 확률변수 $Y = \frac{1}{X}$를 생각하자. 그러면 함수 $y = g(x) = \frac{1}{x}$일 때 $x = \frac{1}{y}$이고 $|g'(x)| = \left|-\frac{1}{x^2}\right| = y^2$이므로 (2.2.7)에서

$$f_Y(y) = \frac{1}{y^2} f_X\left(\frac{1}{y}\right)$$

을 얻을 수 있다. 이 식은 보기 2.2.6에서 얻은 누적분포함수

$$F_Y(y) = \begin{cases} F_X(0) + 1 - F_X\left(\frac{1}{y}\right), & y > 0, \\ F_X(0), & y = 0, \\ F_X(0) - F_X\left(\frac{1}{y}\right), & y < 0 \end{cases}$$

를 미분하여 얻은 결과와 같다. 확률밀도함수 $f_X(x)$가 그림 2.2.9의 왼쪽에 보인 것과 같다면, $Y = \frac{1}{X}$의 확률밀도함수 $f_Y(y)$는

$$f_Y(y) = \begin{cases} \frac{1}{y^2}, & y \geq 1, \\ 0, & y < 1 \end{cases}$$

이므로 그림 2.2.9의 오른쪽에 보인 것과 같다.

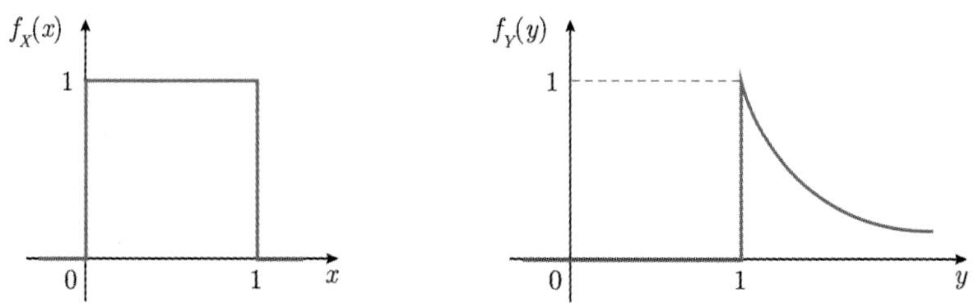

그림 2.2.9 연속 확률변수의 역 $Y = \frac{1}{X}$

보기 2.2.13 연속 확률변수의 제곱근

연속 확률변수 X의 제곱근 $Y = \sqrt{X}$의 확률밀도함수를 얻어 보자. 먼저 $y < 0$이면 $y = \sqrt{x}$의 풀이가 없으므로 $f_Y(y) = 0$이다. 다음으로 $y \geq 0$이면 $x = y^2$이고 $|g'(x)| = 2y$이다. 따라서

$$f_Y(y) = \begin{cases} 2y f_X(y^2), & y \geq 0, \\ 0, & y < 0 \end{cases}$$

이다. 이 식은 보기 2.2.7에서 얻은 누적분포함수

$$F_Y(y) = \begin{cases} F_X(y^2), & y \geq 0, \\ 0, & y < 0 \end{cases}$$

를 미분하여 얻은 결과와 같다. 확률밀도함수 $f_X(x)$가 그림 2.2.10의 왼쪽에 보인 것과 같다면, $Y=\sqrt{X}$의 확률밀도함수 $f_Y(y)$는 그림 2.2.10의 오른쪽에 보인 것과 같다.

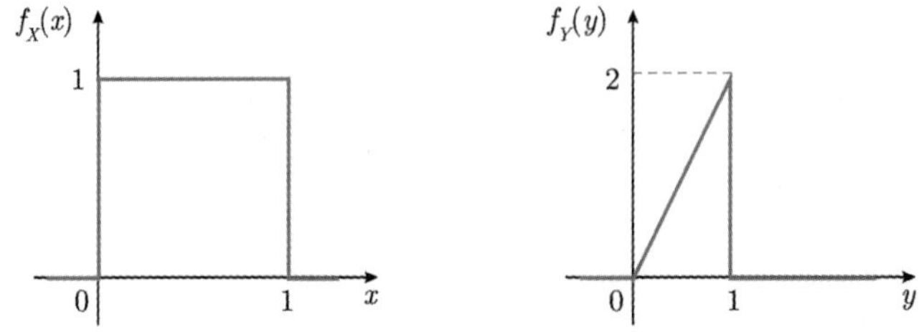

그림 2.2.10 연속 확률변수의 제곱근 $Y=\sqrt{X}$

보기 2.2.14* 연속 확률변수의 지수함수 변환

확률변수 X가 연속 확률변수일 때, 확률변수 $Y=e^X$의 확률밀도함수를 얻어 보자. 먼저 $y\leq 0$이면 $y=e^x$의 풀이가 없으므로 $f_Y(y)=0$이다. 다음으로 $y>0$이면 $x=\ln y$이고 $|g'(x)|=e^x=y$이다. 따라서 (2.2.7)에서

$$f_Y(y)=\begin{cases}\dfrac{1}{y}f_X(\ln y), & y>0,\\ 0, & y\leq 0\end{cases}$$

이다.

2.2.4 연속 확률변수의 변환: 일반 변환의 확률밀도함수*

2.2.3절에서는 변환 $Y=g(X)$가 모든 구간에서 늘거나 줄어드는 일대일 함수일 때 연속 확률변수 X의 확률밀도함수를 바탕으로 확률변수 Y의 확률밀도함수를 바로 얻는 방법을 다루었다. 이 절에서는 2.2.3절의 결과를 확장하여 변환 $g(x)$가 일반 함수인 때를 살펴보자.

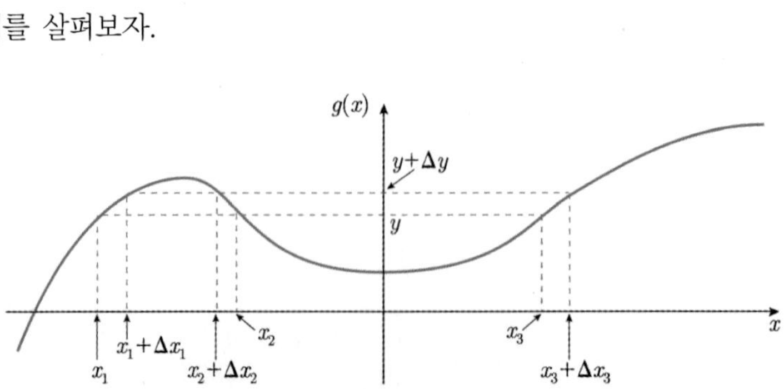

그림 2.2.11 연속 확률변수의 변환: 일반 변환

그림 2.2.11에 보인 변환 $g(x)$에서는 사건 $y \le Y < y + \Delta y$에 해당하는 사건이 X의 영역에서의 세 사건의 확률을 더하여

$$\begin{aligned} P(y \le Y < y + \Delta y) = & \ P(x_1 \le X < x_1 + \Delta x_1) \\ & + P(x_2 + \Delta x_2 < X \le x_2) \\ & + P(x_3 \le X < x_3 + \Delta x_3) \end{aligned} \tag{2.2.12}$$

과 같이 확률을 얻을 수 있다. 이제 이 결과를 바탕으로 2.2.3절에서 다룬 방법으로 Y의 확률밀도함수를 나타내면

$$f_Y(y) = \frac{f_X(x_1)}{|g'(x_1)|} + \frac{f_X(x_2)}{|g'(x_2)|} + \frac{f_X(x_3)}{|g'(x_3)|} \tag{2.2.13}$$

이다. 이 결과를 일반화하면 아래 정리를 얻을 수 있다

정리 2.2.2 연속 확률변수의 일반 함수의 확률밀도함수

함수 $y = g(x)$의 풀이가 $x_1, x_2, \cdots, x_n$일 때, $Y = g(X)$의 확률밀도함수 $f_Y(y)$는

$$f_Y(y) = \frac{f_X(x_1)}{|g'(x_1)|} + \frac{f_X(x_2)}{|g'(x_2)|} + \cdots + \frac{f_X(x_n)}{|g'(x_n)|} \tag{2.2.14}$$

이다.

보기 2.2.15* 연속 확률변수의 제곱 (확률밀도함수)

확률변수 X가 연속 확률변수이고 상수 a가 0보다 클 때, 확률변수 $Y = aX^2$의 확률밀도함수를 얻어 보자. 먼저 $y < 0$이면 $y = ax^2$의 풀이가 없으므로 $f_Y(y) = 0$이다. 다음으로 $y \ge 0$이면 $x_1 = \sqrt{\frac{y}{a}}$와 $x_2 = -\sqrt{\frac{y}{a}}$이고 $|g'(x_1)| = |g'(x_2)| = 2a\sqrt{\frac{y}{a}}$ 이다. 따라서

$$f_Y(y) = \begin{cases} \dfrac{1}{2\sqrt{ay}} \left\{ f_X\left(\sqrt{\dfrac{y}{a}}\right) + f_X\left(-\sqrt{\dfrac{y}{a}}\right) \right\}, & y > 0, \\ 0, & y \le 0 \end{cases}$$

이고, 이 결과는 보기 2.2.8에서 얻은 누적분포함수

$$F_Y(y) = \begin{cases} F_X\left(\sqrt{\dfrac{y}{a}}\right) - F_X\left(-\sqrt{\dfrac{y}{a}}\right), & y > 0, \\ 0, & y \le 0 \end{cases}$$

을 미분하여 얻은 결과와 같다.

2.3 기댓값과 분산

확률변수의 확률분포 특성은 누적분포함수, 확률질량함수, 또는 확률밀도함수와 같이 분포를 나타내는 함수로 명확하게 표현할 수 있다. 한편, 확률변수의 확률분포 특성을 대표하여 하나의 값으로 나타낼 수도 있는데 이때 널리 쓰는 값으로는 기댓값과 분산이 있다.

2.3.1 기댓값

그림 2.3.1에 보인 세 확률밀도함수를 살펴보자. 확률밀도함수가 그림 2.3.1의 실선과 같은 확률변수 X는 0에서 5 사이에서, 확률밀도함수가 끊음선과 같은 확률변수 Y는 0에서 8 사이에서, 확률밀도함수가 점선과 같은 확률변수 Z는 0에서 18 사이에서 주로 값을 가질 것이라고 생각할 수 있다. 만약 X의 확률표본을 여러 번 만들어 평균을 내고 Y의 확률표본을 여러 번 만들어 평균을 낸다면, Y의 확률표본의 평균값이 X의 확률표본의 평균값보다 더 클 것임을 예상할 수 있다. 이렇게 확률변수가 가질 수 있는 값의 통계적인 특성을 하나의 수에 반영한 것 가운데 하나가 기댓값이다.

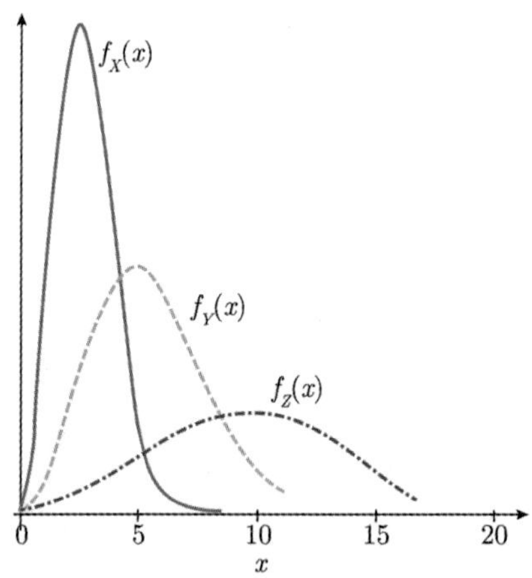

그림 2.3.1 기댓값이 다른 확률밀도함수

뜻매김 2.3.1 기댓값[16] 또는 평균[17]

확률변수 X가 이산 확률변수일 때

$$\mu_X = E[X] = \sum_{x=-\infty}^{\infty} x p_X(x) \tag{2.3.1}$$

을, 연속 확률변수일 때

$$\mu_X = E[X] = \int_{-\infty}^{\infty} x f_X(x) dx \tag{2.3.2}$$

를 기댓값 또는 평균이라고 한다.

보기 2.3.1 이산 확률변수의 기댓값

이산 확률변수 X의 확률질량함수가 다음과 같을 때 기댓값을 얻어 보자.

x	-2	0	1	5	10
$p_X(x)$	0.4	0.2	0.2	0.1	0.1

풀이 식 (2.3.1)을 쓰면

$$E[X] = (-2) \times 0.4 + 0 \times 0.2 + 1 \times 0.2 + 5 \times 0.1 + 10 \times 0.1 = 0.9$$

를 얻을 수 있다.

보기 2.3.2 이산 확률변수의 기댓값

보기 2.1.2의 이산 확률변수 X와 Y의 기댓값을 얻어 보자.

풀이 이산 확률변수이므로 식 (2.3.1)을 쓰면

$$E[X] = 1 \times \frac{1}{6} + 2 \times \frac{1}{6} + 3 \times \frac{1}{6} + 4 \times \frac{1}{6} + 5 \times \frac{1}{6} + 6 \times \frac{1}{6} = 3.5$$

와

$$E[Y] = 0 \times \frac{1}{2} + 1 \times \frac{1}{2} = 0.5$$

를 얻는다.

16) expected value
17) mean

보기 2.3.3 연속 확률변수의 기댓값

확률밀도함수가

$$f_X(x) = \begin{cases} 2x, & 0 \le x \le 1, \\ 0, & \text{그 밖에는} \end{cases}$$

인 연속 확률변수 X의 기댓값을 얻어 보자.

풀이 연속 확률변수이므로 식 (2.3.2)를 바탕으로

$$E[X] = \int_{-\infty}^{\infty} x f_X(x) dx = \int_0^1 x \times 2x dx = \frac{2}{3} x^3 \Big|_0^1 = \frac{2}{3}$$

를 얻을 수 있다.

보기 2.3.4 연속 확률변수의 기댓값

확률밀도함수가

$$f_X(x) = \begin{cases} 1 - |x|, & -1 \le x \le 1, \\ 0, & \text{그 밖에는} \end{cases}$$

인 연속 확률변수 X의 기댓값을 얻어 보자.

풀이 연속 확률변수이므로 식 (2.3.2)를 바탕으로

$$E[X] = \int_{-1}^{1} x(1 - |x|) dx = \int_{-1}^{0} x(1+x) dx + \int_0^1 x(1-x) dx = 0$$

을 얻을 수 있다.

보기 2.3.5 확률밀도함수가

$$f_X(x) = \begin{cases} 2e^{-2x}, & x \ge 0, \\ 0, & \text{그 밖에는} \end{cases}$$

인 연속 확률변수 X의 기댓값을 얻어 보자.

풀이 연속 확률변수이므로 식 (2.3.2)를 바탕으로

$$E[X] = \int_0^{\infty} x \times 2e^{-2x} dx = -xe^{-2x} \Big|_0^{\infty} + \int_0^{\infty} e^{-2x} dx = \frac{1}{2}$$

을 얻을 수 있다.

정리 2.3.1 확률변수의 변환의 기댓값

변환 $Y=g(X)$의 기댓값은, X가 이산 확률변수일 때

$$E[Y]=E[g(X)]=\sum_{x=-\infty}^{\infty} g(x)p_X(x) \tag{2.3.3}$$

이고, X가 연속 확률변수일 때

$$E[Y]=E[g(X)]=\int_{-\infty}^{\infty} g(x)f_X(x)dx \tag{2.3.4}$$

이다.

증명 이산 확률변수의 변환에서 $g(x)=y$가 되는 x 값이 $x_1, x_2, \cdots, x_M$이라고 하자. 그러면 $p_Y(y)$는 y로 대응되는 x 값에 대한 확률을 모두 더하여 $p_Y(y)=p_X(x_1)+p_X(x_2)+\cdots+p_X(x_M)$과 같이 얻을 수 있다. 이때 $\{x_1, x_2, \cdots, x_M\}$을 조건제시법 $\{x : g(x)=y\}$로 쓰면 $p_Y(y)=\sum_{\{x:g(x)=y\}} p_X(x)$이다. 그러므로 Y의 기댓값은

$$\begin{aligned} E[Y] &= \sum_{y=-\infty}^{\infty} yp_Y(y) \\ &= \sum_{y=-\infty}^{\infty} y \sum_{\{x:g(x)=y\}} p_X(x) \\ &= \sum_{y=-\infty}^{\infty} \sum_{\{x:g(x)=y\}} g(x)p_X(x) \\ &= \sum_{x=-\infty}^{\infty} g(x)p_X(x) \end{aligned} \tag{2.3.5}$$

로 쓸 수 있다. 연속 확률변수에 대해서도 비슷한 방법으로 식 (2.3.4)를 얻을 수 있다.

확률변수의 변환의 기댓값은 2.2절에서 제시한 방법과 같이 확률변수의 변환의 분포를 먼저 얻은 다음 얻을 수도 있다. 그러나 2.2절에서 이미 보았듯이 확률변수의 변환의 분포를 얻는 것이 복잡하기 때문에 기댓값만 필요할 때에는 확률변수의 변환의 분포를 얻지 않고 정리 2.3.1과 같이 원래의 확률변수의 분포를 써서 확률변수의 변환의 기댓값을 얻는 것이 편리하다.

보기 2.3.6 이산 확률변수의 변환의 기댓값

이산 확률변수 X의 확률질량함수가

$$p_X(x) = \begin{cases} \frac{1}{5}, & x = -2, -1, 0, 1, 2, \\ 0, & \text{그 밖에는} \end{cases}$$

일 때, $Y = X^2$의 기댓값을 얻어 보자.

풀이 정리 2.3.1을 적용하면 Y의 기댓값은

$$\begin{aligned} E[Y] = E[X^2] &= \sum_{x=-\infty}^{\infty} x^2 p_X(x) \\ &= (-2)^2 \times \frac{1}{5} + (-1)^2 \times \frac{1}{5} + 0^2 \times \frac{1}{5} + 1^2 \times \frac{1}{5} + 2^2 \times \frac{1}{5} \\ &= 2 \end{aligned}$$

와 같이 얻을 수 있다. 참고로 정리 2.3.1 대신 Y의 확률질량함수를 얻은 다음 기댓값을 얻어 보자. 변환 $Y = X^2$의 확률질량함수는

$$\begin{aligned} p_Y(0) &= p_X(0) = \frac{1}{5}, \\ p_Y(1) &= p_X(-1) + p_X(1) = \frac{2}{5}, \\ p_Y(4) &= p_X(-2) + p_X(2) = \frac{2}{5} \end{aligned}$$

이며, 이 결과를 바탕으로

$$E[Y] = \sum_y y p_Y(y) = 0 \times \frac{1}{5} + 1 \times \frac{2}{5} + 4 \times \frac{2}{5} = 2$$

를 얻을 수 있다. 다시 말하면, 정리 2.3.1로 얻은 결과와 Y의 확률질량함수를 먼저 얻어 얻은 결과가 같음을 볼 수 있고, 정리 2.3.1로 기댓값을 얻는 것이 더 간단함을 알 수 있다.

보기 2.3.7 연속 확률변수의 변환의 기댓값

보기 2.3.4에서 다룬 확률변수 X를 바탕으로 확률변수

$$Y = \begin{cases} 0, & X \le 0, \\ 1, & X > 0 \end{cases}$$

를 생각할 때, 확률변수 Y의 기댓값을 얻어 보자.

풀이 정리 2.3.1의 식 (2.3.4)를 바탕으로

$$E[Y] = \int_0^\infty f_X(x)dx = \int_0^1 (1-x)dx = \frac{1}{2}$$

을 얻는다.

보기 2.3.8 연속 확률변수의 변환의 기댓값

확률변수 X가 보기 2.3.5와 같을 때 확률변수 $Y = e^X$의 기댓값을 얻어 보자.

풀이 정리 2.3.1의 식 (2.3.4)을 적용하면

$$E[Y] = E[e^X] = \int_0^\infty e^x \times 2e^{-2x}dx = -2e^{-x}\Big|_0^\infty = 2$$

를 얻는다.

정리 2.3.2 확률변수의 선형 변환의 기댓값

확률변수 X의 선형 변환 $Y = aX + b$의 기댓값은

$$E[Y] = aE[X] + b \tag{2.3.6}$$

이다.

증명 정리 2.3.1을 적용하면

$$\begin{aligned} E[Y] &= \sum_x (ax+b)p_X(x) \\ &= a\sum_x xp_X(x) + b\sum_x p_X(x) \\ &= aE[X] + b \end{aligned} \tag{2.3.7}$$

임을 쉽게 알 수 있다.

보기 2.3.9 확률변수의 선형 변환의 기댓값

보기 2.3.5의 확률변수 X에서 얻은 새로운 확률변수 $Y = 2X + 10$의 기댓값을 얻어 보자.

풀이 보기 2.3.5에서 이미 얻은 X의 기댓값 $E[X] = 0.5$를 쓰면

$$E[Y] = E[2X+10] = 2E[X] + 10 = 11$$

을 얻는다.

2.3.2 분산

그림 2.3.2는 기댓값이 같은 두 확률변수의 확률밀도함수를 보인 것이다. 기댓값은 확률변수가 평균적으로 어떤 값을 갖는지 알려 주지만, 확률변수가 기댓값과 비슷한 값을 주로 가지는지, 기댓값보다 매우 크거나 작은 값도 가지는지에 대해서는 알려 주지 않는다. 다시 말해, 기댓값만으로는 그림 2.3.2의 두 분포를 구별할 수 없다. 이때 확률변수의 분포가 기댓값을 중심으로 얼마나 퍼져 있는지를 나타내는 방법의 하나로 분산 또는 표준편차를 사용한다.

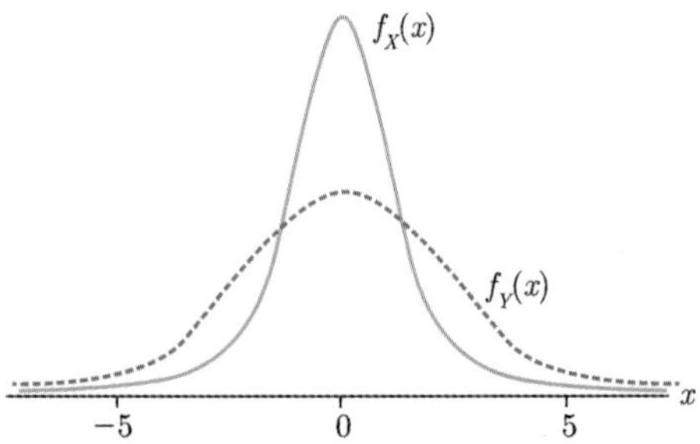

그림 2.3.2 기댓값은 같으나 분포가 다른 두 확률변수의 확률밀도함수

뜻매김 2.3.2 편차[18], 분산[19]

확률변수 X에서 기댓값을 뺀 $X-E[X]$를 X의 편차라고 하고, X의 편차 제곱의 기댓값

$$Var[X]=\sigma_X^2=E[(X-E[X])^2] \tag{2.3.8}$$

을 X의 분산이라고 한다.

뜻매김 2.3.3 표준편차[20]

분산의 양의 제곱근

$$\sigma_X=\sqrt{Var[X]} \tag{2.3.9}$$

를 X의 표준편차라고 한다.

---

18) deviation
19) variance
20) standard deviation

확률변수 X의 값이 기댓값을 중심으로 얼마나 퍼져 있는지를 나타내고자 할 때 편차의 제곱의 기댓값을 바탕으로 하는 표준편차 대신, 편차의 절댓값의 기댓값 $E[\,|X-E[X]|\,]$를 생각할 수도 있다. 그러나 표준편차를 쓰면 편차의 절댓값의 기댓값을 쓸 때보다 편차의 크고 작음을 좀 더 잘 반영할 수 있다. 보기를 들어, 확률질량함수가 그림 2.3.3과 같은 두 확률변수를 생각해 보자. 먼저 두 확률변수의 기댓값이 모두 0임은 쉽게 알 수 있다. 다음으로 두 확률변수의 편차의 절댓값의 기댓값은 $E\left[\left|X_1-\mu_{X_1}\right|\right]=E\left[\left|X_2-\mu_{X_2}\right|\right]=6$이므로 두 확률변수의 퍼짐 정도가 다른지를 알 수 없다. 그러나 X_1의 표준편차는 $\sigma_{X_1}=\sqrt{E\left[\left(X_1-\mu_{X_1}\right)^2\right]}=\sqrt{40}$이고 X_2의 표준편차는 $\sigma_{X_2}=\sqrt{E\left[\left(X_2-\mu_{X_2}\right)^2\right]}=\sqrt{52}$이므로 X_2가 X_1보다 더 퍼져 있다는 것을 알 수 있다.

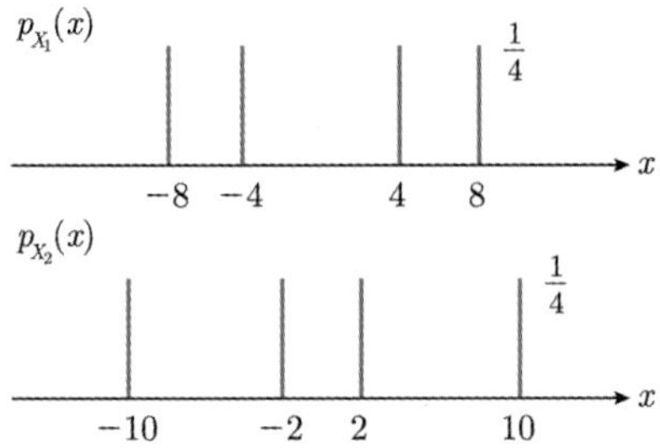

그림 2.3.3 기댓값이 같으나 표준편차가 다른 두 확률변수의 확률질량함수

여기에서 확률변수와 단위가 같은 것은 분산이 아닌 표준편차임을 새겨 두어야 한다. 보기를 들면, 확률변수가 센티미터로 표현된 길이를 나타내면, 분산의 단위는 넓이에 해당하는 제곱센티미터이지만, 표준편차의 단위는 확률변수의 단위와 같은 센티미터이다.

정리 2.3.3 기댓값을 알고 있을 때 분산의 계산

분산은

$$Var[X]=E\left[X^2\right]-\mu_X^2 \tag{2.3.10}$$

과 같이 얻을 수 있다.

증명 정리 2.3.1에서 다룬 이산 확률변수의 변환에 대한 기댓값 정리를 써서 분산을 얻으면

$$
\begin{aligned}
Var[X] &= E\left[(X-\mu_X)^2\right] \\
&= \sum_x (x-\mu_X)^2 p_X(x) \\
&= \sum_x x^2 p_X(x) - 2\mu_X \sum_x x p_X(x) + \mu_X^2 \sum_x p_X(x) \\
&= E[X^2] - \mu_X^2
\end{aligned} \tag{2.3.11}
$$

이다. 연속 확률변수일 때에도 비슷하게 보일 수 있다.

보기 2.3.10 보기 2.3.1의 확률변수 X에 대해 분산을 얻어 보자.

풀이 보기 2.3.1에서 본 것처럼 확률변수 X의 기댓값이 $\mu_X = 0.9$이고

$$
\begin{aligned}
&E[X^2] \\
&\quad = (-2)^2 \times 0.4 + 0^2 \times 0.2 + 1^2 \times 0.2 + 5^2 \times 0.1 + 10^2 \times 0.1 \\
&\quad = 14.3
\end{aligned}
$$

이므로, 정리 2.3.3을 쓰면 분산은

$$
Var[X] = E[X^2] - \mu_X^2 = 14.3 - 0.81 = 13.49
$$

이다.

보기 2.3.11 보기 2.3.5의 확률변수 X에 대해 분산을 얻어 보자.

풀이 확률변수 X의 평균은 $\mu_X = E[X] = \frac{1}{2}$이고

$$
E[X^2] = \int_0^\infty x^2 \times 2e^{-2x} dx = -x^2 e^{-2x}\Big|_0^\infty + \int_0^\infty 2xe^{-2x} dx = \frac{1}{2}
$$

이므로, 확률변수 X의 분산은

$$
Var[X] = \frac{1}{2} - \left(\frac{1}{2}\right)^2 = \frac{1}{4}
$$

이다.

정리 2.3.4 확률변수의 선형변환의 분산

확률변수 X의 선형 변환 $Y = aX + b$의 분산은

$$
Var[aX+b] = a^2 Var[X] \tag{2.3.12}
$$

이다.

증명 선형변환 $aX+b$의 기댓값이 $a\mu_X+b$이므로

$$\begin{aligned} Var[aX+b] &= E\left[(aX+b-a\mu_X-b)^2\right] \\ &= E\left[a^2(X-\mu_X)^2\right] \\ &= a^2\,Var[X] \end{aligned} \tag{2.3.13}$$

을 얻을 수 있다.

보기 2.3.12 보기 2.3.1의 확률변수 X에서 얻은 변환 $Y=10X$의 분산을 얻어 보자.

풀이 보기 2.3.10에서 얻은 것처럼 확률변수 X의 분산이 $Var[X]=13.49$이므로, 정리 2.3.4를 쓰면 $Y=10X$의 분산은

$$Var[Y] = Var[10X] = 100\,Var[X] = 1349$$

이다.

보기 2.3.13 보기 2.3.5의 확률변수 X의 선형 변환 $Y=2X+10$의 분산을 얻어 보자.

풀이 정리 2.3.4에서

$$Var[Y] = Var[2X+10] = 4\,Var[X]$$

이고, 보기 2.3.11에서 얻은 X의 분산이 $Var[X]=\frac{1}{4}$이므로 $Var[Y]=1$이다.

2.3.3 조건부 기댓값과 분산

조건이 주어지면 확률분포가 바뀌므로 확률변수의 기댓값과 분산 또한 바뀐다. 사건이 일어났을 때의 기댓값과 분산인 조건부 기댓값과 분산은 조건부 확률질량함수 또는 조건부 확률밀도함수로 얻는 확률변수의 기댓값과 분산을 일컫는다.

뜻매김 2.3.4 조건부 기댓값[21]

확률이 $P(A)>0$인 사건 A가 이미 일어났다고 할 때, 이산 확률변수 X의 기댓값은

21) conditional expectation

$$\mu_{X|A} = E[X|A] = \sum_x x p_{X|A}(x) \tag{2.3.14}$$

이고, 연속 확률변수 X의 기댓값은

$$\mu_{X|A} = E[X|A] = \int_{-\infty}^{\infty} x f_{X|A}(x) dx \tag{2.3.15}$$

이다.

보기 2.3.14 이산 확률변수의 조건부 기댓값

보기 2.1.16에서 얻은 세 확률질량함수를 표 2.1.2에 보였다. 표 2.1.2의 세 확률질량함수에 대한 기댓값을 얻어 보자.

풀이 (가) $E[Y] = \sum_y y p_Y(y)$
$= -2\times0.2+0\times0.4+1\times0.1+2\times0.2+5\times0.1$
$= 0.6$

(나) $E[Y|A] = \sum_{y\in A} y p_{Y|A}(y)$
$= 0\times0.5+1\times0.125+2\times0.25+5\times0.125$
$= 1.25$

(다) $E[Y|B] = \sum_{y\in B} y p_{Y|B}(y)$
$= 0\times0.8+1\times0.2 = 0.2$

보기 2.3.15 연속 확률변수의 조건부 기댓값

보기 2.1.17에서 살펴본 조건부 확률밀도함수

$$f_{X|A}(x) = \begin{cases} \frac{200}{49}x, & 0 \le x < 0.7, \\ 0, & x < 0,\ x \ge 0.7 \end{cases}$$

에 대한 기댓값은

$$E[X|A] = \int x f_{X|A}(x)dx = \int_0^{0.7} x \times \frac{200}{49} x dx = \frac{200}{49\times3}(0.7)^3$$
$$= \frac{7}{15}$$

이다.

보기 2.3.16 연속 확률변수의 조건부 기댓값

보기 2.1.18에서 다룬 세 확률밀도함수

$$f_T(t)=\begin{cases} e^{-t}, & t\ge 0,\\ 0, & t<0,\end{cases}$$

$$f_{T|A}(t)=\begin{cases} e^{-(t-1)}, & t\ge 1,\\ 0, & t<1,\end{cases}$$

$$f_{T|B}(t)=\begin{cases} e^{-(t-2)}, & t\ge 2,\\ 0, & t<2\end{cases}$$

에 대한 기댓값을 얻어 보자.

풀이 (가) $E[T]=\int_{-\infty}^{\infty} tf_T(t)dt=\int_0^{\infty} te^{-t}dt$

$$=-te^{-t}\big|_0^{\infty}+\int_0^{\infty} e^{-t}dt$$
$$=0+1=1$$

(나) $E[T|A]=\int_{-\infty}^{\infty} tf_{T|A}(t)dt=\int_1^{\infty} te^{-(t-1)}dt$

$$=\int_0^{\infty}(u+1)e^{-u}du=\int_0^{\infty} ue^{-u}du+\int_0^{\infty} e^{-u}du$$
$$=1+1=2$$

(다) $E[T|B]=\int_{-\infty}^{\infty} tf_{T|B}(t)dt=\int_2^{\infty} te^{-(t-2)}dt$

$$=\int_0^{\infty}(u+2)e^{-u}du=\int_0^{\infty} ue^{-u}du+2\int_0^{\infty} e^{-u}du$$
$$=1+2=3$$

정리 2.3.5 확률변수 X가 어떤 확률 실험의 결과로 정의되고 $\{A_1, A_2, \cdots, A_n\}$이 그 확률 실험의 표본공간일 때, 이산 확률변수 X의 기댓값은

$$E[X]=\sum_{k=1}^{n} E[X|A_k]P(A_k) \tag{2.3.16}$$

과 같이 얻을 수 있다.

증명 확률변수 X가 이산 확률변수일 때 식 (2.3.16)을 증명해 보자. 정리 2.1.3에서 $p_X(x)=\sum_{k=1}^{n} p_{X|A_k}(x)P(A_k)$이므로 기댓값은

$$E[X] = \sum_x xp_X(x) = \sum_x \sum_{k=1}^{n} xp_{X|A_k}(x)P(A_k) \tag{2.3.17}$$

이다. 위 식에서 합의 순서를 바꾸면 기댓값은

$$E[X] = \sum_{k=1}^{n} \left\{ \sum_x xp_{X|A_k}(x) \right\} P(A_k) = \sum_{k=1}^{n} E[X|A_k]P(A_k) \tag{2.3.18}$$

이다. 확률변수 X가 연속 확률변수일 때에도 위와 비슷한 방법으로 보일 수 있다.

보기 2.3.17 보기 2.1.19에서 다룬 확률 실험을 다시 생각해 보자. 정사면체 주사위를 고른 사건 A가 일어났다면 눈의 수 X의 기댓값은

$$E[X|A] = 1 \times \frac{1}{4} + 2 \times \frac{1}{4} + 3 \times \frac{1}{4} + 4 \times \frac{1}{4} = \frac{5}{2}$$

이고, 정육면체 주사위를 고른 사건 B가 일어났다면 눈의 수 X의 기댓값은

$$E[X|B] = 1 \times \frac{1}{6} + 2 \times \frac{1}{6} + 3 \times \frac{1}{6} + 4 \times \frac{1}{6} + 5 \times \frac{1}{6} + 6 \times \frac{1}{6} = \frac{7}{2}$$

이다. 한편, $P[A] = \frac{2}{3}$이고 $P[B] = \frac{1}{3}$이므로, 상자 안 주사위를 마음대로 골랐을 때 눈의 수 X의 기댓값은

$$E[X] = E[X|A]P[A] + E[X|B]P[B] = \frac{5}{2} \times \frac{2}{3} + \frac{7}{2} \times \frac{1}{3} = \frac{17}{6}$$

이다.

보기 2.3.18 보기 2.1.20에서 다룬 통신 시스템의 수신기 관측값 X에 대한 기댓값을 얻어 보자.

풀이 정리 2.3.5를 바탕으로 관측값 X의 기댓값은

$$E[X] = E[X|H_0]P[H_0] + E[X|H_1]P[H_1]$$

처럼 쓸 수 있으며, 사건 H_0이 일어났을 때의 조건부 기댓값은

$$E[X|H_0] = \int_{-\infty}^{\infty} xf_{X|H_0}(x)dx = \int_{-0.75}^{0.75} x \times \frac{2}{3}dx = 0$$

이고, 사건 H_1이 일어났을 때의 조건부 기댓값은

$$E[X|H_1] = \int_{-\infty}^{\infty} x f_{X|H_1}(x)dx = \int_{0.25}^{1.75} x \times \frac{2}{3} dx = 1$$

이므로, $E[X] = P[H_1]$이다. 그러므로

(가) $P[H_0] = P[H_1] = \frac{1}{2}$이면 $E[X] = P[H_1] = \frac{1}{2}$이고,

(나) $P[H_0] = \frac{1}{4}$이고 $P[H_1] = \frac{3}{4}$이면 $E[X] = P[H_1] = \frac{3}{4}$이다.

뜻매김 2.3.5 조건부 분산[22), 조건부 표준편차[23)

확률이 $P(A) > 0$인 사건 A가 이미 일어났다고 할 때, 이산 확률변수 X의 분산은

$$Var[X|A] = \sum_{x=-\infty}^{\infty} (x - \mu_{X|A})^2 p_{X|A}(x) \tag{2.3.19}$$

이고, 연속 확률변수 X의 분산은

$$Var[X|A] = \int_{-\infty}^{\infty} (x - \mu_{X|A})^2 f_{X|A}(x)dx \tag{2.3.20}$$

이다. 또한 조건부 분산의 양의 제곱근

$$\sigma_{X|A} = \sqrt{Var[X|A]} \tag{2.3.21}$$

을 사건 A가 일어났을 때 확률변수 X의 조건부 표준편차라고 한다.

정리 2.3.6 조건부 분산의 계산

조건부 분산은

$$Var[X|A] = E[X^2|A] - \mu_{X|A}^2 \tag{2.3.22}$$

와 같이 얻을 수 있다.

정리 2.3.6은 정리 2.3.3을 증명한 것과 비슷한 과정을 거쳐서 보일 수 있다.

22) conditional variance
23) conditional standard deviation

보기 2.3.19 이산 확률변수의 조건부 분산

보기 2.1.16의 표 2.1.2에서 다룬 확률변수 Y의 확률질량함수와 조건부 확률질량함수에 대해서 분산을 얻어 보자.

풀이 (가) 조건이 없을 때 확률변수 Y의 기댓값은, 보기 2.3.14에서 얻은 것처럼, $\mu_Y = 0.6$이고

$$\begin{aligned} E[Y^2] &= \sum_y y^2 p_Y(y) \\ &= (-2)^2 \times 0.2 + 0^2 \times 0.4 + 1^2 \times 0.1 + 2^2 \times 0.2 + 5^2 \times 0.1 \\ &= 4.2 \end{aligned}$$

이므로, 확률변수 Y의 분산은

$$Var[Y] = E[Y^2] - \mu_Y^2 = 4.2 - 0.36 = 3.84$$

이다.

(나) 사건 A가 일어났을 때, 확률변수 Y의 기댓값은 보기 2.3.14에서 얻은 것처럼 $\mu_{Y|A} = 1.25$이고

$$\begin{aligned} E[Y^2 \mid A] &= \sum_{y \in A} y^2 p_{Y|A}(y) \\ &= 0^2 \times 0.5 + 1^2 \times 0.125 + 2^2 \times 0.25 + 5^2 \times 0.125 \\ &= 4.25 \end{aligned}$$

이므로, 분산은

$$Var[Y|A] = E[Y^2 | A] - \mu_{Y|A}^2 = 4.25 - 1.25^2 = 2.6875$$

이다.

(다) 사건 B가 일어났을 때 보기 2.3.14에서 얻은 것처럼 $\mu_{Y|B} = 0.2$이고

$$E[Y^2 \mid B] = \sum_{y \in B} y^2 p_{Y|B}(y) = 0^2 \times 0.8 + 1^2 \times 0.2 = 0.2$$

이므로,

$$Var[Y|B] = E[Y^2 | B] - \mu_{Y|B}^2 = 0.2 - (0.2)^2 = 0.16$$

이다.

보기 2.3.20 보기 2.1.17의 조건부 확률밀도함수

$$f_{X|A}(x) = \begin{cases} \dfrac{200}{49}x, & 0 \le x < 0.7, \\ 0, & x < 0,\ x \ge 0.7 \end{cases}$$

에 대한 분산을 얻어 보자.

풀이 먼저

$$E[X^2 | A] = \int_{-\infty}^{\infty} x^2 f_{X|A}(x)dx = \int_0^{0.7} \frac{200}{49}x^3 dx = \frac{50}{49}(0.7)^4 = \frac{49}{200}$$

이고, 보기 2.3.15에서 얻은 것처럼 $E[X|A] = \mu_{X|A} = \dfrac{7}{15}$ 이므로, 조건부 분산은

$$Var[X|A] = E[X^2 | A] - \mu_{X|A}^2 = 0.245 - \left(\frac{7}{15}\right)^2 = \frac{49}{1800} \approx 0.0272$$

이다.

2.4 적률생성함수

누적분포함수나 확률질량함수 또는 확률밀도함수와 같이 확률변수의 분포를 알려 주는 또 다른 함수로 적률생성함수가 있다. 적률생성함수는 이름에서 알 수 있듯이 적률을 쉽게 얻고자 할 때 쓸모 있는 함수이다.

2.4.1 적률과 적률생성함수

먼저 적률과 중심 적률이 무엇인지 알아보자. 적률은 확률변수를 거듭제곱한 다음 얻은 기댓값이고, 중심 적률은 확률변수에서 기댓값을 빼고 거듭제곱한 다음 얻은 기댓값이다. 적률과 중심 적률은 기댓값이나 분산처럼 확률분포 모양에 대한 어림 특성을 알려 준다.

뜻매김 2.4.1 적률[24]

정수 n이 0보다 작지 않을 때, 이산 확률변수 X의 n차 적률은

$$E[X^n] = \sum_{x=-\infty}^{\infty} x^n p_X(x) \tag{2.4.1}$$

이고, 연속 확률변수 X의 n차 적률은

$$E[X^n] = \int_{-\infty}^{\infty} x^n f_X(x) dx \tag{2.4.2}$$

이다.

뜻매김 2.4.2 중심 적률[25]

이산 확률변수 X의 n차 중심 적률은

$$E\left[(X-\mu_X)^n\right] = \sum_{x=-\infty}^{\infty} (x-\mu_X)^n p_X(x) \tag{2.4.3}$$

이고, 연속 확률변수 X의 n차 중심 적률은

$$E\left[(X-\mu_X)^n\right] = \int_{-\infty}^{\infty} (x-\mu_X)^n f_X(x) dx \tag{2.4.4}$$

이다.

확률변수 X의 0차 적률은 $E[X^0] = E[1] = 1$이고, 1차 적률 $E[X]$는 기댓값 μ_X이며, X의 2차 중심 적률 $E\left[(X-\mu_X)^2\right]$은 분산 $Var[X]$임을 알 수 있다. 확률변수의 3차 중심 적률은 분포가 얼마나 비틀렸는지, 바꾸어 말하면 얼마나 비대칭인지와 관계가 있고 확률변수의 4차 중심 적률은 분포가 얼마나 뾰족한지와 관계가 있다. 좀 더 자세히 말하면 정규화된 확률변수 $\dfrac{X-\mu}{\sigma}$의 3차 적률은 **비틀림**[26] 또는 **왜도**, 4차 적률은 **뾰족함**[27] 또는 **첨도**라고 한다. 분산은 확률분포의 평균 대비 퍼짐 정도를 나타

---

24) moment
25) central moment
26) skewness
27) kurtosis

내는 한편, 비틀림은 확률분포의 비대칭 정도를 나타내고, 뾰족함은 확률분포의 뾰족한 정도를 나타내는 값이다.

뜻매김 2.4.3 **적률생성함수**[28)]

확률변수 X의 적률생성함수는

$$M_X(t) = E[e^{tX}] \tag{2.4.5}$$

이다. 좀 더 구체적으로, X가 이산 확률변수일 때

$$M_X(t) = \sum_{x=-\infty}^{\infty} e^{tx} p_X(x) \tag{2.4.6}$$

이고, X가 연속 확률변수일 때

$$M_X(t) = \int_{-\infty}^{\infty} e^{tx} f_X(x) dx \tag{2.4.7}$$

이다.

적률생성함수는 확률변수의 함수의 기댓값으로 오직 확률변수의 분포로 결정된다. 다시 말해, 두 확률변수의 분포가 같으면 그 두 확률변수의 적률생성함수는 같다. 또한 확률변수의 적률생성함수를 알고 있다는 것은 그 확률변수의 분포를 알고 있다는 것과 같다.

한편, 어떤 적률생성함수 $M_X(t)$를 생각하더라도 $M_X(0) = 1$이다. 구체적으로 X가 이산 확률변수이면 $M_X(0) = \sum_x p_X(x) = 1$이고, 연속 확률변수이면 $M_X(0) = \int_{-\infty}^{\infty} f_X(x)dx = 1$이다. 다시 말하면, $M_X(0)$은 확률변수 치역 전체에 대한 확률 1에 해당한다.

이제 지수 함수의 **테일러 급수**

$$\begin{aligned} e^{tX} &= 1 + tX + \frac{1}{2!}t^2X^2 + \frac{1}{3!}t^3X^3 + \cdots \\ &= \sum_{k=0}^{\infty} \frac{1}{k!} t^k X^k \end{aligned} \tag{2.4.8}$$

을 적률생성함수의 뜻매김에 대입하면

28) moment generating function (mgf)

$$E[e^{tX}] = 1 + tE[X] + \frac{1}{2!}t^2E[X^2] + \frac{1}{3!}t^3E[X^3] + \cdots \qquad (2.4.9)$$
$$= \sum_{k=0}^{\infty}\frac{1}{k!}t^kE[X^k]$$

이다. 식 (2.4.9)를 살펴보면 적률생성함수에 적률이 모두 들어 있다는 것을 알 수 있다.

보기 2.4.1 이산 확률변수의 적률생성함수

확률질량함수가 $p_X(x) = \begin{cases} 0.3, & x = 0, \\ 0.7, & x = 1 \end{cases}$인 확률변수 X의 적률생성함수를 얻어 보자.

풀이 식 (2.4.6)을 바탕으로

$$M_X(t) = \sum_x e^{tx}p_X(x) = e^{t\cdot 0} \times 0.3 + e^{t\cdot 1} \times 0.7 = 0.3 + 0.7e^t$$

를 얻을 수 있다.

보기 2.4.2 연속 확률변수의 적률생성함수

확률밀도함수가 $f_X(x) = 2e^{-2x}$, $x \geq 0$인 확률변수 X의 적률생성함수를 얻어 보자.

풀이 식 (2.4.7)를 바탕으로, $t < 2$일 때

$$M_X(t) = \int_{-\infty}^{\infty} e^{tx}f_X(x)dx = \int_0^{\infty} e^{tx}2e^{-2x}dx$$
$$= -\frac{2}{2-t}e^{-(2-t)x}\Big|_0^{\infty} = \frac{2}{2-t}$$

를 얻을 수 있다.

보기 2.4.3 적률생성함수의 역변환

확률변수 X의 적률생성함수가

$$M_X(t) = 0.2e^{-4t} + 0.1e^{-t} + 0.4e^t + 0.2e^{3t} + 0.1e^{5t}$$

일 때, 확률변수 X의 확률질량함수를 얻어 보자.

풀이 확률분포와 적률생성함수는 일대일 대응이고, 이산 확률변수의 적률생성함수는

$$M_X(t) = \sum_{x=-\infty}^{\infty} e^{tx} p_X(x)$$

꼴이므로 확률질량함수를 쉽게 얻을 수 있다. 보기를 들면, 첫 항 $0.2e^{-4t}$에서 X의 값이 4일 때 그 확률이 $p_X(4) = 0.2$라는 것을 알 수 있다. 이와 같은 방법으로 확률질량함수를 얻으면

$$p_X(x) = \begin{cases} 0.2, & x = -4, 3, \\ 0.1, & x = -1, 5, \\ 0.4, & x = 1 \end{cases}$$

이다.

2.4.2 적률생성함수의 응용

적률생성함수는 여러모로 쓸모가 있는 함수인데 무엇보다도 먼저 그 이름에서 알 수 있듯이 확률변수의 적률을 쉽게 얻는 데에 쓸 수 있다.

정리 2.4.1 적률 정리

적률생성함수를 바탕으로 확률변수의 n차 적률을

$$E[X^n] = \left. \frac{d^n M_X(t)}{dt^n} \right|_{t=0} \tag{2.4.10}$$

처럼 얻을 수 있다.

증명 연속 확률변수일 때를 생각하자. 먼저 적률생성함수를 한 번 미분하면

$$\frac{dM_X(t)}{dt} = \int_{-\infty}^{\infty} \frac{de^{tx}}{dt} f_X(x)dx = \int_{-\infty}^{\infty} xe^{tx} f_X(x)dx \tag{2.4.11}$$

이므로, $t = 0$을 대입하면

$$\left. \frac{dM_X(t)}{dt} \right|_{t=0} = \int_{-\infty}^{\infty} x f_X(x)dx = E[X] \tag{2.4.12}$$

를 얻을 수 있다. 식 (2.4.11)을 다시 미분하면

$$\frac{d^2M_X(t)}{dt^2} = \int_{-\infty}^{\infty} \frac{de^{tx}}{dt} xf_X(x)dx = \int_{-\infty}^{\infty} x^2 e^{tx} f_X(x)dx \tag{2.4.13}$$

이므로, $t=0$을 대입하면

$$\left.\frac{d^2M_X(t)}{dt^2}\right|_{t=0} = \int_{-\infty}^{\infty} x^2 f_X(x)dx = E[X^2] \tag{2.4.14}$$

를 얻는다. 비슷한 방법으로 적률생성함수를 n번 미분하면

$$\frac{d^nM_X(t)}{dt^n} = \int_{-\infty}^{\infty} x^n e^{tx} f_X(x)dx \tag{2.4.15}$$

이므로,

$$\left.\frac{d^nM_X(t)}{dt^n}\right|_{t=0} = \int_{-\infty}^{\infty} x^n f_X(x)dx = E[X^n] \tag{2.4.16}$$

이다. 이산 확률변수에 대해서도 비슷한 방법으로 보일 수 있다. 또한 적률생성함수를 테일러 급수를 써서 나타낸 (2.4.9)에서도

$$\left.\frac{d^nM_X(t)}{dt^n}\right|_{t=0} = E[X^n] \tag{2.4.17}$$

임을 쉽게 알 수 있다.

보기 2.4.4 적률생성함수를 바탕으로 분산 얻기

보기 2.4.1에서 다룬 적률생성함수 $M_X(t) = 0.3 + 0.7e^t$를 바탕으로 확률변수 X의 분산을 얻어 보자.

풀이 적률생성함수를 한 번 미분하여 1차 적률을 얻으면

$$E[X] = \left.\frac{dM_X(t)}{dt}\right|_{t=0} = \left.0.7e^{-t}\right|_{t=0} = 0.7$$

이다. 또한 적률생성함수를 두 번 미분하여 2차 적률을 얻으면

$$E[X^2] = \left.\frac{d^2M_X(t)}{dt^2}\right|_{t=0} = \left.0.7e^{-t}\right|_{t=0} = 0.7$$

이다. 따라서 분산은

$$Var[X] = E[X^2] - (E[X])^2 = 0.7 - 0.7^2 = 0.21$$

이다.

보기 2.4.5 적률생성함수를 바탕으로 적률 얻기

보기 2.4.2에서 다룬 적률생성함수 $M_X(t) = \frac{2}{2-t}$를 바탕으로 확률변수 X의 n째 적률과 분산을 얻어 보자.

풀이 적률생성함수를 한 번 미분하면 $\frac{dM_X(t)}{dt} = \frac{2}{(2-t)^2}$, 한 번 더 미분하면 $\frac{d^2M_X(t)}{dt^2} = \frac{2\times 2}{(2-t)^3}$, 세 번 미분하면 $\frac{d^3M_X(t)}{dt^3} = \frac{3\times 2\times 2}{(2-t)^4}$이다. 이와 같은 방법으로 n번 미분하면 $\frac{d^nM_X(t)}{dt^n} = \frac{n!\times 2}{(2-t)^{n+1}}$이므로, n째 적률은

$$E[X^n] = \left.\frac{d^nM_X(t)}{dt^n}\right|_{t=0} = \frac{n!}{2^n}$$

이다. 위 결과에서 분산은

$$Var[X] = E[X^2] - (E[X])^2 = \frac{2}{2^2} - \frac{1}{2^2} = \frac{1}{4}$$

이다. 이 결과는 보기 2.3.11에서 확률밀도함수를 써서 직접 얻은 분산과 같은 것이다.

정리 2.4.2 확률변수의 선형 변환의 적률생성함수

확률변수 X의 적률생성함수가 $M_X(t)$일 때, 확률변수 $Y = aX + b$의 적률생성함수는

$$M_Y(t) = e^{bt}M_X(at) \tag{2.4.18}$$

이다.

증명 확률변수의 기댓값 성질을 이용하면

$$\begin{aligned} M_Y(t) &= E[e^{tY}] = E[e^{atX+bt}] = e^{bt}E[e^{atX}] \\ &= e^{bt}M_X(at) \end{aligned} \tag{2.4.19}$$

를 얻을 수 있다.

보기 2.4.6 보기 2.2.1에서 다룬 이산 확률변수 X의 적률생성함수를 바탕으로 선형 변환 $Y=2X-1$의 적률생성함수를 얻어 보자. 먼저 표 2.2.1 (가)의 확률질량함수 $p_X(x)$에서 X의 적률생성함수는

$$M_X(t) = 0.2e^{-2t} + 0.4 + 0.1e^{t} + 0.2e^{2t} + 0.1e^{5t}$$

이다. 그러므로 $Y=2X-1$의 적률생성함수는 정리 2.4.2를 쓰면

$$\begin{aligned} M_Y(t) &= e^{-t}M_X(2t) \\ &= 0.2e^{-5t} + 0.4e^{-t} + 0.1e^{t} + 0.2e^{3t} + 0.1e^{9t} \end{aligned}$$

이다. 적률생성함수 $M_Y(t)$를 역변환하여 보기 2.4.3에서 다룬 방법과 비슷하게 확률변수 Y의 확률질량함수를 얻으면 표 2.2.1 (나)에 보인 확률질량함수 $p_Y(y)$와 같음을 알 수 있다.

보기 2.4.7 확률밀도함수가 $f_X(x)=1,\ 0 \le x \le 1$인 연속 확률변수 X의 적률생성함수는

$$M_X(t) = \int_0^1 e^{tx}dx = \frac{e^t - 1}{t}$$

이다. 그러므로 확률변수 X의 선형 변환 $Y=2X+1$의 적률생성함수는

$$M_Y(t) = e^t M_X(2t) = \frac{e^{3t} - e^t}{2t}$$

이다. 이제 이 적률생성함수를 역변환하면 $Y=2X+1$의 확률밀도함수가

$$f_Y(y) = \begin{cases} \dfrac{1}{2}, & 1 \le y \le 3, \\ 0, & \text{그 밖에} \end{cases}$$

라는 것을 알 수 있다.

보기 2.4.8* 정리 2.4.2를 이용하여 정리 2.3.2와 정리 2.3.4를 다시 증명해 보자.

풀이 두 함수의 곱 $g(t)h(t)$의 미분이 $\frac{d}{dt}[g(t)h(t)] = h(t)\frac{d}{dt}g(t) + g(t)\frac{d}{dt}h(t)$임을 이용하여 적률 생성 함수 $M_Y(t) = e^{bt}M_X(at)$를 한 번 미분하면

$$\frac{d}{dt}M_Y(t) = be^{bt}M_X(at) + ae^{bt}M_X'(at)$$

이고, 따라서 확률변수 Y의 1차 적률은

$$E[Y] = M_Y'(0) = bM_X(0) + aM_X'(0) = b + aE[X]$$

이다. 이 결과는 정리 2.3.2와 같은 것이다. 이제 $M_Y'(t)$를 한 번 더 미분하면

$$M_Y''(t) = b^2e^{bt}M_X(at) + abe^{bt}M_X'(at) + abe^{bt}M_X'(at) + a^2e^{bt}M_X''(at)$$

이므로, 2차 적률은

$$\begin{aligned} E[Y^2] = M_Y''(0) &= b^2M_X(0) + 2abM_X'(0) + a^2M_X''(0) \\ &= b^2 + 2abE[X] + a^2E[X^2] \end{aligned}$$

이다. 이제 1차 적률과 2차 적률을 써서 분산을 얻으면

$$\begin{aligned} Var[Y] &= E[Y^2] - (E[Y])^2 \\ &= b^2 + 2abE[X] + a^2E[X^2] - (b + aE[X])^2 \\ &= a^2 Var[X] \end{aligned}$$

이다. 이 결과는 정리 2.3.4와 같은 것이다.

연습문제

문제 2.1.1 문제 1.3.3의 서양놀이딱지 한 묶음에서 딱지를 하나 고르는 실험을 생각하자. 확률변수 X를

$$X(s)=\begin{cases}1, & s=\text{마름모 A, 하트 A, 토끼풀 잎 A},\\ -1, & s=\text{조커},\\ 0, & \text{그 밖에는}\end{cases}$$

처럼 뜻매김할 때, 이 확률변수 X의 확률질량함수를 얻으시오.

문제 2.1.2 동전을 세 번 던졌을 때 나온 앞면의 수를 확률변수 X라고 할 때 X의 누적 분포함수 $F_X(x)$를 얻고 그래프로 나타내시오.

문제 2.1.3 기지국에서 전화기로 문자를 보낼 때, 문자 전송이 성공할 때까지 거듭 보내되 다섯 번까지 보낸다. 문자를 보낼 때마다 그 결과는 서로 독립이고 한 번 전송할 때 성공할 확률은 0.8이다. 이제 문자 전송 횟수를 N이라고 할 때 그 확률질량함수 p_N을 얻으시오.

문제 2.1.4 확률변수 X의 확률밀도함수가

$$f_X(x)=\begin{cases}3ax, & 0\le x<1,\\ 2ax, & 1\le x<2,\\ ax, & 2\le x<3,\\ 0, & \text{그 밖에는}\end{cases}$$

일 때, a의 값과 X의 누적분포함수를 얻으시오.

문제 2.1.5 누적분포함수가

$$F_X(x) = \begin{cases} 0, & x < 0, \\ \dfrac{3}{2}x, & 0 \le x < \dfrac{1}{3}, \\ \dfrac{3}{4}x + \dfrac{1}{4}, & \dfrac{1}{3} \le x < 1, \\ 1, & x \ge 1 \end{cases}$$

일 때, 다음 물음에 답하시오.

(가) 사건 $A = \left\{X \le \dfrac{1}{2}\right\}$의 확률을 얻으시오.

(나) 사건 $B = \left\{\dfrac{1}{5} < X \le \dfrac{2}{3}\right\}$의 확률을 얻으시오.

(다) 확률변수 X의 확률밀도함수를 얻으시오.

문제 2.1.6 누적분포함수가

$$F_X(x) = \begin{cases} 0, & x < 0, \\ \dfrac{3}{2}x, & 0 \le x < \dfrac{1}{3}, \\ \dfrac{3}{4}x + \dfrac{1}{4}, & \dfrac{1}{3} \le x < 1, \\ 1, & x \ge 1 \end{cases}$$

일 때, 다음 물음에 답하시오.

(가) 사건 $A = \left\{X \le \dfrac{1}{2}\right\}$가 일어났을 때, 조건부 확률밀도함수 $f_{X|A}(x)$를 얻으시오.

(나) 사건 $B = \left\{\dfrac{1}{5} < X \le \dfrac{2}{3}\right\}$가 일어났을 때, 조건부 확률밀도함수 $f_{X|B}(x)$를 얻으시오.

문제 2.2.1 문제 2.1.1에서 뜻매김한 확률변수 X의 절댓값을 새로운 확률변수 $Y = |X|$로 뜻매김할 때, 확률변수 Y의 확률질량함수를 얻으시오.

문제 2.2.2 확률변수 X의 확률질량함수가

x	-3	-2	0	1	3
$p_X(x)$	0.2	0.25	0.30	0.20	0.05

일 때, 다음 물음에 답하시오.

(가) 확률변수 $Y=1-X^2$의 확률질량함수를 얻으시오.

(나) 확률변수 $Z=\begin{cases}+1, & X \ge 0 \\ -1, & X < 0\end{cases}$의 확률질량함수를 얻으시오.

문제 2.2.3 함수

$$g(x)=\begin{cases} 1, & x>0, \\ -1, & x \le 0 \end{cases}$$

을 생각하자. 이제 X가 연속 확률변수일 때 $Y=g(X)$의 확률질량함수 p_Y를 X의 누적분포함수 F_X로 나타내시오.

문제 2.2.4 확률변수 X의 확률밀도함수가

$$f_X(x)=\begin{cases} x, & 0 \le x < 1, \\ -x+2, & 1 \le x < 2, \\ 0, & \text{그 밖에는} \end{cases}$$

일 때, 확률변수 $Y=2X-1$의 확률밀도함수를 얻으시오.

문제 2.2.5 어떤 신호의 진폭이 A일 때 그 신호의 전력은 $Y=\frac{A^2}{2}$이다. 신호 진폭의 확률밀도함수가

$$f_A(a)=\begin{cases} \frac{1}{10}, & -5 \le a \le 5, \\ 0, & \text{그 밖에} \end{cases}$$

일 때, 신호 전력의 확률밀도함수를 얻으시오.

문제 2.2.6* 확률변수 X의 확률밀도함수가

$$f_X(x)=\begin{cases} 1-|x|, & -1 \le x < 1, \\ 0, & x < -1, x \ge 1 \end{cases}$$

일 때, $Y=\frac{X^2}{2}$의 확률밀도함수 f_Y를 얻으시오.

문제 2.3.1 문제 2.1.1에서 다룬 확률변수 X의 기댓값과 분산을 얻으시오.

문제 2.3.2 확률변수 X의 확률밀도함수가

$$f_X(x) = \begin{cases} x+1, & -1 \le x < 0, \\ x, & 0 \le x < 1, \\ 0, & \text{그 밖에는} \end{cases}$$

일 때, X의 기댓값과 분산을 얻으시오.

문제 2.3.3 먼저 1,500원을 내고 동전을 세 번 던져 앞이 두 번 나오면 1,000원을, 세 번 나오면 8,000원을, 그 밖에는 0원을 받는다고 하자. 받는 돈 Y의 기댓값을 얻으시오. 이익의 기댓값을 얻으시오.

문제 2.3.4 문제 2.1.3에서 기지국에서 보낸 문자가 전화기에 성공적으로 닿을 때까지 걸리는 시간 T는 문자 전송 횟수 N의 함수로 $T = 2N - 1$ (ms)처럼 나타낼 수 있다. 시간 T의 기댓값을 얻으시오.

문제 2.3.5 확률변수 X의 다항 함수 $Y = g(X) = a_0 + a_1 X + a_2 X^2 + \cdots + a_n X^n$을 생각하자. 여기에서 $\{a_k\}_{k=0}^{n}$은 모두 상수이다. 이때 Y의 기댓값을 얻으시오.

문제 2.3.6 누적분포함수가

$$F_X(x) = \begin{cases} 0, & x < 0, \\ \frac{3}{2}x, & 0 \le x < \frac{1}{3}, \\ \frac{3}{4}x + \frac{1}{4}, & \frac{1}{3} \le x < 1, \\ 1, & x \ge 1 \end{cases}$$

인 확률변수 X에 대하여 다음 물음에 답하시오.

(가) 확률변수 X의 기댓값과 분산을 얻으시오.

(나) 사건 $A = \left\{X \le \frac{1}{2}\right\}$가 일어났을 때, 조건부 기댓값 $E[X|A]$를 얻으시오.

문제 2.3.7* 문제 2.2.5에서 진폭 A의 기댓값과 분산을 얻고, 신호 전력 Y의 기댓값과 분산을 얻으시오.

문제 2.3.8** 약속 시간보다 s분 일찍 도착하면 비용이 cs이고, s분 늦게 도착하면 비용이 ks라고 하자. 약속 장소까지 가는 데에 걸리는 시간 X의 확률밀도함수가 f_X이고 누적분포함수가 F_X일 때, 기대 비용을 가장 작게 하는 출발 시간을 얻으시오.

문제 2.4.1 문제 2.1.1에서 뜻매김한 확률변수 X의 적률생성함수를 얻으시오. 또한 확률변수 X의 1차 적률과 2차 적률을 얻으시오.

문제 2.4.2 확률변수 X의 확률질량함수가

$$p_X(x) = \begin{cases} 0.2, & x = 0, \\ 0.4, & x = 1, \\ 0.4, & x = 2, \\ 0, & \text{그 밖에는} \end{cases}$$

일 때, X의 적률생성함수를 얻고 적률 정리를 써서 기댓값과 분산을 얻으시오.

문제 2.4.3 적률생성함수가 $M_X(t) = 0.7 + 0.2e^t + 0.1e^{2t}$인 확률변수 X에 대하여 다음 물음에 답하시오.

(가) 확률변수 X의 확률질량함수 $p_X(x)$를 얻으시오.

(나) 확률변수 X의 기댓값을 적률생성함수 $M_X(t)$와 확률질량함수 $p_X(x)$로 바탕으로 각각 얻고 견주어 보시오.

(다) $E\left[(X - E[X])^3\right]$을 얻으시오.

문제 2.4.4 확률변수 X의 적률생성함수가 $M_X(t) = \exp\left(\frac{t^2}{2}\right)$일 때, 확률변수 X의 분산을 얻으시오.

문제 2.4.5* 연속 확률변수 X의 확률밀도함수가 $f_X(x) = \frac{1}{2}e^{-|x|}$일 때, 확률변수 X의 적률생성함수를 얻으시오.

문제 2.4.6* 확률변수 X의 적률생성함수가 $M_X(t) = (1 - p + pe^t)^n$이다.

(가) 확률변수 X의 기댓값을 얻으시오.

(나) 확률변수 X의 확률질량함수를 얻으시오 (귀띔: $(x+y)^n$의 전개식을 활용해 보시오).

3장

여러 가지 확률변수

2장에서는 표본공간의 원소들을 실수와 이어 주는 함수인 확률변수와 확률변수의 확률적인 성질을 나타내는 몇 가지 분포함수를 살펴보았다. 또 치역이 이산 공간인 확률변수를 이산 확률변수라고, 치역이 연속 공간인 확률변수를 연속 확률변수라고 뜻매김하였다. 3장에서는 통계적 추론이나 모형화에 널리 쓰이는 대표적인 이산 확률변수와 연속 확률변수를 살펴본다.

3.1 이산 확률변수

이 절에서는 대표적인 이산 확률변수를 몇 가지 살펴보자.

3.1.1 고른 확률변수

표본공간의 모든 결과의 확률이 같은 확률분포를 이산 고른 분포라고 한다.

뜻매김 3.1.1 이산 고른 (균일) 확률변수1)

확률질량함수가

$$p_X(x) = \begin{cases} \dfrac{1}{n-m+1}, & x = m, m+1, \cdots, n \\ 0, & \text{그 밖에는} \end{cases} \tag{3.1.1}$$

인 확률변수를 이산 고른 확률변수 또는 이산 균일 확률변수라고 하고, 그 분포를 이산 고른 분포라고 한다. 여기에서 m과 n은 정수이고 $m \le n$이다.

그림 3.1.1은 식 (3.1.1)의 이산 고른 확률변수의 확률질량함수를 그래프로 보인 것이다. 한편, 이산 고른 확률변수의 누적분포함수는

$$F_X(x) = \begin{cases} 0, & x < m, \\ \dfrac{k-m+1}{n-m+1}, & k = m, m+1, \cdots, n-1\text{이고} \\ & \quad k \le x < k+1\text{일 때}, \\ 1, & x \ge n \end{cases} \tag{3.1.2}$$

이고, 그래프로 나타내면 그림 3.1.2와 같다. 여기에서 $\sum_{j=m}^{k} \dfrac{1}{n-m+1} = \dfrac{k-m+1}{n-m+1}$임을 이용하였다.

1) discrete uniform random variable

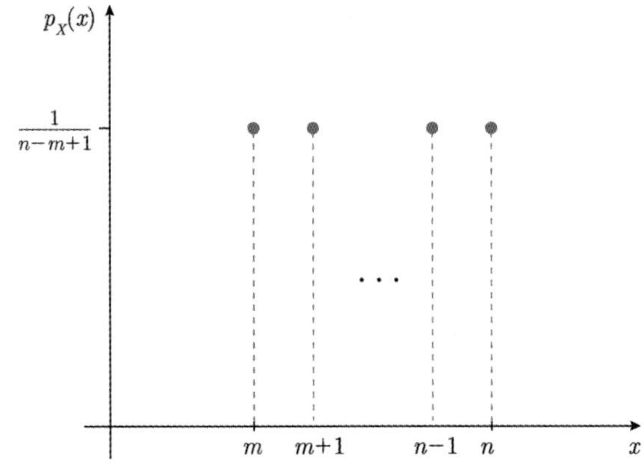

그림 3.1.1 이산 고른 확률변수의 확률질량함수

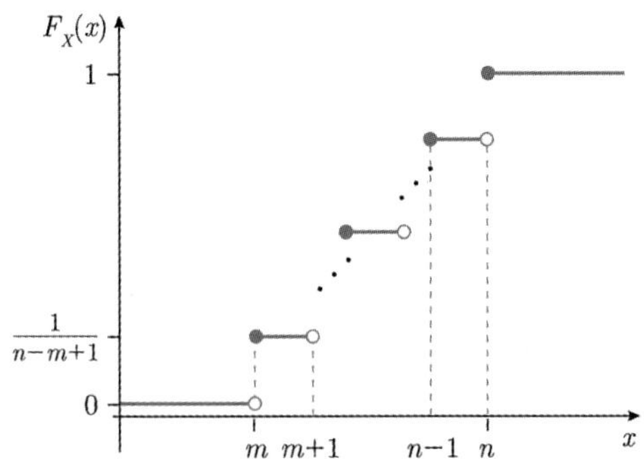

그림 3.1.2 이산 고른 확률변수의 누적분포함수

정리 3.1.1 이산 고른 확률변수의 기댓값과 분산

확률질량함수가 (3.1.1)과 같은 이산 고른 확률변수 X의 기댓값은

$$E[X] = \frac{m+n}{2} \tag{3.1.3}$$

이고, 분산은

$$Var[X] = \frac{(n-m+1)^2 - 1}{12} \tag{3.1.4}$$

이다.

증명 먼저 기댓값은

$$E[X] = \sum_{x=m}^{n} x \times \frac{1}{n-m+1} \tag{3.1.5}$$

$$= \left\{ \frac{n(n+1)}{2} - \frac{(m-1)m}{2} \right\} \frac{1}{n-m+1} = \frac{m+n}{2}$$

와 같이 얻을 수 있다. 다음으로

$$\begin{aligned}&(2n^3+3n^2+n)-(2m^3-3m^2+m) \\ &\quad = 2(n-m)(n^2+nm+m^2)+3(n^2+m^2)+(n-m) \\ &\quad = 2(n-m+1)(n^2+nm+m^2)-2(n^2+nm+m^2)+3(n^2+m^2) \\ &\qquad +(n-m+1)-1 \\ &\quad = (n-m+1)(2n^2+2nm+2m^2+1)+n^2-2nm+m^2-1 \\ &\quad = (n-m+1)(2n^2+2nm+2m^2+1)+(n-m+1)(n-m-1) \\ &\quad = (n-m+1)(2n^2+2nm+2m^2+n-m)\end{aligned} \tag{3.1.6}$$

을 새기면, 둘째 적률은

$$\begin{aligned}E[X^2] &= \sum_{x=m}^{n} x^2 \times \frac{1}{n-m+1} \\ &= \left\{ \frac{n(n+1)(2n+1)}{6} - \frac{(m-1)m(2m-1)}{6} \right\} \frac{1}{n-m+1} \\ &= \frac{(2n^3+3n^2+n)-(2m^3-3m^2+m)}{6(n-m+1)} \\ &= \frac{2n^2+2nm+2m^2+n-m}{6}\end{aligned} \tag{3.1.7}$$

이다. 그러므로 분산은

$$\begin{aligned}Var[X] &= E[X^2]-E^2[X] \\ &= \frac{4n^2+4nm+4m^2+2n-2m-3n^2-6nm-3m^2}{12} \\ &= \frac{n^2-2nm+m^2+2n-2m}{12} \\ &= \frac{(n-m)(n-m+2)}{12} \\ &= \frac{(n-m+1)^2-1}{12}\end{aligned} \tag{3.1.8}$$

이다.

보기 3.1.1 이산 고른 분포의 가장 대표적인 보기는 모든 면이 나올 확률이 같은 주사위이다. 보기를 들어, 1, 2, 3, 4, 5, 6이 적혀 있는 주사위를 생각하면 $m=1$이고 $n=6$이며, 어떤 눈 하나가 나올 확률은 $\frac{1}{6}$이다. 따라서 이 주사위를 던졌을 때의 기댓값은 $\frac{1+6}{2}=\frac{7}{2}$이고, 분산은 $\frac{6^2-1}{12}=\frac{35}{12}$이다.

정리 3.1.2 이산 고른 확률변수의 적률생성함수

확률질량함수가 (3.1.1)인 이산 고른 확률변수 X의 적률생성함수는

$$M_X(t) = \frac{e^{mt}-e^{(n+1)t}}{(n-m+1)(1-e^t)} \tag{3.1.9}$$

이다.

증명 적률생성함수의 뜻매김인 식 (2.4.5)를 이산 고른 확률변수에 적용하고, 초항이 a^m이고 공비가 a인 등비수열에서 $\sum_{x=m}^{n} a^x = \frac{a^m(1-a^{n-m+1})}{1-a}$임을 새기면,

$$M_X(t) = E[e^{tX}] = \sum_{x=m}^{n} e^{tx} \times \frac{1}{n-m+1} = \frac{e^{mt}-e^{(n+1)t}}{(n-m+1)(1-e^t)} \tag{3.1.10}$$

을 얻을 수 있다.

3.1.2 베르누이 확률변수

먼저, 나올 수 있는 결과가 둘인, 곧 표본공간의 원소가 둘인 독립 실험을 **베르누이 시행**2)이라고 한다.

뜻매김 3.1.2 베르누이 확률변수3)

베르누이 시행의 두 결과 가운데에서 바라는 결과가 일어나는 사건의 확률을 p라고 할 때, 확률질량함수가

2) Bernoulli trial

3) Bernoulli random variable

$$p_X(x)=\begin{cases}1-p, & x=0,\\ p, & x=1,\\ 0, & \text{그 밖에는}\end{cases} \tag{3.1.11}$$

$$=\begin{cases}p^x(1-p)^{1-x}, & x=0 \text{ 또는 } 1,\\ 0, & \text{그 밖에는}\end{cases}$$

인 확률변수 X를 베르누이 확률변수라고 하고, 그 분포를 베르누이 분포라고 하고 $b(1,p)$로 쓴다. 여기에서 1은 베르누이 시행 횟수가 한 번이라는 뜻이다.

베르누이 시행에서 바라는 결과가 일어나는 것을 '성공', 그렇지 않은 결과가 일어나는 것을 '실패'라고 하고, 바라는 결과가 일어나는 사건의 확률 p를 '성공확률'이라고 하기도 한다. 성공확률이 p인 베르누이 확률변수의 확률질량함수를 그림 3.1.3에 나타내었고, 누적분포함수

$$F_X(x)=\begin{cases}0, & x<0,\\ 1-p, & 0\le x<1,\\ 1, & x\ge 1\end{cases} \tag{3.1.12}$$

을 그림 3.1.4에 나타내었다.

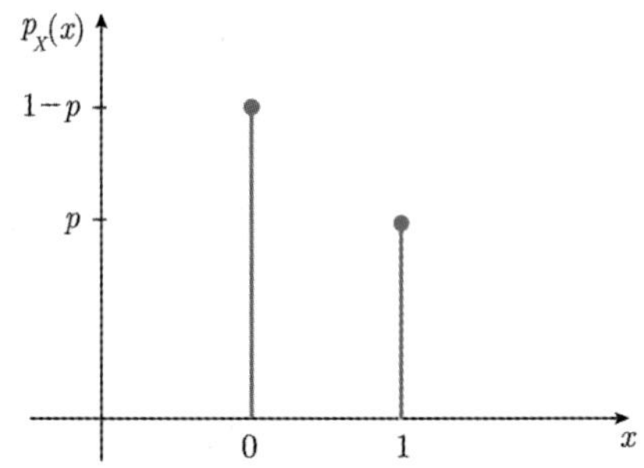

그림 3.1.3 베르누이 확률질량함수

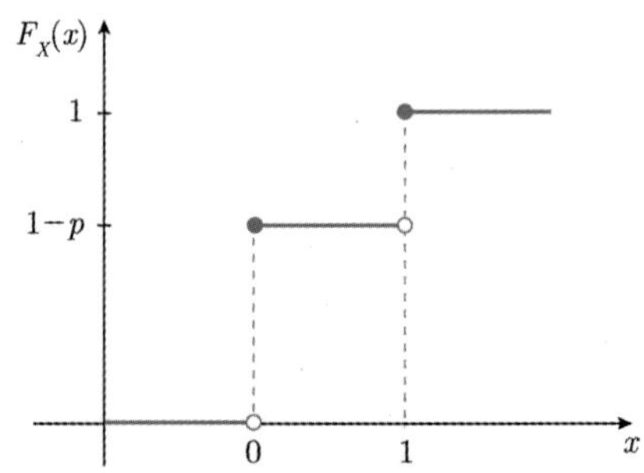

그림 3.1.4 베르누이 누적분포함수

보기 3.1.2 정육면체 주사위를 굴리는 실험에서 우리가 바라는 사건을 $A=\{1,2,3,4\}$ 라고 하고, 사건 A가 일어나면 $X=1$, 그렇지 않으면 $X=0$이라고 두자. 그러면 $p=P(A)=\dfrac{2}{3}$이므로, 확률변수 X의 분포는 $b\left(1,\dfrac{2}{3}\right)$이다.

정리 3.1.3 베르누이 확률변수의 기댓값과 분산

분포가 $b(1,p)$인 베르누이 확률변수 X의 기댓값은

$$E[X]=p \tag{3.1.13}$$

이고, 분산은

$$Var[X]=p(1-p) \tag{3.1.14}$$

이다.

증명 기댓값은 $E[X]=0\times(1-p)+1\times p=p$처럼 얻을 수 있다. 또 제곱의 기댓값이 $E\left[X^2\right]=0^2\times(1-p)+1^2\times p=p$이므로 $Var[X]=p-p^2=p(1-p)$를 얻는다.

정리 3.1.4 베르누이 확률변수의 적률생성함수

분포가 $b(1,p)$인 베르누이 확률변수 X의 적률생성함수는

$$M_X(t)=(1-p)+pe^t \tag{3.1.15}$$

이다.

증명 뜻매김을 바탕으로 $M_X(t)=E\left[e^{tX}\right]=e^0\times(1-p)+e^t\times p$에서 식 (3.1.15)를 얻을 수 있다.

3.1.3 이항 확률변수

베르누이 시행을 거듭하였을 때 바라는 결과가 나온 횟수에 대하여 생각하자. 바라는 사건 A가 일어날 확률은 $P(A)=p$이고, A가 일어나지 않을 – 또는 A^c가 일어날 – 확률은 $P(A^c)=1-P(A)=1-p$인 실험을 n번 독립적으로 시행하였을 때, 사건 A가 일어날 횟수가 띠는 분포가 이항 분포이다.

뜻매김 3.1.3 이항 확률변수[4)]

확률질량함수가

$$p_X(x)=P(\text{베르누이 시행 } n\text{번 가운데 바라는 사건이 } x\text{번 일어남})$$
$$=\begin{cases} {}_nC_x\, p^x\,(1-p)^{n-x}, & x=0,1,2,\cdots,n \\ 0, & \text{그 밖에는} \end{cases} \tag{3.1.16}$$

인 확률변수를 이항 확률변수라고 하고, 그 분포를 이항 분포라고 부르며 $b(n,p)$처럼 쓴다.

다시 말하면, 분포가 $b(1,p)$인 베르누이 시행을 n번 거듭하였을 때 바라는 사건이 일어나는 횟수의 분포가 $b(n,p)$이다. 위 (3.1.16)에서

$${}_nC_x=\frac{n!}{(n-x)!x!} \tag{3.1.17}$$

은 뜻매김 1.4.4에서도 다루었고, 이항식 $(a+b)^n$을 전개하였을 때 $a^x b^{n-x}$항의 계수와 같아서 이항 계수라고 하고 $\binom{n}{x}$처럼 쓰기도 한다.

시행 횟수는 $n=20$으로 같고 바라는 사건의 확률 p가 서로 다른 몇 가지 이항 확률질량함수를 그림 3.1.5에 나타내었다. 바라는 사건의 확률이 $p=0.5$이면 시행 횟수의 중간 지점 $x=10$에서, $p<0.5$이면 중간 지점보다 왼쪽에서, $p>0.5$이면 중간 지점보다 오른쪽에서 최댓값이 나타남을 볼 수 있다.

4) binomial random variable

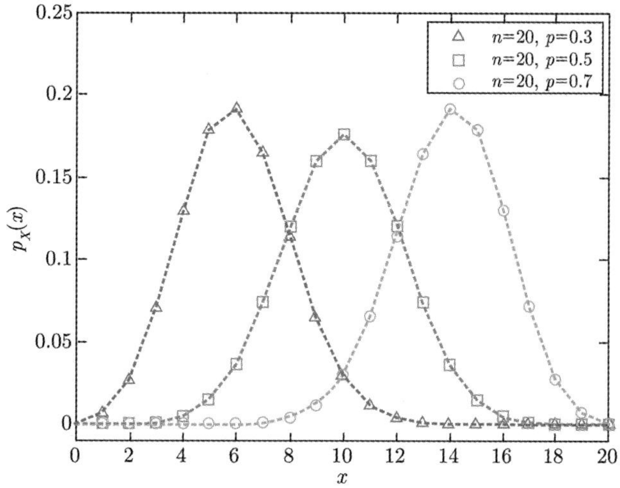

그림 3.1.5 이항 확률질량함수

한편, 확률변수 X의 분포가 $b(n,p)$일 때 누적분포함수가

$$F_X(x) = \begin{cases} 0, & x < 0, \\ \sum_{k=0}^{\lfloor x \rfloor} {}_nC_k p^k q^{n-k}, & \lfloor x \rfloor \le x < \lfloor x \rfloor + 1,\ 0 < x < n, \\ 1, & x \le n \end{cases} \tag{3.1.18}$$

임과, 확률변수 X가 구간 $[x, y]$에 들어갈 확률이

$$P(x \le X \le y) = \sum_{k=\lceil x \rceil}^{\lfloor y \rfloor} p_X(k) \tag{3.1.19}$$

임을 쉽게 알 수 있다. 여기에서 $\lfloor x \rfloor$ 는 **바닥함수**[5]로 x보다 크지 않은 가장 큰 정수이고, $\lceil x \rceil$ 는 **천장함수**[6]로 x보다 작지 않은 가장 작은 정수이다.

보기 3.1.3 정육면체 주사위를 다섯 번 굴려 2가 나오는 횟수를 확률변수 X라고 하자. 그러면 X의 분포는 $b\left(5, \frac{1}{6}\right)$이다. 곧, $x = 0, 1, \cdots, 5$일 때

$$p_X(x) = {}_5C_x \left(\frac{1}{6}\right)^x \left(\frac{5}{6}\right)^{5-x} = \frac{3125}{7776} \frac{{}_5C_x}{5^x}$$

이다.

---

5) floor function

6) ceiling function

보기 3.1.4 정육면체 주사위를 일곱 번 굴려 짝수가 나오는 횟수를 확률변수 Y라 고 하자. 그러면 Y의 분포는 $b\left(7, \frac{1}{2}\right)$이다. 곧, $x = 0, 1, \cdots, 7$일 때

$$p_X(x) = {}_7C_x\left(\frac{1}{2}\right)^x\left(\frac{1}{2}\right)^{7-x} = \frac{{}_7C_x}{128}$$

이다.

이항 확률질량함수 $p_X(x)$는 $(n+1)p$가 정수이면 $x = (n+1)p - 1$과 $x = (n+1)p$일 때까지, $(n+1)p$가 정수가 아니면 $x = \lfloor (n+1)p \rfloor$일 때까지 늘고, 그 다음부터는 주는 수열이다.

보기 3.1.5 분포가 $b\left(3, \frac{1}{4}\right)$인 확률변수 X에서는 $x = (n+1)p - 1 = 0$과 $x = (n+1)p = 1$일 때 $p_X(x)$가 가장 크다. 이것은 $p_X(0) = p_X(1) = \frac{27}{64}$, $p_X(2) = \frac{9}{64}$, $p_X(3) = \frac{1}{64}$이므로 바로 알 수 있다.

보기 3.1.6 분포가 $b\left(10, \frac{1}{3}\right)$인 확률변수 X에서는 $p_X(x)$가 $x = \lfloor (n+1)p \rfloor = 3$일 때 가장 큰데, 이것은 $p_X(0) \approx 0.01734$, $p_X(1) \approx 0.08671$, $p_X(2) \approx 0.1951$, $p_X(3) \approx 0.2601$, $p_X(4) \approx 0.2276$, $\cdots$이므로 바로 확인할 수 있다.

정리 3.1.5 이항 확률변수의 기댓값과 분산

분포가 $b(n, p)$인 이항 확률변수 X의 기댓값은

$$E[X] = np \tag{3.1.20}$$

이고, 분산은

$$Var[X] = np(1-p) \tag{3.1.21}$$

이다.

증명 기댓값은

$$E[X] = \sum_{x=0}^{n} x\binom{n}{x}p^x q^{n-x} \tag{3.1.22}$$

이다. 여기에서

$$x\binom{n}{x} = x\frac{n!}{(n-x)!x!} = n\frac{(n-1)!}{(n-x)!(x-1)!} = n\binom{n-1}{x-1} \tag{3.1.23}$$

이므로

$$\begin{aligned} E[X] &= \sum_{x=1}^{n} n\binom{n-1}{x-1}p^x q^{n-x} = np\sum_{x=1}^{n}\binom{n-1}{x-1}p^{x-1}q^{n-x} \\ &= np(p+q)^{n-1} = np \end{aligned} \tag{3.1.24}$$

이다. 또 이항 확률변수 X의 둘째 적률은

$$E[X^2] = \sum_{x=1}^{n} x^2\binom{n}{x}p^x q^{n-x} \tag{3.1.25}$$

이고, 식 (3.1.23)을 이용하면

$$\begin{aligned} E[X^2] &= \sum_{x=1}^{n} xn\binom{n-1}{x-1}p^x q^{n-x} = np\sum_{x=1}^{n} x\binom{n-1}{x-1}p^{x-1}q^{n-x} \\ &= np\left\{\sum_{x=1}^{n}(x-1)\binom{n-1}{x-1}p^{x-1}q^{n-x} + \sum_{x=1}^{n}\binom{n-1}{x-1}p^{x-1}q^{n-x}\right\} \\ &= np\left\{\sum_{y=0}^{n-1} y\binom{n-1}{y}p^y q^{n-1-y} + \sum_{x=1}^{n}\binom{n-1}{x-1}p^{x-1}q^{n-x}\right\} \end{aligned} \tag{3.1.26}$$

이다. 여기에서 중괄호 안의 첫 번째 항은 이항분포 $b(n-1, p)$의 기댓값이고, 두 번째 항은 $(p+q)^{n-1} = 1$이므로

$$E[X^2] = np((n-1)p+1) = n^2p^2 + np(1-p) \tag{3.1.27}$$

이다. 따라서 이항 확률변수 X의 분산은

$$Var[X] = E[X^2] - E^2[X] = np(1-p) \tag{3.1.28}$$

이다.

보기 3.1.7 분포가 $b\left(3, \frac{1}{4}\right)$인 확률변수의 기댓값은 $3 \times \frac{1}{4} = \frac{3}{4}$이고, 분산은 $3 \times \frac{1}{4} \times \frac{3}{4} = \frac{9}{16}$이다.

정리 3.1.6* 이항 확률변수의 적률생성함수

분포가 $b(n, p)$인 이항 확률변수 X의 적률생성함수는

$$M_X(t) = (pe^t + 1 - p)^n \tag{3.1.29}$$

이다.

증명 적률생성함수의 뜻매김인 식 (2.4.5)를 이항 확률변수에 적용하면

$$\begin{aligned} M_X(t) = E[e^{tX}] &= \sum_{x=0}^{n} e^{tx} \binom{n}{x} p^x (1-p)^{n-x} \\ &= \sum_{x=0}^{n} \binom{n}{x} (pe^t)^x (1-p)^{n-x} = (pe^t + 1 - p)^n \end{aligned} \tag{3.1.30}$$

이다.

3.1.4 기하 확률변수

매개변수가 p인 기하 분포는 바라는 사건의 확률이 p인 베르누이 시행을 거듭할 때 바라는 사건이 처음 일어날 때까지 시행한 횟수의 분포이다.

뜻매김 3.1.4 기하 확률변수[7)]

확률질량함수가

$$p_X(x) = \begin{cases} (1-p)^{x-1} p, & x = 1, 2, \cdots, \\ 0, & \text{그 밖에는} \end{cases} \tag{3.1.31}$$

인 확률변수를 기하 확률변수라고 하고, 그 분포를 기하 분포라고 한다. 여기에서 p를 기하 분포의 매개변수라고 하며 $0 < p < 1$이다.

7) geometric random variable

한편, 확률질량함수가 (3.1.31)과 같은 기하 확률변수의 누적분포함수는

$$F_X(x) = \begin{cases} 1-(1-p)^k, & k=1,2,\cdots \text{ 이고 } k \le x < k+1, \\ 0, & x<1 \end{cases} \tag{3.1.32}$$

인데, 여기에서

$$\begin{aligned} \sum_{x=1}^{k} (1-p)^{x-1} p &= p\{1+(1-p)+(1-p)^2+ \cdots +(1-p)^{k-1}\} \\ &= 1-(1-p)^k \end{aligned} \tag{3.1.33}$$

임을 이용하였다.

그림 3.1.6과 그림 3.1.7에 매개변수가 다른 몇 가지 기하 확률질량함수와 누적분포함수를 보였다. 기하 확률질량함수 $p_X(x)$는 늘 $x=1$일 때 가장 크고 점점 줄어드는 함수임을 확인할 수 있다.

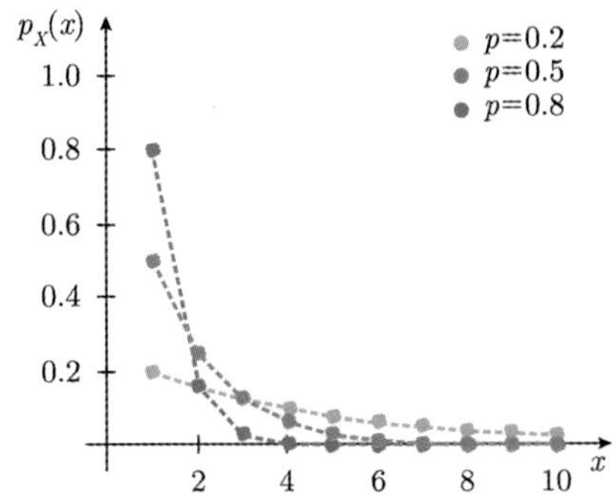

그림 3.1.6 기하 확률질량함수

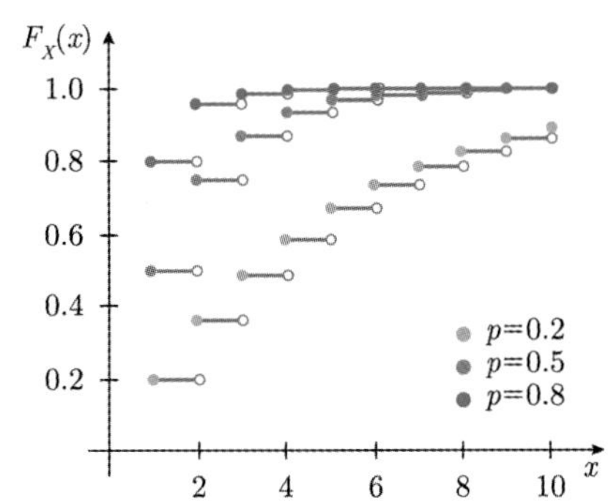

그림 3.1.7 기하 누적분포함수

보기 3.1.8 **바라는 주사위 눈 얻기**

정육면체 주사위를 1의 눈이 처음 나올 때까지 굴린다고 하자. 이때 굴리게 될 횟수의 분포를 얻어 보자.

풀이 주사위를 굴리는 시행 하나는 성공 확률이 $\frac{1}{6}$인 베르누이 시행이다. 따라서 바라는 확률분포는 매개변수가 $\frac{1}{6}$인 기하 분포이다.

정리 3.1.7 매개변수가 p인 기하 확률변수 X의 기댓값은

$$E[X] = \frac{1}{p} \tag{3.1.34}$$

이고, 분산은

$$Var[X] = \frac{1-p}{p^2} \tag{3.1.35}$$

이다.

증명 먼저

$$\begin{aligned} E[X] &= \sum_{x=1}^{\infty} x(1-p)^{x-1}p \\ &= p + 2p(1-p) + 3p(1-p)^2 + 4p(1-p)^3 + \cdots \end{aligned} \tag{3.1.36}$$

이다. 그러므로

$$\begin{aligned} &(1-p)E[X] \\ &= p(1-p) + 2p(1-p)^2 + 3p(1-p)^3 + 4p(1-p)^4 + \cdots \end{aligned} \tag{3.1.37}$$

이고, (3.1.36)에서 (3.1.37)를 빼면

$$\begin{aligned} E[X] - (1-p)E[X] &= pE[X] \\ &= p + p(1-p) + p(1-p)^2 + p(1-p)^3 + \cdots \\ &= \frac{p}{1-(1-p)} \\ &= 1 \end{aligned} \tag{3.1.38}$$

이다. 따라서 매개변수가 p인 기하 확률변수 X의 기댓값은 (3.1.34)와 같다. 다음으로 X의 둘째 적률은

$$E[X^2] = \sum_{x=1}^{\infty} x^2(1-p)^{x-1}p \tag{3.1.39}$$
$$= p + 4p(1-p) + 9p(1-p)^2 + 16p(1-p)^3 + \cdots$$

이다. 이 식의 두 변에 $(1-p)$를 곱하면

$$(1-p)\,E[X^2] \tag{3.1.40}$$
$$= p(1-p) + 4p(1-p)^2 + 9p(1-p)^3 + 16p(1-p)^4 + \cdots$$

이므로, (3.1.39)에서 (3.1.40)을 뺀 뒤 $p\sum_{x=1}^{\infty} x(1-p)^{x-1} = E[X] = \frac{1}{p}$이라는 것을 새기면

$$E[X^2] - (1-p)E[X^2] = pE[X^2] \tag{3.1.41}$$
$$= p + 3p(1-p) + 5p(1-p)^2 + 7p(1-p)^3 + \cdots$$
$$= p\sum_{x=1}^{\infty}(2x-1)(1-p)^{x-1}$$
$$= 2p\sum_{x=1}^{\infty} x(1-p)^{x-1} - p\sum_{x=1}^{\infty}(1-p)^{x-1}$$
$$= \frac{2}{p} - 1$$

이다. 그러므로 기하 확률변수의 둘째 적률은

$$E[X^2] = \frac{2-p}{p^2} \tag{3.1.42}$$

이고, 분산은

$$Var[X] = E[X^2] - E^2[X] = \frac{2-p}{p^2} - \left(\frac{1}{p}\right)^2 = \frac{1-p}{p^2} \tag{3.1.43}$$

이다.

보기 3.1.9 바라는 주사위 눈 얻기

보기 3.1.8에서와 같이 정육면체 주사위를 1의 눈이 처음 나올 때까지 굴린다고 할 때, 굴리게 될 횟수 X의 기댓값을 얻어 보자. 이미 본 바와 같이 X는 매개변수가 $\frac{1}{6}$인 기하 확률변수이므로 식 (3.1.34)를 쓰면 기댓값은 $E[X] = 6$이다. 다시 말하면, 1의 눈이 처음 나올 때까지 주사위를 굴리게 될 횟수의 기댓값은 6이다.

정리 3.1.8 기하 확률변수의 적률생성함수

매개변수가 p인 기하 확률변수 X의 적률생성함수는

$$M(t) = \frac{pe^t}{1-(1-p)e^t} \tag{3.1.44}$$

이다.

증명 적률생성함수의 뜻매김인 식 (2.4.5)를 기하 확률변수에 적용하면

$$\begin{aligned} M(t) = E[e^{tX}] &= \sum_{x=1}^{\infty} e^{xt}(1-p)^{x-1}p \\ &= p\{e^t + e^{2t}(1-p) + e^{3t}(1-p)^2 + \cdots\} \\ &= \frac{pe^t}{1-(1-p)e^t} \end{aligned} \tag{3.1.45}$$

이다.

3.1.5 음이항 확률변수

성공 확률이 p인 베르누이 시행을 거듭할 때, 성공이 r회 나타날 때까지 시행한 횟수의 확률분포를 포함하는 일반적인 분포가 음이항 분포이다.

뜻매김 3.1.5 음이항 확률변수[8]

확률질량함수가

$$p_X(x) = \begin{cases} \binom{x-1}{r-1}(1-p)^{x-r}p^r, & x = r, r+1, r+2, \cdots, \\ 0, & \text{그 밖에는} \end{cases} \tag{3.1.46}$$

인 확률변수를 음이항 확률변수라고 하고, 그 분포를 음이항 분포라고 하고 $NB(r,p)$처럼 쓴다. 여기에서 p와 r는 음이항 분포의 매개변수라고 하며 $0 < p < 1$이고 $r > 0$이다.

8) negative binomial random variable

한편, r이 자연수이면 음이항 확률질량함수를 파스칼 확률질량함수라고도 한다. 또 $r=1$이면 음이항 확률질량함수는 기하 확률질량함수이다. 이 책에서는 r이 자연수일 때만 생각하자. 다시 말하면, 이 책에서는 음이항 확률질량함수와 파스칼 확률질량함수는 같은 것을 일컫는 것이다.

한편, 확률질량함수가

$$p_X(x)=\begin{cases}\binom{x+r-1}{r-1}(1-p)^x p^r, & x=0,1,2,\cdots,\\ 0, & \text{그 밖에는}\end{cases} \tag{3.1.47}$$

인 확률변수를 음이항 확률변수라고 할 때도 있다. 이때 음이항 분포는 성공확률이 p인 베르누이 시행을 성공이 r회 나타날 때까지 거듭 시행하였을 때, 실패한 베르누이 시행 횟수의 확률분포이다. 식 (3.1.46)이 확률질량함수인 음이항 확률변수를 X_1, 식 (3.1.47)이 확률질량함수인 음이항 확률변수를 X_2라고 하였을 때, $X_1=X_2+r$이다. 이 책에서는 X_1을 기준으로 생각하자.

그림 3.1.8과 3.1.9에 성공확률이 $p=0.5$이고 성공 횟수 r이 다른 두 확률질량함수를 그래프로 보였다. 성공 횟수 r이 클수록 최댓값이 더 오른쪽에 나타남을 볼 수 있다.

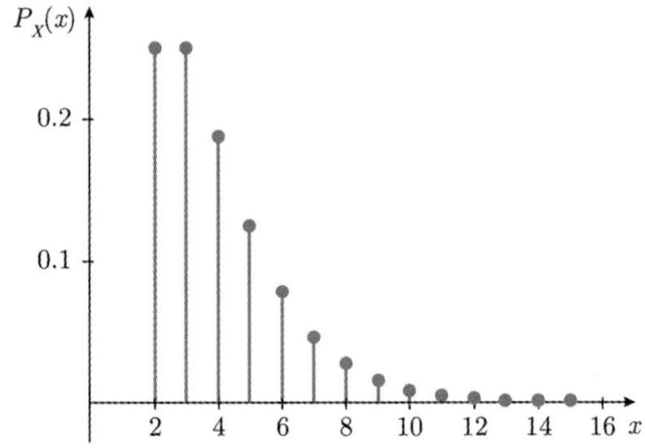

그림 3.1.8 분포가 $NB(2,\ 0.5)$인 음이항 확률질량함수

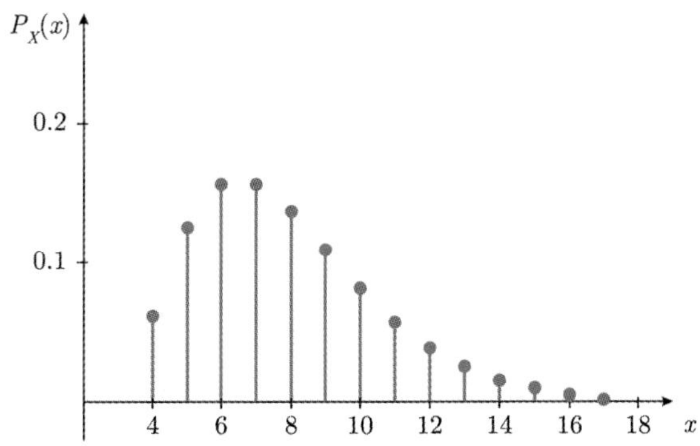

그림 3.1.9 분포가 $NB(4,\ 0.5)$인 음이항 확률질량함수

분포가 $NB(r,p)$인 음이항 확률변수의 누적분포함수는

$$F_X(x) = \begin{cases} \sum_{j=r}^{k} \binom{j-1}{r-1}(1-p)^{j-r}p^r, & k \le x < k+1, k=r, r+1, \cdots, \\ 0, & x < r \end{cases} \tag{3.1.48}$$

이다.

보기 3.1.10 주사위의 눈 5가 네 번 나올 때까지 정육면체 주사위를 굴리는 횟수를 확률변수 X라고 하면, X의 분포는 $NB\left(4, \frac{1}{6}\right)$이고, 확률질량함수는

$$p_X(x) = \begin{cases} \binom{x-1}{3}\left(\frac{5}{6}\right)^{x-4}\left(\frac{1}{6}\right)^4, & x = 4, 5, 6, \cdots, \\ 0, & \text{그 밖에는} \end{cases}$$

이다.

정리 3.1.9 분포가 $NB(r,p)$인 음이항 확률변수 X의 기댓값은

$$E[X] = \frac{r}{p} \tag{3.1.49}$$

이고, 분산은

$$Var[X] = \frac{r(1-p)}{p^2} \tag{3.1.50}$$

이다.

증명 음이항 확률변수 X와 $Y = X - r$를 생각하자. 이때 X의 확률질량함수는

$$p_X(x) = \begin{cases} \binom{x-1}{r-1}(1-p)^{x-r}p^r, & x = r, r+1, r+2, \cdots, \\ 0, & \text{그 밖에는} \end{cases} \tag{3.1.51}$$

이고, Y의 확률질량함수는

$$p_Y(y) = \begin{cases} \binom{y+r-1}{y}(1-p)^{y}p^r, & y = 0, 1, 2, \cdots, \\ 0, & \text{그 밖에는} \end{cases} \tag{3.1.52}$$

이다. 먼저

$$\sum_{y=-\infty}^{\infty} p_Y(y) = \sum_{y=0}^{\infty} \binom{y+r-1}{y}(1-p)^y p^r = 1 \qquad (3.1.53)$$

이므로

$$\sum_{y=0}^{\infty} \binom{y+r-1}{y}(1-p)^y = p^{-r} \qquad (3.1.54)$$

임을 새겨 두자. 식 (3.1.54)를 p에 대해 미분하면,

$$-\sum_{y=0}^{\infty} \binom{y+r-1}{y}(1-p)^{y-1} y = -rp^{-r-1} \qquad (3.1.55)$$

이다. 그러면 Y의 기댓값은

$$\begin{aligned} E[Y] &= \sum_{y=0}^{\infty} \binom{y+r-1}{y}(1-p)^y p^r y \qquad (3.1.56) \\ &= p^r(1-p)\sum_{y=0}^{\infty} \binom{y+r-1}{y}(1-p)^{y-1} y \\ &= p^r(1-p)rp^{-r-1} \\ &= \frac{1-p}{p}r \end{aligned}$$

이다. 따라서 X의 기댓값은

$$E[X] = E[Y+r] = E[Y]+r = \frac{1-p}{p}r+r = \frac{r}{p} \qquad (3.1.57)$$

이다. 다음으로 식 (3.1.56)을 p에 대해 미분하면,

$$\sum_{y=0}^{\infty} \binom{y+r-1}{y}(1-p)^{y-2} y(y-1) = r(r+1)p^{-r-2} \qquad (3.1.58)$$

이다. 그러면 Y의 둘째 적률은

$$\begin{aligned} E[Y^2] &= E[Y(Y-1)] + E[Y] \qquad (3.1.59) \\ &= \sum_{y=0}^{\infty} \binom{y+r-1}{y}(1-p)^y p^r y(y-1) + \frac{1-p}{p}r \\ &= (1-p)^2 p^r \sum_{y=0}^{\infty} \binom{y+r-1}{y}(1-p)^{y-2} y(y-1) + \frac{1-p}{p}r \\ &= (1-p)^2 p^r r(r+1)p^{-r-2} + \frac{1-p}{p}r \\ &= r(r+1)\frac{(1-p)^2}{p^2} + \frac{1-p}{p}r \end{aligned}$$

이므로, Y의 분산은

$$\begin{aligned} Var[Y] &= E[Y^2]-E^2[Y] \\ &= r(r+1)\frac{(1-p)^2}{p^2}+\frac{1-p}{p}r-\left(\frac{1-p}{p}r\right)^2 \\ &= \frac{1-p}{p^2}r \end{aligned} \tag{3.1.60}$$

이다. 따라서 X의 분산은

$$Var[X] = Var[Y+r] = Var[Y] = \frac{r(1-p)}{p^2} \tag{3.1.61}$$

이다.

정리 3.1.10 음이항 확률변수의 적률생성함수

분포가 $NB(r,p)$인 음이항 확률변수 X의 적률생성함수는

$$M_X(t) = \left\{\frac{pe^t}{1-(1-p)e^t}\right\}^r \tag{3.1.62}$$

이다.

증명 음이항 확률변수 X와 $Y=X-r$를 생각하자. 식 (3.1.54)에서 $1-p$ 대신 $(1-p)e^t$을 넣으면,

$$\sum_{y=0}^{\infty}\binom{y+r-1}{y}\{(1-p)e^t\}^y = \{1-(1-p)e^t\}^{-r} \tag{3.1.63}$$

이다. 그러므로 Y의 적률생성함수는

$$\begin{aligned} M_Y(t) = E[e^{tY}] &= \sum_{y=0}^{\infty}\binom{y+r-1}{y}(1-p)^y p^r e^{ty} \\ &= \sum_{y=0}^{\infty}\binom{y+r-1}{y}\{(1-p)e^t\}^y p^r \\ &= \left\{\frac{p}{1-(1-p)e^t}\right\}^r \end{aligned} \tag{3.1.64}$$

이고, X의 적률생성함수는

$$M_X(t) = E[e^{tX}] = E[e^{t(Y+r)}] = E[e^{tY}]e^{tr} = \left\{\frac{pe^t}{1-(1-p)e^t}\right\}^r \tag{3.1.65}$$

이다.

3.1.6 포아송 확률변수

포아송 확률변수는 사건들이 서로에게 아무런 영향을 주지 않으며 일정한 비율로 일어날 때, 어떤 시간 동안 일어나는 사건의 수를 나타내는 데에 자주 쓰인다.

뜻매김 3.1.6 포아송 확률변수[9]

확률질량함수가 $\alpha > 0$일 때

$$p_X(x) = \begin{cases} e^{-\alpha}\dfrac{\alpha^x}{x!}, & x = 0, 1, 2, \cdots, \\ 0, & \text{그 밖에는} \end{cases} \tag{3.1.66}$$

인 확률변수를 포아송 확률변수라고 하고, 그 분포를 포아송 분포라고 하며, 여기에서 α는 포아송 매개변수이다.

단위 구간에서 어떤 사건이 일어나는 비율이 λ라면, 길이가 T인 구간 동안에 그 사건이 일어나는 평균적인 횟수는 λT라고 할 수 있다. 길이가 T인 구간 동안 일어나는 사건의 횟수가 포아송 확률변수일 때, 비율 λ를 포아송 비율이라고 한다. 이때 구간 T 동안의 평균 발생 횟수 λT는 포아송 매개변수인 α와 같다.

그림 3.1.10과 3.1.11에 매개변수가 다른 두 포아송 확률질량함수를 그래프로 보였다. 포아송 확률질량함수 $\{p_X(x)\}_{x=0}^{\infty}$는 늘다가 주는 수열이거나 주는 수열인데, $\alpha < 1$이면 $x = 0$일 때, $\alpha \geq 1$이고 정수이면 $x = \alpha$와 $\alpha - 1$일 때, $\alpha > 1$이고 정수가 아니면 $x = \lfloor \alpha \rfloor$일 때 가장 크다.

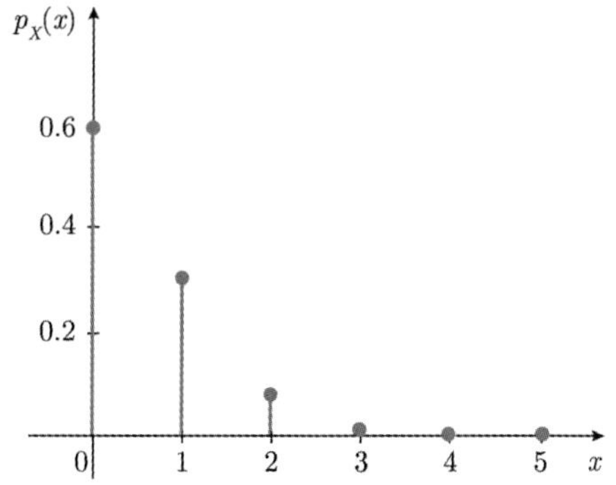

그림 3.1.10 매개변수 $\alpha = 0.5$인 포아송 확률질량함수

9) Poisson random variable

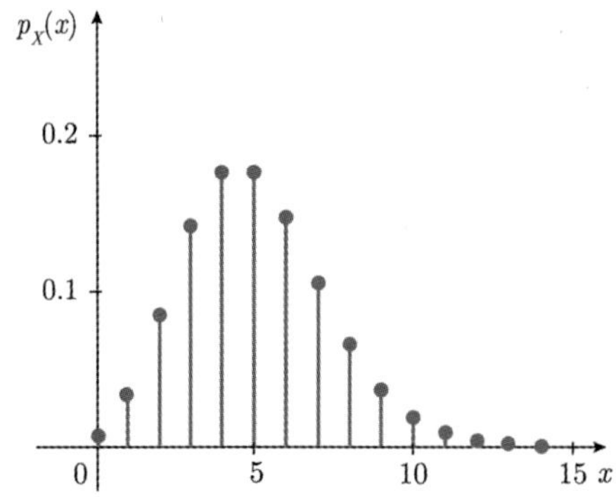

그림 3.1.11 매개변수 $\alpha = 5$인 포아송 확률질량함수

한편, 매개변수가 α인 포아송 확률변수의 누적분포함수는

$$F_X(x) = \begin{cases} e^{-\alpha} \sum_{j=0}^{\lfloor x \rfloor} \dfrac{\alpha^j}{j!}, & x \geq 0, \\ 0, & x < 0 \end{cases} \tag{3.1.67}$$

이다.

보기 3.1.11 어떤 온라인 은행에 접속하는 사람이 1초 동안 평균 0.2명이며 접속자수는 포아송 분포를 띤다고 한다. 이 온라인 은행에 1분 동안 접속하는 사람수 X의 확률질량함수는, $\alpha = 0.2 \times 60 = 12$이므로,

$$p_X(x) = \begin{cases} e^{-12} \dfrac{12^x}{x!}, & x = 0, 1, 2, \cdots, \\ 0, & \text{그 밖에는} \end{cases}$$

이고, 1분 동안 접속하는 사람이 1명 이하일 확률은

$$\begin{aligned} P(\text{1분 동안 접속자가 1명 이하}) &= p_X(0) + p_X(1) = e^{-12}(1+12) \\ &= 13e^{-12} \simeq 7.9875 \times 10^{-5} \end{aligned}$$

이다.

정리 3.1.11 포아송 확률변수의 기댓값과 분산

매개변수가 α인 포아송 확률변수 X의 기댓값은

$$E[X] = \alpha \tag{3.1.68}$$

이고, 분산은

$$Var[X] = \alpha \tag{3.1.69}$$

이다.

증명 지수함수의 거듭제곱 급수[10]에서

$$e^{\alpha} = \sum_{x=0}^{\infty} \frac{\alpha^x}{x!} \tag{3.1.70}$$

이라는 것을 새기면 X의 기댓값은

$$\begin{aligned} E[X] &= \sum_{x=0}^{\infty} x \frac{e^{-\alpha}\alpha^x}{x!} = \sum_{x=1}^{\infty} x \frac{e^{-\alpha}\alpha^x}{x!} = \sum_{x=1}^{\infty} \frac{e^{-\alpha}\alpha^x}{(x-1)!} \\ &= \alpha e^{-\alpha} \sum_{x=0}^{\infty} \frac{\alpha^x}{x!} \end{aligned} \tag{3.1.71}$$

이므로, (3.1.68)을 얻는다. 마찬가지로 둘째 적률은

$$\begin{aligned} E[X^2] &= \sum_{x=1}^{\infty} x^2 \frac{e^{-\alpha}\alpha^x}{x!} = \sum_{x=1}^{\infty} x \frac{e^{-\alpha}\alpha^x}{(x-1)!} = \alpha \sum_{x=0}^{\infty} (x+1) \frac{e^{-\alpha}\alpha^x}{x!} \\ &= \alpha \left\{ \sum_{x=0}^{\infty} x \frac{e^{-\alpha}\alpha^x}{x!} + \sum_{k=0}^{\infty} \frac{e^{-\alpha}\alpha^x}{x!} \right\} = \alpha(E[X]+1) \\ &= \alpha^2 + \alpha \end{aligned} \tag{3.1.72}$$

이다. 따라서 X의 분산은

$$Var[X] = \alpha^2 + \alpha - \alpha^2 = \alpha \tag{3.1.73}$$

이다.

정리 3.1.12 포아송 확률변수의 적률생성함수

매개변수가 α인 포아송 확률변수 X의 적률생성함수는

$$M_X(t) = \exp\{-\alpha(1-e^t)\} \tag{3.1.74}$$

이다.

10) power series

증명 식 (3.1.70)을 쓰면

$$M_X(t) = E[e^{tX}] = \sum_{x=0}^{\infty} e^{tx} \frac{e^{-\alpha}\alpha^x}{x!} \qquad (3.1.75)$$
$$= e^{-\alpha} \sum_{x=0}^{\infty} \frac{(e^t\alpha)^x}{x!} = e^{-\alpha}\exp(e^t\alpha)$$

이므로 (3.1.74)를 얻을 수 있다.

뜻매김 3.1.7* 확률 포아송 점[11]

아래 (가)와 (나)의 두 성질을 만족시키는 점들을 비율이 λ인 확률 포아송 점 또는 비율이 λ인 포아송 점이라고 한다.

(가) P(길이가 t_a인 구간에 점이 k_a개 있음)$= e^{-\lambda t_a}\dfrac{(\lambda t_a)^{k_a}}{k_a!}$.

(나) 구간 D_a와 D_b가 겹치지 않으면, 사건 $\{D_a$ 안에 점이 k_a개$\}$와 사건 $\{D_b$ 안에 점이 k_b개$\}$는 서로 독립이다.

여기에서 비율 λ는 단위 구간 안에 들어 있는 점의 평균 개수를 나타낸다.

보기 3.1.12* 비율이 λ인 포아송 점을 생각하자. 이제 세 시점 $t_1 \le t_2 \le t_3$을 생각하여 구간 $D_c = (t_1, t_3)$에 점이 k_c개 있다는 것을 알고 있을 때, 구간 $D_a = (t_1, t_2)$에 점이 k_a개 있을 확률을 얻어 보자.

풀이 먼저 $D_b = (t_2, t_3)$, $k_b = k_c - k_a$, $t_a = t_2 - t_1$, $t_b = t_3 - t_2$, $t_c = t_b - t_a = t_3 - t_1$이라고 하자. 그러면

$$\begin{aligned}
&P(\text{구간 } D_a\text{에 점이 } k_a\text{개 있음} \mid \text{구간 } D_c\text{에 점이 } k_c\text{개 있음})\\
&= \frac{P(\text{구간 } D_a\text{에 점이 } k_a\text{개 있고, 구간 } D_c\text{에 점이 } k_c\text{개 있음})}{P(\text{구간 } D_c\text{에 점이 } k_c\text{개 있음})}\\
&= \frac{P(\text{구간 } D_a\text{에 점이 } k_a\text{개 있고, 구간 } D_b\text{에 점이 } k_b\text{개 있음})}{P(\text{구간 } D_c\text{에 점이 } k_c\text{개 있음})}\\
&= \left\{e^{-\lambda t_a}\frac{(\lambda t_a)^{k_a}}{k_a!} e^{-\lambda t_b}\frac{(\lambda t_b)^{k_b}}{k_b!}\right\}\left\{e^{-\lambda t_c}\frac{(\lambda t_c)^{k_c}}{k_c!}\right\}^{-1}\\
&= \frac{k_c!}{k_a!k_b!}
\end{aligned}$$

를 얻는다.

---

11) random Poisson points 또는 Poisson points

보기 3.1.13* 단위 구간에 들어 있는 개수가 평균적으로 λ인 포아송 점과 상수 d를 생각하자. 구간 $(0, d)$ 안에 있는 포아송 점의 수를 확률변수 N이라고 하자. 그러면

$$P(N=k)=p_N(k)=e^{-\lambda d}\frac{(\lambda d)^k}{k!}$$

이므로 너비가 d인 구간 안에 있는 포아송 점의 수는 매개변수가 λd인 포아송 변수이다.

3.2 연속 확률변수

이 절에서는 연속 확률변수 가운데에서 대표적인 것이라고 할 수 있는 고른 확률변수, 지수 확률변수, 레일리 확률변수의 여러 가지 확률적 특성에 대해서 자세히 살펴본다. 한편, 연속 확률변수 가운데에서 가장 널리 쓰이는 정규 확률변수는 3.3절에서 따로 다룬다.

3.2.1 고른 확률변수

이산 공간에서 다룬 고른 확률변수와 비슷하게 생각하면 연속 공간의 고른 확률변수도 다룰 수 있다.

뜻매김 3.2.1 고른 (균일) 확률변수[12)]

확률밀도함수가

$$f_X(x)=\begin{cases}\frac{1}{b-a}, & a<x<b,\\ 0, & \text{그 밖에는}\end{cases} \tag{3.2.1}$$

인 확률변수를 고른 확률변수 또는 균일 확률변수라고 하고, 그 분포를 $U(a, b)$로 쓴다. 여기에서 $a<b$이다.

12) uniform random variable

식 (3.2.1)에 들어 있는 $a < x < b$를 $a \le x < b$, $a < x \le b$ 또는 $a \le x \le b$로 바꾼 확률밀도함수가 나타내는 분포를 각각 $U[a, b)$, $U(a, b]$ 또는 $U[a, b]$로 쓰는데, 이 네 분포는 모두 같은 것이라고 볼 수 있으므로 서로 바꾸어 쓰기도 한다. 그림 3.2.1에 고른 확률변수의 확률밀도함수를 보였다.

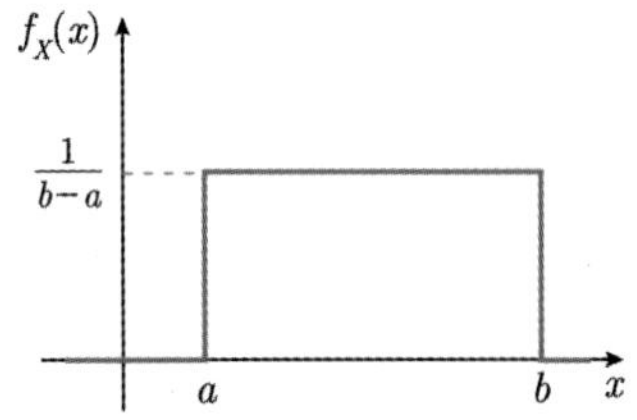

그림 3.2.1 고른 확률밀도함수

분포가 $U(a, b)$인 고른 확률변수의 누적분포함수는

$$F_X(x) = \begin{cases} 0, & x \le a, \\ \dfrac{x-a}{b-a}, & a \le x \le b, \\ 1, & x \ge b \end{cases} \tag{3.2.2}$$

이다.

정리 3.2.1 고른 확률변수의 기댓값과 분산

분포가 $U(a, b)$인 확률변수 X의 기댓값은

$$E[X] = \frac{a+b}{2} \tag{3.2.3}$$

이고, 분산은

$$Var[X] = \frac{(b-a)^2}{12} \tag{3.2.4}$$

이다.

증명 분포가 $U(a,b)$인 확률변수 X의 기댓값은

$$E[X] = \int_a^b \frac{x}{b-a}dx = \frac{a+b}{2} \tag{3.2.5}$$

처럼, 분산은

$$Var[X] = E[X^2] - E^2[X] = \int_a^b \frac{x^2}{b-a}dx - \left(\frac{a+b}{2}\right)^2 = \frac{(b-a)^2}{12} \tag{3.2.6}$$

처럼 얻을 수 있다.

정리 3.2.2 고른 확률변수의 적률생성함수

분포가 $U(a,b)$인 확률변수 X의 적률생성함수는

$$M_X(t) = \frac{e^{bt} - e^{at}}{(b-a)t} \tag{3.2.7}$$

이다.

증명 적률생성함수의 뜻매김 식을 쓰면

$$M_X(t) = E[e^{tX}] = \int_a^b \frac{e^{tx}}{b-a}dx = \frac{e^{bt} - e^{at}}{(b-a)t} \tag{3.2.8}$$

을 얻을 수 있다.

보기 3.2.1 분포가 $U(-1,1)$인 확률변수 X의 기댓값은

$$E[X] = 0$$

이고, 분산은

$$Var[X] = \frac{2^2}{12} = \frac{1}{3}$$

이다.

보기 3.2.2 분포가 $U[0,1)$인 확률변수 X를 생각하여 확률변수 $Y = X^2$의 기댓값을 얻어 보자.

풀이

방법 1 먼저 Y의 확률밀도함수 $f_Y(y)$를 얻어 보자. 이제 X의 분포가 $U[0,1)$이기 때문에, $y < 0$이거나 $y > 1$일 때에는 $f_Y(y) = 0$이다. 다음에 $0 \le y < 1$일 때 $P(Y \le y)$를 얻으면

$$\begin{aligned} P(Y \le y) &= P(X^2 \le y) = P(-\sqrt{y} \le X \le \sqrt{y}) \\ &= P(0 \le X \le \sqrt{y}) = \sqrt{y} \end{aligned}$$

이다. 따라서 $0 \le y < 1$일 때

$$f_Y(y) = \frac{d}{dy}\sqrt{y} = \frac{1}{2\sqrt{y}}$$

이다. 이 확률밀도함수를 쓰면 $Y = X^2$의 기댓값

$$E[Y] = \int_0^1 \frac{y}{2\sqrt{y}} dy = \frac{1}{2}\int_0^1 \sqrt{y}\, dy = \frac{1}{3}$$

을 얻을 수 있다.

방법 2 한편, 바로

$$E[Y] = E[X^2] = \int_{-\infty}^{\infty} x^2 f_X(x) dx = \int_0^1 x^2 dx = \frac{1}{3}$$

을 얻을 수도 있다.

보기 3.2.3 분포가 $U[0,2\pi)$인 위상 X를 생각하여 $Y = \sin X$의 기댓값을 얻어 보자.

풀이 확률변수 X의 확률밀도함수는

$$f_X(x) = \begin{cases} \dfrac{1}{2\pi}, & 0 \le x < 2\pi, \\ 0, & \text{그 밖에는} \end{cases}$$

이므로 $Y = \sin X$의 기댓값은

$$E[Y] = \int_0^{2\pi} \frac{1}{2\pi} \sin x\, dx = -\frac{1}{2\pi}\cos x \Big|_0^{2\pi} = 0$$

이다.

3.2.2 지수 확률변수

연속적으로 일어나는 사건들이 서로에게 아무런 영향을 주지 않으며 일정한 비율로 일어날 때, 이 사건들 사이의 시간이 나타내는 확률분포가 지수 분포이다.

뜻매김 3.2.2 지수 확률변수[13)]

상수 λ가 0보다 클 때 확률밀도함수가

$$f_X(x) = \begin{cases} \lambda e^{-\lambda x}, & x \geq 0, \\ 0, & x < 0 \end{cases} \tag{3.2.9}$$

인 확률변수를 매개변수가 λ인 지수 확률변수라고 하고, 그 분포를 지수 분포라고 한다. 지수 분포의 매개변수 λ를 지수 비율이라고도 한다.

그림 3.2.2에 지수 확률변수의 확률밀도함수를 보였다. 그림에서 쉽게 알 수 있듯이 지수 비율 λ가 작을수록 지수 확률변수의 확률밀도함수는 꼬리가 길고 무겁다.

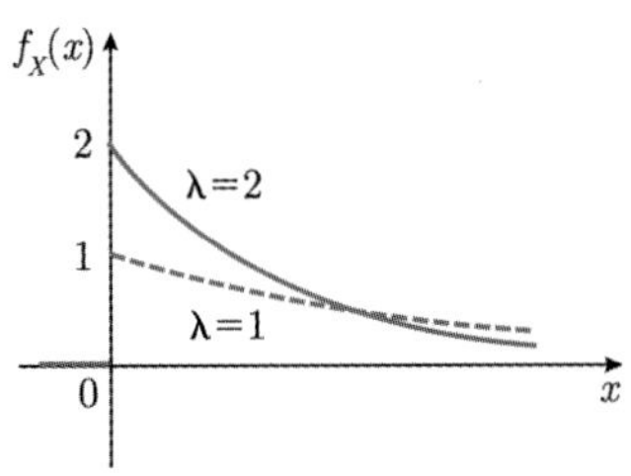

그림 3.2.2 지수 확률밀도함수

비율이 λ인 지수 확률변수의 누적분포함수는

$$F_X(x) = \begin{cases} 1 - e^{-\lambda x}, & x \geq 0, \\ 0, & x < 0 \end{cases} \tag{3.2.10}$$

이다.

정리 3.2.3 지수 확률변수의 기댓값과 분산

매개변수가 λ인 지수 확률변수 X의 기댓값은

$$E[X] = \frac{1}{\lambda} \tag{3.2.11}$$

13) exponential random variable

이고, 분산은

$$Var[X] = \frac{1}{\lambda^2} \tag{3.2.12}$$

이다.

증명 지수 확률변수 X의 기댓값은

$$E[X] = \lambda \int_0^{\infty} x e^{-\lambda x} dx = \frac{1}{\lambda} \tag{3.2.13}$$

처럼, 분산은

$$Var[X] = \lambda \int_0^{\infty} x^2 e^{-\lambda x} dx - \left(\frac{1}{\lambda}\right)^2 = \frac{1}{\lambda^2} \tag{3.2.14}$$

처럼 얻을 수 있다.

정리 3.2.4 지수 확률변수의 적률생성함수

매개변수가 λ인 지수 확률변수 X의 적률생성함수는

$$M_X(t) = \frac{\lambda}{\lambda - t} \tag{3.2.15}$$

이다. 여기에서 $t < \lambda$이다.

증명 지수 확률변수 X의 적률생성함수는 $t < \lambda$일 때

$$M_X(t) = \int_0^{\infty} \lambda e^{-\lambda x} e^{tx} dx = \frac{\lambda}{\lambda - t} \tag{3.2.16}$$

처럼 얻을 수 있다.

한편, (3.2.10)에서 $s, t \geq 0$일 때

$$\begin{aligned} P(X > s+t \mid X > t) &= \frac{P(X > s+t, X > t)}{P(X > t)} = \frac{P(X > s+t)}{P(X > t)} \\ &= \frac{1 - F_X(s+t)}{1 - F_X(t)} \\ &= e^{-\lambda s} \\ &= P(X > s) \end{aligned} \tag{3.2.17}$$

이다. 이 식을 바꾸어 쓰면

$$P(X>s+t \mid X>t)=P(X>s) \tag{3.2.18}$$

인데 이 특성을 지수 분포의 **무기억**[14] 성질이라고 한다. 이 성질은 지수 확률변수가 과거의 영향을 받지 않는다는 것을 나타낸다.

보기 3.2.4 은행에서 일을 끝내는 데 걸리는 시간이 지수 확률변수이고, 그 기댓값이 10분이라고 하자. 또한 은행에 오는 손님은 일이 끝나면 바로 은행을 떠난다고 하자. 이제 은행에 온 손님이 일을 처리하려고 15분보다 오래 기다릴 확률을 얻어 보자. 또, 10시에 도착하여 10분 기다린 손님이 10시 15분에도 은행에 있을 확률을 얻어 보자.

풀이 손님이 은행에서 기다리는 시간을 X라고 하고 X의 누적분포함수를 $F_X(x)$라고 하자. 그러면 기다리는 시간은 일을 처리하는 데 걸리는 시간과 같으므로, X는 비율이 $\lambda=\dfrac{1}{10}$인 지수 확률변수이다. 따라서 은행에 온 손님이 일을 처리하려고 15분보다 오래 기다릴 확률을 얻으면

$$P(X>15)=1-F_X(15)=e^{-15\lambda}\approx 0.2231$$

이다. 다음으로 10시에 도착하여 10분 기다린 손님이 10시 15분에도 은행에 있을 확률을 얻어 보자. 이 확률은 어떤 시간에 손님이 기다려야 할 시간이 5분보다 길 확률과 같다. 따라서 지수 확률변수는 과거의 영향을 받지 않는다는 것을 새기면 이 손님이 10시 15분에도 은행에 있을 확률은

$$P(X>5)=e^{-5\lambda}\approx 0.6065$$

이다.

식 (3.2.18)을 다시 쓰면,

$$\frac{P(X>s+t,\, X>t)}{P(X>t)}=P(X>s) \tag{3.2.19}$$

14) memoryless

또는

$$P(X > s+t) = P(X > s)P(X > t) \tag{3.2.20}$$

이다. 여기에서 한 가지 알아 둘 만한 것은 연속 분포 가운데에서 지수 분포만이 (3.2.18)을 만족시킨다는 것이다. 한편, 이산 분포 가운데에서는 기하 분포만이 (3.2.18)을 만족시킨다.

보기 3.2.5 어떤 전구의 수명이 지수 분포를 따른다고 하자. 이때 그 전구가 시간 t에 켜져 있다면 그 전구의 남은 수명의 분포는 본래 수명 분포와 같다는 것을 뜻한다. 곧, t시간 동안 켜져 있던 전구가 s시간만큼 더 켜져 있을 확률은 단순히 이 전구가 s시간 동안 켜져 있을 확률과 같다는 것을 뜻한다. 다시 말해, 시간 t에서 살펴본 전구의 남은 수명의 분포는 사용하지 않은 전구의 남은 수명 분포와 같다. 이것은 다음과 같이 해석할 수도 있다. 한 장소에 들어온 사람이 그 전구가 켜져 있는 것을 보았지만 그 전구가 언제부터 켜져 있었는지는 모르고 있다면, 그 전구는 앞으로 얼마나 더 켜져 있을 것이라고 생각할 수 있을까? 놀랍게도 지수 분포에서는 이 전구의 남은 수명은 새 전구의 수명과 같다. 다시 말해 과거에 일어난 일이 미래의 일에 영향을 끼치지 않는다는 것이다. 결국 전구가 이제까지 얼마 동안 켜져 있었는지 알 수 없다. 이와 같은 성질을 **마르코프**[15] 성질이라고 한다. 이 보기의 결론이 조금 이상하다고 느끼겠지만, 이렇게 느껴지는 까닭은 우리가 평소에 보는 전구의 수명이 실제로 지수 분포가 아닐 때가 많기 때문이다.

보기 3.2.6 어떤 전구의 수명은 기댓값이 열 시간인 지수 확률변수이다. 통계와 확률의 과제를 마치고자 밤늦게 방에 돌아온 학생이 전구가 켜져 있는 것을 보았다. 아직 다섯 시간 분량이 남아 있다면, 전구가 꺼지기 전에 그 과제를 마칠 확률을 얻어 보자. 또 전구의 수명이 지수 확률변수가 아니라면 어떠할지 생각해 보자.

풀이 전구의 수명을 X라고 하자. 그러면 지수 확률변수 X의 매개변수는 $\lambda = \frac{1}{10}$이므로, 전구가 꺼지기 전에 학생이 그 일을 마칠 확률은

$$\begin{aligned} P(X > 5) &= 1 - F_X(5) = e^{-5\lambda} = e^{-0.5} \\ &\approx 0.6065 \end{aligned}$$

15) Markov

이다. 다시 말하면, 그 학생이 불이 꺼지기 전에 과제를 마칠 수 있는 확률은 절반을 조금 넘는 61%쯤이다. 다음에 전구의 수명 Y가 지수 확률변수가 아닐 때를 생각해 보자. 그 학생이 방에 돌아왔을 때까지 전구가 켜져 있었던 시간을 t라고 하고 Y의 누적분포함수를 $F_Y(y)$라고 하면, 얻고자 하는 확률은

$$
\begin{aligned}
&P(\text{전구가 꺼지기 전에 과제를 마침}) \\
&= P(Y > t+5 \mid Y > t) = \frac{1-F_Y(t+5)}{1-F_Y(t)}
\end{aligned}
$$

이고, 이 값은 t의 함수이다. 따라서 전구가 켜진 지 얼마나 되었는지 알 수 없다면, 이 확률은 얻을 수 없다.

보기 3.2.7* 뜻매김 3.1.7에서 다룬 포아송 점들의 집합 $\{t_i\}$를 생각하자. 고정점 t_0에서 오른쪽으로 첫째 점까지의 거리를 확률변수 X라고 두자. 그러면 X의 누적분포함수는 $x \geq 0$일 때

$$
\begin{aligned}
F_X(x) &= P(X \leq x) \\
&= P(t_0\text{과 } t_0 + x \text{ 사이에 적어도 점이 하나 있음}) \\
&= 1 - P((t_0, t_0 + x)\text{에 점이 하나도 없음}) \\
&= 1 - e^{-\lambda x}
\end{aligned}
$$

이다. 여기에서 $(t_0, t_0 + x)$에 들어 있는 포아송 점의 개수는 매개변수가 $\alpha = \lambda x$인 포아송 분포를 따르고, 이때 점이 하나도 없을 확률은 $e^{-\alpha} = e^{-\lambda x}$임을 적용하였다. 따라서 X의 확률밀도함수는

$$
f_X(x) = \begin{cases} \lambda e^{-\lambda x}, & x \geq 0, \\ 0, & x < 0 \end{cases}
$$

이고, X는 지수 확률변수이다.

3.2.3 레일리 확률변수

레일리 확률분포는 어떤 신호가 산란 또는 분산되는 환경에서 신호 크기를 표현하는 데에 자주 쓰인다.

뜻매김 3.2.3 레일리 확률변수[16)]

확률밀도함수가

$$f_X(x) = \begin{cases} \dfrac{x}{\sigma^2}\exp\left(-\dfrac{x^2}{2\sigma^2}\right), & x \ge 0, \\ 0, & x < 0 \end{cases} \tag{3.2.21}$$

인 확률변수를 레일리 확률변수라고 하며, 그 분포를 레일리 확률분포라고 한다. 여기에서 σ를 레일리 확률분포의 매개변수라고 한다.

그림 3.2.3에 레일리 확률변수의 확률밀도함수를 보였다. 일반적으로 레일리 매개변수 σ가 클수록 확률밀도함수의 꼬리가 길고 무겁다.

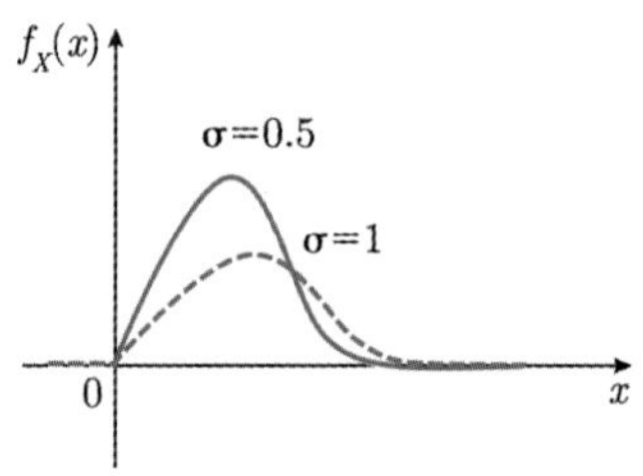

그림 3.2.3 레일리 확률밀도함수

확률밀도함수가 (3.2.21)인 레일리 확률변수의 누적분포함수는

$$F_X(x) = \begin{cases} 1 - \exp\left(-\dfrac{x^2}{2\sigma^2}\right), & x \ge 0, \\ 0, & x < 0 \end{cases} \tag{3.2.22}$$

이다.

정리 3.2.5 레일리 확률변수의 기댓값과 분산

매개변수가 σ인 레일리 확률변수 X의 기댓값은

$$E[X] = \sqrt{\frac{\pi}{2}}\,\sigma \tag{3.2.23}$$

이고, 분산은

16) Rayleigh random variable

$$Var[X] = \frac{4-\pi}{2}\sigma^2 \tag{3.2.24}$$

이다.

증명 먼저

$$\begin{aligned}\int_0^{\infty} \exp\left(-\frac{x^2}{2\sigma^2}\right)dx &= \frac{1}{2}\int_{-\infty}^{\infty} \exp\left(-\frac{x^2}{2\sigma^2}\right)dx \\ &= \frac{1}{2}\sqrt{2\pi}\,\sigma\int_{-\infty}^{\infty} \frac{1}{\sqrt{2\pi}\,\sigma}\exp\left(-\frac{x^2}{2\sigma^2}\right)dx \\ &= \sqrt{\frac{\pi}{2}}\,\sigma\end{aligned} \tag{3.2.25}$$

이므로 레일리 확률변수 X의 기댓값은

$$\begin{aligned}E[X] &= \int_0^{\infty} x\frac{x}{\sigma^2}\exp\left(-\frac{x^2}{2\sigma^2}\right)dx \\ &= \frac{1}{\sigma^2}\left\{\left[-x\sigma^2\exp\left(-\frac{x^2}{2\sigma^2}\right)\right]_0^{\infty} + \int_0^{\infty}\sigma^2\exp\left(-\frac{x^2}{2\sigma^2}\right)dx\right\} \\ &= \int_0^{\infty}\exp\left(-\frac{x^2}{2\sigma^2}\right)dx \\ &= \sqrt{\frac{\pi}{2}}\,\sigma\end{aligned} \tag{3.2.26}$$

이다. 또한 레일리 확률변수 X의 둘째 적률은

$$\begin{aligned}E[X^2] &= \int_0^{\infty} x^2\frac{x}{\sigma^2}\exp\left(-\frac{\mathrm{x}^2}{2\sigma^2}\right)dx \\ &= \frac{1}{\sigma^2}\left\{\left[-x^2\sigma^2\exp\left(-\frac{x^2}{2\sigma^2}\right)\right]_0^{\infty} + \int_0^{\infty}2x\sigma^2\exp\left(-\frac{x^2}{2\sigma^2}\right)dx\right\} \\ &= \frac{1}{\sigma^2}\left\{0 + \left[-2\sigma^4\exp\left(-\frac{x^2}{2\sigma^2}\right)\right]_0^{\infty}\right\} \\ &= \frac{1}{\sigma^2}\times(2\sigma^4) \\ &= 2\sigma^2\end{aligned} \tag{3.2.27}$$

이다. 따라서 레일리 확률변수 X의 분산은

$$Var[X] = E[X^2] - E^2[X] = 2\sigma^2 - \frac{\pi}{2}\sigma^2 = \frac{4-\pi}{2}\sigma^2 \tag{3.2.28}$$

이다.

정리 3.2.6 매개변수가 λ인 지수 확률변수 X를 생각하자. 그러면 $Y=\sqrt{2\sigma^2\lambda X}$는 매개변수가 σ인 레일리 확률변수이다.

증명 확률변수 X와 Y의 누적분포함수 $F_X(x)$와 $F_Y(y)$를 생각하자. 그러면 (3.2.10)에서 $y \geq 0$일 때

$$\begin{aligned} F_Y(y) &= P(Y \leq y) = P\left(\sqrt{2\sigma^2\lambda X} \leq y\right) = P\left(X \leq \frac{y^2}{2\sigma^2\lambda}\right) \\ &= F_X\left(\frac{y^2}{2\sigma^2\lambda}\right) \\ &= 1-\exp\left(-\frac{y^2}{2\sigma^2}\right) \end{aligned} \tag{3.2.29}$$

이고, $y<0$일 때 $F_Y(y)=0$이다. 따라서

$$F_Y(y)=\begin{cases} 1-\exp\left(-\dfrac{y^2}{2\sigma^2}\right), & y \geq 0, \\ 0, & y<0 \end{cases} \tag{3.2.30}$$

이다. 이 누적분포함수는 레일리 확률분포의 누적분포함수와 같다. 다시 말해, 확률변수 $Y=\sqrt{2\sigma^2\lambda X}$는 매개변수가 σ인 레일리 확률분포를 따른다.

3.3 정규 확률변수

정규 확률변수는 가우시안 확률변수라고도 하는 연속 확률변수로, 통계학, 과학, 공학, 경제학의 다양한 문제에 널리 쓰이는 매우 쓸모 있는 확률변수이다. 이 절에서는 정규 확률변수를 좀 더 자세하게 다루도록 한다.

3.3.1 정규 확률변수

뜻매김 3.3.1 정규 확률변수[17]

확률밀도함수가

$$f_X(x)=\frac{1}{\sqrt{2\pi\sigma^2}}\exp\left\{-\frac{(x-\mu)^2}{2\sigma^2}\right\} \tag{3.3.1}$$

인 확률변수를 정규 확률변수라고 하고, 그 분포를 $N(\mu,\sigma^2)$으로 쓴다.

17) normal random variable, Gaussian random variable

정규 확률변수의 확률밀도함수 (3.3.1)은 그림 3.3.1에 보인 것처럼 종 모양이고 $x=\mu$가 그 대칭축이다. 또한 $x=\mu$에서의 값 $\dfrac{1}{\sqrt{2\pi\sigma^2}}$이 유일한 최댓값이고, σ가 커질수록 최댓값은 작아지고 가로축으로 더 퍼지는 특성을 보인다.

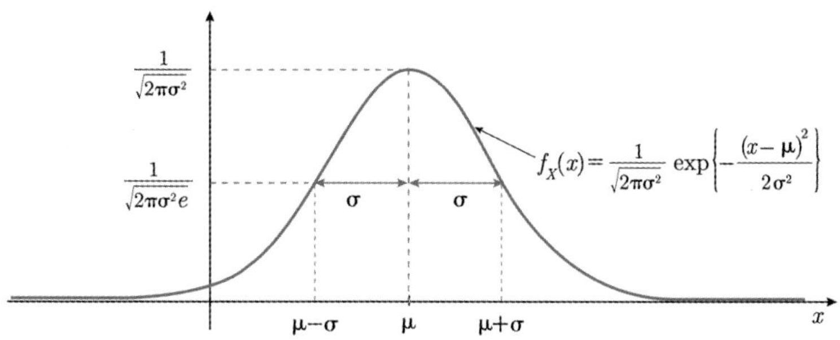

그림 3.3.1 정규 확률밀도함수

분포가 $N(\mu,\sigma^2)$인 정규 확률변수의 누적분포함수는

$$F_X(x)=\int_{-\infty}^{x}\frac{1}{\sqrt{2\pi\sigma^2}}\exp\left\{-\frac{(t-\mu)^2}{2\sigma^2}\right\}dt \tag{3.3.2}$$

이다.

그림 3.3.2는 서로 다른 기댓값 μ과 분산 σ^2 조합에 따른 정규 확률밀도함수를 그린 것이다. 분산이 클수록 최댓값은 작아지고 분포가 가로축으로 더 넓게 퍼진다는 것을 알 수 있다.

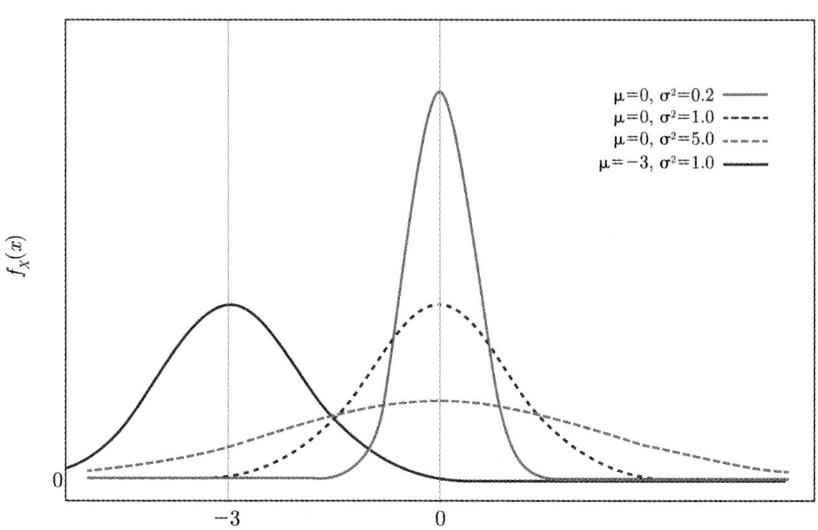

그림 3.3.2 기댓값과 분산에 따른 여러 가지 정규 확률밀도함수

그림 3.3.3는 그림 3.3.2의 정규 확률밀도함수에 대한 누적분포함수를 그린 것이다. 기댓값 μ에서 누적분포함수가 0.5임을 볼 수 있다.

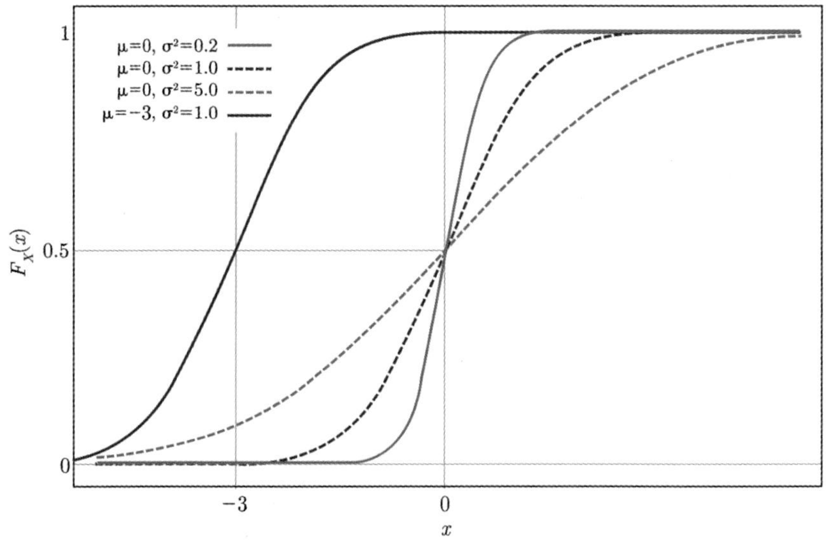

그림 3.3.3 기댓값과 분산에 따른 여러 가지 정규 누적분포함수

보기 3.3.1 정규 확률밀도함수의 적분

분포가 $N(0,1)$인 정규 확률밀도함수를 모든 구간에서 적분하면 1임을 보여라.

풀이 분포가 $N(0,1)$인 정규 확률밀도함수를 모든 구간에서 적분한

$$I=\int_{-\infty}^{\infty}\frac{1}{\sqrt{2\pi}}\exp\left(-\frac{x^2}{2}\right)dx$$

를 얻기 위해

$$\begin{aligned}I^2 &= \frac{1}{2\pi}\int_{-\infty}^{\infty}\exp\left(-\frac{x^2}{2}\right)dx\int_{-\infty}^{\infty}\exp\left(-\frac{y^2}{2}\right)dy \\ &= \frac{1}{2\pi}\int_{-\infty}^{\infty}\int_{-\infty}^{\infty}\exp\left(-\frac{x^2+y^2}{2}\right)dxdy\end{aligned}$$

를 얻어 보자. 여기에서 I^2은 직각좌표계 (x,y)의 모든 영역 $-\infty < x < \infty$, $-\infty < y < \infty$에서 적분한 것이다. 이때 직각좌표 점 (x,y)를 $x=r\cos\theta$와 $y=r\sin\theta$와 같이 크기 r와 위상 θ로 나타내는 극좌표 (r,θ)로 바꾸면 $0 \le r$, $0 \le \theta \le 2\pi$에서 적분한 것과 같다. 바꾸어 말하면, $dxdy=rdrd\theta$임을 써서

그림 3.3.4에서와 같이 직각 좌표계에서의 적분을 극 좌표계에서의 적분으로 바꾸면

$$I^2 = \frac{1}{2\pi}\int_0^{2\pi}\int_0^{\infty}\exp\left(-\frac{r^2}{2}\right)rdrd\theta = \int_0^{\infty}\exp\left(-\frac{r^2}{2}\right)rdr = 1$$

을 얻을 수 있다. 끝으로 확률밀도함수의 적분 I는 0보다 크다는 것을 새기면 $I = \sqrt{1} = 1$이다.

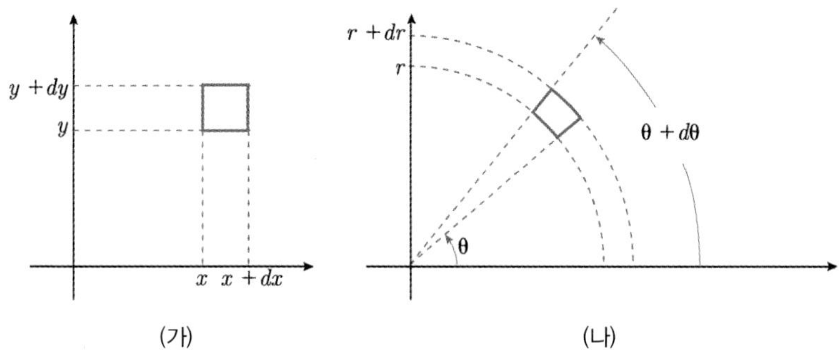

그림 3.3.4 (가) 직각 좌표계에서의 넓이 미분 $dxdy$,
(나) 극 좌표계로 변환한 다음의 넓이 미분 $dr \cdot rd\theta$

정리 3.3.1 정규 확률변수의 기댓값과 분산

분포가 $N(\mu, \sigma^2)$인 정규 확률변수 X의 기댓값은

$$E[X] = \mu \tag{3.3.3}$$

이고, 분산은

$$Var[X] = \sigma^2 \tag{3.3.4}$$

이다.

증명 먼저 기댓값은

$$E[X] = \int_{-\infty}^{\infty} x\frac{1}{\sqrt{2\pi\sigma^2}}\exp\left\{-\frac{(x-\mu)^2}{2\sigma^2}\right\}dx \tag{3.3.5}$$

인데, 여기에서 $\frac{x-\mu}{\sigma} = t$로 치환하면

$$E[X]=\frac{1}{\sqrt{2\pi}}\int_{-\infty}^{\infty}(\sigma t+\mu)\exp\left(-\frac{t^2}{2}\right)dt \tag{3.3.6}$$
$$=\underbrace{\frac{\sigma}{\sqrt{2\pi}}\int_{-\infty}^{\infty}t\exp\left(-\frac{t^2}{2}\right)dt}_{=0}+\mu\times\underbrace{\frac{1}{\sqrt{2\pi}}\int_{-\infty}^{\infty}\exp\left(-\frac{t^2}{2}\right)dt}_{=1}$$
$$=\mu$$

이다. 식 (3.3.6)의 둘째 줄에서는 t에 대한 기함수 $t\exp\left(-\frac{t^2}{2}\right)$을 모든 실수 영역에서 적분하면 0이 되는 것과 보기 3.3.1의 결과를 적용하였다.

한편, 분산은

$$Var[X]=\int_{-\infty}^{\infty}(x-\mu)^2\frac{1}{\sqrt{2\pi\sigma^2}}\exp\left\{-\frac{(x-\mu)^2}{2\sigma^2}\right\}dx \tag{3.3.7}$$

인데, $\frac{x-\mu}{\sigma}=t$로 치환하면

$$Var[X]=\int_{-\infty}^{\infty}\frac{\sigma^2t^2}{\sqrt{2\pi}}\exp\left(-\frac{t^2}{2}\right)dt=\frac{\sigma^2}{\sqrt{2\pi}}J \tag{3.3.8}$$

이다. 여기에서

$$J=\int_{-\infty}^{\infty}t^2\exp\left(-\frac{t^2}{2}\right)dt \tag{3.3.9}$$

이다. 이제 적분식 J는 부분 적분 $\int hGdt=HG-\int Hgdt$에서 $G=t$와 $h=t\exp\left(-\frac{t^2}{2}\right)$이라고 두면

$$J=-\int_{-\infty}^{\infty}t\exp\left(-\frac{t^2}{2}\right)dt+\int_{-\infty}^{\infty}\exp\left(-\frac{t^2}{2}\right)dt \tag{3.3.10}$$
$$=\sqrt{2\pi}$$

이다. 다시 말해서, 식 (3.3.10)의 오른쪽 식에서 첫째 항은 기함수를 모든 구간에서 적분하였으므로 0이고, 둘째 항은 보기 3.3.1에서 $\sqrt{2\pi}$이다. 그러므로 식 (3.3.8)은 σ^2과 같다.

한편, 적률생성함수를 이용하면 기댓값과 분산을 더 쉽게 얻을 수 있는데, 이 절의 마지막에서 다시 다루기로 한다.

보기 3.3.2 정규 확률변수의 구간 확률

확률변수 X의 분포가 $N(2,4)$일 때 확률 $P(3 \le X \le 5)$를 얻어 보자.

풀이 분포가 $N(2,4)$인 정규 확률변수 X의 확률밀도함수는

$$f_X(x) = \frac{1}{\sqrt{8\pi}} \exp\left\{-\frac{(x-2)^2}{8}\right\}$$

이므로, $P(3 \le X \le 5)$는 $[3,\ 5]$에서 위의 확률밀도함수를 적분한

$$P(3 \le X \le 5) = \int_3^5 \frac{1}{\sqrt{8\pi}} \exp\left\{-\frac{(x-2)^2}{8}\right\} dx$$

와 같다.

보기 3.3.3 정규 확률변수의 구간 확률

확률변수 Y의 분포가 $N(10,25)$일 때 $P(-5 \le Y \le 15)$를 얻어 보자.

풀이 분포가 $N(10,25)$인 정규 확률변수 Y의 확률밀도함수는

$$f_Y(y) = \frac{1}{\sqrt{50\pi}} \exp\left\{-\frac{(y-10)^2}{50}\right\}$$

이므로, $P(-5 \le Y \le 15)$는 $[-5,\ 15]$에서 위의 확률밀도함수를 적분한

$$P(-5 \le Y \le 15) = \int_{-5}^{15} \frac{1}{\sqrt{50\pi}} \exp\left\{-\frac{(y-10)^2}{50}\right\} dy$$

와 같다.

보기 3.3.2와 보기 3.3.3에서 볼 수 있듯이 기댓값과 분산이 서로 다른 정규 확률변수들의 구간 확률 값은 서로 다른 확률밀도함수를 수치적으로 적분하여야 한다. 이때 두 확률변수의 적분 식에서 적분변수를 치환하면, 다시 말해, 보기 3.3.2에서는 $z = \frac{x-2}{2}$로, 보기 3.3.3에서는 $z = \frac{y-10}{5}$으로 치환하면, 보기 3.3.2의 확률은

$$P(3 \le X \le 5) = \int_{0.5}^{1.5} \frac{1}{\sqrt{2\pi}} \exp\left(-\frac{z^2}{2}\right) dz \tag{3.3.11}$$

이고, 보기 3.3.3의 확률은

$$P(-5 \le Y \le 15) = \int_{-3}^{1} \frac{1}{\sqrt{2\pi}} \exp\left(-\frac{z^2}{2}\right) dz \tag{3.3.12}$$

이므로, 같은 함수를 적분하는 꼴이 된다. 다시 말해 서로 다른 정규 확률변수의 구간 확률은 모두 기댓값이 0이고 분산이 1인 정규 확률밀도함수 $f_Z(z) = \frac{1}{\sqrt{2\pi}} \exp\left(-\frac{z^2}{2}\right)$의 적분으로 나타낼 수 있다.

3.3.2 표준정규 확률변수

앞 3.3.1절의 마지막에서 살펴본 바와 같이 알맞게 치환하면 어떤 정규 확률변수의 구간 확률도 기댓값이 0이고 분산이 1인 정규 확률변수의 확률밀도함수를 적분하여 얻을 수 있다. 기댓값이 0이고 분산이 1인 정규 확률변수를 표준정규 확률변수라고 한다.

뜻매김 3.3.2 표준정규 확률변수[18)]

분포가 $N(0,1)$인 확률변수를 표준정규 확률변수라고 한다. 곧, 표준정규 확률변수의 확률밀도함수는

$$f_X(x) = \frac{1}{\sqrt{2\pi}} \exp\left(-\frac{x^2}{2}\right) \tag{3.3.13}$$

이다.

표준정규 확률변수의 확률밀도함수를 적분한 함수는 확률을 얻을 때 매우 쓸모 있으므로 다음과 같이 특별한 함수로 뜻매김한다.

뜻매김 3.3.3 표준정규 누적분포함수[19)]

표준정규 확률변수의 누적분포함수

$$\Phi(x) = \int_{-\infty}^{x} \frac{1}{\sqrt{2\pi}} \exp\left(-\frac{u^2}{2}\right) du \tag{3.3.14}$$

를 표준정규 누적분포함수라고 한다.

---

18) standard normal random variable

19) standard normal cumulative distribution function

뜻매김 3.3.4 표준정규 여누적분포함수, 표준정규 보누적분포함수[20]

함수

$$Q(x)=1-\Phi(x)=\int_x^{\infty}\frac{1}{\sqrt{2\pi}}\exp\left(-\frac{u^2}{2}\right)du \tag{3.3.15}$$

를 표준정규 보누적분포함수 또는 표준정규 여누적분포함수라고 한다.

그림 3.3.5는 표준정규 확률밀도함수를 바탕으로 표준정규 누적분포함수 $\Phi(x)$와 표준정규 보누적분포함수 $Q(x)$를 설명한 그림이다.

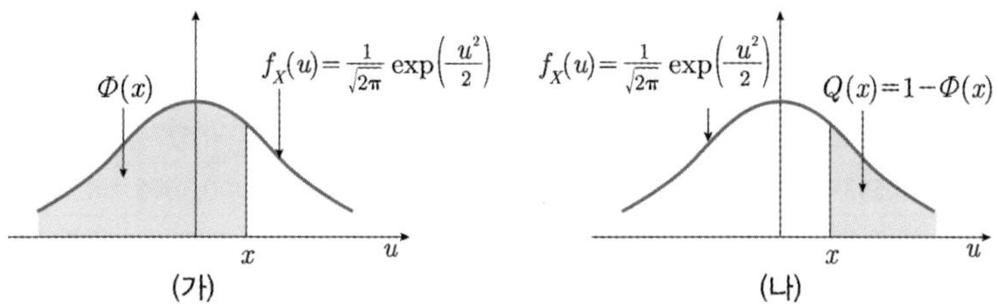

그림 3.3.5 표준정규 (가) 누적분포함수 (나) 보누적분포함수

정리 3.3.2 표준정규 누적분포함수와 표준정규 보누적분포함수의 성질

1) $\Phi(0)=Q(0)=\dfrac{1}{2}$ (3.3.16)

2) $\Phi(-x)=1-\Phi(x)=Q(x)$ (3.3.17)

3) $Q(-x)=1-Q(x)=\Phi(x)$ (3.3.18)

표준정규 확률밀도함수는 세로축에 대해 대칭이므로 정리 3.3.2를 만족시킨다. 먼저 $\Phi(0)$과 $Q(0)$은 표준정규 확률밀도함수를 $(-\infty,0]$ 또는 $(0,\infty)$에서 적분한 값이므로, 전체 확률의 반이다. 또한 그림 3.3.5에서 식 (3.3.17)과 식 (3.3.18)을 쉽게 알 수 있다.

표준정규 누적분포함수 값은 컴퓨터를 이용한 수치 적분으로 얻을 수 있으며, x 값이 0에서 3까지 0.01씩 늘어날 때 $\Phi(x)$ 값을 소수점 넷째 자리까지 나타낸 표를 표준정규분포표라고 하고, 부록 가.1에 보였다.

20) standard normal complementary cumulative distribution function (ccdf)

보기 3.3.4 **표준정규분포표 읽기**

표준정규분포표를 써서 $\Phi(0.14)$와 $\Phi(-2.20)$을 얻어 보자. 먼저 $\Phi(0.14)$는 x가 0.14일 때 $\Phi(x)$의 값으로, 표의 0.1에 해당하는 가로줄과 0.04에 해당하는 세로줄이 교차하는 곳에서의 값이다. 표 3.3.1은 표준정규분포표에서 해당하는 부분을 일부 뽑아온 것인데, $\Phi(0.14)$는 0.5557임을 알 수 있다. 한편, $\Phi(-2.20)$을 얻을 때에는 정리 3.3.3의 $\Phi(-x)=1-\Phi(x)$를 활용하여 $\Phi(2.20)$의 값을 대신 찾은 다음

$$\Phi(-2.20)=1-\Phi(2.20)\approx 1-0.9861=0.0139$$

를 얻을 수 있다.

표 3.3.1 표준정규분포표(일부)

	0.00	0.01	0.02	0.03	0.04	0.05	0.06	0.07	0.08	0.09
0.0	0.5000	0.5040	0.5080	0.5120	0.5160	0.5199	0.5239	0.5279	0.5319	0.5359
0.1	0.5398	0.5438	0.5478	0.5517	0.5557	0.5596	0.5636	0.5675	0.5714	0.5753
0.2	0.5793	0.5832	0.5871	0.5910	0.5948	0.5987	0.6026	0.6064	0.6103	0.6141
0.3	0.6179	0.6217	0.6255	0.6293	0.6331	0.6368	0.6406	0.6443	0.6480	0.6517
2.0	0.9772	0.9778	0.9783	0.9788	0.9793	0.9798	0.9803	0.9808	0.9812	0.9817
2.1	0.9821	0.9826	0.9830	0.9834	0.9838	0.9842	0.9846	0.9850	0.9854	0.9857
2.2	0.9861	0.9864	0.9868	0.9871	0.9875	0.9878	0.9881	0.9884	0.9887	0.9890
2.3	0.9893	0.9896	0.9898	0.9901	0.9904	0.9906	0.9909	0.9911	0.9913	0.9916

정리 3.3.3 정규 누적분포함수와 표준정규 누적분포함수와의 관계

분포가 $N(\mu,\sigma^2)$인 정규 확률변수 X의 누적분포함수는 표준정규 누적분포함수를 써서

$$F_X(x)=\Phi\left(\frac{x-\mu}{\sigma}\right) \tag{3.3.19}$$

로 나타낼 수 있다.

증명 정규 누적분포함수 $F_X(x)=P(X\le x)$를 풀어쓰면

$$F_X(x)=\int_{-\infty}^{x}\frac{1}{\sqrt{2\pi\sigma^2}}\exp\left\{-\frac{(u-\mu)^2}{2\sigma^2}\right\}du \tag{3.3.20}$$

이고, 적분변수를 $\frac{u-\mu}{\sigma}=t$로 치환하면

$$F_X(x)=\int_{-\infty}^{\frac{x-\mu}{\sigma}} \frac{1}{\sqrt{2\pi}} \exp\left(-\frac{t^2}{2}\right)dt=\Phi\left(\frac{x-\mu}{\sigma}\right) \qquad (3.3.21)$$

이다.

정리 3.3.4 정규 확률변수의 표준화

분포가 $N(\mu,\sigma^2)$인 정규 확률변수 X의 선형 변환

$$Z=\frac{X-\mu}{\sigma} \qquad (3.3.22)$$

의 분포는 표준정규분포 $N(0,1)$이다.

증명 보기 2.2.11에서 보인 연속 확률변수의 선형 변환을 활용하여 $Z=\frac{X-\mu}{\sigma}$의 확률밀도함수를

$$f_Z(z)=\sigma f_X(\sigma z+\mu)=\frac{1}{\sqrt{2\pi}}\exp\left(-\frac{z^2}{2}\right) \qquad (3.3.23)$$

과 같이 얻을 수 있다.

정리 3.3.5 정규 확률변수의 구간 확률

분포가 $N(\mu,\sigma^2)$인 정규 확률변수 X의 구간 확률은

$$P(a<X\le b)=\Phi\left(\frac{b-\mu}{\sigma}\right)-\Phi\left(\frac{a-\mu}{\sigma}\right) \qquad (3.3.24)$$

이다.

증명 정규 확률변수 X를 $Z=\frac{X-\mu}{\sigma}$로 표준화하면

$$P(a<X\le b)=P\left(\frac{a-\mu}{\sigma}<Z\le\frac{b-\mu}{\sigma}\right)=\Phi\left(\frac{b-\mu}{\sigma}\right)-\Phi\left(\frac{a-\mu}{\sigma}\right) \qquad (3.3.25)$$

를 얻을 수 있다.

보기 3.3.5 보기 3.3.3의 정규 확률변수의 구간 확률

기댓값이 10이고 분산이 25인 정규 확률변수 X의 값이 -5와 15 사이에 있을 확률을 표준정규분포표를 써서 얻으면

$$\begin{aligned} P(-5 \le X \le 15) &= P\left(\frac{-5-10}{5} \le \frac{X-10}{5} \le \frac{15-10}{5}\right) \\ &= P(-3 \le Z \le 1) = \Phi(1) - \Phi(-3) \\ &= \Phi(1) + \Phi(3) - 1 \approx 0.8413 + 0.9987 - 1 \\ &= 0.8400 \end{aligned}$$

이다.

보기 3.3.6 기댓값이 μ이고 분산이 σ^2인 정규 확률변수 X가 기댓값을 기준으로 $\pm n\sigma$ 안에 있을 확률 $P(|X-\mu| \le n\sigma)$를 얻어 보자. 여기에서 $n > 0$이다.

풀이 해당 확률은 표준정규분포를 이용하면

$$P(|X-\mu| \le n\sigma) = P(-n \le Z \le n) = 2\Phi(n) - 1$$

처럼 쓸 수 있다. 여기에서 n이 $1, 2, 3$일 때를 살펴보면, 부록의 표준정규분포표에서 찾은 $\Phi(1) \approx 0.8413$, $\Phi(2) \approx 0.9772$, $\Phi(3) \approx 0.9987$에서 $P(|X-\mu| \le \sigma) \approx 0.6826$, $P(|X-\mu| \le 2\sigma) \approx 0.9544$, 그리고 $P(|X-\mu| \le 3\sigma) \approx 0.9974$를 얻을 수 있다. 그림 3.3.6은 해당 확률을 표준정규 확률밀도함수에서의 넓이로 나타낸 것이다.

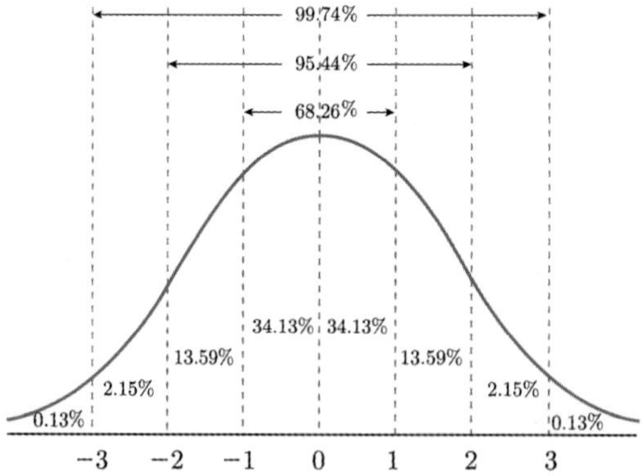

그림 3.3.6 표준정규 확률변수가 기댓값 중심으로 표준편차의 n배수 이내로 발생할 확률 백분율(n=1, 2, 3)

보기 3.3.7 디지털 통신 시스템에서 수신 신호 X는 기댓값이 12이고 분산이 4인 정규분포를 띤다. 수신 신호 X가 18보다 크면 오류가 발생한다고 할 때 오류가 발생할 확률 P_E를 표준정규분포표를 써서 얻으시오.

풀이 수신 신호 X가 18보다 크면 오류가 발생하므로 오류 발생 확률은

$$P_E = P(X > 18)$$

이므로, 기댓값 12와 표준편차 2로 표준화하여

$$P_E = P\left(\frac{X-12}{2} > \frac{18-12}{2}\right) = P(Z > 3) = Q(3)$$

을 얻는다. 여기에서 $Q(3) = 1 - \Phi(3) \approx 1 - 0.9987 = 0.0013$이다.

3.3.3 정규 확률변수의 적률생성함수

정리 3.3.6 표준정규 확률변수의 적률생성함수

표준정규 확률변수 Z의 적률생성함수는

$$M_Z(t) = \exp\left(\frac{1}{2}t^2\right) \tag{3.3.26}$$

이다.

증명 적률생성함수에 대한 뜻매김에서

$$\begin{aligned} M_Z(t) &= \int_{-\infty}^{\infty} e^{tz} \frac{1}{\sqrt{2\pi}} \exp\left(-\frac{z^2}{2}\right) dz \qquad (3.3.27) \\ &= \int_{-\infty}^{\infty} \frac{1}{\sqrt{2\pi}} \exp\left\{-\frac{(z-t)^2 - t^2}{2}\right\} dz \\ &= \exp\left(\frac{1}{2}t^2\right) \int_{-\infty}^{\infty} \frac{1}{\sqrt{2\pi}} \exp\left\{-\frac{(z-t)^2}{2}\right\} dz \\ &= \exp\left(\frac{1}{2}t^2\right) \end{aligned}$$

을 얻을 수 있다.

정리 3.3.7 정규 확률변수의 적률생성함수

분포가 $N(\mu,\sigma^2)$인 정규 확률변수 X의 적률생성함수는

$$M_X(t) = \exp\left(\mu t + \frac{1}{2}\sigma^2 t^2\right) \tag{3.3.28}$$

이다.

증명 분포가 $N(\mu,\sigma^2)$인 정규 확률변수 X는 표준정규 확률변수 Z와 $X=\mu+\sigma Z$인 관계이므로, X의 적률생성함수는

$$\begin{aligned} M_X(t) &= E[e^{tX}] = E[\exp(\mu t + \sigma t Z)] \\ &= \exp(\mu t) M_Z(\sigma t) = \exp\left(\mu t + \frac{1}{2}\sigma^2 t^2\right) \end{aligned} \tag{3.3.29}$$

와 같이 얻을 수 있다.

보기 3.3.8 적률생성함수가 $M_X(t) = \exp(10t + 2t^2)$인 확률변수 X에 대해 $P(X > 12)$을 표준정규분포표를 써서 얻어 보자.

풀이 정리 3.3.7에서 확률변수 X가 기댓값이 10이고 분산이 4인 정규 확률변수임을 알 수 있다. 따라서 바라는 확률은

$$P(X < 12) = P\left(Z < \frac{12-10}{2}\right) = \Phi(1) \approx 0.8413$$

이다.

보기 3.3.9 적률생성함수를 이용한 기댓값과 분산 얻기

분포가 $N(\mu,\sigma^2)$인 정규 확률변수 X의 기댓값이 μ이고 분산이 σ^2임을 적률생성함수를 이용하여 보여라.

풀이 2장에서 다룬 적률 정리를 나타내는 식 (2.4.10)을 바탕으로 정규 확률변수의 1차 적률과 2차 적률을 얻어 보자. 먼저 적률생성함수를 한 번 미분하면

$$\frac{dM_X(t)}{dt} = (\mu + \sigma^2 t)\exp\left(\mu t + \frac{1}{2}\sigma^2 t^2\right)$$

이므로, 정규 확률변수의 1차 적률은

$$E[X] = \left.\frac{dM_X(t)}{dt}\right|_{t=0} = \mu$$

이다. 적률생성함수를 두 번 미분하면

$$\frac{d^2M_X(t)}{dt^2} = \sigma^2\exp\left(\mu t + \frac{1}{2}\sigma^2t^2\right) + (\mu+\sigma^2t)^2\exp\left(\mu t + \frac{1}{2}\sigma^2t^2\right)$$

이므로, 정규 확률변수의 2차 적률은

$$E[X^2] = \left.\frac{d^2M_X(t)}{dt^2}\right|_{t=0} = \sigma^2 + \mu^2$$

이다. 따라서 분산은 $Var[X] = E[X^2] - (E[X])^2 = \sigma^2$이다.

보기 3.3.10 기댓값이 0이고 분산이 σ^2인 정규 확률변수의 3차 적률과 4차 적률을 얻어 보자.

풀이 기댓값이 0인 정규 확률변수의 적률생성함수는 $M_X(t) = \exp\left(\frac{1}{2}\sigma^2t^2\right)$이다. 보기 3.3.9에서 적률생성함수를 두 번 미분한 결과에 $\mu = 0$을 대입하면

$$\frac{d^2M_X(t)}{dt^2} = (\sigma^4t^2 + \sigma^2)\exp\left(\frac{1}{2}\sigma^2t^2\right)$$

을 얻을 수 있다. 이 식을 다시 미분하면

$$\begin{aligned}\frac{d^3M_X(t)}{dt^3} &= 2\sigma^4t\exp\left(\frac{1}{2}\sigma^2t^2\right) + (\sigma^4t^2 + \sigma^2)\sigma^2t\exp\left(\frac{1}{2}\sigma^2t^2\right)\\ &= (\sigma^6t^3 + 3\sigma^4t)\exp\left(\frac{1}{2}\sigma^2t^2\right)\end{aligned}$$

이므로 3차 적률은

$$E[X^3] = \left.\frac{d^3M_X(t)}{dt^3}\right|_{t=0} = 0$$

이다. 또한 적률생성함수를 네 번 미분한 식은

$$\frac{d^4M_X(t)}{dt^4} = (3\sigma^6t^2+3\sigma^4)\exp\left(\frac{1}{2}\sigma^2t^2\right)+(\sigma^6t^3+3\sigma^4t)\sigma^2t\exp\left(\frac{1}{2}\sigma^2t^2\right)$$
$$= (\sigma^8t^4+6\sigma^6t^2+3\sigma^4)\exp\left(\frac{1}{2}\sigma^2t^2\right)$$

이다. 따라서 4차 적률은

$$E[X^4] = \left.\frac{d^4M_X(t)}{dt^4}\right|_{t=0} = 3\sigma^4$$

이다.

3.4 바라는 분포를 따르는 표본 얻기

이 절에서는 **난수**21)나 **확률표본**22)을 만드는 방법을 살펴본다. 보기를 들어, 디지털 통신 모의실험에서 바라는 확률분포를 따르는 비트를 나타내는 값을 발생시키고자 한다고 하자. 그와 같은 때에 어떻게 표본 값을 얻을 수 있는지 살펴보자.

수직선 위의 두 점 0과 1 사이에서 아무렇게나 가리킨 곳이 나타내는 수를 모으면 그 수들의 분포는 고른 분포 $U(0,1)$일 것이다. 조금 더 일반적으로는, 수직선 위의 두 점 0과 n 사이에서 아무렇게나 가리킨 곳이 나타내는 수를 모으면, 그 수들의 분포는 고른 분포 $U(0,n)$일 것이다. 대부분의 전산 언어에서는 고른 분포를 나타내는 표본을 얻는 프로그램을 기본적으로 포함하고 있다.

엄밀히 말하면 컴퓨터 프로그램으로는 완벽한 확률표본을 만들 수 없다. 다만, 컴퓨터에는 확률표본처럼 보이는 수를 만들어 내는 **의사난수발생기**23)가 있는데, 여기에 **씨앗 값**24)이라고 불리는 입력을 넣으면 의사난수를 출력한다. 다시 말해, 크기가 유한하지만 매우 큰 표에 서로 다른 수를 넣어 놓고, 씨앗 값에 따라 가져오는 위치를 달리하는 것과 같다. 씨앗 값이 같으면 출력되는 의사난수가 같기 때문에 씨앗 값은 일반적으로 시간 변수에 따라 바뀌도록 만들어서 의사난수를 얻을 때마다 그 값이 다르도록 설정한다. 의사난수발생기로 만든 수를 소수점 이하 값으로 두면 0과 1 사이에서 (거의) 고른 확률표본을 얻을 수 있는데, 대부분의 전산 프로그램에서는 'rand( )'

21) random number
22) random sample
23) pseudo random number generator (PRNG)
24) seed

또는 'random( )'과 같은 이름의 함수를 사용하여 분포가 $U(0,1)$인 확률표본을 얻을 수 있다.

이와 같이 얻은 고른 분포를 나타내는 값들을 바탕으로 알맞게 변환하여 바라는 분포를 지니는 값들을 얻을 수 있다. 이 절에서는 그 방법을 다루어 본다.

3.4.1 이산 확률표본 얻기

먼저 고른 분포를 따르는 확률표본에서 바라는 이산 확률분포를 따르는 확률표본을 얻는 방법을 다루어 보자.

보기 3.4.1 고른 확률표본에서 베르누이 확률표본 얻기

확률변수 X의 분포가 $U(0,1)$일 때, 확률변수

$$Y = \begin{cases} 1, & X \le p, \\ 0, & X > p \end{cases}$$

를 생각하자. 그러면

$$P(Y=1) = P(X \le p) = p$$

이므로 Y는 매개변수가 p인 베르누이 확률변수이다. 따라서 고른 확률분포를 따르는 표본을 얻어 그 값이 p보다 크지 않으면 1, p보다 크면 0이라고 둔 것은 베르누이 분포 $b(1,p)$를 따르는 확률표본이다. 이 방법을 그림 3.4.1 (가)에는 그림으로 나타내었고, 그림 3.4.1 (나)에는 전산 프로그램 언어 꼴로 나타내었다.

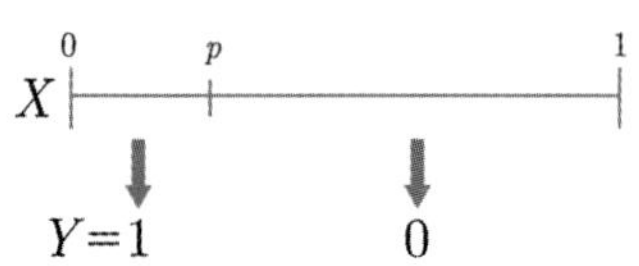

(가)

```
x = rand(1) ;
y = (x < p) ;
```

(나)

그림 3.4.1 (가) 고른 확률표본에서 베르누이 확률표본 얻기
(나) 베르누이 확률표본: 전산 프로그램 언어 보기

보기 3.4.2 고른 확률표본에서 이산 고른 확률표본 만들기

연속 확률변수 X의 분포가 $U(0,n)$이라고 하자. 이제 확률변수 $Y=[X]$를 살펴보자. 그러면 $y=0,1,\cdots,n-1$일 때

$$P(Y=y)=P([X]=y)=P(y \le X < y+1)=\frac{1}{n}$$

이다. 그러므로 Y는 $\{0,1,\cdots,n-1\}$에서 고른 분포를 띠는 이산 확률변수이다. 따라서 분포가 $U(0,n)$인 확률표본을 얻어 그 값의 정수 부분의 취한 것은 $\{0,1,\cdots,n-1\}$에서 고른 분포를 띠는 이산 확률표본이다. 이 방법을 그림 3.4.2 (가)에는 그림으로 나타내었고, 그림 3.4.2 (나)에는 전산 프로그램 언어 꼴로 나타내었다.

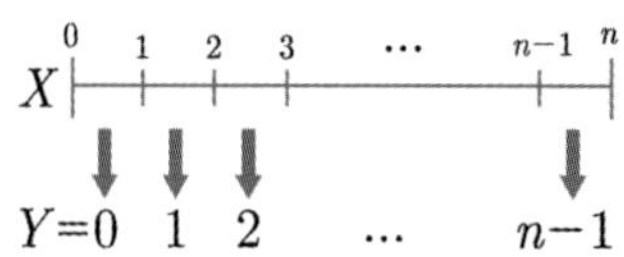

(가)

```
x = rand(1) * n ;
y = floor(x) ;
```

(나)

그림 3.4.2 (가) 고른 분포에서 이산 고른 확률표본 만들기
(나) 이산 고른 확률표본: 전산 프로그램 언어 보기

위 보기들에서 다룬 방법을 확장하여 고른 확률표본에서 일반적인 이산 확률분포를 따르는 확률표본을 얻는 방법을 생각해 보자.

정리 3.4.1 고른 확률표본에서 일반적인 이산 확률표본을 얻는 방법

분포가 $U(0,1)$인 확률표본을 X라고 하고 확률질량함수

$$\begin{aligned} p_Y(y_n) &= P(Y=y_n) \\ &= \begin{cases} p_n, & n=1,2,\cdots, \\ 0, & \text{그밖에는} \end{cases} \end{aligned} \tag{3.4.1}$$

을 생각하자. 그러면 $p_0=0$이라고 둘 때, 그림 3.4.3에서 보듯이 $\sum_{k=0}^{Y-1} p_k < X \le \sum_{k=0}^{Y} p_k$를 만족시키는 정수 Y는 확률질량함수가 (3.4.1)인 확률표본이다.

증명 먼저 X의 분포가 $U(0,1)$이므로 $n=1,2,3,\cdots$일 때

$$P(Y=y_n)=P\left(\sum_{k=0}^{n-1} p_k < X \le \sum_{k=0}^{n} p_k\right)=\sum_{k=0}^{n} p_k - \sum_{k=0}^{n-1} p_k = p_n \tag{3.4.2}$$

이다. 그러므로 분포가 $U(0,1)$인 확률표본을 X라고 할 때 Y의 확률질량함수는 (3.4.1)과 같다.

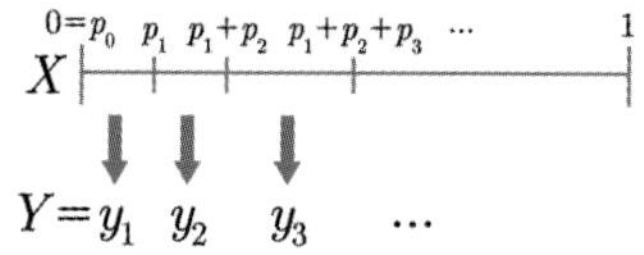

그림 3.4.3 고른 확률표본에서 일반적인 이산 확률표본 얻기

보기 3.4.3 정리 3.4.1을 바탕으로 고른 분포에서 매개변수가 $\frac{1}{2}$인 기하 확률표본을 얻어 보자.

풀이 먼저 매개변수가 $\frac{1}{2}$인 기하 확률변수의 확률질량함수는

$$p_Y(n) = P(Y=n) = \begin{cases} \frac{1}{2^n}, & n=1,2,\cdots, \\ 0, & \text{그밖에는} \end{cases}$$

이다. 따라서 분포가 $U(0,1)$인 확률표본을 X라고 할 때 $1-\frac{1}{2^{n-1}} < X \le 1-\frac{1}{2^n}$을 만족시키는 정수 n이 바라는 기하 확률표본이다. 좀 더 구체적으로는 분포가 $U(0,1)$인 확률표본이 X일 때 $0 < X \le \frac{1}{2}$이면 $Y=1$, $\frac{1}{2} < X \le \frac{3}{4}$이면 $Y=2$, $\frac{3}{4} < X \le \frac{7}{8}$이면 $Y=3$, ...처럼 두면 Y는 매개변수가 $\frac{1}{2}$인 기하 확률표본이다. 이 방법을 그림 3.4.4에 전산 프로그램 언어 꼴로 나타내었다.

```
x = rand(1) ;
n = 1 ;
while(1)
    if x < 1-(p^n),
        y = n ; break ;
    else
        n = n + 1 ;
    end
end
```

그림 3.4.4 기하 확률표본: 전산 프로그램 언어 보기

3.4.2 연속 확률표본 얻기

연속 공간에서 확률표본을 얻을 때에도 고른 분포에서 일반적인 분포로 바꾸는 방법을 쓰는 것이 확률표본을 얻는 가장 손쉬운 길이라고 할 수 있다. 이제 고른 분포에서 얻은 확률표본 Z를 바탕으로 누적분포함수가 F_Y인 연속 확률표본을 어떻게

얻을 수 있는지 살펴보자. 여기에서는 누적분포함수 F_Y의 역함수 F_Y^{-1}가 느는 함수일 때만 생각하자.

정리 3.4.2 확률표본 얻는 방법 1

고른 분포에서 얻은 확률표본을 Z라고 할 때

$$Y = F_Y^{-1}(Z) \tag{3.4.3}$$

은 누적분포함수가 F_Y인 확률표본이다.

증명 먼저 Z의 분포가 $U(0,1)$이므로 $0 \le z \le 1$에서 $F_Z(z) = z$이다. 그러므로

$$\begin{aligned} P(Y \le y) &= P\big(F_Y^{-1}(Z) \le y\big) = P(Z \le F_Y(y)) \\ &= F_Z(F_Y(y)) = F_Y(y) \end{aligned} \tag{3.4.4}$$

이다. 따라서 $Y = F_Y^{-1}(Z)$의 누적분포함수는 F_Y이다.

보기 3.4.4 지수 확률표본 얻기

확률밀도함수가

$$f_Y(y) = \begin{cases} \lambda e^{-\lambda y}, & y \ge 0, \\ 0, & y < 0 \end{cases}$$

인 확률표본을 얻어 보자.

풀이 먼저 주어진 확률밀도함수에서 누적분포함수

$$F_Y(y) = \begin{cases} 1 - e^{-\lambda y}, & y \ge 0, \\ 0, & y < 0 \end{cases}$$

을 얻을 수 있다. 그러므로 변환 함수는

$$g(x) = F_Y^{-1}(x) = -\frac{1}{\lambda}\ln(1-x)$$

이다. 따라서 분포가 $U(0,1)$인 고른 확률표본 X를 얻어 $Y = -\frac{1}{\lambda}\ln(1-X)$와 같이 변환하면 Y는 확률밀도함수가 $f_Y(y)$인 지수 확률 표본이다. 이 방법을 그림 3.4.5에 전산 프로그램 언어 꼴로 나타내었다.

```
x = rand(1) ;
y = -log(1-x)/lambda ;
```

그림 3.4.5 지수 확률표본: 전산 프로그램 언어 보기

보기 3.4.5 **레일리 확률표본 얻기**

고른 확률표본 X를 바탕으로 확률밀도함수가

$$f_Y(y) = \begin{cases} \dfrac{y}{a^2}\exp\left(-\dfrac{y^2}{2\alpha^2}\right), & y \geq 0, \\ 0, & y < 0 \end{cases}$$

인 레일리 확률 표본을 얻어 보자.

풀이 먼저 주어진 확률밀도함수에서 누적분포함수

$$F_Y(y) = \begin{cases} 1 - \exp\left(-\dfrac{y^2}{2\alpha^2}\right), & y \geq 0, \\ 0, & y < 0 \end{cases}$$

을 얻을 수 있다. 그러므로 변환 함수는

$$g(x) = F_Y^{-1}(x) = \sqrt{-2\alpha^2 \ln(1-x)}$$

이다. 곧, 분포가 $U(0,1)$인 고른 확률표본을 X라고 할 때 $Y = \sqrt{-2\alpha^2 \ln(1-X)}$와 같이 변환한 Y는 확률밀도함수가 $f_Y(y)$인 레일리 확률 표본이다. 이 방법을 그림 3.4.6에 전산 프로그램 언어 꼴로 나타내었다.

```
x = rand(1) ;
y = sqrt(-2*alpha^2*log(1-x)) ;
```

그림 3.4.6 레일리 확률표본: 전산 프로그램 언어 보기

3.4.3 일반적인 방법*

끝으로 일반적인 분포에서 시작하여 바라는 연속 확률표본을 어떻게 얻을 수 있을지 알아보자. 누적분포함수가 F_X인 확률표본 X에서 누적분포함수가 F_Y인 확률표본 $Y = g(X)$을 얻고자 할 때, 변환 g를 얻어 보자. 이것은

$$F_X(x) \rightarrow \text{고른 분포} \rightarrow F_Y(y)$$

처럼 고른 분포를 가운데 단계로 두어 얻을 수 있다. 여기에서는 누적분포함수 F_Y의 역함수 F_Y^{-1}와 누적분포함수 F_X가 느는 함수일 때만 생각하자.

정리 3.4.3 확률표본 얻는 방법 2

누적분포함수가 F_X인 확률표본이 X일 때

$$Y = F_Y^{-1}(F_X(X)) \tag{3.4.5}$$

는 누적분포함수가 F_Y인 확률표본이다.

증명 먼저

$$Z = F_X(X) \tag{3.4.6}$$

을 생각하자. 이때 F_X가 느는 함수라는 것을 새기면, $X = F_X^{-1}(Z)$이므로 $0 \le z \le 1$일 때

$$F_Z(z) = P(F_X(X) \le z) = P\left(X \le F_X^{-1}(z)\right) = F_X(F_X^{-1}(z)) = z \tag{3.4.7}$$

이고, Z는 0과 1 사이의 고른 확률변수이다. 이제

$$Y = F_Y^{-1}(Z) \tag{3.4.8}$$

을 생각하자. 그러면

$$\begin{aligned} P(Y \le y) &= P\left(F_Y^{-1}(Z) \le y\right) = P(Z \le F_Y(y)) \\ &= F_Z(F_Y(y)) = F_Y(y) \end{aligned} \tag{3.4.9}$$

이다. 곧, 확률변수 X의 분포가 F_X일 때 변환 $g(x) = F_X(x)$로 얻은 확률변수 $Z = F_X(X)$의 분포는 $U(0,1)$이고, 확률변수 X의 분포가 $U(0,1)$일 때 변환 $g(x) = F_X^{-1}(x)$로 얻은 확률변수 $Z = F_X^{-1}(X)$의 분포는 $F_X(x)$이다. 그림 3.4.7에 이 정리를 보였다.

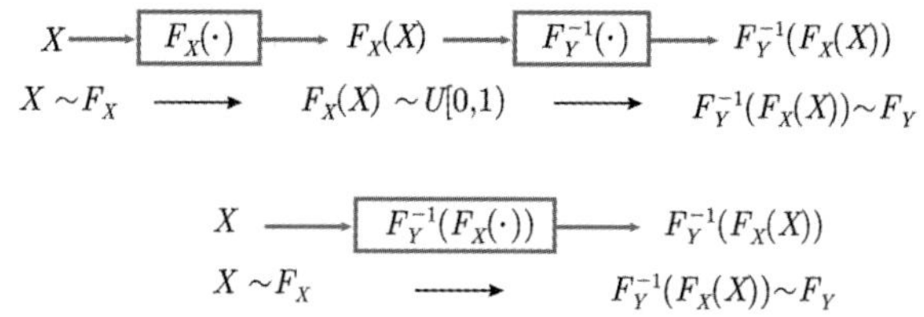

그림 3.4.7 누적분포함수가 F_X인 확률표본 X를 바탕으로 누적분포함수가 F_Y인 확률표본 얻기. (이 그림에서 '$A \sim B$'는 "확률변수 A의 누적분포함수 또는 분포가 B이다."를 뜻한다.)

보기 3.4.6 고른 확률표본 얻기

확률밀도함수가

$$f_X(x) = \begin{cases} \dfrac{x}{a^2}\exp\left(-\dfrac{x^2}{2\alpha^2}\right), & x \geq 0, \\ 0, & x < 0 \end{cases}$$

인 레일리 확률 표본을 바탕으로 분포가 $U(0,1)$인 고른 확률 표본을 얻어 보자.

풀이 먼저 주어진 확률밀도함수에서 누적분포함수

$$F_X(x) = \begin{cases} 1 - \exp\left(-\dfrac{x^2}{2\alpha^2}\right), & x \geq 0, \\ 0, & x < 0 \end{cases}$$

을 얻을 수 있다. 또 분포가 $U(0,1)$인 고른 확률표본의 누적분포함수는

$$F_Y(y) = \begin{cases} 1, & y \geq 1, \\ y, & 0 \leq y < 1, \\ 0, & y < 0 \end{cases}$$

이므로, $0 \leq y \leq 1$일 때 $F_Y^{-1}(y) = y$이다. 그러므로 변환 함수는

$$g(x) = F_Y^{-1}(F_X(x)) = F(x) = 1 - \exp\left(-\frac{x^2}{2\alpha^2}\right)$$

이다. 다시 말해, 확률밀도함수가 주어진 것과 같은 레일리 확률표본을 X라고 할 때, $Y = 1 - \exp\left(\dfrac{X^2}{2\alpha^2}\right)$와 같이 변환한 Y는 분포가 $U(0,1)$인 고른 확률표본이다.

연습문제

문제 3.1.1 앞면과 뒷면이 나올 확률이 같은 동전을 n번 던져 앞면이 나오는 수를 센다.
(가) 앞면이 나온 횟수를 확률변수 X라고 할 때 X의 확률질량함수를 얻으시오.
(나) 동전을 10번 던져서 앞면이 한 번 이상 나올 확률을 얻으시오.

문제 3.1.2 정보 비트 수가 k인 패킷을 보내고자 한다. 비트를 하나 보낼 때 받는 쪽에서 올바르게 받을 확률이 0.9, 잘못 받을 (오류가 날) 확률 0.1이다.
(가) 패킷 하나를 받았을 때 잘못된 비트 수 X의 확률질량함수를 얻으시오.
(나) 받는 쪽에서 잘못된 비트 수가 3개 이하이면 패킷에서 일어난 잘못을 고칠 수 있다고 하자. 받는 쪽에서 올바른 패킷을 얻을 확률을 얻으시오.

문제 3.1.3 어떤 주머니에 1이 적힌 공이 한 개, 2가 적힌 공이 두 개, 3이 적힌 공이 세 개, 4가 적힌 공이 네 개, 5가 적힌 공이 다섯 개 있다고 한다. 이 주머니에서 아무렇게나 공 하나를 꺼내어 적힌 숫자를 확인하고 꺼낸 공은 다시 주머니에 넣는 시행을 거듭한다. 이제 2가 적힌 공이 네 번 나올 때까지 거듭한 시행 횟수의 확률질량함수, 기댓값, 분산을 얻으시오.

문제 3.1.4 어느 지점에서 t초 동안에 다루는 전화 물음 개수 N은 기댓값이 $\alpha = \lambda t$인 포아송 확률변수이고, 물음의 처리율은 1분에 4개이다.
(가) 10초 동안 처리한 전화 물음 개수가 4개보다 많을 확률을 얻으시오.
(나) 2분 동안 처리한 전화 물음 개수가 5개보다 적을 확률을 얻으시오.

문제 3.1.5 어떤 누리집의 방문자 수는 포아송 분포를 띤다. 이제, 2초 동안 평균 방문자 수가 4일 때, 5초 동안 방문자 수 X의 확률질량함수를 얻고, 방문자 수가 1 이하일 확률을 얻으시오.

문제 3.1.6* 어떤 통신망 시스템에서 일정 시간 동안 바이러스 공격을 받는 횟수는 비율이 한 시간에 0.2회인 포아송 확률변수라고 한다.

(가) 이 통신망 시스템에서 세 시간 동안 한 번도 바이러스 공격을 받지 않을 확률은 얼마인가?

(나) 이 통신망 시스템에서 하루 동안 바이러스 공격을 세 번 이하로 받을 확률은 얼마인가?

문제 3.1.7** 비율이 α인 확률 포아송 점과 비율이 β인 확률 포아송 점을 생각하자. 비율이 α인 확률 포아송 점은 빨간 점, 비율이 β인 확률 포아송 점은 파란 점이라고 하자. 각각 어떤 구간에 있든지 상관없이 빨간 점의 개수와 파란 점의 개수가 독립이라면, 파란 점과 빨간 점의 합집합은 비율이 $\alpha+\beta$인 확률 포아송 점임을 보이시오.

문제 3.2.1 확률변수 X가 지수 비율이 3인 지수 분포를 따른다고 할 때, $Y=e^X$의 기댓값과 분산을 얻으시오.

문제 3.2.2 휴대 전화에서 받은 신호의 전력 X가 평균이 10인 지수 분포를 띤다고 한다.

(가) 받은 신호 전력 X의 확률밀도함수를 얻으시오.

(나) 받은 신호 전력이 1보다 작으면 통신이 끊어진다고 할 때 통신이 끊어질 확률을 얻으시오.

(다) 신호의 진폭이 $Y=\sqrt{X}$일 때 Y의 확률밀도함수를 얻으시오.

문제 3.2.3 지수 비율이 α인 지수 확률변수 X와 지수 비율이 β인 지수 확률변수 Y를 생각하자. 이 두 확률변수가 독립일 때, $\min(X, Y)$의 분포를 얻으시오.

문제 3.2.4 어떤 고속도로에서 아침 6시와 7시 사이에 돈 내는 곳을 지나가는 자동차의 도착 간격은 평균이 4초인 지수 확률변수라고 한다.

(가) 아침 6시에 관찰을 시작하였을 때, 열다섯 번째 자동차가 지나가는 평균 시각을 얻으시오.

(나) 열다섯 번째 자동차가 6시 1분에 지나간 뒤로 6시 2분이 될 때까지 자동차가 한 대도 지나가지 않았다. 열여섯 번째 자동차가 지나갈 시각이 6시 3분을 넘을 확률을 얻으시오.

문제 3.2.5** (레일리 확률변수의 적률생성함수) 매개변수가 σ인 레일리 확률변수 X의 적률생성함수를 얻으시오.

문제 3.3.1 철수의 시험 점수가 정규분포 $N(70, 4^2)$을 따른다고 할 때, 철수의 시험 점수가 80점 이상 95점 미만일 확률을 표준정규 누적분포함수를 써서 나타내시오.

문제 3.3.2 확률변수 X가 정규분포 $N(\mu_1, \sigma_1^2)$을 따르고 확률변수 Y는 정규분포 $N(\mu_2, \sigma_2^2)$을 따른다고 하자. 두 확률변수가 독립일 때, $X+Y$는 어떤 분포를 따르는지 밝히시오.

문제 3.3.3 확률변수 X가 정규분포 $N(2,4)$를 따를 때 그 변환 $Y = 4X + 2$를 생각하자.

(가) 확률변수 Y의 확률밀도함수를 얻으시오.

(나) 확률변수 Y가 16보다 클 확률을 표준정규분포표를 써서 얻으시오.

문제 3.3.4* 적률생성함수가 $M_X(t) = \exp(2t + 2t^2)$인 확률변수 X의 확률밀도함수 f_X를 얻고, 확률 $P(0 \le X \le 6)$을 표준정규 누적분포함수 $\Phi(z)$로 나타내시오.

문제 3.3.5** 적분식 $\int_{-\infty}^{\infty} e^{-\alpha x^2} dx = \sqrt{\frac{\pi}{\alpha}}$ 를 써서 표준정규 확률변수의 n째 적률을 얻으시오.

문제 3.4.1 분포가 $U(0,1)$인 고른 확률표본 0.1, 0.5, 0.2, 0.9, 0.6을 바탕으로 지수 비율이 1인 지수 확률표본을 얻으시오.

문제 3.4.2 고른 확률표본 X를 바탕으로 확률밀도함수가

$$f_Y(y) = \begin{cases} \frac{1}{n} y^{\frac{1}{n} - 1}, & 0 \le y \le 1, \\ 0, & \text{그 밖에는} \end{cases}$$

인 Y의 확률표본을 얻으시오.

문제 3.4.3 확률밀도함수가

$$f_X(x) = \begin{cases} \dfrac{x}{\alpha^2}\mathrm{exp}\left(-\dfrac{x^2}{2\alpha^2}\right), & x \geq 0, \\ 0, & x < 0 \end{cases}$$

인 레일리 확률 표본 X를 바탕으로 매개변수가 λ인 지수 확률 표본을 얻으시오.

문제 3.4.4* 확률변수 X의 확률밀도함수는

$$f_X(x) = \begin{cases} 2xe^{-x^2}, & x \geq 0, \\ 0, & \text{그 밖에는} \end{cases}$$

이고, Y의 확률밀도함수는

$$f_Y(y) = \begin{cases} 1, & 0 \leq y \leq 1 \\ 0, & \text{그밖에는} \end{cases}$$

이다. 확률변수 Y에서 확률변수 X를 얻는 데에 필요한 변환을 얻으시오.

문제 3.4.5* 비율이 λ인 지수 확률 표본을 올림한 것은 매개변수가 $p = 1 - e^{-\lambda}$인 기하 확률 표본이라는 것을 보이시오.

4장

결합 확률변수

이 장에서는 앞에서 다룬 확률변수의 기본 개념을 바탕으로 둘 또는 그보다 많은 확률변수를 묶어서 생각하는 결합 확률변수라는 개념을 다룬다. 결합 확률변수는 확률벡터라고도 부른다. 이 책에서는 2차원 결합 확률변수를 주로 다룬다.

4.1 결합 확률변수의 분포

결합 확률변수의 확률적 특성을 온전하게 이야기하려면 확률변수 하나하나의 성질에 더하여 확률변수 사이의 관계로 말미암아 생기는 몇 가지 성질을 더 다루어야 한다. 먼저 2차원 결합 확률변수를 뜻매김하고 그 확률함수들을 살펴보자.

4.1.1 2차원 결합 확률변수

뜻매김 4.1.1 결합 확률변수[1)]

확률변수를 여러 개 한꺼번에 묶은 것을 결합 확률변수라고 한다. 이때 확률변수를 두 개 묶은 것을 2차원 결합 확률변수 또는 두 변량 결합 확률변수라고 한다.

결합 확률변수는 **확률벡터**[2)]라고도 부른다. 한편, 앞에서 다룬 확률변수는 결합 확률변수 가운데에서 1차원 결합 확률변수를 일컫는 것이라고 볼 수 있다. 다만, 결합 확률변수를 가리킬 때에도 줄여서 확률변수라고 하기도 한다. 이 책에서는 주로 2차원 결합 확률변수를 다룬다.

뜻매김 4.1.2 결합 누적분포함수[3)]

결합 확률변수 (X, Y)를 생각할 때, 두 사건 $\{X \le x\}$와 $\{Y \le y\}$의 곱사건의 확률을 나타내는 함수

$$F_{X,Y}(x,y) = P(X \le x, Y \le y) \tag{4.1.1}$$

을 (X, Y)의 결합 누적분포함수라고 한다. 결합 누적분포함수는 줄여서 누적분포함수라고 하기도 한다.

한편, 2차원 누적분포함수 $F_{X,Y}(x,y)$는 아래 성질을 지닌다. 먼저, 상수 h와 k가 0보다 작지 않을 때

1) joint random variables
2) random vector
3) joint cdf

$$
\begin{aligned}
&F_{X,Y}(x+h, y+k) + F_{X,Y}(x, y) \\
&\quad \geq F_{X,Y}(x+h, y) + F_{X,Y}(x, y+k), && (4.1.2)\\
&F_{X,Y}(x+h, y) \geq F_{X,Y}(x, y), && (4.1.3)\\
&F_{X,Y}(x, y+k) \geq F_{X,Y}(x, y), && (4.1.4)\\
&F_{X,Y}(-\infty, y) = 0, && (4.1.5)\\
&F_{X,Y}(x, -\infty) = 0, && (4.1.6)\\
&F_{X,Y}(\infty, \infty) = 1, && (4.1.7)
\end{aligned}
$$

이다. 한편, $b \geq a$이고 $d \geq c$일 때

$$
\begin{aligned}
&P(a < X \leq b, c < Y \leq d) \\
&\quad = F_{X,Y}(b, d) - F_{X,Y}(a, d) - F_{X,Y}(b, c) + F_{X,Y}(a, c) \\
&\quad \geq 0 && (4.1.8)
\end{aligned}
$$

이다.

위 (4.1.2)~(4.1.4)는 결합 누적분포함수가 줄지 않는 함수라는 것을, (4.1.5)와 (4.1.6)은 $P(\varnothing) = 0$을, (4.1.7)은 (1.2.4)에서 말한 $P(S) = 1$을 뜻한다.

뜻매김 4.1.3 결합 확률질량함수

이산 결합 확률변수 (X, Y)를 생각할 때, 함수

$$
p_{X,Y}(x,y) = P(X = x, Y = y) \tag{4.1.9}
$$

를 (X, Y)의 결합 확률질량함수라고 한다. 결합 확률질량함수는 줄여서 확률질량함수라고 하기도 한다.

결합 확률질량함수 $p_{X,Y}(x,y)$는

$$
\sum_{x=-\infty}^{\infty} \sum_{y=-\infty}^{\infty} p_{X,Y}(x,y) = 1 \tag{4.1.10}
$$

을 만족시킨다. 한편, 결합 누적분포함수를 결합 확률질량함수로 나타내면

$$
F_{X,Y}(x,y) = \sum_{v=-\infty}^{y} \sum_{u=-\infty}^{x} p_{X,Y}(u,v) \tag{4.1.11}
$$

이고, 거꾸로 결합 확률질량함수를 결합 누적분포함수로 나타내면

$$p_{X,Y}(x,y) = F_{X,Y}(x,y) - F_{X,Y}(x,y-1) - F_{X,Y}(x-1,y) + F_{X,Y}(x-1,y-1) \tag{4.1.12}$$

이다. 확률질량함수의 정의역은 이어지는 정수들이라고 생각하는 것과 마찬가지로, 결합 확률질량함수를 생각할 때에도 거의 언제나 그 정의역이 이어지는 정수의 벡터들이라고 본다. 결합 확률질량함수의 정의역이 이어지는 정수의 벡터들이 아닐 때에 (4.1.10), (4.1.11), 그리고 (4.1.12)를 일반적인 꼴로 바꾸어 쓰면 각각 $\sum_{i=-\infty}^{\infty}\sum_{j=-\infty}^{\infty} p_{X,Y}(x_i,y_j) = 1$, $F_{X,Y}(x_i,y_j) = \sum_{k=-\infty}^{i}\sum_{l=-\infty}^{j} p_{X,Y}(x_k,y_l)$, 그리고 $p_{X,Y}(x_i,y_j) = F_{X,Y}(x_i,y_j) - F_{X,Y}(x_i,y_{j-1}) - F_{X,Y}(x_{i-1},y_j) + F_{X,Y}(x_{i-1},y_{j-1})$이다.

보기 4.1.1 제대로 만든 동전을 던져서 앞이 나오면 1, 뒤가 나오면 0이라고 하자. 이런 동전을 두 개 던질 때 첫 번째 동전의 값 X와 두 번째 동전의 값 Y를 바탕으로 결합 확률변수 (X, Y)를 뜻매김하자. 그러면 결합 확률변수 (X, Y)의 값은 $(0,0)$, $(0,1)$, $(1,0)$, $(1,1)$ 가운데 하나이고 (X, Y)의 결합 확률질량함수는

$$p_{X,Y}(x,y) = P(X=x,\ Y=y) = \begin{cases} \frac{1}{4}, & (x,y) = (0,0), (0,1), (1,0), \text{ 또는 } (1,1)\text{일 때}, \\ 0, & \text{그 밖에는} \end{cases}$$

임을 알 수 있다.

보기 4.1.2 보기 4.1.1의 결합 확률변수 (X, Y)에서 결합 누적분포함수는

$$F_{X,Y}(x,y) = P(X \le x,\ Y \le y) = \begin{cases} 0, & x<0 \text{ 또는 } y<0, \\ \frac{1}{4}, & 0 \le x < 1,\ 0 \le y < 1, \\ \frac{1}{2}, & \{0 \le x < 1,\ y \ge 1\} \text{ 또는 } \{x \ge 1, 0 \le y < 1\}, \\ 1, & x \ge 1, y \ge 1 \end{cases}$$

임을 알 수 있다.

뜻매김 4.1.4 결합 확률밀도함수[4)]

연속 결합 확률변수 (X, Y)의 결합 누적분포함수를 $F_{X,Y}(x,y)$라고 할 때,

$$f_{X,Y}(x,y)=\frac{\partial^2}{\partial x\partial y}F_{X,Y}(x,y) \tag{4.1.13}$$

을 (X, Y)의 결합 확률밀도함수라고 한다. 결합 확률밀도함수는 줄여서 확률밀도함수라고 하기도 한다.

식 (4.1.13)을 바탕으로 (X, Y)의 결합 누적분포함수를 (X, Y)의 결합 확률밀도함수로 나타내면

$$F_{X,Y}(x,y)=\int_{-\infty}^{y}\int_{-\infty}^{x}f_{X,Y}(u,v)dudv \tag{4.1.14}$$

이다. 한편, 결합 누적분포함수가 줄지 않는 함수이므로 결합 확률밀도함수 $f(x,y)$는 말할 것도 없이

$$f(x,y)\geq 0 \tag{4.1.15}$$

를 만족시킨다. 또 결합 확률변수 (X, Y)가 영역 D 안에 있을 확률은

$$P((X,Y)\in D)=\iint_{(x,y)\in D}f_{X,Y}(x,y)dxdy \tag{4.1.16}$$

처럼 얻을 수 있고

$$\int_{-\infty}^{\infty}\int_{-\infty}^{\infty}f_{X,Y}(x,y)dxdy=F_{X,Y}(\infty,\infty)=1 \tag{4.1.17}$$

이다.

보기 4.1.3 결합 확률밀도함수가

$$f_{X,Y}(x,y)=\begin{cases}\frac{1}{2}, & 0\leq x\leq 2, 0\leq y\leq 1,\\ 0, & \text{그 밖에는}\end{cases}$$

인 결합 확률변수 (X, Y)가 영역 $D=\left\{(x,y): 0\leq x\leq 1, 0\leq y\leq \frac{1}{2}\right\}$ 안

4) joint pdf

에 있을 확률은

$$\iint_D f_{X,Y}(x,y)dxdy = \int_0^{\frac{1}{2}}\int_0^1 \frac{1}{2}dxdy = \frac{1}{4}$$

이다.

한편, 결합 확률변수에서 원래 차원보다 낮은 차원의 결합 확률변수의 특성을 나타내는 함수는 그 이름 앞에 '한계[5]' 또는 '주변'을 붙여 부르기도 한다. 보기를 들면, 결합 확률변수 (X, Y)에서 X의 누적분포함수, 확률밀도함수, 확률질량함수를 각각 X의 한계 누적분포함수, 한계 확률밀도함수, 한계 확률질량함수라고 한다. 다만, 문맥으로 보아 문제가 없을 때에는 '결합'을 빼고 쓰듯이 '한계'를 빼고 쓰기도 한다.

뜻매김 4.1.5 한계 누적분포함수, 한계 확률밀도함수, 한계 확률질량함수[6]

결합 누적분포함수가 $F_{X,Y}(x,y)$인 2차원 결합 확률변수 (X, Y)에서 X의 한계 누적분포함수와 Y의 한계 누적분포함수는 각각

$$F_X(x) = F_{X,Y}(x,\infty),\ F_Y(y) = F_{X,Y}(\infty,y) \tag{4.1.18}$$

이다. 또 결합 확률변수 (X, Y)의 결합 확률질량함수가 $p_{X,Y}(x,y)$이면 X의 한계 확률질량함수와 Y의 한계 확률질량함수는 각각

$$p_X(x) = \sum_{y=-\infty}^{\infty} p_{X,Y}(x,y),\ p_Y(y) = \sum_{x=-\infty}^{\infty} p_{X,Y}(x,y) \tag{4.1.19}$$

이고, 결합 확률변수 (X, Y)의 결합 확률밀도함수가 $f_{X,Y}(x,y)$이면 X의 한계 확률밀도함수와 Y의 한계 확률밀도함수는 각각

$$f_X(x) = \int_{-\infty}^{\infty} f_{X,Y}(x,y)dy,\ f_Y(y) = \int_{-\infty}^{\infty} f_{X,Y}(x,y)dx \tag{4.1.20}$$

이다.

5) marginal
6) marginal cdf, marginal pdf, marginal pmf

보기 4.1.4 결합 확률변수 (X, Y)의 결합 확률질량함수가

$$p_{X,Y}(x,y)=\begin{cases}\frac{1}{3}, & (x,y)=(1,1),(2,4), \text{또는 } (3,9) \text{일 때},\\ 0, & \text{그 밖에는}\end{cases}$$

일 때, 확률변수 X의 한계 확률질량함수를 얻어 보자.

풀이 식 (4.1.19)를 쓰면

$$\begin{aligned} p_X(x) &= \sum_y p_{X,Y}(x,y)\\ &= p_{X,Y}(x,1)+p_{X,Y}(x,4)+p_{X,Y}(x,9)\\ &= \begin{cases} p_{X,Y}(1,1), & x=1\text{일 때},\\ p_{X,Y}(2,4), & x=2\text{일 때},\\ p_{X,Y}(3,9), & x=3\text{일 때},\\ 0, & \text{그 밖에는}\end{cases}\\ &= \begin{cases}\frac{1}{3}, & x=1,2, \text{또는 } 3 \text{일 때},\\ 0, & \text{그 밖에는}\end{cases}\end{aligned}$$

처럼 확률변수 X의 한계 확률질량함수를 얻을 수 있다.

보기 4.1.5 결합 확률밀도함수가

$$f_{X,Y}(x,y)=\begin{cases}\frac{1}{2}, & 0\le x\le 2, 0\le y\le 1,\\ 0, & \text{그 밖에는}\end{cases}$$

일 때, 확률변수 (X, Y)의 결합 누적분포함수, X의 한계 확률밀도함수, Y의 한계 확률밀도함수, X의 한계 누적분포함수, Y의 한계 누적분포함수를 얻어 보자.

풀이 식 (4.1.14)를 쓰면 (X, Y)의 결합 누적분포함수는

$$F_{X,Y}(x,y)=\begin{cases}\frac{xy}{2}, & 0\le x\le 2,\ 0\le y\le 1,\\ \frac{x}{2}, & 0\le x\le 2,\ y>1,\\ y, & x>2,\ 0\le y\le 1,\\ 1, & x>2,\ y>1,\\ 0, & \text{그 밖에는}\end{cases}$$

이다. 한편, (4.1.20)을 쓰면 X의 한계 확률밀도함수는

$$f_X(x) = \begin{cases} \int_0^1 \frac{1}{2} dy = \frac{1}{2}, & 0 \le x \le 2, \\ 0, & \text{그 밖에는} \end{cases}$$

이고, Y의 한계 확률밀도함수는

$$f_Y(y) = \begin{cases} \int_0^2 \frac{1}{2} dx = 1, & 0 \le y \le 1, \\ 0, & \text{그 밖에는} \end{cases}$$

이다. 또한 X의 한계 누적분포함수는

$$F_X(x) = \int_{-\infty}^{x} f_X(u) du = \begin{cases} 0, & x < 0, \\ \frac{x}{2}, & 0 \le x \le 2, \\ 1, & x > 2 \end{cases}$$

이고, Y의 한계 누적분포함수는

$$F_Y(y) = \int_{-\infty}^{y} f_Y(v) dv = \begin{cases} 0, & y < 0, \\ y, & 0 \le y \le 1, \\ 1, & y > 1 \end{cases}$$

이다. 한계 누적분포함수는 (4.1.18)을 써서 결합 누적분포함수에서 얻을 수도 있다.

뜻매김 4.1.6 결합 확률변수의 기댓값

이산 결합 확률변수 (X, Y)의 함수 $Z = g(X, Y)$의 기댓값은

$$E[Z] = E[g(X, Y)] = \sum_{x=-\infty}^{\infty} \sum_{y=-\infty}^{\infty} g(x,y) p_{X,Y}(x,y) \qquad (4.1.21)$$

이고, 연속 결합 확률변수 (X, Y)의 함수 $Z = g(X, Y)$의 기댓값은

$$E[Z] = E[g(X, Y)] = \int_{-\infty}^{\infty} \int_{-\infty}^{\infty} g(x,y) f_{X,Y}(x,y) dx dy \qquad (4.1.22)$$

이다.

보기 4.1.6 결합 확률변수 (X, Y)의 결합 확률질량함수가

$$p_{X,Y}(x, y) = \begin{cases} \frac{1}{3}, & (x, y) = (1, 1), (2, 4), \text{또는 } (3, 9) \text{ 일 때}, \\ 0, & \text{그 밖에는} \end{cases}$$

일 때, (4.1.21)을 쓰면 확률변수 $Z = X + Y$의 기댓값을

$$E[Z] = (1+1) \times \frac{1}{3} + (2+4) \times \frac{1}{3} + (3+9) \times \frac{1}{3} = \frac{20}{3}$$

처럼 얻을 수 있다.

보기 4.1.7 결합 확률변수 (X, Y)의 결합 확률밀도함수가

$$f_{X,Y}(x, y) = \begin{cases} \frac{1}{2}, & 0 \le x \le 2, 0 \le y \le 1 \text{ 일 때}, \\ 0, & \text{그 밖에는} \end{cases}$$

일 때, (4.1.22)를 쓰면 확률변수 $Z = X + Y$의 기댓값을

$$E[Z] = \int_0^1 \int_0^2 (x+y) \frac{1}{2} dx dy = \frac{3}{2}$$

처럼 얻을 수 있다.

4.1.2 다차원 결합 확률변수*

앞에서 다룬 2차원 결합 확률변수를 n차원으로 확장하면 n차원 결합 확률변수를 생각할 수 있다. 먼저 n차원 결합 확률변수 $\underline{X} = (X_1, X_2, \cdots, X_n)$을 생각할 때, 곱사건 $\{X_1 \le x_1\} \cap \{X_1 \le x_2\} \cap \cdots \cap \{X_n \le x_n\}$의 확률을 나타내는 함수

$$F_{\underline{X}}(\underline{x}) = P(X_1 \le x_1, X_2 \le x_2, \cdots, X_n \le x_n) \tag{4.1.23}$$

을 $\underline{X}$의 결합 누적분포함수라고 한다. 여기에서 $\underline{x} = (x_1, x_2, \cdots, x_n)$이다.

연속 공간에서 n차원 결합 확률변수 $\underline{X} = (X_1, X_2, \cdots, X_n)$의 결합 누적분포함수가 $F_{\underline{X}}(\underline{x})$일 때,

$$f_{\underline{X}}(\underline{x}) = \frac{\partial^n}{\partial \underline{x}} F_{\underline{X}}(\underline{x}) \tag{4.1.24}$$

를 이 결합 확률변수의 결합 확률밀도함수라고 한다. 여기에서 $\partial \underline{x} = \partial x_1 \partial x_2 \cdots \partial x_n$

이다. 거꾸로 연속 결합 확률변수의 결합 확률밀도함수를 바탕으로 결합 누적분포함수를 나타내면

$$F_{\underline{X}}(\underline{x})=\int_{-\infty}^{x_n}\int_{-\infty}^{x_{n-1}}\cdots\int_{-\infty}^{x_1}f_{\underline{X}}(\underline{t})d\underline{t} \tag{4.1.25}$$

이다. 여기에서 $\underline{t}=(t_1,t_2,\cdots,t_n)$이고, $d\underline{t}=dt_1dt_2\cdots dt_n$이다.

한편, n차원 이산 결합 확률변수를 다룰 때에도 마찬가지이다. 보기를 들면, n차원 이산 결합 확률변수 $\underline{X}=(X_1,X_2,\cdots,X_n)$의 결합 누적분포함수는 (4.1.23)처럼 쓸 수 있다. 또 $\underline{X}$의 결합 확률질량함수는

$$p_{\underline{X}}(\underline{x})=P(\underline{X}=\underline{x}) \tag{4.1.26}$$

이고, 결합 누적분포함수는

$$F_{\underline{X}}(\underline{x})=\sum_{\underline{t}\le\underline{x}}p_{\underline{X}}(\underline{t}) \tag{4.1.27}$$

처럼 나타낼 수도 있다. 여기에서 $\underline{t}\le\underline{x}$는 $t_1\le x_1,\ t_2\le x_2,\ \cdots,\ t_n\le x_n$을 뜻한다.

4.1.3 독립과 상관

뜻매김 4.1.7 확률변수의 독립

여러 확률변수 $\underline{X}=(X_1,X_2,\cdots,X_n)$의 한계 확률함수를 곱한 꼴로 결합 확률함수를 $F_{\underline{X}}(\underline{x})=\prod_{i=1}^{n}F_{X_i}(x_i)$, $f_{\underline{X}}(\underline{x})=\prod_{i=1}^{n}f_{X_i}(x_i)$, 또는 $p_{\underline{X}}(\underline{x})=\prod_{i=1}^{n}p_{X_i}(x_i)$처럼 쓸 수 있을 때, 이 확률변수 $\underline{X}=(X_1,X_2,\cdots,X_n)$을 독립인 확률변수라고 한다.

보기를 들면, 2차원 결합 확률변수 $(X,\ Y)$의 결합 누적분포함수 $F_{X,Y}$, 결합 확률질량함수 $p_{X,Y}$, 또는 결합 확률밀도함수 $f_{X,Y}$가

$$F_{X,Y}(x,y)=F_X(x)F_Y(y), \tag{4.1.28}$$

$$p_{X,Y}(x,y)=p_X(x)p_Y(y), \tag{4.1.29}$$

또는

$$f_{X,Y}(x,y)=f_X(x)f_Y(y) \tag{4.1.30}$$

을 만족시키면, 확률변수 X와 Y는 서로 독립이다.

보기 4.1.8 두 확률변수 X와 Y의 결합 확률질량함수가

$$p_{X,\,Y}(x,y)=\begin{cases}\dfrac{1}{3}, & (x,y)=(1,1),\,(2,4),\,\text{또는 }(3,9)\text{일 때},\\ 0, & \text{그 밖에는}\end{cases}$$

일 때, X와 Y가 서로 독립인지 살펴보자.

표 4.1.1 보기 4.1.8의 결합 확률질량함수 $p_{X,Y}(x,y)$

x \ y	1	4	9
1	$\frac{1}{3}$	0	0
2	0	$\frac{1}{3}$	0
3	0	0	$\frac{1}{3}$

먼저 (4.1.19)를 쓰면

$$\begin{aligned}p_Y(y)&=\sum_u p_{X,\,Y}(u,y)\\&=p_{X,\,Y}(1,y)+p_{X,\,Y}(2,y)+p_{X,\,Y}(3,y)\\&=\begin{cases}p_{X,\,Y}(1,1), & y=1\text{일 때},\\ p_{X,\,Y}(2,4), & y=4\text{일 때},\\ p_{X,\,Y}(3,9), & y=9\text{일 때},\\ 0, & \text{그 밖에는}\end{cases}\\&=\begin{cases}\dfrac{1}{3}, & y=1,4,\text{ 또는 }9\text{ 일 때},\\ 0, & \text{그 밖에는}\end{cases}\end{aligned}$$

이다. 보기 4.1.4에서 얻은 한계 확률질량함수 $p_X(x)$와 위에서 얻은 한계 확률질량함수 $p_Y(y)$는 표 4.1.2와 4.1.3에 보인 바와 같다.

표 4.1.2 보기 4.1.8의 한계 확률질량함수 $p_X(x)$

x	1	2	3
$p_X(x)$	$\frac{1}{3}$	$\frac{1}{3}$	$\frac{1}{3}$

표 4.1.3 보기 4.1.8의 한계 확률질량함수 $p_Y(y)$

y	1	4	9
$p_Y(y)$	$\frac{1}{3}$	$\frac{1}{3}$	$\frac{1}{3}$

이제 표 4.1.1~4.1.3에서 $p_{X,\,Y}(x,y)\neq p_X(x)p_Y(y)$라는 것을 알 수 있다. 그러므로 확률변수 X와 Y는 서로 독립이 아니다.

보기 4.1.9 두 확률변수 X와 Y의 결합 확률밀도함수가

$$f_{X,Y}(x,y)=\begin{cases}\frac{1}{2}, & 0\le x\le 2, 0\le y\le 1,\\ 0, & \text{그 밖에는}\end{cases}$$

이라고 하자. 보기 4.1.5에서 얻은 것처럼 한계 확률밀도함수가

$$f_X(x)=\frac{1}{2},\ 0\le x\le 2$$

이고,

$$f_Y(y)=1,\ \ 0\le y\le 1$$

이므로 $f_{X,Y}(x,y)=f_X(x)f_Y(y)$이다. 따라서 확률변수 X와 Y는 서로 독립이다.

뜻매김 4.1.8 독립이고 분포가 같은[7] 확률변수

서로 독립인 여러 확률변수 $\underline{X}=(X_1, X_2,\cdots, X_n)$의 한계 분포가 모두 같을 때, 곧 결합 확률함수를 $F_{\underline{X}}(\underline{x})=\prod_{i=1}^{n}F_X(x_i)$, $f_{\underline{X}}(\underline{x})=\prod_{i=1}^{n}f_X(x_i)$, 또는 $p_{\underline{X}}(\underline{x})=\prod_{i=1}^{n}p_X(x_i)$처럼 쓸 수 있을 때, 이 확률변수 $\underline{X}=(X_1, X_2,\cdots, X_n)$을 독립이고 분포가 같은 확률변수라고 한다.

보기를 들면, 결합 확률변수 (X, Y)의 누적분포함수를

$$F_{X,Y}(x,y)=F_X(x)F_X(y)=F_Y(x)F_Y(y) \tag{4.1.31}$$

처럼, 결합 확률변수 (X, Y)가 이산 결합 확률변수일 때 확률질량함수를

$$p_{X,Y}(x,y)=p_X(x)p_X(y)=p_Y(x)p_Y(y) \tag{4.1.32}$$

처럼, 또는 결합 확률변수 (X, Y)가 연속 결합 확률변수일 때 확률밀도함수를

$$f_{X,Y}(x,y)=f_X(x)f_X(y)=f_Y(x)f_Y(y) \tag{4.1.33}$$

처럼 쓸 수 있으면 X와 Y를 독립이고 분포가 같은 확률변수라고 한다.

7) independent and identically distributed (i.i.d.)

보기 4.1.10 정육면체 주사위 둘을 던져 나온 눈을 결합 확률변수 (X, Y)라고 하면, X와 Y는 독립이고 분포가 같은 결합 확률변수이다. 이때 $p_{X,Y}(x,y) = p_X(x)p_X(y)$이고 x가 어떤 값이더라도 $p_X(x) = p_Y(x)$이며 $p_X(x) = \frac{1}{6}$, $x = 1, 2, \cdots, 6$이다.

뜻매김 4.1.9 상관[8]), 공분산[9]), 상관계수[10])

결합 확률변수 (X, Y)에서 X의 기댓값이 μ_X, 분산이 σ_X^2이고, Y의 기댓값이 μ_Y, 분산이 σ_Y^2이라고 하자. 이때 확률변수의 곱의 기댓값

$$R_{XY} = E[XY] \tag{4.1.34}$$

를 상관, 편차의 곱의 기댓값

$$C_{XY} = E[(X - \mu_X)(Y - \mu_Y)] \tag{4.1.35}$$

를 공분산, 공분산을 두 확률변수의 표준편차의 곱으로 정규화한

$$\rho_{XY} = \frac{C_{XY}}{\sigma_X \sigma_Y} \tag{4.1.36}$$

을 상관계수라고 한다.

한편, 공분산은

$$\begin{aligned} C_{XY} &= E[(X - \mu_X)(Y - \mu_Y)] \\ &= E[XY] - E[X]E[Y] \\ &= R_{XY} - \mu_X \mu_Y \end{aligned} \tag{4.1.37}$$

처럼 나타낼 수도 있다.

뜻매김 4.1.10 상관 없음[11])

공분산이나 상관계수가 0일 때, 곧 $C_{XY} = 0$ 또는 $\rho_{XY} = 0$일 때, 확률변수 X와 Y는 상관이 없다고 한다.

---

8) correlation
9) covariance
10) correlation coefficient
11) uncorrelatedness

다시 말하면, $E[XY]=E[X]E[Y]$이면 X와 Y는 상관이 없다.

뜻매김 4.1.11 직교[12)]

상관이 0일 때, 곧 $R_{XY}=E[XY]=0$일 때, 확률변수 X와 Y는 직교한다고 한다.

두 확률변수가 서로 독립이고, 그 기댓값 가운데 적어도 하나가 0이면 이 두 확률변수는 직교한다.

보기 4.1.11 확률변수 Θ가 구간 $(0,2\pi)$에서 고른 분포를 따른다고 하자. 이제 두 확률변수 $X=\cos\Theta$와 $Y=\sin\Theta$를 생각하면,

$$E[XY]=E[\sin\Theta\cos\Theta]=\frac{1}{2\pi}\int_0^{2\pi}\sin\theta\cos\theta\,d\theta=0$$

이고 $E[X]=E[Y]=0$이므로, 두 확률변수 X와 Y는 서로 직교하면서 상관이 없다.

정리 4.1.1 두 확률변수가 서로 독립이면, 이 두 확률변수는 상관이 없다. 그러나 두 확률변수가 상관이 없다고 반드시 서로 독립인 것은 아니다.

확률밀도함수가 f_X인 확률변수 X와 확률밀도함수가 f_Y인 확률변수 Y가 서로 독립이면, X와 Y의 결합 확률밀도함수는 $f_{X,Y}(x,y)=f_X(x)f_Y(y)$처럼 쓸 수 있다. 이때,

$$\begin{aligned}E[XY]&=\int_{-\infty}^{\infty}\int_{-\infty}^{\infty}xyf_{X,Y}(x,y)dxdy\\&=\int_{-\infty}^{\infty}xf_X(x)dx\int_{-\infty}^{\infty}yf_Y(y)dy\\&=E[X]E[Y]\end{aligned}\tag{4.1.38}$$

이므로 X와 Y의 공분산은 $C_{X,Y}=E[XY]-E[X]E[Y]=0$이고, X와 Y는 서로 상관이 없다.

12) orthogonality

보기 4.1.12 두 확률변수 X와 Y의 결합 확률질량함수가

$$p_{X,\,Y}(x,y)=\begin{cases}\frac{1}{4}, & (x,y)=(0,0),\,(0,1),\,(1,0),\ \text{또는}\ (1,1)\text{일 때},\\ 0, & \text{그 밖에는}\end{cases}$$

일 때,

$$p_X(x)=\begin{cases}\frac{1}{2}, & x=0,1,\\ 0, & \text{그 밖에는}\end{cases}$$

이고,

$$p_Y(y)=\begin{cases}\frac{1}{2}, & y=0,1,\\ 0, & \text{그 밖에는}\end{cases}$$

이므로 $p_{X,Y}(x,y)=p_X(x)p_Y(y)$이다. 또 $E[X]=\frac{1}{2}$, $E[Y]=\frac{1}{2}$, $E[XY]=\frac{1}{4}$이므로 $C_{XY}=0$이다. 바꾸어 말하면, 두 확률변수 X와 Y는 서로 독립이고 상관이 없다.

보기 4.1.13 두 확률변수 X와 Y의 결합 확률질량함수가

$$p_{X,\,Y}(x,y)=\begin{cases}\frac{1}{4}, & (x,y)=(0,1),(1,0),(1,2),\ \text{또는}\ (2,1)\text{일 때},\\ 0, & \text{그 밖에는}\end{cases}$$

일 때,

$$p_X(x)=\begin{cases}\frac{1}{4}, & x=0,2\ \text{일 때},\\ \frac{1}{2}, & x=1\text{일 때}\end{cases}$$

이고,

$$p_Y(y)=\begin{cases}\frac{1}{4}, & y=0,2\ \text{일 때},\\ \frac{1}{2}, & y=1\text{일 때}\end{cases}$$

이므로 $p_{X,Y}(x,y)\neq p_X(x)p_Y(y)$이다. 또 $E[X]=1$, $E[Y]=1$, $E[XY]=1$이므로 $C_{XY}=0$이다. 바꾸어 말하면, 두 확률변수 X와 Y는 상관이 없지만 독립은 아니다.

일반적으로

$$Var[aX+bY]=a^2 Var[X]+b^2 Var[Y]+2abC_{X,Y} \tag{4.1.39}$$

이다. 따라서 상관이 없는 두 확률변수 X와 Y를 더하면

$$Var[X+Y]=Var[X]+Var[Y] \tag{4.1.40}$$

처럼 분산도 더해진다.

정리 4.1.2 상관계수의 크기는 1을 넘지 않는다.

증명 **코쉬-슈바르츠** 부등식 $E^2[XY] \le E[X^2]E[Y^2]$을 쓰면

$$E^2[(X-\mu_X)(Y-\mu_Y)] \le E[(X-\mu_X)^2]E[(Y-\mu_Y)^2] \tag{4.1.41}$$

을 얻는다. 바꾸어 말하면, $C_{XY}^2 \le \sigma_X^2\sigma_Y^2$이므로 $\rho_{XY}^2 \le 1$을 얻는다.

보기 4.1.14 두 확률변수 X와 Y 사이를 $Y-\mu_Y=c(X-\mu_X)$ 또는 $Y=cX+d$ 꼴로 쓸 수 있으면 $|\rho_{XY}|=1$이다.

4.1.4 적률생성함수

2.4절에서 확률변수의 확률적 성질을 적률생성함수으로 나타낼 수 있음을 보았다. 마찬가지로 결합 확률변수의 확률적 성질을 결합 적률생성함수를 써서 나타낼 수 있다.

뜻매김 4.1.12 결합 적률생성함수[13)]

함수

$$M_{X,Y}(t_1,t_2)=E[\exp(t_1X+t_2Y)] \tag{4.1.42}$$

를 결합 확률변수 (X, Y)의 결합 적률생성함수라고 한다.

13) joint mgf

연속 결합 확률변수 (X, Y)의 결합 적률생성함수를

$$M_{X,Y}(t_1, t_2) = \int_{-\infty}^{\infty}\int_{-\infty}^{\infty} f_{X,Y}(x,y)\exp(t_1 x + t_2 y)dxdy \tag{4.1.43}$$

처럼 쓸 수 있으므로, 결합 적률생성함수는 결합 확률밀도함수 $f_{X,Y}(x,y)$를 다차원 **라플라스 변환**한 것과 사실상 같음을 알 수 있다. 그러므로 결합 적률생성함수를 역변환하면 연속 결합 확률변수 (X, Y)의 결합 확률밀도함수를 얻을 수 있다. 말할 것도 없이 결합 적률생성함수에서 한계 적률생성함수를 얻을 수 있다. 보기를 들면, 결합 확률변수 (X, Y) 가운데 확률변수 X의 한계 적률생성함수는

$$M_X(t_1) = M_{X,Y}(t_1, t_2)\big|_{t_2 = 0} \tag{4.1.44}$$

라는 것을 (4.1.42)에서 쉽게 알 수 있다. 한편, 결합 확률변수 (X, Y)가 독립이면, 그 결합 적률생성함수를

$$M_{X,Y}(t_1, t_2) = M_X(t_1)M_Y(t_2) \tag{4.1.45}$$

처럼 한계 적률생성함수의 곱으로 쓸 수 있다.

보기 4.1.15 두 확률변수 X와 Y의 결합 확률밀도함수가

$$f_{X,Y}(x,y) = \begin{cases} \frac{1}{2}, & 0 \le x \le 2, 0 \le y \le 1, \\ 0, & \text{그 밖에는} \end{cases}$$

일 때, 결합 적률생성함수를 얻으면

$$M_{X,Y}(t_1, t_2) = \frac{1}{2}\int_0^1\int_0^2 e^{t_1 x + t_2 y}dxdy = \frac{(e^{2t_1} - 1)(e^{t_2} - 1)}{2t_1 t_2}$$

이다. 이 결합 적률생성함수는 X의 적률생성함수 $M_X(t_1) = \frac{e^{2t_1} - 1}{2t_1}$과 Y의 적률생성함수 $M_Y(t_2) = \frac{e^{t_2} - 1}{t_2}$을 곱한 것과 같다. 여기서, $M_X(t_1)$과 $M_Y(t_2)$는 보기 2.4.7에서 얻은 바 있다.

4.2 결합 확률변수의 조건부 분포

이 절에서는 2장에서 다룬 조건부 확률함수를 확장하여 2차원 결합 확률변수의 조건부 결합 확률함수를 다루어 보자.

4.2.1 조건부 결합 확률함수

먼저 2차원 결합 확률변수의 조건부 결합 누적분포함수, 조건부 결합 확률질량함수, 조건부 결합 확률밀도함수를 생각하자.

뜻매김 4.2.1 조건부 결합 누적분포함수[14)]

확률이 0보다 큰 사건 A가 이미 일어났다는 조건이 주어졌을 때, 결합 확률변수 (X, Y)의 결합 누적분포함수

$$F_{X,Y|A}(x,y|A) = P(X \le x, Y \le y|A) = \frac{P(X \le x, Y \le y, A)}{P(A)} \tag{4.2.1}$$

을 조건부 결합 누적분포함수라고 한다.

뜻매김 4.2.2 조건부 결합 확률질량함수[15)], 조건부 결합 확률밀도함수[16)]

확률이 0보다 큰 사건 A가 이미 일어났다는 조건이 주어졌을 때, 이산 결합 확률변수 (X, Y)의 결합 확률질량함수

$$p_{X,Y|A}(x,y|A) = P(X = x, Y = y|A) = \frac{P(X = x, Y = y, A)}{P(A)} \tag{4.2.2}$$

를 조건부 결합 확률질량함수라고 하고, 연속 결합 확률변수 (X, Y)의 조건부 결합 누적분포함수를 미분한

$$f_{X,Y|A}(x,y|A) = \frac{\partial^2}{\partial x \partial y} F_{X,Y|A}(x,y|A) \tag{4.2.3}$$

을 조건부 결합 확률밀도함수라고 한다.

---

14) conditional joint cdf
15) conditional joint pmf
16) conditional joint pdf

그다지 크게 문제가 없을 때에는 '결합'이라는 말을 줄여 조건부 결합 누적분포함수를 조건부 누적분포함수, 조건부 결합 확률질량함수를 조건부 확률질량함수, 조건부 결합 확률밀도함수를 조건부 확률밀도함수라고 부르기도 한다.

보기 4.2.1 결합 확률질량함수 $p_{X,Y}(x,y)$가 표 4.2.1 (가)와 같은 결합 확률변수 (X,Y)를 생각하자. 먼저 사건 $A=\{X>1\}$을 생각하면

$$P(A)=P(X>1)=\sum_{y=1}^{3} p_{X,Y}(2,y)=0.1+0.2+0.1=0.4$$

이므로, A가 일어났을 때 (X,Y)의 조건부 결합 확률질량함수 $p_{X,Y|A}(x,y|A)$ $=p_{X,Y|X>1}(x,y|X>1)$은

$$p_{X,Y|A}(x,y|A)=\frac{P(X=x,Y=y,X>1)}{P(X>1)}=\frac{P(X=2,Y=y)}{0.4}$$

이고, 표 4.2.1 (나)에 보인 것과 같다.

표 4.2.1 보기 4.2.1의 확률질량함수

(가) 결합 확률질량함수 $p_{X,Y}(x,y)$

x \ y	1	2	3
1	0.1	0.3	0.2
2	0.1	0.2	0.1

(나) 조건이 $A=\{X>1\}$일 때 조건부 결합 확률질량함수 $p_{X,Y|A}(x,y|A)$

x \ y	1	2	3
2	0.25	0.5	0.25

조건부 결합 확률함수를 다룰 때에는 두 확률변수 가운데 하나의 값이 주어진 조건을 다룰 때가 많다. 보기를 들면, 조건이 $A=\{X=x\}$일 때 조건부 결합 누적분포함수 $F_{X,Y|X=x}(x,y|X=x)$를 $F_{Y|X}(y|x)$처럼 쓴다. 또한, 조건부 결합 확률질량함수 $p_{X,Y|X=x}(x,y|X=x)$를 $p_{Y|X}(y|x)$처럼 쓰고 조건부 확률질량함수라고[17] 부르며, 조건부 결합 확률밀도함수 $f_{X,Y|X=x}(x,y|X=x)$를 $f_{Y|X}(y|x)$처럼 쓰고 조건부 확률밀도함수라고[18] 부른다.

17) conditional pmf
18) conditional pdf

정리 4.2.1 이산 결합 확률변수 (X, Y)에서 조건부 확률질량함수 $p_{Y|X}$는

$$p_{Y|X}(y|x) = \frac{p_{X,Y}(x,y)}{p_X(x)} \tag{4.2.4}$$

처럼 나타낼 수 있다. 한편, 연속 결합 확률변수 (X, Y)에서 조건부 확률밀도함수 $f_{Y|X}$는

$$f_{Y|X}(y|x) = \frac{f_{X,Y}(x,y)}{f_X(x)} \tag{4.2.5}$$

처럼 쓸 수 있다.

증명 먼저 (X, Y)가 이산 결합 확률변수일 때에는 (4.2.2)에서

$$p_{Y|X}(y|x) = p_{X,Y|X=x}(x,y|X=x) = \frac{P(X=x, Y=y)}{P(X=x)} = \frac{p_{X,Y}(x,y)}{p_X(x)} \tag{4.2.6}$$

을 얻을 수 있다. 다음으로 (X, Y)가 연속 결합 확률변수일 때를 생각하자. 이때에는

$$\begin{aligned} F_{Y|X}(y|x) &= F_{X,Y|X=x}(x, y|X=x) \\ &= \lim_{dx \to 0} F_{X,Y|x \le X \le x+dx}(x+dx, y|x \le X \le x+dx) \end{aligned} \tag{4.2.7}$$

이고,

$$\begin{aligned} F_{X,Y|x \le X \le x+dx}&(x+dx, y|x \le X \le x+dx) \\ &= \frac{P(X \le x+dx, Y \le y, x \le X \le x+dx)}{P(x \le X \le x+dx)} \\ &= \frac{P(x \le X \le x+dx, Y \le y)}{P(x \le X \le x+dx)} \\ &= \frac{F_{X,Y}(x+dx,y) - F_{X,Y}(x,y)}{F_X(x+dx) - F_X(x)} \end{aligned} \tag{4.2.8}$$

이므로

$$\begin{aligned} F_{Y|X}(y|x) &= \lim_{dx \to 0} \frac{\dfrac{F_{X,Y}(x+dx,y) - F_{X,Y}(x,y)}{dx}}{\dfrac{F_X(x+dx) - F_X(x)}{dx}} \\ &= \frac{1}{f_X(x)} \frac{\partial F_{X,Y}(x,y)}{\partial x} \end{aligned} \tag{4.2.9}$$

처럼 쓸 수 있다. 이 식을 y로 미분하면

$$f_{Y|X}(y|x) = \frac{\partial}{\partial y} F_{Y|X}(y|x) = \frac{1}{f_X(x)} \frac{\partial^2 F_{X,Y}(x,y)}{\partial y \partial x} = \frac{f_{X,Y}(x,y)}{f_X(x)} \tag{4.2.10}$$

을 얻을 수 있다.

한편, 이산 확률변수 X와 Y가 독립일 때에는 $p_{X,Y}(x,y)=p_X(x)p_Y(y)$이므로, $p_X(x)>0$인 모든 점 x에서

$$p_{Y|X}(y|x)=p_Y(y) \tag{4.2.11}$$

이고, 또 $p_Y(y)>0$인 모든 점 y에서

$$p_{X|Y}(x|y)=p_X(x) \tag{4.2.12}$$

이다. 마찬가지로 연속 확률변수 X와 Y가 서로 독립이면 $f_{X,Y}(x,y)=f_X(x)f_Y(y)$이므로, $f_Y(y)>0$인 모든 점 y에서 $f_{X|Y}(x|y)=f_X(x)$이고, $f_X(x)>0$인 모든 점 x에서 $f_{Y|X}(y|x)=f_Y(y)$이다.

보기 4.2.2 확률변수 X의 확률질량함수가

$$p_X(3)=\frac{1}{6},\qquad p_X(4)=\frac{1}{2},\qquad p_X(5)=\frac{1}{3}$$

이다. 이때 확률변수

$$Y=\begin{cases}0, & X=4,\\ 1, & X=3 \text{ 또는 } 5\end{cases}$$

를 생각하여 조건부 확률질량함수 $p_{Y|X}$를 얻어 보자.

풀이 먼저 $\{X=3\}\subset\{Y=1\}$이므로 (1.3.3)을 새기면 $P(Y=1|X=3)=1$이다. 또 $\{X=3\}$일 때에는 $\{Y=0\}$이 일어나지 않으므로 $P(Y=0|X=3)=0$이다. 바꾸어 말하면,

$$p_{Y|X}(0|3)=0,\qquad p_{Y|X}(1|3)=1$$

이다. 위와 비슷하게

$$p_{Y|X}(0|4)=1,\quad p_{Y|X}(1|4)=0,\quad p_{Y|X}(0|5)=0,\quad p_{Y|X}(1|5)=1$$

임을 알 수 있다.

보기 4.2.3 두 확률변수 X와 Y의 결합 확률밀도함수가

$$f_{X,Y}(x,y)=\begin{cases}1, & 0<x<1, 0<y<1,\\ 0, & \text{그 밖에는}\end{cases}$$

일 때, 조건부 확률밀도함수 $f_{X|Y}(x|y)$를 얻어 보자.

풀이 먼저 $0<y<1$일 때

$$f_Y(y)=\int_0^1 f_{X,Y}(x,y)dx=1$$

이라는 것을 새기면,

$$f_{X|Y}(x|y)=\frac{f_{X,Y}(x,y)}{f_Y(y)}=\begin{cases}1, & 0<x<1,\ 0<y<1,\\ 0, & \text{그 밖에는}\end{cases}$$

이다.

보기 4.2.4 두 확률변수 X와 Y의 결합 확률밀도함수가

$$f_{X,Y}(x,y)=\begin{cases}2, & 0<x<y<1,\\ 0, & \text{그 밖에는}\end{cases}$$

일 때, 조건부 확률밀도함수 $f_{X|Y}(x|y)$를 얻어 보자.

풀이 먼저 $0<y<1$일 때

$$f_Y(y)=\int_0^y f_{X,Y}(x,y)dx=2y$$

라는 것을 새기면,

$$f_{X|Y}(x|y)=\begin{cases}\dfrac{1}{y}, & 0<x<y<1,\\ 0, & \text{그 밖에는}\end{cases}$$

이다.

보기 4.2.5 두 확률변수 X와 Y의 결합 확률밀도함수가

$$f_{X,Y}(x,y)=\begin{cases}6xy(2-x-y), & 0<x<1, 0<y<1,\\ 0, & \text{그 밖에는}\end{cases}$$

일 때, 조건부 확률밀도함수 $f_{X|Y}(x|y)$를 얻어 보자.

풀이 먼저 $0<y<1$일 때

$$f_Y(y)=\int_0^1 f_{X,Y}(x,y)dx=\int_0^1 6xy(2-x-y)dx=4-3y$$

이다. 따라서 (4.2.5)를 새기면

$$f_{X|Y}(x|y)=\begin{cases}\dfrac{6x(2-x-y)}{4-3y}, & 0<x<1,\ 0<y<1,\\ 0, & \text{그 밖에는}\end{cases}$$

을 얻는다.

정리 4.2.2 전체확률 정리

조건부 확률질량함수 $p_{X|Y}$와 Y의 확률질량함수 p_Y를 바탕으로 이산 확률변수 X의 확률질량함수 p_X를

$$p_X(x)=\sum_{y=-\infty}^{\infty} p_{X|Y}(x|y)p_Y(y) \qquad (4.2.13)$$

처럼 나타낼 수 있다. 또 연속 확률변수 X의 확률밀도함수 f_X는 Y의 확률밀도함수 f_Y와 조건부 확률밀도함수 $f_{X|Y}$를 바탕으로

$$f_X(x)=\int_{-\infty}^{\infty} f_{X|Y}(x|y)f_Y(y)dy \qquad (4.2.14)$$

처럼 나타낼 수 있다.

증명 먼저 $p_X(x)=\sum_{y=-\infty}^{\infty} p_{X,Y}(x,y)$이고 $p_{X,Y}(x,y)=p_{X|Y}(x|y)p_Y(y)$이므로 (4.2.13)을 얻을 수 있다. 또 $f_X(x)=\int_{-\infty}^{\infty} f_{X,Y}(x,y)dy$이고 $f_{X,Y}(x,y)=f_{X|Y}(x|y)f_Y(y)$이므로 (4.2.14)를 얻을 수 있다.

보기 4.2.6 두 확률변수 X와 Y를 생각하자. 조건부 확률질량함수가

$$p_{X|Y}(x|y)=\begin{cases}\dfrac{x}{3}, & x=1,2,\\ 0, & \text{그 밖에는}\end{cases}$$

이고, Y의 확률질량함수가

$$p_Y(y) = \begin{cases} \dfrac{y}{3}, & y = 1, 2, \\ 0, & \text{그 밖에는} \end{cases}$$

일 때, X의 확률질량함수 p_X를 얻어 보자.

풀이 정리 4.2.2를 바탕으로 확률질량함수 p_X를 얻어 보면, $x = 1, 2$일 때

$$p_X(x) = \sum_{y=1}^{2} \frac{xy}{9} = \frac{x}{3}$$

이다. 여기에서 $p_X(x) = p_{X|Y}(x|y)$이므로, X와 Y는 서로 독립이다.

정리 4.2.3 베이스의 정리

이산 결합 확률변수 X와 Y에서

$$p_{Y|X}(y|x) = \frac{p_{X|Y}(x|y)p_Y(y)}{\sum_{y=-\infty}^{\infty} p_{X|Y}(x|y)p_Y(y)} \tag{4.2.15}$$

이다. 또 연속 결합 확률변수 X와 Y를 생각할 때

$$f_{Y|X}(y|x) = \frac{f_{X|Y}(x|y)f_Y(y)}{\int_{-\infty}^{\infty} f_{X|Y}(x|y)f_Y(y)dy} \tag{4.2.16}$$

이다.

증명 먼저 $p_{Y|X}(y|x) = \dfrac{p_{X,Y}(x,y)}{p_X(x)}$이고, $p_{X,Y}(x,y) = p_{X|Y}(x|y)p_Y(y)$이며, $p_X(x) = \sum_{y=-\infty}^{\infty} p_{X,Y}(x,y) = \sum_{y=-\infty}^{\infty} p_{X|Y}(x|y)p_Y(y)$이므로 (4.2.15)를 얻을 수 있다. 또 $f_{Y|X}(y|x) = \dfrac{f_{X,Y}(x,y)}{f_X(x)}$이고, $f_{X,Y}(x,y) = f_{X|Y}(x|y)f_Y(y)$이며, $f_X(x) = \int_{-\infty}^{\infty} f_{X,Y}(x,y)dy = \int_{-\infty}^{\infty} f_{X|Y}(x|y)f_Y(y)dy$이므로 (4.2.16)을 얻을 수 있다.

보기 4.2.7 두 확률변수 X와 Y의 결합 확률질량함수가

$$p_{X,Y}(x,y)=\begin{cases}\dfrac{xy}{9}, & x=1,2,\ y=1,2,\\ 0, & \text{그 밖에는}\end{cases}$$

일 때, 조건부 확률질량함수 $p_{X|Y}(x|y)$를 얻어 보자.

풀이 뜻매김을 바탕으로 조건부 확률질량함수 $p_{X|Y}(x|y)$를 얻어 보면, $x=1,2$이고 $y=1,2$일 때

$$p_{X|Y}(x|y)=\frac{p_{X,Y}(x,y)}{p_Y(y)}=\frac{p_{X,Y}(x,y)}{\sum_{x=1}^{2}p_{X,Y}(x,y)}=\frac{\frac{xy}{9}}{\frac{y}{3}}=\frac{x}{3}$$

이다. 한편, $x=1,2$일 때

$$p_X(x)=\sum_{y=1}^{2}p_{X,Y}(x,y)=\sum_{y=1}^{2}\frac{xy}{9}=\frac{x}{3}=p_{X|Y}(x|y)$$

이다. 여기에서 $p_Y(y)>0$인 모든 점 y에서, 곧 $y=1,2$일 때, $p_X(x)=p_{X|Y}(x|y)$이므로 X와 Y는 서로 독립이다.

보기 4.2.8 확률변수 Y의 확률질량함수가

$$p_Y(y)=\begin{cases}0.2, & y=1,\\ 0.8, & y=2\end{cases}$$

이고, 조건부 확률질량함수 $p_{X|Y}(x|y)$가 표 4.2.3에 보인 것과 같을 때, $p_{Y|X}(2|2)$를 얻어 보자.

표 4.2.2 보기 4.2.8의 조건부 확률질량함수 $p_{X|Y}(x|y)$

	$y=1$	$y=2$
$p_{X\|Y}(1\|y)$	0.7	0.4
$p_{X\|Y}(2\|y)$	0.3	0.6

풀이 먼저

$$\begin{aligned}\sum_{y=1}^{2}p_{X|Y}(2|y)p_Y(y)&=p_{X|Y}(2|1)p_Y(1)+p_{X|Y}(2|2)p_Y(2)\\&=0.3\times0.2+0.6\times0.8\\&=0.54\end{aligned}$$

이다. 그러므로 베이스의 정리에서

$$p_{Y|X}(2|2) = \frac{p_{X|Y}(2|2)p_Y(2)}{\sum_{y=1}^{2} p_{X|Y}(2|y)p_Y(y)} = \frac{0.6 \times 0.8}{0.54} = \frac{8}{9}$$

을 얻을 수 있다.

보기 4.2.9 결합 확률변수 X와 Y를 생각하자. 확률변수 Y의 확률밀도함수가

$$f_Y(y) = \begin{cases} c_1 y^3, & 0 < y < 1, \\ 0, & \text{그 밖에는} \end{cases}$$

이고, 조건부 확률밀도함수가

$$f_{X|Y}(x|y) = \begin{cases} \dfrac{c_2 x}{y^2}, & 0 < x < y < 1, \\ 0, & \text{그 밖에는} \end{cases}$$

이다. 이때 상수 c_1과 c_2의 값을 얻고, 조건부 확률밀도함수 $f_{Y|X}(y|x)$를 얻어 보자.

풀이 확률밀도함수를 모든 영역에서 적분하면 1이라는 것을 생각하면,

$$\int_{-\infty}^{\infty} f_Y(y) dy = \int_0^1 c_1 y^3 dy = \frac{c_1}{4} = 1$$

에서 $c_1 = 4$이고,

$$\int_{-\infty}^{\infty} f_{X|Y}(x|y) dx = \int_0^y \frac{c_2 x}{y^2} dx = \frac{c_2}{2} = 1$$

에서 $c_2 = 2$이다. 또 정리 4.2.3을 바탕으로 조건부 확률밀도함수 $f_{Y|X}(y|x)$를 얻어 보면, $0 < x < y < 1$일 때

$$\begin{aligned} f_{Y|X}(y|x) &= \frac{f_{X|Y}(x|y) f_Y(y)}{\int_{-\infty}^{\infty} f_{X|Y}(x|y) f_Y(y) dy} = \frac{8xy}{\int_x^1 8xy\, dy} \\ &= \frac{8xy}{4x(1-y^2)} = \frac{2y}{1-y^2} \end{aligned}$$

이다.

4.2.2 조건부 기댓값

앞에서 다룬 조건부 확률함수를 바탕으로 조건부 기댓값을 생각해 보자. 조건부 기댓값

$$E[X|A] = \int_{-\infty}^{\infty} x f_{X|A}(x|A)dx \tag{4.2.17}$$

에서 $A = \{Y = y\}$라고 두고, $Y = y$일 때 X의 조건부 기댓값을 생각하면 아래와 같다.

뜻매김 4.2.3 조건부 기댓값

기댓값

$$E[X \mid Y = y] = \begin{cases} \int_{-\infty}^{\infty} x f_{X \mid Y}(x|y)dx, & X\text{가 연속 확률변수일 때}, \\ \sum_{y=-\infty}^{\infty} x p_{X \mid Y}(x|y), & X\text{가 이산 확률변수일 때} \end{cases} \tag{4.2.18}$$

을 $Y = y$일 때 X의 조건부 기댓값 또는 조건부 평균[19]이라고 한다. 한편, 조건부 기댓값 $E[X|Y]$는 확률변수 Y의 함수인 확률변수이고 $Y = y$일 때의 값이 $E[X|Y = y]$이다.

이산 확률변수 X와 Y가 독립일 때에는 $p_{X|Y}(x|y) = p_X(x)$이고, 연속 확률변수 X와 Y가 독립일 때에는 $f_{X|Y}(x|y) = f_X(x)$이므로, 확률변수 X와 Y가 독립일 때에는

$$E[X|Y = y] = E[X] \tag{4.2.19}$$

라는 것을 쉽게 알 수 있다.

보기 4.2.10 이산 확률변수 X와 Y의 결합 확률질량함수가

$$p_{X,Y}(x,y) = \begin{cases} \frac{xy}{9}, & x, y = 1, 2, \\ 0, & \text{그 밖에는} \end{cases}$$

일 때, 조건부 기댓값 $E[X \mid Y = 1]$을 얻어 보자.

---

19) conditional expectation, conditional expected value, 또는 conditional mean

풀이 보기 4.2.7에서 얻은 조건부 확률질량함수

$$p_{X|Y}(x|y)=\begin{cases}\dfrac{x}{3}, & x=1,2,\\ 0, & \text{그 밖에는}\end{cases}$$

를 쓰면,

$$E[X\,|\,Y=1]=\sum_{x=1}^{2}x\,p_{X|Y}(x|1)=\sum_{x=1}^{2}\frac{x^2}{3}=\frac{5}{3}$$

이다.

보기 4.2.11 연속 확률변수 X와 Y의 결합 확률밀도함수가

$$f_{X,Y}(x,y)=\begin{cases}6xy(2-x-y), & 0<x<1, 0<y<1,\\ 0, & \text{그 밖에는}\end{cases}$$

일 때, 조건부 기댓값 $E\left[X\,\middle|\,Y=\frac{1}{2}\right]$을 얻어 보자.

풀이 먼저 $0<y<1$일 때

$$\begin{aligned}E[X|Y=y] &= \int_0^1\frac{6x^2(2-x-y)}{4-3y}dx\\ &=\frac{1}{4-3y}\left\{2(2-y)x^3-\frac{3}{2}x^4\right\}\Bigg|_{x=0}^{1}=\frac{5-4y}{8-6y}\end{aligned}$$

이다. 그러므로

$$E\left[X\,\middle|\,Y=\frac{1}{2}\right]=\frac{5-2}{8-3}=\frac{3}{5}$$

이다.

정리 4.2.4 조건부 기댓값의 기댓값

기댓값 $E[X]$는 조건부 기댓값 $E[X|Y]$를 바탕으로

$$E[X] = E[E[X|Y]] \tag{4.2.20}$$

$$=\begin{cases}\displaystyle\int_{-\infty}^{\infty}E[X|Y=y]f_Y(y)dy, & Y\text{가 연속 확률변수일 때,}\\ \displaystyle\sum_{y=-\infty}^{\infty}E[X|Y=y]p_Y(y), & Y\text{가 이산 확률변수일 때}\end{cases}$$

처럼 얻을 수 있다.

증명 연속 확률변수일 때를 생각하여 (4.2.18)과 $\int_{-\infty}^{\infty} f_{X,Y}(x,y)dy = f_X(x)$를 새기면

$$E[E[X|Y]] = \int_{\infty}^{\infty} E[X|Y=y] f_Y(y) dy \tag{4.2.21}$$
$$= \int_{-\infty}^{\infty} \left\{ \int_{-\infty}^{\infty} x f_{X|Y}(x|y) dx \right\} f_Y(y) dy$$
$$= \int_{-\infty}^{\infty} x \left\{ \int_{-\infty}^{\infty} f_{X,Y}(x,y) dy \right\} dx$$
$$= \int_{-\infty}^{\infty} x f_X(x) dx$$
$$= E[X]$$

이다.

보기 4.2.12 보기 4.2.6에서 $E[X]$를 두 가지 방법으로 얻어 보자.

풀이 방법 1 먼저 직접 계산해 보자. 보기 4.2.6에서 얻은

$$p_X(x) = \begin{cases} \dfrac{x}{3}, & x = 1, 2, \\ 0, & \text{그 밖에는} \end{cases}$$

를 쓰면

$$E[X] = \sum_{x=-\infty}^{\infty} x p_X(x) = \sum_{x=1}^{2} \frac{x^2}{3} = \frac{5}{3}$$

이다.

방법 2 식 (4.2.20)을 써서 $E[X]$를 얻으면

$$\begin{aligned} E[X] &= E[E[X|Y]] \\ &= E[X|Y=1] p_Y(1) + E[X|Y=2] p_Y(2) \\ &= \{1 \times p_{X|Y}(1|1) + 2 \times p_{X|Y}(2|1)\} p_Y(1) \\ &\quad + \{1 \times p_{X|Y}(1|2) + 2 \times p_{X|Y}(2|2)\} p_Y(2) \\ &= \left(\frac{1}{3} + \frac{4}{3}\right)\frac{1}{3} + \left(\frac{1}{3} + \frac{4}{3}\right)\frac{2}{3} \\ &= \frac{5}{3} \end{aligned}$$

이다.

4.3 결합 확률변수의 함수

이 절에서는 결합 확률변수의 함수로 표현되는 새로운 확률변수를 생각하여 그 확률함수를 어떻게 얻는지 살펴본다. 일반적으로 결합 확률변수의 함수인 새로운 결합 확률변수들의 확률함수는 전체 확률 정리를 쓰거나 확률이 보존된다는 원리를 바탕으로 **함수 행렬식**이라는 개념을 써서 얻을 수 있다. 이 책에서는 서로 독립인 두 확률변수의 함수로 나타나는 새로운 확률변수를 주로 살펴본다.

4.3.1 이산 결합 확률변수의 함수

이산 결합 확률변수 (X, Y)의 결합 확률질량함수가 $p_{X,Y}(x,y)$일 때 확률변수 $V = g(X, Y)$의 확률질량함수는

$$\begin{aligned} p_V(v) &= P(g(X, Y) = v) \\ &= \sum_{y=-\infty}^{\infty} P(g(X, Y) = v \mid Y = y) P(Y = y) \\ &= \sum_{y=-\infty}^{\infty} P(g(X, y) = v, Y = y) \\ &= \sum_{y=-\infty}^{\infty} P(X = g^{-1}(v, y), Y = y) \\ &= \sum_{y=-\infty}^{\infty} p_{X,Y}(g^{-1}(v, y), y) \end{aligned} \tag{4.3.1}$$

를 바탕으로 얻을 수 있다. 위 식에서 $X = g^{-1}(v, y)$는 $g(X, y) = v$를 X에 대해서 푼 것을 뜻한다. 이때 확률변수 X와 Y가 서로 독립이라면, X의 한계 확률질량함수를 $p_X(x)$, Y의 한계 확률질량함수를 $p_Y(y)$라고 쓸 때, (4.3.1)을

$$p_V(v) = \sum_{y=-\infty}^{\infty} p_X(g^{-1}(v, y)) p_Y(y) \tag{4.3.2}$$

처럼 쓸 수 있다.

이제 (4.3.1)을 바탕으로 두 이산 확률변수를 더한 것의 확률질량함수를 얻으면 아래 정리에 보인 바와 같다.

정리 4.3.1 이산 확률변수 둘을 더한 것

이산 결합 확률변수 (X, Y)의 결합 확률질량함수가 $p_{X,Y}$일 때 확률변수 $V = X + Y$의 확률질량함수는

$$p_V(v) = \sum_{y=-\infty}^{\infty} p_{X,Y}(v-y, y) = \sum_{x=-\infty}^{\infty} p_{X,Y}(x, v-x) \qquad (4.3.3)$$

이다.

확률질량함수가 p_X인 확률변수 X와 확률질량함수가 p_Y인 확률변수 Y가 독립이면, 확률변수 $V = X + Y$의 확률질량함수는

$$p_V(v) = \sum_{y=-\infty}^{\infty} p_X(v-y)p_Y(y) = \sum_{x=-\infty}^{\infty} p_X(x)p_Y(v-x) \qquad (4.3.4)$$

라는 것을 정리 4.3.1 또는 (4.3.2)를 바탕으로 알 수 있다.

보기 4.3.1 서로 독립인 확률변수 X와 Y의 확률질량함수가 각각 표 4.3.1 (가)와 (나)에 보인 것과 같을 때, 확률변수 $V = X + Y$의 확률질량함수 $p_V(v)$를 얻어 보자.

풀이 방법 1 식 (4.3.3)에서 $v - y = 1, 2, 3$이고 $y = 1, 2, 3$일 때에만, 곧 $v \in \{2, 3, \cdots, 6\}$일 때에만 $V = X + Y$의 확률질량함수가 0이 아님을 알 수 있다. 그러므로

$$p_V(v) = \sum_{y=1}^{3} p_X(v-y)p_Y(y) = \begin{cases} 0.02, & v = 2, \\ 0.15, & v = 3, \\ 0.29, & v = 4, \\ 0.39, & v = 5, \\ 0.15, & v = 6, \\ 0, & \text{그 밖에는} \end{cases}$$

이다.

방법 2 먼저 $X + Y = v$라고 두자. 그러면 $X = 1$이고 $Y = 1$이면 $v = 2$이고, $X = 1$이고 $Y = 2$이거나 $X = 2$이고 $Y = 1$이면 $v = 3$이고, $\cdots$, $X = 3$이고 $Y = 3$이면 $v = 6$이다. 그러므로 $V = X + Y$의 확률질량함수는 표 4.3.1 (다)와 같고, 이것은 방법 1로 얻은 결과와 같은 것이다.

표 4.3.1 보기 4.3.1에서 확률질량함수 $p_X(x)$, $p_Y(y)$, $p_V(v)=p_{X+Y}(v)$

(가)

x	1	2	3
$p_X(x)$	0.2	0.3	0.5

(나)

y	1	2	3
$p_Y(y)$	0.1	0.6	0.3

(다)

v	2	3	4	5	6
$p_V(v)$	0.02	0.15	0.29	0.39	0.15

정리 4.3.1에서는 이산 확률변수 둘을 더한 것을 다루었다. 좀 더 일반적으로, 이산 확률변수 둘의 선형 조합의 확률질량함수를 (4.3.1)을 바탕으로 얻으면 아래 정리에 보인 것과 같다.

정리 4.3.2 이산 확률변수의 선형 조합

이산 결합 확률변수 (X, Y)와 0이 아닌 두 상수 a와 b를 생각할 때, 확률변수 $V=aX+bY$의 확률질량함수는

$$p_V(v)=\sum_{y=-\infty}^{\infty} p_{X,Y}\left(\frac{v-by}{a}, y\right) \tag{4.3.5}$$

이다.

확률변수 X와 Y가 서로 독립이면 $p_{X,Y}(x,y)=p_X(x)p_Y(y)$이므로 확률변수 $V=aX+bY$의 확률질량함수는

$$p_V(v)=\sum_{y=-\infty}^{\infty} p_X\left(\frac{v-by}{a}\right)p_Y(y)=\sum_{x=-\infty}^{\infty} p_X(x)p_Y\left(\frac{v-ax}{b}\right) \tag{4.3.6}$$

임을 (4.3.5)에서 쉽게 알 수 있다.

보기 4.3.2 서로 독립인 확률변수 X와 Y의 확률질량함수가 각각 표 4.3.1 (가)와 (나)에 보인 것과 같을 때, 확률변수 $V=X-2Y$의 확률질량함수를 얻어 보자.

풀이 먼저 $a=1$과 $b=-2$를 (4.3.6)에 넣으면

$$\begin{aligned} p_V(v) &= \sum_{y=-\infty}^{\infty} p_X(v+2y)p_Y(y) \\ &= 0.1 \times p_X(v+2) + 0.6 \times p_X(v+4) + 0.3 \times p_X(v+6) \end{aligned}$$

이다. 위 식에서 $v+2y=1,2,3$이고 $y=1,2,3$일 때에만, 곧 $v \in \{-5, -4, -3, -2, -1, 0, 1\}$일 때에만 $p_V(v)$가 0이 아니다. 이것을 새겨 두고 $V=X-2Y$의 확률질량함수 $p_V(v)$를 얻으면 표 4.3.2에 보인 바와 같다.

표 4.3.2 보기 4.3.2에서 $V=X-2Y$의 확률질량함수 $p_V(v)$

v	-5	-4	-3	-2	-1	0	1
$p_V(v)$	0.06	0.09	0.27	0.18	0.32	0.03	0.05

끝으로 서로 독립인 두 확률변수를 곱할 때 그 확률질량함수를 어떻게 얻는지를 아래 보기에서 살펴보자. 이 보기에 보인 과정을 비슷하게 거치면 곱이 아닌 다른 함수일 때에도 그 확률질량함수를 얻을 수 있다.

보기 4.3.3 서로 독립인 확률변수 X와 Y의 확률질량함수가 각각 표 4.3.1 (가)와 (나)에 보인 것과 같을 때, 확률변수 $H=XY$의 확률질량함수를 얻어 보자.

풀이 확률변수 X와 Y가 서로 독립이므로 (4.3.2)를 써 보자. 먼저 $h=Xy$를 X에 대해서 풀면 $X=g^{-1}(h,y)=\frac{h}{y}$이다. 그러므로 H의 확률질량함수는

$$p_H(h) = \sum_{y=-\infty}^{\infty} p_X\left(g^{-1}(h,y)\right)p_Y(y) = \sum_{y=-\infty}^{\infty} p_X\left(\frac{h}{y}\right)p_Y(y)$$

이다. 위 식에서 $\frac{h}{y}=1, 2, 3$이고 $y=1, 2, 3$일 때에만, 곧 $h \in \{1, 2, 3, 4, 6, 9\}$일 때에만 $p_H(h)$가 0이 아니다. 이것을 새겨 H의 확률질량함수 $p_H(h)$를 얻어 표 4.3.3에 보였다.

표 4.3.3 보기 4.3.3에서 $H=XY$의 확률질량함수

h	1	2	3	4	6	9
$p_H(h)$	0.02	0.15	0.11	0.18	0.39	0.15

4.3.2 연속 결합 확률변수의 함수

연속 결합 확률변수의 함수로 표현되는 새로운 확률변수를 생각하여 그 확률함수를 얻을 때에는, 먼저 누적분포함수를 얻고 누적분포함수를 미분하여 확률밀도함수를 얻을 수 있다. 여기에서는 가장 간단한 변환이라고 할 수 있는 두 확률변수의 합을 주로 살펴보자.

정리 4.3.3 독립인 연속 확률변수 둘을 더한 것의 확률밀도함수

연속 확률변수 X와 Y가 독립일 때, X의 확률밀도함수를 f_X라고 하고 Y의 확률밀도함수를 f_Y라고 하면, $V=X+Y$의 확률밀도함수는

$$f_V(v)=\int_{-\infty}^{\infty} f_X(v-y)f_Y(y)dy=\int_{-\infty}^{\infty} f_X(x)f_Y(v-x)dx \quad (4.3.7)$$

이다.

증명 확률변수 X와 Y가 독립일 때 $V=X+Y$의 적률생성함수는

$$\begin{aligned} M_V(t) &= E\left[e^{t(X+Y)}\right] \\ &= E\left[e^{tX}e^{tY}\right] \\ &= M_X(t)M_Y(t) \end{aligned} \quad (4.3.8)$$

이다. 여기에서 $M_X(t)$와 $M_Y(t)$는 각각 X와 Y의 적률생성함수이다. 이제 라플라스 영역에서의 곱은 시간 영역에서의 **길쌈**[20] 또는 **중첩**이라는 것을 새기면

$$\begin{aligned} f_{X+Y}(v) = f_X(v) * f_Y(v) &= \int_{-\infty}^{\infty} f_X(v-y)f_Y(y)dy \\ &= \int_{-\infty}^{\infty} f_X(x)f_Y(v-x)dx \end{aligned} \quad (4.3.9)$$

이다.

식 (4.3.7)은 (4.3.4)와 비슷한 꼴이라는 것을 새겨 두자.

20) convolution

보기 4.3.4 두 연속 확률변수 X와 Y가 독립이고, 한계 확률밀도함수가

$$f_X(x) = \begin{cases} 1, & 0 < x < 1, \\ 0, & \text{그 밖에는} \end{cases}$$

이고

$$f_Y(y) = \begin{cases} 1, & 0 < y < 1, \\ 0, & \text{그 밖에는} \end{cases}$$

일 때, $V = X + Y$의 확률밀도함수를 얻으시오.

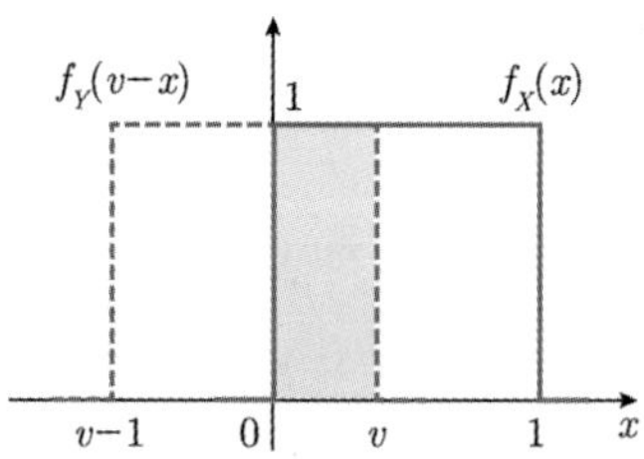

그림 4.3.1 $0 < v < 1$일 때

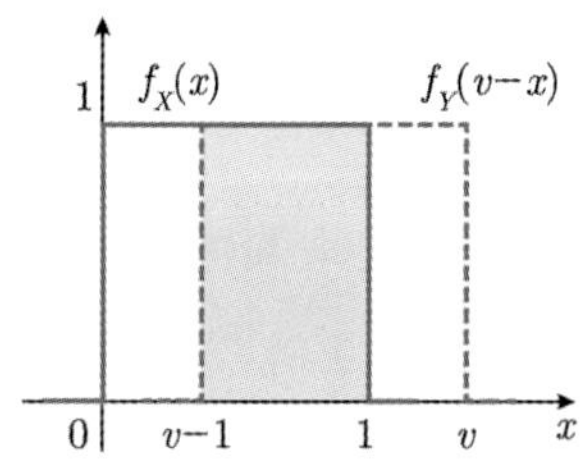

그림 4.3.2 $1 < v < 2$일 때

풀이 그림 4.3.1과 4.3.2에서 쉽게 알 수 있듯이 $v < 0$ 또는 $v > 2$이면 $f_Y(v-x)f_X(x) = 0$이므로

$$f_V(v) = 0$$

이다. 또 $0 < v < 1$이면, $0 < x < v$일 때 $f_Y(v-x)f_X(x) = 1$이고, $x < 0$ 또는 $x > v$일 때 $f_Y(v-x)f_X(x) = 0$이므로

$$f_V(v) = \int_0^v 1dx = v$$

이다. 끝으로 $1 < v < 2$이면, $v-1 < x < 1$일 때 $f_Y(v-x)f_X(x) = 1$이고, $x < v-1$ 또는 $x > 1$일 때 $f_Y(v-x)f_X(x) = 0$이므로

$$f_V(v) = \int_{v-1}^1 1dx = 2 - v$$

라는 것을 알 수 있다. 따라서

$$f_V(v) = \begin{cases} v, & 0 < v < 1, \\ 2 - v, & 1 < v < 2, \\ 0, & \text{그 밖에는} \end{cases}$$

이다. 이 결과를 그림 4.3.3에 보였다.

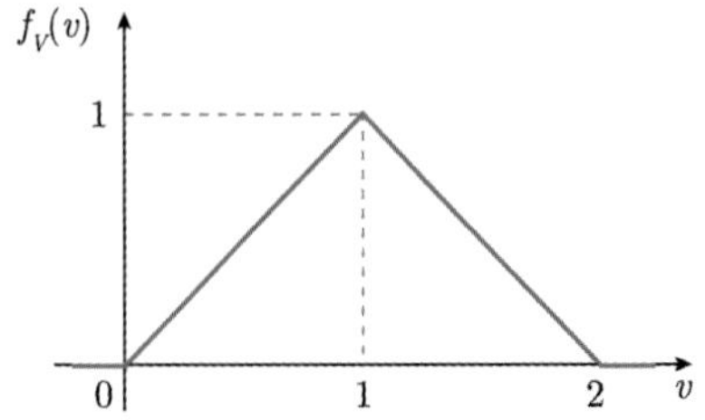

그림 4.3.3 보기 4.3.4에서 얻은 확률밀도함수 $f_V(v)$

정리 4.3.3에서는 두 연속 확률변수 X와 Y가 독립일 때 더한 것의 확률밀도함수를 다루었다. 좀 더 일반적으로 X와 Y가 독립이 아닐 때 더한 것의 확률밀도함수는 아래 정리에 보인 바와 같다.

정리 4.3.4 연속 확률변수 둘을 더한 것의 확률밀도함수: 일반적인 식

확률변수 X와 Y의 결합 확률밀도함수가 $f_{X,Y}$일 때 $V=X+Y$의 확률밀도함수는

$$f_V(v)=\int_{-\infty}^{\infty} f_{X,Y}(v-y,y)dy=\int_{-\infty}^{\infty} f_{X,Y}(x,v-x)dx \tag{4.3.10}$$

이다.

증명 먼저

$$\begin{aligned} F_V(v) &= P(V\le v) \\ &= P(X+Y\le v) \\ &= \int_{-\infty}^{\infty}\int_{-\infty}^{\infty} P(X+Y\le v \mid X=x, Y=y) f_{X,Y}(x,y)dxdy \end{aligned} \tag{4.3.11}$$

이다. 여기에서 $x+y\le v$이면 $\{X+Y\le v \mid X=x, Y=y\}$가 늘 참이고, $x+y>v$이면 $\{X+Y\le v \mid X=x, Y=y\}$가 늘 거짓이므로

$$P(X+Y\le v \mid X=x, Y=y)=\begin{cases} 1, & x+y\le v, \\ 0, & x+y>v \end{cases} \tag{4.3.12}$$

이다. 따라서

$$\begin{aligned} F_V(v) &= \iint_{x+y\le v} f_{X,Y}(x,y)dxdy \\ &= \int_{y=-\infty}^{\infty}\int_{x=-\infty}^{v-y} f_{X,Y}(x,y)dxdy \end{aligned} \tag{4.3.13}$$

이다. 이 결과는 다음과 같이 생각할 수도 있다. 그림 4.3.4에 보인 빗금친 영역 가 $=\{(X, Y): X+Y \le v\}$를 생각하면, Y의 값 y가 $-\infty$에서 ∞까지 바뀔 수 있고, X의 값 x는 $-\infty$에서 $v-y$까지 바뀔 수 있으므로,

$$\begin{aligned} F_V(y) &= P(V \le v) = P(X+Y \le v) \\ &= \int_{-\infty}^{\infty} P(X+Y \le v \mid Y=y) f_Y(y)\,dy \\ &= \int_{-\infty}^{\infty} P(X \le v-y \mid Y=y) f_Y(y)\,dy \\ &= \iint_{가} f_{X,Y}(x,y)\,dx\,dy = \int_{y=-\infty}^{\infty} \int_{x=-\infty}^{v-y} f_{X,Y}(x,y)\,dx\,dy \end{aligned} \tag{4.3.14}$$

이다. 따라서 (4.3.13) 또는 (4.3.14)에서

$$f_V(v) = \frac{d}{dv} F_V(v) = \int_{-\infty}^{\infty} f_{X,Y}(v-y, y)\,dy \tag{4.3.15}$$

이다. 또, 이 식에서 $v-y$를 x로 두면, $y \to \pm\infty$일 때 $x \to \mp\infty$이고 $y = v-x$이며 $dy = -dx$이므로

$$f_V(v) = \int_{\infty}^{-\infty} f_{X,Y}(x, v-x)(-dx) = \int_{-\infty}^{\infty} f_{X,Y}(x, v-x)\,dx \tag{4.3.16}$$

을 얻을 수 있다.

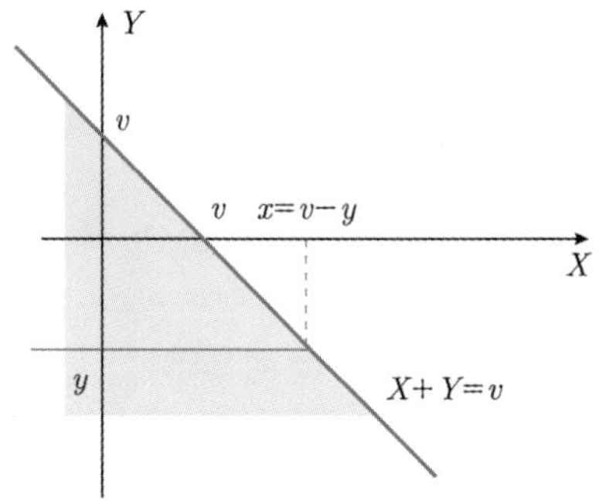

그림 4.3.4 영역 가 $=\{(X, Y): X+Y \le v\}$

일반적으로 연속 결합 확률변수 둘의 함수로 나타낼 수 있는 확률변수의 확률밀도 함수는 정리 4.3.4의 증명이나 아래 보기에서 볼 수 있는 바와 같이 누적분포함수를 먼저 생각하여 얻을 수도 있다.

보기 4.3.5* 확률변수 X와 Y의 결합 확률밀도함수가

$$f_{X,Y}(x,y)=\begin{cases} c, & x^2+y^2 \le 1, \\ 0, & \text{그 밖에는} \end{cases}$$

일 때, 상수 c의 값을 얻고 확률변수 $V=X^2+Y^2$의 확률밀도함수를 얻어 보자.

풀이 먼저

$$\int_{-\infty}^{\infty}\int_{-\infty}^{\infty} f_{X,Y}(x,y)dxdy = c\times(\pi\times 1^2)=1$$

이므로 $c=\dfrac{1}{\pi}$이다. 다음에 V의 누적분포함수를 F_V라고 쓰면

$$F_V(v)=P(V\le v)=P(X^2+Y^2\le v)$$

이다. 그러므로 $v<0$일 때 $F_V(v)=0$이고, $v>1$일 때 $F_V(v)=1$이며, $0<v<1$일 때

$$\begin{aligned} F_V(v) &= \int_{-\infty}^{\infty}\int_{-\infty}^{\infty} P(X^2+Y^2\le v, X=x, Y=y)dxdy \\ &= \int_{-\infty}^{\infty}\int_{-\infty}^{\infty} P(X^2+Y^2\le v \mid X=x, Y=y)f_{X,Y}(x,y)dxdy \end{aligned}$$

이다. 이제 $x^2+y^2\le v$이면 $\{X^2+Y^2\le v \mid X=x, Y=y\}$가 늘 참이고, $x^2+y^2>v$이면 $\{X^2+Y^2\le v \mid X=x, Y=y\}$가 늘 거짓이다. 바꾸어 말하면,

$$P(X^2+Y^2\le v \mid X=x, Y=y)=\begin{cases} 1, & x^2+y^2\le v, \\ 0, & x^2+y^2>v \end{cases}$$

이고, 따라서 $0<v<1$일 때

$$F_V(v)=\iint_{x^2+y^2\le v}\frac{1}{\pi}dxdy=\frac{1}{\pi}\times\pi v=v$$

이다. 이제까지 얻은 결과를 모아 적으면

$$F_V(v)=\begin{cases} 0, & v\le 0, \\ v, & 0\le v\le 1, \\ 1, & v\ge 1 \end{cases}$$

이다. 따라서 $V=X^2+Y^2$의 확률밀도함수는

$$f_V(v)=\frac{d}{dv}F_V(v)=\begin{cases} 1, & 0\le v\le 1, \\ 0, & \text{그 밖에는} \end{cases}$$

이다.

보기 4.3.6* 작은 것의 분포

서로 독립이고 분포가 같은 두 확률변수 X와 Y 가운데에서 작은 것을 $W = \min(X, Y)$라고 할 때, W의 확률밀도함수를 얻어 보자.

풀이 먼저 그림 4.3.5에 나타낸 영역을 생각하면 확률변수 W의 누적분포함수는

$$\begin{aligned} F_W(w) &= P(W \le w) = 1 - P(W > w) = 1 - P(\min(X, Y) > w) \\ &= 1 - P(X > w, Y > w) \end{aligned}$$

이다. 이제 $A = \{X \le w\}$이고 $B = \{Y \le w\}$라고 둘 때, $P(A) = P(X \le w) = F_X(w)$이고, $P(B) = P(Y \le w) = F_Y(w)$이며, $P(AB) = P(X \le w, Y \le w) = F_{X,Y}(w, w)$이다. 그러므로

$$\begin{aligned} P(X > w, Y > w) &= P(A^c \cap B^c) = P\left((A \cup B)^c\right) = 1 - P(A \cup B) \\ &= 1 - P(A) - P(B) + P(AB) \\ &= 1 - F_X(w) - F_Y(w) + F_{X,Y}(w, w) \end{aligned}$$

를 쓰면

$$F_W(w) = F_X(w) + F_Y(w) - F_{X,Y}(w, w)$$

를 얻는다. 여기에서 확률변수 X와 Y가 독립이고 분포가 같으면

$$F_{X,Y}(w, w) = F_X(w) F_Y(w)$$

이므로, $F_X(x) = F_Y(x) = F(x)$라고, 또 $f_X(x) = f_Y(x) = f(x)$라고 둘 때

$$\begin{aligned} f_W(w) &= \frac{d}{dw} F_W(w) = f_X(w) + f_Y(w) - F_X(w) f_Y(w) - f_X(w) F_Y(w) \\ &= 2\{1 - F(w)\} f(w) \end{aligned}$$

이다.

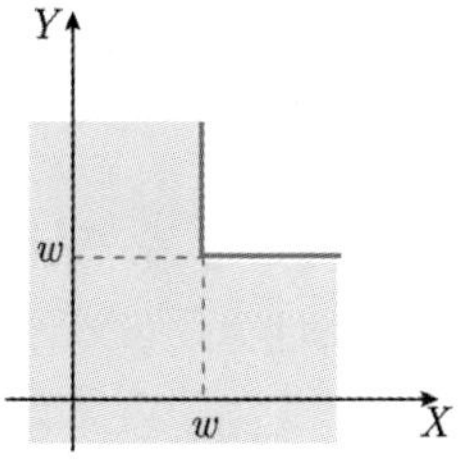

그림 4.3.5 영역 $\{(X, Y): \min(X, Y) \le w\}$

보기 4.3.7* 확률변수 X와 Y가 서로 독립이고 분포가 같으며 한계 확률밀도함수가

$$f_X(x) = \begin{cases} \frac{1}{2}, & 0 \le x \le 2, \\ 0, & \text{그 밖에는} \end{cases}$$

이고,

$$f_Y(y) = \begin{cases} \frac{1}{2}, & 0 \le y \le 2, \\ 0, & \text{그 밖에는} \end{cases}$$

일 때, $W = \min(X, Y)$의 확률밀도함수를 얻어 보자.

풀이 확률변수 X와 Y의 한계 누적분포함수는

$$F_X(x) = \begin{cases} 0, & x \le 0, \\ \frac{x}{2}, & 0 \le x < 2, \\ 1, & 2 \le x \end{cases}$$

이고,

$$F_Y(y) = \begin{cases} 0, & y \le 0, \\ \frac{y}{2}, & 0 \le y < 2, \\ 1, & 2 \le y \end{cases}$$

이다. 따라서 보기 4.3.6에서 얻은 결과를 쓰면, W의 확률밀도함수는

$$f_W(w) = 2\{1 - F(w)\}f(w) = \begin{cases} \frac{2-w}{2}, & 0 \le w \le 2, \\ 0, & \text{그 밖에는} \end{cases}$$

이다.

4.3.3 연속 결합 확률변수: 일반적인 함수

이제 연속 결합 확률변수의 함수로 나타낼 수 있는 새로운 연속 결합 확률변수의 확률함수를 어떻게 얻는지 간단히 살펴보자. 먼저 $(V, W) = (g_1(X, Y), g_2(X, Y))$라는 변환이 결합 확률변수 (X, Y)의 $dx\,dy$라는 영역을 결합 확률변수 (V, W)의 $dv\,dw$라는 영역과 이어 준다면, **보존 법칙**으로 말미암아 결합 확률변수 (X, Y)가 $dx\,dy$에 있을 확률 $|f_{X,Y}(x,y)dxdy|$은 결합 확률변수 (V, W)가 $dv\,dw$에 있을 확

률 $|f_{V,W}(v,w)dvdw|$과 같을 것이다. 곧,

$$f_{X,Y}(x,y)\,|dxdy| = f_{V,W}(v,w)\,|dvdw| \tag{4.3.17}$$

이다. 이제 이 식을 바탕으로 아래 정리를 얻을 수 있다.

정리 4.3.5* 연립 방정식 $g_1(x,y)=v$, $g_2(x,y)=w$를 (x,y)에 대해 얻은 풀이를 $x=h_1(v,w)$, $y=h_2(v,w)$라고 두자. 또 $g_1(x,y)$와 $g_2(x,y)$의 함수 행렬식[21]

$$J(g_1(x,y), g_2(x,y)) = \begin{vmatrix} \dfrac{\partial g_1(x,y)}{\partial x} & \dfrac{\partial g_1(x,y)}{\partial y} \\ \dfrac{\partial g_2(x,y)}{\partial x} & \dfrac{\partial g_2(x,y)}{\partial y} \end{vmatrix} \tag{4.3.18}$$

과 $h_1(v,w)$와 $h_2(v,w)$의 함수 행렬식

$$J(h_1(v,w)), h_2(v,w)) = \begin{vmatrix} \dfrac{\partial h_1(v,w)}{\partial v} & \dfrac{\partial h_1(v,w)}{\partial w} \\ \dfrac{\partial h_2(v,w)}{\partial v} & \dfrac{\partial h_2(v,w)}{\partial w} \end{vmatrix} \tag{4.3.19}$$

를 생각하자. 그러면 결합 확률변수 X와 Y의 결합 확률밀도함수가 $f_{X,Y}$일 때 $V=g_1(X,Y)$와 $W=g_2(X,Y)$의 결합 확률밀도함수는

$$\begin{aligned} f_{V,W}(v,w) &= \left.\frac{f_{X,Y}(x,y)}{|J(g_1(x,y), g_2(x,y))|}\right|_{(x,y)=(h_1(v,w),h_2(v,w))} \\ &= |J(h_1(v,w), h_2(v,w))|\, f_{X,Y}(h_1(v,w), h_2(v,w)) \end{aligned} \tag{4.3.20}$$

이다.

정리 4.3.5에서 함수 행렬식 J는 **변환 함수 행렬식, 자코비 행렬식,** 또는 **야코비 행렬식**이라고도 부른다. 한편, 연립 방정식 $g_1(x,y)=v$, $g_2(x,y)=w$를 (x,y)에 대해 얻은 풀이 $x=h_1(v,w)$나 $y=h_2(v,w)$가 여럿일 때에는 서로 다른 짝 $\{h_1(v,w), h_2(v,w)\}$마다 (4.3.19)처럼 얻은 결과를 모두 더하면 (V,W)의 결합 확률밀도함수를 얻을 수 있다. 정리 4.3.5를 바탕으로 결합 확률변수의 함수의 결합 확률밀도함수를 얻는 보기를 하나 살펴보자.

---

21) Jacobian

보기 4.3.8* 좌표 변환

평면 위의 어떤 점을 나타내는 직각좌표 (X, Y)가 결합 확률변수이고, 그 결합 확률밀도함수가 $f_{X,Y}(x,y)$일 때, 이 점의 극좌표 (R,Θ)의 결합 확률밀도함수를 얻어 보자.

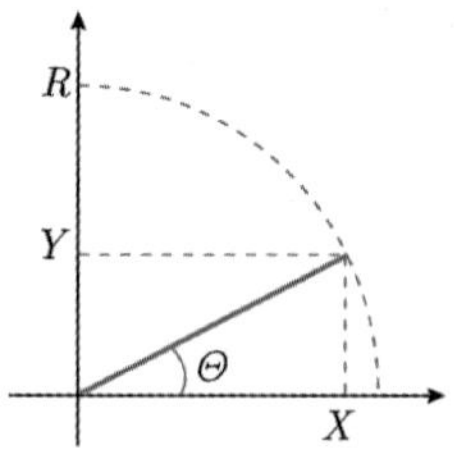

그림 4.3.6 점의 직각좌표 (X, Y)가 나타내는 극좌표 (R,Θ)

풀이 먼저 그림 4.3.6에 직각좌표 (X, Y)에서 극좌표 $R=\sqrt{X^2+Y^2}$, $\Theta = \angle(X, Y)$를 어떻게 얻는지 보였다. 이제 $\tan^{-1}x$의 치역을 $\left(-\frac{\pi}{2}, \frac{\pi}{2}\right]$로 보고, $-\pi < \Theta \le \pi$라고 하면

$$\Theta = \begin{cases} \tan^{-1}\dfrac{Y}{X}, & X>0, \\ \tan^{-1}\dfrac{Y}{X}+\pi, & X<0,\ Y\ge 0, \\ \tan^{-1}\dfrac{Y}{X}-\pi, & X<0, Y<0 \end{cases}$$

처럼 쓸 수 있다. 한편, $X=R\cos\Theta$이고 $Y=R\sin\Theta$이다. 바꾸어 말하면, $h_1(R,\Theta)=R\cos\Theta$이고 $h_2(R,\Theta)=R\sin\Theta$이다. 따라서

$$|J(h_1(r,\theta),h_1(r,\theta))| = \begin{vmatrix} \cos\theta & -r\sin\theta \\ \sin\theta & r\cos\theta \end{vmatrix} = r$$

임을 새겨 결합 확률변수 (R,Θ)의 결합 확률밀도함수를 얻으면

$$\begin{aligned} f_{R,\Theta}(r,\theta) &= \begin{cases} |r| f_{X,Y}(h_1(r,\theta),h_1(r,\theta)), & r\ge 0, \\ 0, & r<0 \end{cases} \\ &= \begin{cases} r f_{X,Y}(r\cos\theta, r\sin\theta), & r \ge 0, \\ 0, & \text{그 밖에는} \end{cases} \end{aligned}$$

이다.

4.4 결합 정규 확률변수

결합 정규 확률변수는 정규 확률변수와 마찬가지로 확률과 통계학을 포함하여 여러 응용 분야에서 널리 쓰이고 매우 중요한 자리를 차지하고 있다. 이 절에서는 2차원 결합 정규 확률변수를 조금 자세히 살펴본다.

4.4.1 두 변량 결합 정규 확률변수

뜻매김 4.4.1 두 변량 (2차원) 결합 정규 확률변수[22]

확률변수 X와 Y의 결합 확률밀도함수가

$$f_{X,Y}(x,y) = \frac{1}{2\pi\sigma_X\sigma_Y\sqrt{1-\rho^2}}\exp\left[-\frac{1}{2(1-\rho^2)}\left\{\frac{(x-\mu_X)^2}{\sigma_X^2} - 2\rho\frac{(x-\mu_X)(y-\mu_Y)}{\sigma_X\sigma_Y} + \frac{(y-\mu_Y)^2}{\sigma_Y^2}\right\}\right] \quad (4.4.1)$$

일 때, 이 두 확률변수를 두 변량 결합 정규 확률변수라고 하고, 그 분포를 두 변량 결합 정규분포라고 하며 $N(\mu_X, \mu_Y, \sigma_X^2, \sigma_Y^2, \rho)$처럼 쓴다. 여기에서 $|\rho| < 1$이다.

두 변량 결합 정규 확률변수는 2차원 결합 정규 확률변수 또는 두 변량 정규 확률변수라고 하기도 하고, 다른 문제가 없을 때에는 '두 변량'과 '2차원'을 빼고 일컫기도 한다. 한편, 결합 정규 확률변수 가운데에서 기댓값이 둘 다 0이고 분산이 둘 다 1인 것을, 곧 분포가 $N(0,0,1,1,\rho)$인 것을 표준 결합 정규 확률변수라고 한다.

정리 4.4.1 결합 정규 확률변수의 한계 분포

두 확률변수 X와 Y의 결합 분포가 $N(\mu_X, \mu_Y, \sigma_X^2, \sigma_Y^2, \rho)$이면, X의 분포는 $N(\mu_X, \sigma_X^2)$이고 Y의 분포는 $N(\mu_Y, \sigma_Y^2)$이다.

이 정리의 증명은 부록에 두었다. 정리 4.4.1은 결합적으로 정규인 두 확률변수는 그 하나하나도 정규 확률변수라는 것을 말하는 것이다. 그러므로, 확률변수 X와 Y의

22) bivariate normal random variables

분포가 $N(\mu_X, \mu_Y, \sigma_X^2, \sigma_Y^2, \rho)$이면, X의 분포는 $N(\mu_X, \sigma_X^2)$이고 Y의 분포는 $N(\mu_Y, \sigma_Y^2)$이다. 또한 X의 기댓값은 $E[X] = \mu_X$이고, Y의 기댓값은 $E[Y] = \mu_Y$이며, X의 분산은 $Var[X] = \sigma_X^2$이고, Y의 분산은 $Var[Y] = \sigma_Y^2$이다. 아울러 X와 Y 사이의 상관계수는 ρ이다.

보기 4.4.1 두 확률변수 X와 Y의 결합 분포가 $N(0, 0, 1, 1, 0.5)$이면, X의 분포는 $N(0,1)$이고 Y의 분포는 $N(0,1)$이다. 따라서 X의 기댓값과 Y의 기댓값은 0이고, X의 분산과 Y의 분산은 1이다. 또 X와 Y 사이의 상관계수는 0.5이다.

보기 4.4.2 두 확률변수 X와 Y의 결합 확률밀도함수가

$$f_{X,Y}(x,y) = \frac{1}{2\pi\sigma^2}\exp\left(-\frac{x^2+y^2}{2\sigma^2}\right)$$

일 때, 중심이 원점이고 반지름이 a인 동그라미 안에 이 두 확률변수가 들어갈 확률을 얻어 보자.

풀이 식 (4.1.16)을 쓰면

$$\begin{aligned} P(X^2+Y^2 \le a^2) &= \iint_{x^2+y^2 \le a^2} f_{X,Y}(x,y)\,dxdy \\ &= \frac{1}{2\pi\sigma^2}\iint_{x^2+y^2 \le a^2} \exp\left(-\frac{x^2+y^2}{2\sigma^2}\right)dxdy \end{aligned}$$

이다. 이제 보기 4.3.8에서 보았듯이 $x = r\cos\theta$, $y = r\sin\theta$를 바탕으로 직각좌표 (x,y)를 극좌표 (r,θ)로 바꾸면 $x^2+y^2 = r^2$이고, $\{(x,y) : x^2+y^2 \le a^2\} = \{(r,\theta) : 0 \le r \le a,\ 0 \le \theta \le 2\pi\}$이며, 그림 3.3.2에서 본 것처럼 $dx\,dy = r\,dr\,d\theta$이다. 그러므로 중심이 원점이고 반지름이 a인 동그라미 안에 두 확률변수 X와 Y가 들어갈 확률은

$$\begin{aligned} P(X^2+Y^2 \le a^2) &= \frac{1}{2\pi\sigma^2}\int_0^a\int_0^{2\pi}\exp\left(-\frac{r^2}{2\sigma^2}\right)rd\theta dr \\ &= -\exp\left(-\frac{r^2}{2\sigma^2}\right)\Bigg|_{r=0}^{a} \\ &= 1-\exp\left(-\frac{a^2}{2\sigma^2}\right) \end{aligned}$$

이다.

정리 4.4.2 상관이 없는 결합 정규 확률변수는 서로 독립이다.

증명 식 (4.4.1)에서 $\rho = 0$이라고 두면

$$f_{X,\,Y}(x,y) = \frac{1}{2\pi\sigma_X\sigma_Y}\exp\left[-\frac{1}{2}\left\{\frac{(x-\mu_X)^2}{\sigma_X^2}+\frac{(y-\mu_Y)^2}{\sigma_Y^2}\right\}\right] \tag{4.4.2}$$

$$= \frac{1}{\sqrt{2\pi\sigma_X^2}}\exp\left\{-\frac{(x-\mu_X)^2}{2\sigma_X^2}\right\}\times\frac{1}{\sqrt{2\pi\sigma_Y^2}}\exp\left\{-\frac{(y-\mu_Y)^2}{2\sigma_Y^2}\right\}$$

$$= f_X(x)f_Y(y)$$

이므로, 상관이 없는 2차원 결합 정규 확률변수는 서로 독립이다.

정리 4.1.1에서 두 확률변수가 상관이 없다는 것이 꼭 독립을 뜻하는 것은 아니라고 말한 바 있다. 그와 같은 점을 새겨 두면, 결합 정규 확률변수에서는 상관 없음이 바로 독립을 뜻한다는 것을 정리 4.4.2에서 알 수 있다.

정리 4.4.3 분포가 $N(\mu_X,\mu_Y,\sigma_X^2,\sigma_Y^2,\rho)$인 결합 정규 확률변수의 결합 적률생성함수는

$$M(t_1,t_2)=\exp(\mu_X t_1+\mu_Y t_2)\exp\left\{\frac{1}{2}\left(\sigma_X^2t_1^2+2\rho\sigma_X\sigma_Y t_1t_2+\sigma_Y^2t_2^2\right)\right\} \tag{4.4.3}$$

이다.

정규 확률변수 하나일 때와 비슷하므로 증명은 보이지 않는다.

보기 4.4.3 두 확률변수 X와 Y의 결합 분포가 $N\left(0,0,1,1,\frac{1}{2}\right)$이면, X와 Y의 결합 적률생성함수는

$$M_{X,\,Y}(t_1,t_2)=\exp\left\{\frac{1}{2}\left(t_1^2+t_1t_2+t_2^2\right)\right\}$$

이다.

정리 4.4.4 두 확률변수 X와 Y의 결합 분포가 $N(\mu_X,\mu_Y,\sigma_X^2,\sigma_Y^2,\rho)$라고 하자. 그러면 $X=x$라는 것을 알 때, Y는 정규 확률변수이고 그 기댓값은

$$E[Y|X=x]=\mu_Y+\rho\frac{\sigma_Y}{\sigma_X}(x-\mu_X) \tag{4.4.4}$$

이며, 분산은

$$Var[Y|X=x]=(1-\rho^2)\sigma_Y^2 \tag{4.4.5}$$

이다.

이 정리의 증명은 부록에 두었다.

보기 4.4.4 두 확률변수 X와 Y의 결합 분포가 $N\left(0,0,1,1,\frac{1}{2}\right)$이라고 하자. 이제 $X=2$일 때 $E[Y|X=2]=\mu_Y+\rho\frac{\sigma_Y}{\sigma_X}(x-\mu_X)=1$이고 $Var[Y|X=2]=(1-\rho^2)\sigma_Y^2=\frac{3}{4}$이다. 그러므로 $X=2$일 때 Y의 조건부 분포는 $N\left(1,\frac{3}{4}\right)$이고, 그 확률밀도함수는

$$f_{Y|X}(y|2)=\sqrt{\frac{2}{3\pi}}\exp\left\{-\frac{2}{3}(y-1)^2\right\}$$

이다.

4.4.2 결합 정규 확률변수의 함수

끝으로 결합 정규 확률변수의 함수를 몇 가지 보기로 다루어 보자.

정리 4.4.5 독립 정규 확률변수 둘의 합

분포가 $N(\mu_X,\sigma_X^2)$인 확률변수 X와 분포가 $N(\mu_Y,\sigma_Y^2)$인 확률변수 Y가 서로 독립일 때, 합 $V=X+Y$의 분포는 $N(\mu_X+\mu_Y,\sigma_X^2+\sigma_Y^2)$이다.

증명 독립인 두 정규 확률변수 X와 Y의 합 $V=X+Y$의 적률생성함수를 얻으면

$$\begin{aligned} M_V(t) &= E\left[e^{t(X+Y)}\right]=E\left[e^{tX}\right]E\left[e^{tY}\right] \\ &= \exp\left(\mu_X t+\frac{1}{2}\sigma_X^2t^2\right)\exp\left(\mu_Y t+\frac{1}{2}\sigma_Y^2t^2\right) \\ &= \exp\left\{(\mu_X+\mu_Y)t+\frac{1}{2}\left(\sigma_X^2+\sigma_Y^2\right)t^2\right\} \end{aligned} \tag{4.4.6}$$

이다. 이것은 기댓값이 $\mu_X+\mu_Y$이고, 분산이 $\sigma_X^2+\sigma_Y^2$인 정규 확률변수의 적률 생성함수와 같다. 따라서 V의 분포는 정규분포 $N(\mu_X+\mu_Y, \sigma_X^2+\sigma_Y^2)$임을 알 수 있다.

보기 4.4.5 두 표준정규 확률변수 X와 Y가 서로 독립일 때, $V=X+Y$는 분포가 $N(0,2)$인 확률변수라는 것을 정리 4.4.5에서 바로 알 수 있다. 이때 V의 확률 밀도함수는

$$f_V(v)=\frac{1}{2\sqrt{\pi}}\exp\left(-\frac{v^2}{4}\right)$$

이다.

위 정리 4.4.5를 일반화하면 아래를 얻을 수 있다.

정리 4.4.6 확률변수 X와 Y의 결합 분포가 결합 정규분포이면, $ad-bc\neq 0$ 일 때 $V=aX+bY$와 $W=cX+dY$의 결합 분포도 결합 정규분포이다.

정리 4.4.6은 결합 정규 확률변수를 선형 변환하면 결합 정규 확률변수를 얻는다는 것이다. 또 정리 4.4.6은 '분포가 결합 정규인 두 확률변수를 더한 것은 정규 확률변수임'과 '서로 독립인 정규 확률변수를 더한 것은 정규 확률변수임'을 일반화한 것이라고 할 수 있다. 한편, 정리 4.4.6이 말하는 것은 '결합 분포'가 정규분포인 확률변수들을 선형 변환하면 정규 확률변수들을 얻는다는 것이다. 그러나 한계 분포는 정규분포이지만 결합 분포는 결합 정규분포가 아닌 확률변수들을 선형 변환한 것은, 일반적으로 결합 정규 확률변수가 아니라는 것을 새겨 두어야 한다.

보기 4.4.6* 확률변수 X와 Y의 결합 분포가 $N\left(10,0,4,1,\frac{1}{2}\right)$이라고 하자. 이때 $V=X+Y$와 $W=X-Y$의 결합 분포를 얻어 보자.

풀이 정리 4.4.6에서 V와 W가 결합 정규 확률변수라는 것을 알 수 있다. 따라서 $E[V]$, $E[W]$, $Var[V]$, $Var[W]$, ρ_{VW}를 얻도록 하자. 이제 $E[X\pm Y]=E[X]\pm E[Y]$이므로 V의 기댓값은 $E[V]=10$이고 W의 기댓값은 $E[W]=10$이다. 다음에

$$E[XY]-E[X]E[Y]=\rho\sigma_X\sigma_Y=\frac{1}{2}\times 2\times 1=1$$

이고 $E[X^2]=\mu_X^2+\sigma_X^2=104$이며 $E[Y^2]=\mu_Y^2+\sigma_Y^2=1$이므로, V의 분산은

$$\begin{aligned}\sigma_V^2 &= E[(X+Y-10)^2]=E[\{(X-10)+Y\}^2] \\ &= E[(X-10)^2]+E[Y^2]+2E[XY-10Y] \\ &= 7\end{aligned}$$

이다. 이것과 비슷하게 계산하면 W의 분산은 $\sigma_W^2=3$이고, V와 W의 상관은 $E[VW]=E[X^2-Y^2]=103$이다. 따라서 V와 W 사이의 상관계수는

$$\rho_{VW}=\frac{E[VW]-E[V]E[W]}{\sigma_V\sigma_W}=\frac{103-100}{\sqrt{7}\sqrt{3}}=\sqrt{\frac{3}{7}}$$

이다. 그러므로 확률변수 V와 W의 결합 분포는 $N\left(10,10,7,3,\sqrt{\frac{3}{7}}\right)$이다.

보기 4.4.7 통신 시스템의 송신기에서 보내는 신호 X의 분포가 $N(0,15)$일 때, 수신기에서는 분포가 $N(0,10)$인 잡음 W가 더해진 신호 $Y=X+W$를 받는다. 확률변수 X와 W는 서로 독립이라고 하자. 받는 신호 Y가 10보다 클 확률을 표준정규분포표를 써서 얻어 보자.

풀이 확률변수 X와 W가 독립이고 모두 정규 확률변수이므로 정리 4.4.5에서 Y도 정규 확률변수라는 것을 알 수 있다. 먼저 Y의 기댓값은 $E[Y]=E[X]+E[W]=0$이고, Y의 분산은 $Var[Y]=Var[X]+Var[W]=15+10=25$이다. 그러므로 Y의 분포는 $N(0,25)$이다. 따라서 Z를 표준정규 확률변수라고 할 때, Y가 10보다 클 확률은

$$P(Y>10)=P\left(\frac{Y-0}{5}>\frac{10-0}{5}\right)=P(Z>2)\approx 0.0228$$

이다.

보기 4.4.8* 좌표 변환

2차원 평면에서 어떤 점의 직각 좌표 (X,Y)의 결합 확률밀도함수가

$$f_{X,Y}(x,y)=\frac{1}{2\pi\sigma^2}\exp\left(-\frac{x^2+y^2}{2\sigma^2}\right)$$

일 때 이 점의 극좌표 (R,Θ)의 결합 확률밀도함수, R의 한계 확률밀도함수, Θ의 한계 확률밀도함수를 얻어 보자.

풀이 보기 4.3.8의 결과를 쓰면 쉽게 극좌표 (R,Θ)의 결합 확률밀도함수

$$f_{R,\Theta}(r,\theta)=\begin{cases}\dfrac{r}{2\pi\sigma^2}\exp\left(-\dfrac{r^2}{2\sigma^2}\right), & r\geq 0,\ -\pi\leq\theta\leq\pi,\\ 0, & \text{그 밖에는}\end{cases}$$

를 얻을 수 있다. 이 결합 확률밀도함수에서 R의 한계 확률밀도함수

$$\begin{aligned}f_R(r)&=\int_{-\pi}^{\pi}f_{R,\Theta}(r,\theta)d\theta\\&=\begin{cases}\dfrac{r}{\sigma^2}\exp\left(-\dfrac{r^2}{2\sigma^2}\right), & r\geq 0,\\ 0, & \text{그 밖에는}\end{cases}\end{aligned}$$

과 Θ의 한계 확률밀도함수

$$\begin{aligned}f_\Theta(\theta)&=\int_{0}^{\infty}f_{R,\Theta}(r,\theta)dr\\&=\begin{cases}\dfrac{1}{2\pi}, & -\pi\leq\theta\leq\pi,\\ 0, & \text{그 밖에는}\end{cases}\end{aligned}$$

를 얻을 수 있다. 여기에서 크기 R의 분포는 레일리 분포라는 것과 위상 Θ의 분포는 고른 분포라는 것을 눈여겨보자. 또 $f_{R,\Theta}(r,\theta)=f_R(r)f_\Theta(\theta)$이므로 크기 R와 위상 Θ가 서로 독립이라는 것을 알 수 있다.

4.5 중심극한정리

많은 확률변수들을 알맞게 처리한 것은, 그 확률변수들의 분포가 무엇이든지, 여러 가지 상황에서 정규 확률변수로 어림할 수 있다. 이것이 바로 정규 확률변수가 널리 쓰이는 까닭 가운데 하나이다. 이때 그 어림셈의 이론적 배경이 바로 중심극한정리이다. 이 절에서는 중심극한정리에 대하여 조금 살펴본다.

4.5.1 확률변수의 수렴

확률변수의 수열을 생각하여 "모든, 또는 거의 모든 수열이 수렴하는가? 수렴한다면, 수열들이 같은 값에 수렴하는가, 아니면 다른 값에 수렴하는가?"와 같은 문제를 생각해 보자. 이제 확률변수 X의 누적분포함수를 F라고 하고, $n=1,2,\cdots$일 때 확률변수 X_n의 누적분포함수를 F_n이라고 하자.

먼저 $n \to \infty$일 때 누적분포함수 열 F_1, F_2, $\cdots$은 수렴하지 않을 때도 있고, 수렴하더라도 누적분포함수가 아닌 것에 수렴할 때도 있다.

보기 4.5.1 누적분포함수 열 F_1, F_2, $\cdots$에서

$$F_n(x)=\begin{cases}0, & x<0,\\ \dfrac{nx}{n+1}, & 0 \le x \le 1+\dfrac{1}{n},\\ 1, & x \ge 1+\dfrac{1}{n}\end{cases}$$

이라고 하자. 그러면 이 누적분포함수 열의 극한은

$$\lim_{n\to\infty} F_n(x)=\begin{cases}0, & x<0,\\ x, & 0 \le x \le 1,\\ 1, & x \ge 1\end{cases}$$

이고, 이 극한은 누적분포함수이다.

보기 4.5.2 누적분포함수 열 F_1, F_2, $\cdots$에서

$$F_n(x)=\begin{cases}0, & x<n,\\ 1, & x \ge n\end{cases}$$

이라고 하자. 그러면 이 누적분포함수 열의 극한은

$$\lim_{n\to\infty} F_n(x)=0$$

인데, 이 극한은 누적분포함수가 아니다.

한편, 확률변수의 수렴에는 **틀림없는 수렴**, **거의 틀림없는 수렴**, **r째 적률에서의 수렴**, **확률에서의 수렴**, **분포에서의 수렴**과 같은 것이 있다. 이 책에서는 분포에서의 수렴만 간단히 살펴본다.

뜻매김 4.5.1 **분포에서의 수렴**

누적분포함수 F가 연속인 점에서 늘

$$\lim_{n\to\infty} F_n(x) = F(x) \tag{4.5.1}$$

이면, 확률변수 열 $X_1, X_2, \cdots$은 확률변수 X로 분포에서 수렴, 약하게 수렴, 또는 법칙에서23) 수렴한다고 하고, 이것을 $X_n \xrightarrow{d} X$ 또는 $X_n \xrightarrow{l} X$로 쓴다.

보기 4.5.3 확률변수 열 $X_1, X_2, \cdots$에서 X_n의 누적분포함수가 보기 4.5.1에서 다룬 것처럼

$$F_n(x) = \begin{cases} 0, & x < 0, \\ \dfrac{nx}{n+1}, & 0 \le x \le 1 + \dfrac{1}{n}, \\ 1, & x \ge 1 + \dfrac{1}{n} \end{cases}$$

라고 하자. 그러면

$$\lim_{n\to\infty} F_n(x) = \begin{cases} 0, & x < 0, \\ x, & 0 \le x \le 1, \\ 1, & x \ge 1 \end{cases}$$

이므로, 확률변수 열 $X_1, X_2, \cdots$은 분포가 $U(0,1)$인 확률변수 X로 분포에서 수렴한다.

4.5.2 중심극한정리

이제 확률과 통계학뿐만 아니라 다른 여러 학문 영역에서도 널리 쓰이는 중심극한정리24)를 살펴보자. 확률변수 열 $X_1, X_2, \cdots$을 생각할 때 n개를 더한 확률변수를

$$W_n = \sum_{k=1}^{n} X_k \tag{4.5.2}$$

처럼 두자. 이제 $n \to \infty$일 때 확률변수 열 $W_1, W_2, \cdots$의 극한을 살펴보자. 상수 열 $a_1, a_2, \cdots$과 0보다 큰 상수 열 $b_1, b_2, \cdots$을 알맞게 골라

23) in distribution, weakly, 또는 in law

24) central limit theorem

$$\frac{1}{b_n}(W_n - a_n) \quad \xrightarrow{d} \quad Y \tag{4.5.3}$$

일 때를 생각하자. 보기를 들면, $X_1, X_2, \cdots$ 가 독립이고, 그 한계 분포가 모두 $N(0,1)$이면 $\frac{W_n}{\sqrt{n}}$ 의 분포는 $N(0,1)$이라는 것이 알려져 있다. 이제부터 어떤 조건에서 극한 확률변수 Y가 정규 확률변수인지를 살펴본다.

정리 4.5.1 중심극한정리

서로 독립이고 분포가 같으며 기댓값이 μ이고 분산이 σ^2인 확률변수들 $X_1, X_2, \cdots, X_n$과 $W_n = \sum_{i=1}^{n} X_i$를 생각하자. 그러면, 표준정규 확률변수를 Z라고 할 때,

$$\frac{W_n - n\mu}{\sqrt{n\sigma^2}} \quad \xrightarrow{d} \quad Z \tag{4.5.4}$$

이다.

증명 먼저 $U_i = X_i - \mu$라고 두면, $E[U_i] = 0$이고 $E\left[U_i^2\right] = \sigma^2$이다. 또

$$V_i = \frac{U_i}{\sqrt{n\sigma^2}} \tag{4.5.5}$$

처럼 두자. 이제 U_i의 확률밀도함수를 f_U라고 하면 V_i의 적률생성함수는

$$\begin{aligned} M_V(t) &= E\left[\exp\left(\frac{tU_i}{\sqrt{n\sigma^2}}\right)\right] \qquad (4.5.6) \\ &= \int_{-\infty}^{\infty} \exp\left(\frac{tu}{\sqrt{n\sigma^2}}\right) f_U(u)\,du \\ &= \int_{-\infty}^{\infty} \left\{1 + \frac{t}{\sqrt{n\sigma^2}}u + \frac{1}{2}\left(\frac{t}{\sqrt{n\sigma^2}}\right)^2 u^2 + \right. \\ &\qquad \left. + \frac{1}{6}\left(\frac{t}{\sqrt{n\sigma^2}}\right)^3 u^3 + \cdots \right\} f_U(u)\,du \\ &= 1 + \frac{t}{\sqrt{n\sigma^2}} E[U] + \frac{1}{2}\left(\frac{t}{\sqrt{n\sigma^2}}\right)^2 E[U^2] + \cdots \\ &= 1 + \frac{t^2}{2n} + o\left(\frac{1}{n}\right) \end{aligned}$$

이다. 여기에서 $o\left(\frac{1}{n}\right)$은 $n\to\infty$ 일 때 $\frac{1}{n}$보다 빠르게 0으로 수렴하는 항들을 모은 것을 나타낸다. 한편, $Z_n = \frac{W_n - n\mu}{\sqrt{n\sigma^2}}$라고 두고 Z_n의 적률 생성함수를 $M_{Z_n}(t)$라고 하면,

$$Z_n = \frac{1}{\sqrt{n\sigma^2}} \sum_{i=1}^{n} (X_i - \mu) = \sum_{i=1}^{n} V_i \tag{4.5.7}$$

이고, $V_1, V_2, \cdots$은 독립이고 분포가 같으므로

$$\begin{aligned} \lim_{n\to\infty} M_{Z_n}(t) &= \lim_{n\to\infty} M_{V_1}(t) M_{V_2}(t) \cdots M_{V_n}(t) \\ &= \lim_{n\to\infty} M_V^n(t) \\ &= \lim_{n\to\infty} \left\{1 + \frac{t^2}{2n} + o\left(\frac{1}{n}\right)\right\}^n \\ &= \exp\left(\frac{t^2}{2}\right) \end{aligned} \tag{4.5.8}$$

을 얻는다. 위에서 $\lim_{n\to\infty}\left\{1 + \frac{t^2}{2n} + o\left(\frac{1}{n}\right)\right\}^n = \lim_{n\to\infty}\left(1 + \frac{t^2}{2n}\right)^n = \lim_{n\to\infty}\left\{\left(1 + \frac{t^2}{2n}\right)^{\frac{2n}{t^2}}\right\}^{\frac{t^2}{2}}$ $= \exp\left(\frac{t^2}{2}\right)$이다. 바꾸어 말하면, 확률변수 $Z_n = \frac{1}{\sqrt{n\sigma^2}} \sum_{i=1}^{n} (X_i - \mu)$의 분포는 표준정규분포 $N(0,1)$에 가까이 간다.

정리 4.5.1에서 다음을 알 수 있다.

정리 4.5.2 독립이고 분포가 같은 확률변수 열 $X_1, X_2, \cdots$에서 X_i의 기댓값이 μ이고 분산이 σ^2이면 $W_n = \sum_{k=1}^{n} X_k$의 분포는 점근적으로 $N(n\mu, n\sigma^2)$이다.

보기 4.5.4 확률변수 $X_1, X_2, \cdots$이 서로 독립이고, 그 분포가 모두 고른 분포 $U(0,1)$일 때, $W_n = \sum_{i=1}^{n} X_i$의 확률밀도함수와 정리 4.5.2에서 말한 점근 분포의 확률밀도함수를 견주어 보자.

풀이 먼저 X_i의 확률밀도함수는

$$f_{X_i}(x) = \begin{cases} 1, & x \in (0,1), \\ 0, & \text{그 밖에는} \end{cases}$$

이므로, 정리 4.3.3을 확장하면 W_n의 확률밀도함수는

$$f_{W_n}(x) = f_{X_1}(x) * f_{X_2}(x) * \cdots * f_{X_n}(x)$$

임을 알 수 있다. 또 X_i의 기댓값이 $\frac{1}{2}$이고 분산이 $\frac{1}{12}$이므로 W_n의 점근 분포는 정규분포 $N\left(\frac{n}{2}, \frac{n}{12}\right)$이다. 그림 4.5.1에 $n=1, 2, 3, 4$일 때 W_n의 확률밀도함수와 점근 확률밀도함수를 함께 그렸다. 이 그림에서도 n이 클수록 실제 확률밀도함수와 점근 확률밀도함수가 더 가깝다는 것을 알 수 있다.

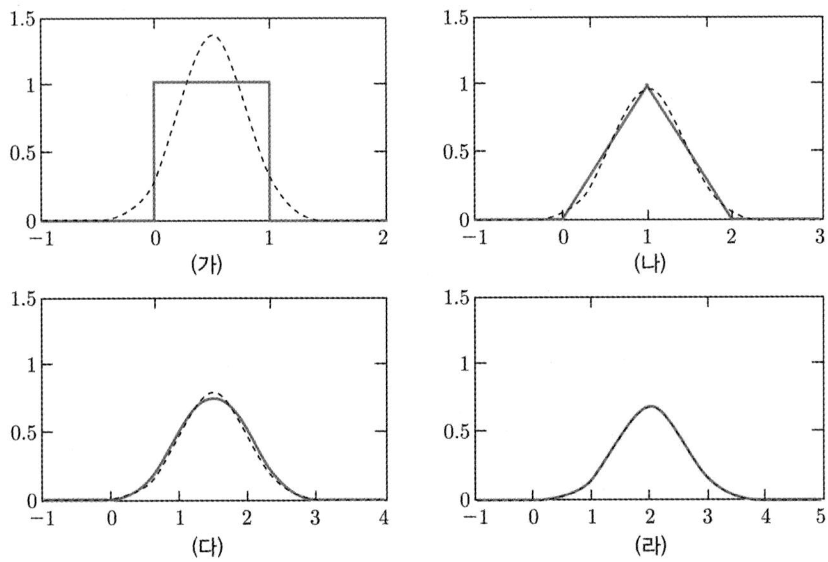

그림 4.5.1 합 W_n의 확률밀도함수 (파란 실선), 점근 확률밀도함수 (검은 끊음선)
(가) $n=1$일 때, (나) $n=2$일 때, (다) $n=3$일 때, (라) $n=4$일 때

보기 4.5.5 확률변수 $X_1, X_2, \cdots$이 서로 독립이고, 그 분포가 모두 베르누이 분포 $b\left(1, \frac{1}{2}\right)$일 때 $W_n = \sum_{i=1}^{n} X_i$의 누적분포함수와 정리 4.5.2에서 말한 점근 분포의 누적분포함수를 견주어 보자.

풀이 먼저 확률변수 X_i가 베르누이 분포 $b(1,p)$이면 X_i의 적률생성함수는

$$M_X(t) = 1 - p + pe^t$$

이고, Y_i의 합 $W_n = \sum_{i=1}^{n} X_i$의 적률생성함수는

$$M_{W_n}(t) = (1-p+pe^t)^n$$

이다. 이 식은 $W_n = \sum_{i=1}^{n} X_i$의 분포가 이항 분포 $b(n,p)$라는 것을 뜻한다. 곧, 확률변수 $X_1, X_2, \cdots$이 서로 독립이고, 그 분포가 모두 베르누이 분포 $b\left(1, \frac{1}{2}\right)$이면 W_n의 분포는 이항 분포 $b\left(n, \frac{1}{2}\right)$이다. 한편, X_i의 기댓값이 $\frac{1}{2}$이고 분산이 $\frac{1}{4}$이므로, W_n의 점근 분포는 정규분포 $N\left(\frac{n}{2}, \frac{n}{4}\right)$이다. 그림 4.5.2에 $n = 4, 8, 16, 32$일 때 W_n의 누적분포함수와 점근 누적분포함수를 함께 보였다. 이 그림에서 n이 클수록 실제 누적분포함수와 점근 누적분포함수가 더 가깝다는 것을 알 수 있다.

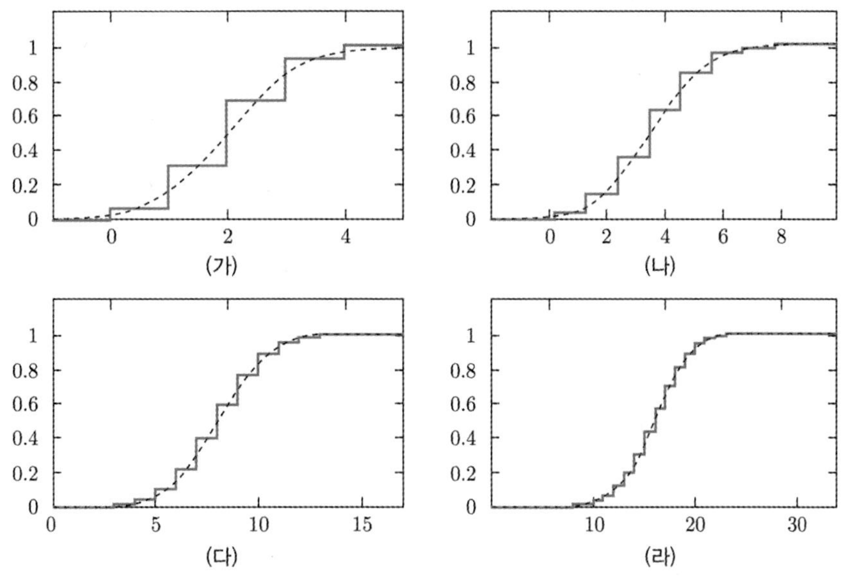

그림 4.5.2 합 W_n의 누적분포함수 (파란 실선), 점근 누적분포함수 (검은 점선)
(가) $n=4$일 때, (나) $n=8$일 때, (다) $n=16$일 때, (라) $n=32$일 때.

보기 4.5.6 서로 독립이고 분포가 같은 확률변수 열 $X_1, X_2, \cdots$의 확률질량함수가

$$p_X(k) = \begin{cases} (1-p)^k p, & k = 0, 1, \cdots \\ 0, & \text{그 밖에는} \end{cases}$$

이라고 하자. 여기에서 $0 < p < 1$이다. 이제 $q = 1-p$라고 두면 $E[X_i] = \frac{q}{p}$이고 $Var[X_i] = \frac{q}{p^2}$이다. 따라서 정리 4.5.1에서 $n \to \infty$일 때

$$\frac{W_n - \dfrac{nq}{p}}{\sqrt{\dfrac{nq}{p^2}}} = \frac{p\,W_n - nq}{\sqrt{nq}}$$

는 분포가 $N(0,1)$인 확률변수 Z로 분포에서 수렴함을 알 수 있다.

다음으로 정리 4.5.2에서 아래를 알 수 있다.

정리 4.5.3 독립이고 분포가 같은 확률변수 열 $X_1, X_2, \cdots$에서 X_i의 기댓값이 μ이고 분산이 σ^2이면, $\dfrac{W_n}{n} = \dfrac{1}{n}\sum_{i=1}^{n} X_i$의 분포는 점근적으로

$$N\left(\mu, \frac{\sigma^2}{n}\right) \tag{4.5.9}$$

이고, W_n의 누적분포함수 F_{W_n}은

$$F_{W_n}(x) \approx \Phi\left(\frac{x - n\mu}{\sqrt{n\sigma^2}}\right) \tag{4.5.10}$$

과 같이 어림할 수 있다.

식 (4.5.10)에서

$$\Phi(x) = \frac{1}{\sqrt{2\pi}} \int_{-\infty}^{x} \exp\left(-\frac{t^2}{2}\right) dt \tag{4.5.11}$$

는 (3.3.14)에서 다룬 표준정규 누적분포함수이다.

보기 4.5.7 확률변수 $X_1, X_2, \cdots$이 서로 독립이고, 그 한계 분포가 모두 $b(1,p)$라고 하자. 그러면 W_n의 분포는 점근적으로 $N(np, n(1-p)p)$이다. 따라서

$$P\left(\frac{W_n - np}{\sqrt{n(1-p)p}} \le \frac{x - np}{\sqrt{n(1-p)p}}\right) \approx \Phi\left(\frac{x - np}{\sqrt{n(1-p)p}}\right)$$

를 바탕으로, n이 넉넉히 클 때 $P(W_n \le x)$를 얻을 수 있다. 실제로

$n \geq 20$이면 모자람이 없다. 보기를 들어, $n = 25$이고 $p = \frac{1}{2}$일 때를 생각하자. 그러면, 표준정규 확률변수를 Z라고 쓸 때,

$$\begin{aligned} P(W_n \leq 12) &= P\left(\frac{W_n - 12.5}{2.5} \leq \frac{-0.5}{2.5}\right) \\ &\approx P(Z \leq -0.2) \\ &\approx 0.4207 \end{aligned}$$

을 표준정규분포표를 써서 얻을 수 있다.

이항 분포에서의 확률을 조금 더 생각해 보자. 먼저 n이 매우 큰 값일 때 이항분포를 따르는 확률변수의 값이 k일 확률

$$P_n(k) = {}_nC_k p^k (1-p)^{n-k} \tag{4.5.12}$$

를 살펴보자. 이때 $P_n(k)$를 얻으려면 ${}_nC_k$를 먼저 얻어야 하는데, n이 크고 k가 $\frac{n}{2}$에 가까우면 이 계산이 꽤 어렵다. 따라서 n이 크고 k가 $\frac{n}{2}$에 가까울 때 $P_n(k)$를 어림할 수 있는 식이 실제로 매우 쓸모 있다.

정리 4.5.4 드무아브르–라플라스 정리[25]

이항 분포 $b(n, p)$에서 $q = 1 - p$라고 두자. 이제 $npq \gg 1$이면, k가 np 근처에 있을 때

$$P_n(k) \approx \frac{1}{\sqrt{2\pi npq}} \exp\left\{-\frac{(k-np)^2}{2npq}\right\} \tag{4.5.13}$$

처럼 쓸 수 있다.

위 드무아브르–라플라스 정리의 증명은 이 책의 수준을 넘어서므로 넣지 않는다. 한편, 드무아브르–라플라스 정리를 이항 확률변수의 **정규 어림셈**[26]이라고 하기도 한다.

25) de Moivre–Laplace theorem
26) Gaussian approximation

보기 4.5.8 분포가 $b\left(10, \frac{1}{2}\right)$인 이항 확률변수를 생각하자. 이때

$$P_{10}(5) = {}_{10}C_5\left(\frac{1}{2}\right)^{10} = \frac{63}{256} \approx 0.2461$$

이고, 정규 어림셈 값은

$$P_{10}(5) \approx \frac{e^0}{\sqrt{2\pi \times 10 \times \frac{1}{2} \times \frac{1}{2}}} \approx 0.2523$$

이다.

보기 4.5.9 제대로 만든 주사위를 1000번 굴려 짝수가 나오는 횟수의 분포는 $b\left(1000, \frac{1}{2}\right)$이다. 그러므로, 짝수가 500번 나올 확률은

$$P_{1000}(500) = {}_{1000}C_{500}\left(\frac{1}{2}\right)^{1000} \approx 0.0252$$

이고 그 정규 어림셈 값은

$$P_{1000}(500) \approx \left(\sqrt{2\pi \times 1000 \times \frac{1}{2} \times \frac{1}{2}}\right)^{-1} e^0 \approx 0.0252$$

이다. 한편, 짝수가 510번 나올 확률은

$$P_{1000}(510) = {}_{1000}C_{510}\left(\frac{1}{2}\right)^{1000} \approx 0.0207$$

이고 그 정규 어림셈 값은

$$P_{1000}(510) \approx \left(\sqrt{500\pi}\right)^{-1} e^{-\frac{100}{500}} \approx 0.0207$$

이다.

이제 이항 분포에서 확률 $P(k_1 \le k \le k_2) = \sum_{k=k_1}^{k_2} {}_nC_k p^k (1-p)^{n-k}$을 어림해 보자. 먼저 $npq \gg 1$이면, $k_2 - k_1$가 $\sqrt{npq}$보다 훨씬 더 크지는 않을 때 (4.5.13)을 바탕으로

$$\begin{aligned}\sum_{k=k_1}^{k_2} {}_nC_k p^k (1-p)^{n-k} &\approx \frac{1}{\sqrt{2\pi npq}} \sum_{k=k_1}^{k_2} \exp\left\{-\frac{(k-np)^2}{2npq}\right\} \\ &\approx \frac{1}{\sqrt{2\pi npq}} \int_{k_1}^{k_2} \exp\left\{-\frac{(x-np)^2}{2npq}\right\} dx \\ &= \Phi\left(\frac{k_2 - np}{\sqrt{npq}}\right) - \Phi\left(\frac{k_1 - np}{\sqrt{npq}}\right)\end{aligned} \qquad (4.5.14)$$

를 얻을 수 있다. 식 (4.5.14)의 적분을 살펴보면, k_1과 k_2의 차가 1보다 훨씬 더 클 때는 어림셈 오차가 매우 작으나, 그렇지 않을 때에는 어림셈 오차가 커질 수도 있다는 것을 알 수 있다. 이러한 적분 오차를 줄이고자, 이항 분포의 구간 확률에 대한 어림셈을

$$\sum_{k=k_1}^{k_2} {}_nC_k p^k (1-p)^{n-k} \approx \Phi\left(\frac{k_2 - np + 0.5}{\sqrt{npq}}\right) - \Phi\left(\frac{k_1 - np - 0.5}{\sqrt{npq}}\right) \quad (4.5.15)$$

처럼 고쳐서 쓰기도 하는데, 이것을 **연속성 고치기**[27]라고 한다.

보기 4.5.10 보기 4.5.9에서 얻은 값을 쓰면, 짝수가 500, 501, 또는 502번 나올 확률은 $P_{1000}(500) + P_{1000}(501) + P_{1000}(502) \approx 0.02523 + 0.02517 + 0.02502 \approx 0.0754$이다. 이 확률을 (4.5.14)를 써서 어림셈하면[28)]

$$\Phi\left(\frac{2}{\sqrt{250}}\right) - \Phi\left(\frac{0}{\sqrt{250}}\right) \approx 0.0503$$

이고, (4.5.15)를 써서 어림셈하면

$$\Phi\left(\frac{2.5}{\sqrt{250}}\right) - \Phi\left(\frac{-0.5}{\sqrt{250}}\right) \approx 0.0754$$

이다.

아래에서 다루는 포아송 극한 정리는 중심극한정리와는 다른 것이다. 그렇지만, 이 포아송 극한 정리는, 앞에서 다룬 이항 확률변수의 정규 어림셈과 비슷하게, 이항 확률변수의 또다른 어림셈으로 쓸 수 있다.

정리 4.5.5 포아송 극한 정리[29]

이항 분포 $b(n, p)$에서 $p \to 0$이고 $n \to \infty$일 때 $np \to \alpha$이면 (4.5.12)를

$$P_n(k) \approx \frac{\alpha^k}{k!} e^{-\alpha} \quad (4.5.16)$$

처럼 어림할 수 있다.

---

27) continuity correction

28) 여러가지 계산 도구로 $\Phi(z)$의 값을 표준정규분포표보다 더 정확하게 얻을 수 있다. 보기를 들면, 엑셀에서 $\Phi(z)$는 NORM.S.DIST(z,1)처럼 얻을 수 있는데, 보기 4.5.10의 $\Phi\left(\frac{2}{\sqrt{250}}\right)$는 NORM.S.DIST(2/sqrt(250),1)로 얻은 값이다.

29) Poisson limit theorem

위 포아송 극한 정리는 $np \to \alpha$일 때 $\lim_{n\to\infty}(1-p)^n = \lim_{n\to\infty}\left(1-\frac{\alpha}{n}\right)^n = e^{-\alpha}$이고, p가 작을 때 $1-p \approx e^{-p}$이라는 것을 바탕으로 보일 수 있다. 한편, 포아송 극한 정리를 이항 확률변수의 **포아송 어림**[30)]이라고 하기도 한다. 포아송 어림은 k가 np에 가까울수록 더 정확하다.

보기 4.5.11 어떤 사건이 분포 $b(1000, 10^{-3})$을 따라 일어날 때, 이 사건이 한 번도 일어나지 않을 확률을 생각하자. 이때 이 확률의 실제 값은

$$P_{1000}(0) = (1-10^{-3})^{1000} \approx 0.3677$$

이고, 포아송 어림값은

$$\exp(-np) = e^{-1} \approx 0.3679$$

이다.

보기 4.5.12 보기 4.5.8에서 $K \sim b\left(10, \frac{1}{2}\right)$일 때 확률 $P_{10}(5)$의 값이 0.2461쯤이고, 정규 어림셈 값이 0.2523쯤이라는 것을 본 바 있다. 이 확률을 포아송 어림셈으로 얻어 보면

$$\frac{5^5}{5!}e^{-5} \approx 0.1755$$

이다. 한편, 보기 4.5.11에서 $K \sim b(1000, 10^{-3})$일 때 $P_{1000}(0) \approx 0.3677$이고, 확률 $P_{1000}(0)$의 포아송 어림값이 0.3679쯤이라는 것을 본 바 있다. 이 확률을 정규 어림셈으로 얻어 보면, 기댓값이 1이고 분산이 $1-10^{-3}$인 정규분포에서의 확률로, 0.2420쯤이다.

보기 4.5.11과 4.5.12에서 알 수 있는 바와 같이, p가 0에 가까우면 정규 어림셈보다 포아송 어림셈이 낫고, 그렇지 않으면 포아송 어림셈보다 정규 어림셈이 낫다. 한편, (4.5.15)와 비슷하게 연속성 고치기를 생각하면 이산확률변수를 다룰 때 더욱 나은 어림값을 얻을 수 있다. 구체적으로는 확률변수 X의 값이 정수이고 x_1과 x_2가 정수일 때

30) Poisson approximation

$$P(x_1 \le X \le x_2) = P\left(x_1 - \frac{1}{2} < X < x_2 + \frac{1}{2}\right) \tag{4.5.17}$$

임을 새기면 나은 어림값을 얻을 수 있다.

보기 4.5.13 보기 4.5.7에서 확률변수 $X_1, X_2, \cdots$이 서로 독립이고 그 한계 분포가 모두 $b(1, p)$이며 n이 넉넉히 클 때, $W_n = \sum_{i=1}^{n} X_i$가 x보다 작을 확률 $P(W_n \le x)$를 정규 누적분포함수로 나타낼 수 있음을 보였다. 보기를 들어, $n = 25$이고 $p = \frac{1}{2}$일 때

$$P(W_n \le 12) \approx 0.4207$$

를 얻었다. 여기에서 (4.5.17)을 생각하면

$$P(W_n \le 12) = P(W_n < 12.5) \approx P(Z < 0) = 0.5$$

를 얻을 수 있다. 이 결과는 동전을 스물다섯 번 던질 때 앞이 많아야 열 두 번 나올 확률의 정확한 값이다.

보기 4.5.14 서로 독립이고 매개변수가 α인 포아송 확률변수 $X_1, X_2, \cdots, X_n$을 생각하자. 그러면 n이 클 때 $W_n = \sum_{i=1}^{n} X_i$의 분포는 $N(n\alpha, n\alpha)$로 어림할 수 있다. 따라서 $\alpha = 1$이고 $n = 64$이면, 표준정규 확률변수를 Z라고 쓸 때

$$\begin{aligned} P(50 < W_n \le 80) &= P(51 \le W_n \le 80) \\ &= P(50.5 < W_n < 80.5) \\ &\approx P\left(\frac{50.5 - 64}{\sqrt{64}} < \frac{W_n - n\alpha}{\sqrt{n\alpha}} < \frac{80.5 - 64}{\sqrt{64}}\right) \\ &\approx P(-1.6875 < Z < 2.0625) \\ &\approx 0.9348 \end{aligned}$$

이다.

연습문제

문제 4.1.1 확률변수 X와 Y의 결합 확률질량함수가

$$p_{X,Y}(x,y)=\begin{cases}\dfrac{x+y}{32}, & x=1,2, \quad y=1,2,3,4,\\ 0, & \text{그 밖에는}\end{cases}$$

이다.

(가) 확률변수 X의 한계 확률질량함수와 확률변수 Y의 한계 확률질량함수를 얻으시오.

(나) 네 확률 $P(X>Y)$, $P(Y=2X)$, $P(X+Y=3)$, $P(X\le 3-Y)$를 얻으시오.

(다) 확률변수 X와 Y가 서로 독립인지 아닌지 밝히시오.

문제 4.1.2 연속 확률변수 X와 Y의 결합 확률밀도함수가

$$f_{X,Y}(x,y)=\begin{cases}3xy, & 0\le x\le 2, \quad 0\le y\le \dfrac{\sqrt{3}}{3},\\ 0, & \text{그 밖에는}\end{cases}$$

일 때, X와 Y가 서로 독립인지 아닌지 그 까닭과 함께 밝히시오.

문제 4.1.3 연속 확률변수 X와 Y의 결합 확률밀도함수가

$$f_{X,Y}(x,y)=\begin{cases}cy, & 0\le x\le 2, \quad 0\le y\le \dfrac{\sqrt{3}}{3},\\ 0, & \text{그 밖에는}\end{cases}$$

이다.

(가) 상수 c를 얻으시오.

(나) 확률변수 X의 적률생성함수 $M_X(t)$를 얻으시오.

문제 4.1.4* 두 확률변수 X와 Y의 결합 확률밀도함수가

$$f_{X,Y}(x,y)=\begin{cases}\exp\left(-\dfrac{x}{2}-2y\right), & x>0,\ y>0,\\ 0, & \text{그 밖에는}\end{cases}$$

이다.

(가) 확률변수 X와 Y의 결합 누적분포함수를 얻으시오.

(나) 확률변수 X의 한계 확률밀도함수와 Y의 한계 확률밀도함수를 얻으시오.

문제 4.1.5* 확률변수 X와 Y의 결합 확률질량함수가

$$p_{X,Y}(x)=\begin{cases}c|x+y|, & x=-1,1;\ y=-2,2\\ 0, & \text{그 밖에는}\end{cases}$$

이다.

(가) 상수 c를 얻으시오.

(나) 확률 $P\{X^2+Y^2\le 2\}$를 얻으시오.

(다) 확률변수 X와 Y가 상관이 있는가?

문제 4.1.6* 결합 확률변수 (X,Y)의 결합 확률밀도함수가

$$f_{X,Y}(x,y)=\begin{cases}a\{1+xy(x^2-y^2)\}, & |x|\le 1\text{이고 } |y|\le 1\text{일 때},\\ 0, & \text{그 밖에는}\end{cases}$$

이다. 상수 a의 값을 얻으시오. 확률변수 X와 Y는 독립인가? 확률변수 X와 Y 사이의 상관계수를 얻으시오.

문제 4.2.1 확률변수 X의 확률질량함수가

$$p_X(3)=\frac{1}{6},\qquad p_X(4)=\frac{1}{2},\qquad p_X(5)=\frac{1}{3}$$

일 때 확률변수

$$Y=\begin{cases}0, & X=4,\\ 1, & X=3\text{ 또는 }5\end{cases}$$

와 $Z=X-Y$를 생각하자. 이때 조건부 확률질량함수 $p_{X|Z}$와 $p_{Z|X}$, 또 결합 확률질량함수 $p_{Z,X}$를 얻으시오.

문제 4.2.2 두 확률변수 X와 Y의 결합 확률밀도함수가

$$f_{X,Y}(x,y)=\begin{cases} x+2y, & 0 \le x \le 1,\ 0 \le y \le 1, \\ 0, & \text{그 밖에는} \end{cases}$$

이다.

(가) 조건부 확률밀도함수 $f_{Y|X}(y|x)$를 얻으시오.

(나) 조건부 기댓값 $E[Y|X=x]$를 얻으시오.

문제 4.2.3 확률변수 X와 Y의 결합 확률밀도함수가

$$f_{X,Y}(x,y)=\begin{cases} 6e^{-2x-3y}, & x,y \ge 0, \\ 0, & \text{그 밖에는} \end{cases}$$

이다.

(가) 한계 확률밀도함수 $f_X(x)$와 기댓값 $E[X]$을 얻으시오.

(나) 조건부 확률밀도함수 $f_{X|Y}(x|y)$와 조건부 기댓값 $E[X|Y=y]$를 얻으시오.

문제 4.2.4* 결합 연속 확률변수 X와 Y를 생각하자. 확률변수 Y의 한계 확률밀도함수가

$$f_Y(y)=\begin{cases} \frac{5}{48}(8-y^3)y, & 0 \le y \le 2, \\ 0, & \text{그 밖에는} \end{cases}$$

이고, 조건부 확률밀도함수가

$$f_{X|Y}(x|y)=\begin{cases} \frac{3x^2}{8-y^3}, & 0 \le y \le x \le 2, \\ 0, & \text{그 밖에는} \end{cases}$$

일 때, 조건부 확률밀도함수 $f_{Y|X}(y|x)$를 얻으시오.

문제 4.2.5* 분포가 $U(0,1)$인 확률변수 X의 값이 x일 때, 확률변수 Y의 분포가 $U(0,x)$이다. 조건부 확률밀도함수 $f_{X|Y}(x|y)$를 얻으시오.

문제 4.3.1 확률변수 X와 Y의 결합 확률밀도함수가

$$f_{X,Y}(x,y)=\begin{cases} 6e^{-2x-3y}, & x,y \ge 0 \\ 0, & \text{그 밖에는} \end{cases}$$

일 때, $W=\max(X,Y)$의 확률밀도함수를 얻으시오.

문제 4.3.2 두 확률변수 X와 Y의 결합 확률밀도함수가

$$f_{X,Y}(x,y)=\begin{cases} e^{-x-y}, & x>0,\ y>0, \\ 0, & \text{그 밖에는} \end{cases}$$

일 때, $Z=\dfrac{Y}{X}$의 확률밀도함수를 얻으시오.

문제 4.3.3 두 회사에서 각각 만든 축전지 두 종류를 생각하자. 이 축전지 두 종류의 수명의 확률밀도함수는

$$f(x)=\begin{cases} 3\lambda x^2\exp(-\lambda x^3), & x>0, \\ 0, & \text{그 밖에는} \end{cases}$$

과

$$g(y)=\begin{cases} 3\mu y^2\exp(-\mu y^3), & y>0, \\ 0, & \text{그 밖에는} \end{cases}$$

이다. 축전지 수명이 서로 독립일 때, 수명의 확률밀도함수가 f인 축전지가 수명의 확률밀도함수가 g인 축전지보다 오래갈 확률을 얻으시오. 그리고 $\lambda=\mu$일 때 그 확률을 얻으시오.

문제 4.3.4* 확률변수 X의 분포는 평균이 α_1인 포아송 분포이고, 확률변수 Y의 분포는 평균이 α_2인 포아송 분포이며, X와 Y는 서로 독립일 때, $Z=X+Y$의 분포를 얻으시오.

문제 4.3.5** 연속 확률변수 X가 지수 비율이 λ인 지수 분포를 따르고, 연속 확률변수 Y는 지수 비율이 μ인 지수 분포를 따른다고 하자. 확률변수 X와 Y가 서로 독립일 때, $U=X-Y$의 확률밀도함수를 얻으시오.

문제 4.4.1 서로 독립인 확률변수 X와 Y의 한계 확률밀도함수가 각각

$$f_X(x)=\frac{1}{\sqrt{4\pi}}\exp\left(-\frac{x^2}{4}\right)$$

과

$$f_Y(y)=\frac{1}{\sqrt{2\pi}}\exp\left\{-\frac{(y-1)^2}{2}\right\}$$

이다.

(가) 확률변수 X와 Y의 결합 확률밀도함수를 얻으시오.

(나) 합 $W = X + Y$의 적률생성함수를 먼저 얻고 W의 분포를 밝히시오.

문제 4.4.2 서로 독립인 확률변수 X와 Y를 생각하자. 확률변수 X의 분포가 $N(5,9)$이고, Y의 분포가 $N(1,13)$일 때, 확률변수 $V = 2X - Y$가 12이상일 확률 $P(V \geq 12)$를 얻으시오.

문제 4.4.3 결합 확률변수 $(X,\ Y)$의 확률밀도함수가 다음과 같다.

$$f_{X,Y}(x,y) = \frac{1}{2\pi c}\exp\left(-2x^2 - \frac{y^2}{2}\right)$$

이때 X의 분산, Y의 분산, X와 Y의 공분산을 얻으시오.

문제 4.4.4 확률변수 X와 Y의 결합분포가 $N\left(3,3,4,1,\frac{1}{2}\right)$일 때, $V = 2X + Y$와 $W = X + 2Y$의 결합 분포를 얻으시오.

문제 4.4.5* 두 확률변수 X와 Y의 결합 분포가 $N\left(10,0,4,1,\frac{1}{2}\right)$일 때, $Z = aX + bY$와 $W = X + Y$가 서로 독립이 되도록 a와 b를 얻으시오. 여기에서 a와 b는 구간 $(-10,\ 10)$ 안에 있는 정수이다.

문제 4.5.1 확률변수 X의 분포가 $b\left(20,\frac{1}{3}\right)$일 때, 확률 $p_X(7) = P(X=7)$을 정규 어림셈으로 얻으시오.

문제 4.5.2 확률변수 $X_1, X_2, \cdots$이 서로 독립이고 모두 베르누이 분포 $b\left(1,\frac{1}{4}\right)$을 따를 때, 중심극한정리를 바탕으로 $P\left(\sum_{i=1}^{100} X_i > 30\right)$을 어림셈하시오.

문제 4.5.3 어떤 식당에서 손님의 주문은 평균 $\mu = 8{,}000$원, 표준편차 $\sigma = 2{,}000$원인 독립 확률변수라고 두자.

(가) 처음 손님 100명이 쓴 금액의 합이 840,000원 이상일 확률을 얻으시오.

(나) 처음 손님 100명이 쓴 금액의 합이 780,000원에서 820,000원 사이일 확률을 얻으시오.

문제 4.5.4* 어떤 사람의 전화 통화 시간은 평균이 4분인 지수 확률변수이고, 한 통화가 다른 통화에 영향을 주지 않는다. 이 사람의 전화 요금제는 기본료 2만 원에 한 달 동안 기본 600분 무료통화를 지원하고 600분을 넘으면 1초마다 1원의 통화료를 부과한다. 이 사람의 어느 달 전화 통화 수가 180통이었다. 이때 전화 요금이 2만6천 원보다 더 많이 나올 확률을 중심극한정리를 써서 얻으시오.

문제 4.5.5* 확률 변수 $X_1, X_2, \cdots$이 모두 서로 독립이고 분포가 같으며 한계 확률질량함수가

$$p_X(x) = \begin{cases} 0.5, & x = -1, \\ 0.5, & x = 1 \end{cases}$$

이다. 이제 $V_n = \frac{1}{n}(X_1 + X_2 + \cdots + X_n)$일 때 확률 $P[-0.1 \le V_n \le 0.1]$의 어림값을 중심극한정리를 써서 얻으시오.

5장

통계적 추론

이제까지는 확률변수의 분포를 알고 있다고 두고 기댓값이나 특정 사건의 확률을 얻는 문제와 같은 것을 다루었다. 그런데 실제로는 어떤 자료의 확률분포, 바꾸어 말하면, 확률적 특성이 정확히 알려져 있지 않은 때가 많다. 이 장에서는 관측된 자료를 바탕으로 조사하고자 하는 대상의 확률적 특성을 추정하는 방법을 다루어 보자.

5.1 통계량

이 절에서는 관측된 자료를 바탕으로 조사하고자 하는 대상의 확률적 특성을 추정하기 위해 사용하는 통계량을 뜻매김하고, 널리 쓰이는 몇 가지 통계량과 그 성질을 다루어 본다.

5.1.1 통계적 추론과 통계량

어떤 집단이나 현상의 성질을 통계적인 방법으로 조사하고자 할 때 대상 전체를 모두 조사하는 것은 여러 가지 까닭으로 어려울 수 있으므로, 일반적으로는 대상의 일부를 추출하여 조사한 뒤 대상 전체의 성질을 추정하는 표본조사 방법을 사용한다. 먼저 표본조사에서 쓰이는 몇 가지 낱말을 뜻매김하자.

뜻매김 5.1.1 모집단[1], 표본[2], 모수[3]

조사하고자 하는 대상 전체를 모집단, 모집단에서 추출한 자료를 표본, 모집단의 확률적인 특성을 나타내는 값을 모수라고 한다.

다시 말하면, 모집단은 어떤 실험이나 관찰에서 얻을 수 있는 모든 값을 모아 놓은 집합이고, 표본은 모집단의 부분집합이라고 할 수 있다. 이때 모집단에서 수집한 표본을 분석하여 그 결과를 바탕으로 모집단의 확률적인 성질을 추정하는 것을 **통계적 추론**[4]이라고 한다.

통계적 추론을 위한 표본조사에서 표본은 모집단의 특성을 잘 나타낼 수 있도록 추출해야 한다. 먼저 모집단의 모든 개체가 표본으로 뽑힐 가능성이 같다는 전제에서 표본을 독립적으로 추출하는 방법을 **확률추출법**[5]이라고 하며, 이 추출법은 표본추출 방법 가운데에서 가장 좋다고 알려져 있다. 확률추출법으로 추출된 표본을 **확률표본**[6]이라고 하며, 이 책에서 표본이라고 함은 다른 말이 없을 때에는 모두 확률표본을 일컫는다.

한편, 어떤 표본이 실제로 추출되었는지에 따라 표본 값이 달라지므로, 표본을 확률

1) population
2) sample
3) parameter
4) statistical inference
5) random sampling
6) random sample

변수로 나타낼 수 있고, 모집단이 어떤 분포를 따른다면 표본의 분포도 모집단의 분포와 같다. 다시 말해, 모집단에서 추출한 확률표본이 n개일 때 이 표본을 서로 독립이고 분포가 같은 확률변수 $X_1, X_2, \cdots, X_n$과 같이 나타낼 수 있다. 이때 n을 **표본 크기** 또는 **표본 수**라고 한다.

모집단의 특성으로 쓰이는 대표적인 모수로는 기댓값과 분산이 있다. 보기를 들면, 자동차의 평균 연비로 자동차의 연료 효율을 나타내거나 공장 생산품의 분산으로 공장의 생산 정밀성을 나타낼 수 있다. 이때 표본의 특성과 구분하기 위하여 모집단의 특성을 나타내는 값에는 글자 첫머리에 '모'를 붙여 쓴다. 보기를 들면, 모집단의 평균을 **모평균**, 모집단의 분산을 **모분산**이라고 한다.

보기 5.1.1 표본추출과 통계적 추론

학년 정원이 인문학부 200명, 공학부 500명, 체육학부 100명, 예술학부 200명인 한 대학교에서 평균 체력을 측정하고자 학년마다 체력 표본을 50개씩 추출하는 표본조사를 실시하였다. 1학년 표본은 인문학부에서 50명, 2학년 표본은 공학부에서 50명, 3학년 표본은 체육학부에서 50명, 4학년 표본은 예술학부에서 50명을 추출하여 표본을 얻었다. 각 학년 표본으로 얻은 평균 체력이 1학년 79%, 2학년 85%, 3학년 95%, 4학년 81%일 때, 이 결과를 바탕으로 이 대학은 3학년의 체력이 평균적으로 더 좋다고 판단하는 것은 올바른 통계적 추론이라고 할 수 없다. 다시 말하면, 특정 집단에서만 추출한 표본은 전체 모집단의 특성을 대표한다고 보기 어렵다.

보기 5.1.2 확률추출법

보기 5.1.1에서 말한 표본조사에서 학년마다 체력 표본을 다음과 같이 얻어 보자.

(1) 학년마다 정원에 비례하도록 인문학부에서 10명, 공학부에서 25명, 체육학부에서 5명, 예술학부에서 10명을 아무렇게나 추출하여 표본을 얻었다. 이러한 표본추출 방법은 확률추출법의 한 종류인데, **확률비례 추출법**[7]이라고 한다.

(2) 학년마다 모든 학생을 아무렇게나 나열하여 번호를 붙인 뒤, 번호가 $20k+6,\ k=0,1,\cdots,49$인 학생을 추출하여 표본을 얻었다. 이러한 방법은 확률추출법의 한 종류인데, **체계적 추출법**[8]이라고 한다.

---

7) probability proportionate sampling
8) systematic sampling

보기 5.1.3 모집단, 모수, 표본

두 공장에서 생산한 300Ω 저항의 품질을 비교한다고 하자. 한 공장에서 생산한 300Ω 저항 모두를 모집단 '가', 다른 한 공장에서 생산한 300Ω 저항 모두를 모집단 '나'라고 두면, 두 모집단의 모평균은 $\mu=300\,\Omega$이라고 생각할 수 있다. 모집단 '가'에서 아무렇게나 추출한 저항 n개를 확률표본 X_1, X_2, $\cdots$, X_n, 모집단 '나'에서 아무렇게나 추출한 저항 m개를 확률표본 Y_1, Y_2, $\cdots$, Y_m이라고 하자. 이제 이 표본들을 바탕으로 $V_X=\dfrac{1}{n}\displaystyle\sum_{i=1}^{n}(X_i-\mu)^2$과 $V_Y=\dfrac{1}{m}\displaystyle\sum_{i=1}^{m}(Y_i-\mu)^2$을 얻어 그 값을 견주어 본 뒤, 값이 더 작은 공장에서 생산된 저항의 품질이 더 좋다고 추론할 수 있다.

실제 표본조사에서 얻은 표본은 완벽한 확률표본이 아닐 수 있으므로, 표본의 확률적 특성과 모집단의 확률적 특성이 서로 다를 수 있다. 모집단의 확률적 특성을 나타내는 값이 모수라면, 표본의 확률적 특성을 나타내는 양은 통계량이다.

뜻매김 5.1.2 통계량[9)]

모집단에서 추출한 표본의 확률적 특성을 나타내는 양을 통계량이라고 한다.

일반적으로 통계량은 확률변수인 표본의 함수 꼴로 나타난다. 보기를 들면, 확률표본이 X_1, X_2, $\cdots$, X_n일 때 통계량은 $g(X_1, X_2, \cdots, X_n)$처럼 쓸 수 있다. 통계량을 사용하여 모수의 값을 추정하는 것을 **점추정**[10)], 모수의 범위를 추정하는 것을 **신뢰구간 추정**[11)]이라고 하는데, 점추정은 5.2절에서, 신뢰구간 추정은 5.3절에서 자세히 다룬다.

확률변수는 일반적으로 대문자로 나타낸다. 그런데 특정한 모수의 성질을 나타내는 통계량은 확률변수이지만 대문자 대신 모수를 나타내는 문자 위에 모자를 씌워서 쓰기도 한다. 따라서 이 책에서 모자를 씌워 나타낸 문자는 확률변수임을 새겨 두자. 보기를 들면, $\hat{\mu}$은 모수 μ의 성질을 나타내는 통계량이다.

9) statistic
10) point estimation
11) confidence interval estimation

보기 5.1.4 보기 5.1.3의 V_X와 V_Y는 각각 표본 X_i와 Y_i가 모평균 μ와 평균적으로 얼마나 다른지를 나타내는 통계량이다.

보기 5.1.5 보기 5.1.3의 모집단 '가'에서 아무렇게나 고른 저항 측정값 100개를 크기순으로 늘어놓을 때 k번째 저항 값을 나타내는 확률변수를 $X_{[k]}$라고 하자. 표본 X_1, X_2, $\cdots$, X_{100}의 산술평균인

$$\hat{\mu}_1 = \frac{1}{100}(X_1 + X_2 + \cdots + X_{100})$$

과 크기순에서 중앙에 해당하는 값인

$$\hat{\mu}_2 = \frac{X_{[50]} + X_{[51]}}{2}$$

은 모두 표본의 특성을 나타내는 통계량이다.

5.1.2 몇 가지 통계량

통계적 추론에서 가장 많이 쓰는 몇 가지 통계량을 뜻매김하고, 그 성질과 분포에 대하여 살펴보자.

뜻매김 5.1.3 표본평균[12]

모집단에서 추출한 표본 $X_1, X_2, \cdots, X_n$의 산술평균

$$\overline{X} = \frac{1}{n}\sum_{i=1}^{n} X_i \tag{5.1.1}$$

을 표본평균이라고 한다.

보기 5.1.6 표본평균

어떤 모집단에서 추출한 표본 10개가 아래 상자 안의 값과 같을 때, 표본평균은 $\overline{X} = \frac{1}{10}(0.34 + 0.56 + \cdots + 0.93) = 0.711$이다.

0.34	0.56	0.59	0.62	0.77	0.78	0.81	0.85	0.86	0.93

12) sample mean

정리 5.1.1 표본평균의 성질

(1) 표본평균 $\overline{X}$의 기댓값은 모평균 μ와 같다.

(2) 모분산이 σ^2일 때, 표본평균 $\overline{X}$의 분산은 $Var[\overline{X}] = \dfrac{\sigma^2}{n}$이다.

(3) 표본평균 $\overline{X}$의 분포는 n이 충분히 클 때, $N\left(\mu, \dfrac{\sigma^2}{n}\right)$으로 어림할 수 있다.

증명 (1) 표본평균의 기댓값을 얻으면

$$\begin{aligned} E[\overline{X}] &= \frac{1}{n}E\left[\sum_{i=1}^{n} X_i\right] = \frac{1}{n}\sum_{i=1}^{n} E[X_i] = \frac{1}{n}(nE[X]) \\ &= E[X] \end{aligned} \tag{5.1.2}$$

이다.

(2) 표본평균 제곱의 기댓값은

$$\begin{aligned} E[\overline{X}^2] &= \frac{1}{n^2}E\left[\sum_{i=1}^{n}\sum_{j=1}^{n} X_i X_j\right] \\ &= \frac{1}{n^2}\{nE[X^2] + (n^2-n)E^2[X]\} \\ &= \frac{1}{n}E[X^2] + \frac{n-1}{n}E^2[X] \end{aligned} \tag{5.1.3}$$

이다. 그러므로 식 (5.1.2)와 (5.1.3)에서 표본평균의 분산

$$\begin{aligned} Var[\overline{X}] &= E[\overline{X}^2] - E^2[\overline{X}] \\ &= \frac{1}{n}E[X^2] + \frac{n-1}{n}E^2[X] - E^2[X] \\ &= \frac{1}{n}E[X^2] - \frac{1}{n}E^2[X] = \frac{1}{n}Var[X] \end{aligned} \tag{5.1.4}$$

를 얻을 수 있다.

(3) 정리 4.5.1의 중심극한정리에서 알 수 있듯이 n이 충분히 클 때 표본평균의 분포를 $N\left(\mu, \dfrac{\sigma^2}{n}\right)$으로 어림할 수 있다.

뜻매김 5.1.4 표본분산[13], 표본표준편차[14]

표본이 $X_1, X_2, \cdots, X_n$일 때

$$S^2 = \frac{1}{n-1}\sum_{i=1}^{n}\left(X_i - \overline{X}\right)^2 \tag{5.1.5}$$

를 표본분산이라고 하고, 표본분산의 제곱근 가운데에서 0보다 작지 않은 S를 표본표준편차라고 한다.

정리 5.1.2 표본분산의 기댓값은 모분산 σ^2과 같다.

증명 표본분산의 기댓값을 얻으면

$$\begin{aligned} E\left[S^2\right] &= E\left[\frac{1}{n-1}\sum_{i=1}^{n}\left(X_i - \overline{X}\right)^2\right] \qquad (5.1.6)\\ &= \frac{1}{n-1}\sum_{i=1}^{n}E\left[X_i^2 - 2X_i\overline{X} + \overline{X}^2\right]\\ &= \frac{1}{n-1}\sum_{i=1}^{n}E\left[X_i^2 - 2X_i \times \frac{1}{n}(X_1 + X_2 + \cdots + X_n) + \overline{X}^2\right]\\ &= \frac{n}{n-1}\left[E\left[X^2\right] - \frac{2}{n}\left\{E\left[X^2\right] + (n-1)E^2[X]\right\}\right.\\ &\qquad \left. + \left\{Var\left[\overline{X}\right] + E^2\left[\overline{X}\right]\right\}\right]\\ &= \frac{n}{n-1}\left[E\left[X^2\right] - \frac{2}{n}\left\{E\left[X^2\right] + (n-1)E^2[X]\right\}\right.\\ &\qquad \left. + \frac{1}{n}E\left[X^2\right] + \frac{n-1}{n}E^2[X]\right]\\ &= \frac{n}{n-1}\left[\left(1 - \frac{2}{n} + \frac{1}{n}\right)E\left[X^2\right] - \left\{\frac{2(n-1)}{n} - \frac{n-1}{n}\right\}E^2[X]\right]\\ &= E\left[X^2\right] - E^2[X] = Var[X] \end{aligned}$$

이므로 모분산과 같다.

---

13) sample variance

14) sample standard deviation

표본분산은 표본의 제곱합 $\sum_{i=1}^{n} X_i^2$과 표본평균 $\overline{X}$를 바탕으로

$$S^2 = \frac{1}{n-1}\sum_{i=1}^{n}\left(X_i - \overline{X}\right)^2 \tag{5.1.7}$$
$$= \frac{1}{n-1}\left\{\left(\sum_{i=1}^{n} X_i^2\right) - n\overline{X}^2\right\}$$

과 같이 얻을 수도 있고, 표본의 제곱합 $\sum_{i=1}^{n} X_i^2$과 표본합 $\sum_{i=1}^{n} X_i = n\overline{X}$을 바탕으로

$$S^2 = \frac{1}{n-1}\left\{\left(\sum_{i=1}^{n} X_i^2\right) - \frac{1}{n}\left(\sum_{i=1}^{n} X_i\right)^2\right\} \tag{5.1.8}$$

과 같이 얻을 수도 있다.

보기 5.1.7 표본분산 및 표본표준편차

보기 5.1.6에서 다룬 표본에서 표본평균은 $\overline{X}= 0.711$이고 제곱합은

$$\sum_{i=1}^{10} X_i^2 = 0.34^2 + 0.56^2 + \cdots + 0.93^2 = 5.3461$$

이므로, 식 (5.1.7)을 쓰면 표본분산

$$S^2 = \frac{1}{10-1}\left(5.3461 - 10 \times 0.711^2\right) \approx 0.3232$$

와 표본표준편차

$$S \approx \sqrt{0.3232} \approx 0.1798$$

을 얻을 수 있다.

보기 5.1.8 어떤 표본 200개를 더한 것이 681이고 제곱하여 더한 것이 2504일 때, 이 표본의 표본평균과 표본표준편차를 유효숫자 네 자리로 얻어 보자.

풀이 식 (5.1.1)에서 표본평균은 표본의 합을 표본의 크기로 나눈 값이므로, 이 표본의 표본평균은

$$\overline{X} = \frac{681}{200} = 3.405$$

이다. 또한 식 (5.1.8)을 쓰면 이 표본의 표본분산은

$$S^2 = \frac{1}{199}\left(2504 - \frac{1}{200}\times 681^2\right) \approx 0.9306$$

이고, 따라서 표본표준편차는

$$S \approx \sqrt{0.9306} \approx 0.9647$$

이다.

이제 집단에서 특별한 성질을 나타내는 원소가 차지하는 비율을 생각하자. 보기를 들면, 어느 동네에 사는 사람 가운데에서 20세 이상의 비율, 어떤 도서관에 있는 문헌 가운데에서 어느 시기보다 먼저 나온 책의 비율, 정규 확률표본 가운데에서 그 값이 0보다 큰 것의 비율과 같은 것을 생각할 수 있을 것이다. 이때 모집단을 이루는 모든 원소 수에 대한 특별한 성질을 가지고 있는 원소 수의 비율을 **모비율**이라고 한다.

뜻매김 5.1.5 표본비율[15)]

어떤 집단에서 추출한 표본 $X_1, X_2, \cdots, X_n$과 모비율이 p인 특정 성질 '가'를 생각하자. 이제 집합 $A = \{$표본이 성질 '가'를 지니고 있음$\}$을 생각할 때,

$$Y_i = \begin{cases} 1, & X_i \in A, \\ 0, & X_i \notin A \end{cases} \tag{5.1.9}$$

처럼 두자. 이때 $Y_1, Y_2, \cdots, Y_n$의 표본평균

$$\hat{p} = \frac{1}{n}\sum_{i=1}^{n} Y_i \tag{5.1.10}$$

를 성질 '가'의 표본비율이라고 한다.

보기 5.1.9 표본비율

디지털 통신에서 아무렇게나 추출한 비트 10000개 가운데에서 1의 개수가 4138개라면, 비트 1의 표본비율은 $\hat{p} = \frac{4138}{10000} = 0.4138$이다.

---

15) sample proportion

정리 5.1.3 표본비율의 성질

(1) 표본비율 $\hat{p}$의 기댓값은 모비율 p와 같다.

(2) 표본비율 $\hat{p}$의 분산은 $\dfrac{p(1-p)}{n}$이다.

(3) 표본비율 $\hat{p}$의 분포는 n이 충분히 클 때 $N\left(p, \dfrac{p(1-p)}{n}\right)$으로 어림할 수 있다.

증명 (1) 확률변수 Y_i가 베르누이 분포 $b(1,p)$를 따르므로, 보기 4.5.5에서 살펴본 바와 같이 Y_i의 합 $W_n = \sum_{i=1}^{n} Y_i$의 분포는 이항 분포 $b(n,p)$이다. 따라서 표본비율의 기댓값은

$$E[\hat{p}] = \frac{1}{n}E\left[\sum_{i=1}^{n} Y_i\right] = \frac{1}{n}E[W_n] = \frac{1}{n}\times np = p \qquad (5.1.11)$$

이다.

(2) 확률변수 $W_n = \sum_{i=1}^{n} Y_i$의 분포가 이항 분포 $b(n,p)$라는 것을 활용하면, 표본비율의 분산을

$$\begin{aligned} Var[\hat{p}] &= E\left[\left(\frac{1}{n}W_n\right)^2\right] - p^2 \qquad (5.1.12) \\ &= \frac{1}{n^2}\left(Var[W_n] + E^2[W_n]\right) - p^2 \\ &= \frac{1}{n^2}\{np(1-p) + (np)^2\} - p^2 \\ &= \frac{p(1-p)}{n} \end{aligned}$$

와 같이 얻을 수 있다.

(3) 확률변수 Y_i의 합 $W_n = \sum_{i=1}^{n} Y_i$가 이항 분포 $b(n,p)$를 따른다. 또 정리 4.5.4 드무아브르-라플라스 정리에 따르면 이항 분포 $b(n,p)$는 점근적으로 정규분포 $N(np,\ np(1-p))$에 수렴한다. 따라서, 표본비율은 합 W_n에 $\dfrac{1}{n}$을 곱한 것이므로, 표본비율의 점근 분포가 $N\left(p, \dfrac{p(1-p)}{n}\right)$임을 알 수 있다.

보기 5.1.10 어떤 공장에서 생산된 상품 가운데에서 불량품은 평균적으로 0.5%인 것으로 알려져 있다. 이 공장에서 생산된 상품 가운데에서 아무렇게나 3207개를 골라 검사해 보니 불량품이 16개이었을 때, 불량품의 표본비율과 표본비율의 점근 분포를 유효숫자 네 자리로 얻어 보자.

풀이 불량품의 표본비율은

$$\hat{p} = \frac{16}{3207} \approx 4.989 \times 10^{-3}$$

이다. 또한 불량품의 모비율이 $p = 0.005$이므로, 표본비율의 점근 분포는 정리 5.1.3의 (3)에서

$$N\left(0.005,\ \frac{0.005 \times 0.995}{3207}\right) \approx N(5.000 \times 10^{-3},\ 1.551 \times 10^{-6})$$

이다.

5.2 점추정

5.1절에서는 통계적 추론에서 쓰는 여러 가지 낱말과 몇 가지 통계량의 뜻매김을 살펴보았다. 이 절에서는 표본의 함수 꼴인 통계량을 사용하여 모수의 값을 추정하는 점추정을 다룬다. 다시 말해, 모집단에서 알려지지 않은 모수 θ가 있을 때, 표본 $X_1, X_2, \cdots, X_n$을 사용하여 θ를 추정하는 통계량 $\hat{\theta} = g(X_1, X_2, \cdots, X_n)$을 얻는 문제와 어떤 통계량이 θ를 더 잘 추정하는지에 대한 문제를 다룬다.

먼저 추정에 이용하는 통계량인 추정량을 뜻매김하고, 추정량의 특성을 살펴보자.

뜻매김 5.2.1 점추정량[16]

알려지지 않은 모수 θ의 값을 추정하는 통계량 $\hat{\theta}$을 모수 θ의 점추정량이라고 한다.

점추정량은 줄여서 **추정량**[17]이라고도 부른다.

보기 5.2.1 식 (5.1.1)에서 뜻매김한 표본평균 $\overline{X}$는 모집단의 평균을 추정하는 추정량이고, 식 (5.1.5)에서 뜻매김한 표본분산 S^2은 모집단의 분산을 추정하는 추정량이다.

16) point estimator
17) estimator

추정량은 특정한 모수를 추정하는 데에 사용하는 통계량이므로 모수를 나타내는 문자 위에 모자를 씌워서 나타낼 때가 많다. 이미 통계량에서 설명한 바와 같이 모자를 씌운 문자는 확률변수임을 새겨 두자.

5.2.1 오차와 추정량

추정량을 찾을 때 모수의 값을 잘 나타낸다는 점에서 가장 쉽게 생각할 수 있는 것은 '모수와의 차이가 적은' 추정량을 찾는 것이다. 그러나 모수는 모집단의 특성을 대표하는 값이고 추정량은 표본의 함수인 확률변수이므로 그 차이는 단순한 값이 아닌 확률변수일 것이다. 이 차이의 특성에 따라 어떤 추정량이 모수의 값을 더 잘 나타내는지 알아보자.

뜻매김 5.2.2 오차[18]

모수 θ의 추정량을 $\hat{\theta}$라고 할 때, 추정량과 모수의 차

$$\epsilon(\hat{\theta}) = \hat{\theta} - \theta \tag{5.2.1}$$

을 추정량 $\hat{\theta}$의 오차라고 한다.

쉽게 알 수 있듯이 오차도 확률변수이다. 이제 오차의 기댓값을 살펴보자.

뜻매김 5.2.3 편의[19], 불편 추정량[20], 편의 추정량[21]

모수 θ와 그 추정량 $\hat{\theta}$을 생각할 때, 오차의 기댓값

$$E[\epsilon(\hat{\theta})] = E[\hat{\theta} - \theta] = E[\hat{\theta}] - \theta \tag{5.2.2}$$

를 추정량 $\hat{\theta}$의 편의라고 한다. 이때 편의가 0이면, 곧, $E[\hat{\theta}] = \theta$이면 추정량 $\hat{\theta}$를 불편 추정량이라고 한다. 한편, 편의가 0이 아닌 추정량을 편의 추정량이라고 한다.

18) error
19) bias
20) unbiased estimator
21) biased estimator

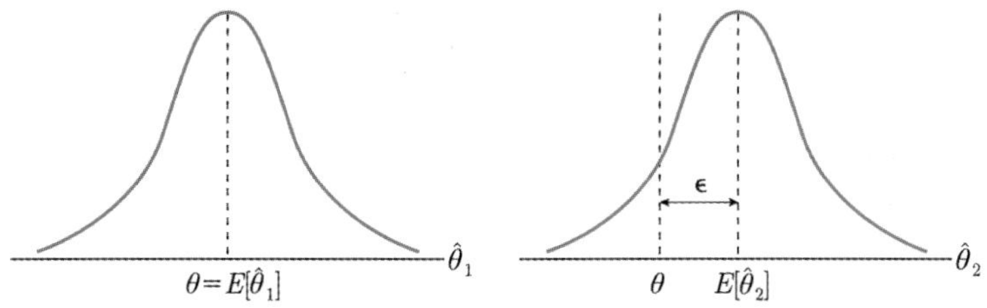

(가) $\hat{\theta}_1$의 분포　　　(나) $\hat{\theta}_2$의 분포

그림 5.2.1 편의

그림 5.2.1 (가)와 (나)는 모수 θ에 대한 추정량 $\hat{\theta}_1$와 $\hat{\theta}_2$의 분포를 각각 나타내고 있는데, 이 추정량들의 분포가 좌우 대칭이므로 중앙의 값이 추정량의 기댓값이다. 이때 그림 5.2.1 (가)와 같이 편의가 0, 곧 $E\left[\hat{\theta}_1\right] = \theta$인 추정량 $\hat{\theta}_1$를 불편 추정량이라고 한다. 그러나 그림 5.2.1 (나)와 같이 편의가 0이 아니면, 곧 $E\left[\hat{\theta}_2\right] \neq \theta$이면 분포가 모수의 오른쪽이나 왼쪽으로 치우치게 되고, 편의가 클수록 그 치우침은 커진다. 이러한 추정량 $\hat{\theta}_2$를 편의 추정량이라고 한다. 서로 다른 추정량을 비교할 때 편의가 0에 가까울수록 추정량과 모수의 차이가 '평균적으로' 더 작기 때문에 더 좋은 추정량이라고 할 수 있다.

보기 5.2.2 불편 추정량: 표본평균

정리 5.1.1의 (1)에서 보인 것처럼 표본평균 $\overline{X}$의 기댓값은 모평균 μ와 같다. 따라서 표본평균 $\overline{X}$는 모평균 μ의 불편 추정량이다.

보기 5.2.3 불편 추정량: 표본분산

정리 5.1.2에서 본 것처럼 표본분산 S^2의 기댓값은 모분산 σ^2과 같다. 따라서 표본분산 S^2은 모분산 σ^2의 불편 추정량이다.

보기 5.2.4 편의 추정량

모분산 σ^2에 대한 추정량으로 $V = \frac{1}{n}\sum_{i=1}^{n}\left(X_i - \overline{X}\right)^2$를 고려할 때, 추정량 V가 불편 추정량인지 아닌지 판단하시오.

풀이 정리 5.1.2에서 본 것처럼 $E\left[S^2\right] = \sigma^2$이므로, $E\left[\sum_{i=1}^{n}\left(X_i - \overline{X}\right)^2\right] = (n-1)\sigma^2$이다. 따라서

$$E[V] = \frac{1}{n}E\left[\sum_{i=1}^{n}(X_i - \overline{X})^2\right] = \frac{n-1}{n}\sigma^2$$

이고, 편의는

$$E[V] - \sigma^2 = \left(\frac{n-1}{n} - 1\right)\sigma^2 = -\frac{\sigma^2}{n}$$

이다. 편의가 0이 아니므로 V는 불편 추정량이 아니다. 다만, V는 표본의 크기 n이 커질수록 편의가 0에 가까워져 점점 더 나은 추정량이 된다.

보기 5.2.5 불편 추정량: 표본비율

정리 5.1.3의 (1)에서 본 것처럼 식 (5.1.10)에서 뜻매김한 표본비율 $\hat{p}$의 기댓값은 모비율 p와 같다. 따라서 표본비율 $\hat{p}$는 모비율 p의 불편 추정량이다.

이제 한 걸음 더 나아가 여러 불편 추정량 가운데에서 어떤 성질을 지닌 추정량이 더 나은지 생각하자. 불편 추정량은 그 기댓값이 모수와 같기 때문에 추정량의 분산이 작을수록 모수에 가까울 확률이 더 높고, 따라서 더 나은 추정량이라고 할 수 있다. 추정량의 분산과 편의의 제곱의 합으로 나타낼 수 있고, 추정량이 불편 추정량일 때에는 추정량의 분산과 같아지는 개념인 제곱평균오차를 살펴보자.

뜻매김 5.2.4 제곱평균오차[22]

모수 θ의 추정량을 $\hat{\theta}$이라고 할 때, 오차 제곱의 기댓값

$$E[\epsilon^2(\hat{\theta})] = E[(\hat{\theta} - \theta)^2] \tag{5.2.3}$$

을 추정량 $\hat{\theta}$의 제곱평균오차라고 하며, $MSE[\hat{\theta}]$라고도 쓴다.

제곱평균오차는 다음과 같이 추정량의 분산과 편의로 나타낼 수 있다.

$$\begin{aligned} MSE[\hat{\theta}] &= E[\epsilon^2(\hat{\theta})] = Var[\epsilon(\hat{\theta})] + E^2[\epsilon(\hat{\theta})] \\ &= E[\{(\hat{\theta} - \theta) - E[(\hat{\theta} - \theta)]\}^2] + E^2[\epsilon(\hat{\theta})] \\ &= E[(\hat{\theta} - E[\hat{\theta}])^2] + E^2[\epsilon(\hat{\theta})] \\ &= Var[\hat{\theta}] + \{E[\epsilon(\hat{\theta})]\}^2 \end{aligned} \tag{5.2.4}$$

22) mean squared error

따라서 $\hat{\theta}$이 불편 추정량이라면 $E[\epsilon(\hat{\theta})]=0$이므로

$$MSE[\hat{\theta}]=Var[\hat{\theta}] \tag{5.2.5}$$

이다. 바꾸어 말하면 불편 추정량의 제곱평균오차는 불편 추정량의 분산과 같다.

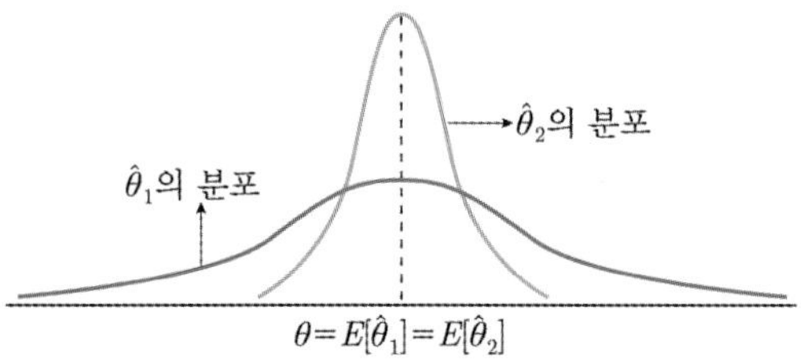

그림 5.2.2 불편 추정량의 분산

그림 5.2.2를 살펴보자. 이 그림에서 모수 θ의 추정량 $\hat{\theta}_1$와 $\hat{\theta}_2$는 모두 θ의 불편 추정량이다. 추정량 $\hat{\theta}_1$는 분산이 상대적으로 크기 때문에 기댓값인 θ에 집중되지 못하고 넓게 퍼져 있는 반면, $\hat{\theta}_2$는 분산이 작아서 추정하고자 하는 모수 θ에 훨씬 더 집중되어 있다. 바꾸어 말하면, $Var[\hat{\theta}_2]<Var[\hat{\theta}_1]$이므로 제곱평균오차의 기준에서 $\hat{\theta}_2$가 더 좋은 추정량이라고 할 수 있다.

한편, 추정량의 표준편차 $\sqrt{Var[\hat{\theta}]}$를 **표준오차**[23]라고도 하는데, 불편 추정량의 표준오차는 제곱평균오차의 양의 제곱근 $\sqrt{MSE[\hat{\theta}]}$과 같다. 불편 추정량의 표준오차는 분산과 마찬가지로 모수에 대한 추정량 분포의 집중도를 나타내는 지표로서, 표준오차가 작을수록 더 좋은 추정량이라고 할 수 있다.

보기 5.2.6 표본평균의 제곱평균오차

모평균 μ에 대한 불편 추정량인 표본평균 $\overline{X}$의 제곱평균오차는 $\overline{X}$의 분산과 같다. 다시 말하면, $MSE[\overline{X}]=Var[\overline{X}]$이다. 또한 정리 5.1.1의 (2)에서 보인 것처럼 표본평균 $\overline{X}$의 분산은 $Var[\overline{X}]=\frac{\sigma^2}{n}$이다. 따라서 표본평균 $\overline{X}$는 표본의 크기 n이 클수록 제곱평균오차가 줄어들어 점점 더 좋은 모평균 μ의 추정량이 된다.

23) standard error

보기 5.2.7 표본비율의 제곱평균오차

모비율 p에 대한 불편 추정량인 표본비율 $\hat{p}$의 제곱평균오차는 $\hat{p}$의 분산과 같다. 다시 말하면, $MSE[\hat{p}]=Var[\hat{p}]$이다. 또한 정리 5.1.3의 (2)에서 본 것처럼 표본비율 $\hat{p}$의 분산은 $Var[\hat{p}]=\dfrac{p(1-p)}{n}$이다. 따라서 표본비율 $\hat{p}$는 표본의 크기 n이 클수록 제곱평균오차가 줄어들어 점점 더 좋은 모비율 p의 추정량이 된다.

보기 5.2.8 평균이 μ이고 분산이 σ^2인 모집단에서 표본 X_1과 X_2를 얻어서 추정량

$$\hat{\mu}_1=\frac{X_1}{2}+\frac{X_2}{2}$$

와

$$\hat{\mu}_2=\frac{X_1}{3}+\frac{2X_2}{3}$$

로 모평균 μ를 추정하고자 한다. 어느 추정량이 더 좋은 추정량인가?

풀이 먼저

$$E[\hat{\mu}_1]=\frac{E[X_1]}{2}+\frac{E[X_2]}{2}=\mu$$

이고

$$E[\hat{\mu}_2]=\frac{E[X_1]}{3}+\frac{2E[X_2]}{3}=\mu$$

이므로, 추정량 $\hat{\mu}_1$와 $\hat{\mu}_2$는 모두 불편 추정량이다. 다음으로

$$Var[\hat{\mu}_1]=\frac{Var[X_1]}{2^2}+\frac{Var[X_2]}{2^2}=\frac{1}{2}\sigma^2$$

이고

$$Var[\hat{\mu}_2]=\frac{Var[X_1]}{3^2}+\frac{2^2\,Var[X_2]}{3^2}=\frac{5}{9}\sigma^2$$

이므로 $Var[\hat{\mu}_1]<Var[\hat{\mu}_2]$이다. 따라서 모평균 μ를 추정하기에는 $\hat{\mu}_1$가 $\hat{\mu}_2$보다 제곱평균오차의 기준에서 더 좋은 추정량이라고 할 수 있다.

보기 5.2.9 정규분포 추정량의 제곱평균오차

모수 θ를 추정할 때 추정량 $\hat{\theta}_1$의 분포가 $N(1.1\theta,\ 0.04\theta^2)$이고, 추정량 $\hat{\theta}_2$의 분포가 $N(1.2\theta,\ 0.02\theta^2)$이라고 하자. 제곱평균오차의 기준에서 어느 추정량이 더 좋은 추정량인가?

풀이 식 (5.2.4)를 바탕으로 추정량 $\hat{\theta}_1$의 제곱평균오차를 얻으면

$$MSE\left[\hat{\theta}_1\right] = 0.04\theta^2 + (1.1\theta - \theta)^2 = 0.05\theta^2$$

이고, 추정량 $\hat{\theta}_2$의 제곱평균오차를 얻으면

$$MSE\left[\hat{\theta}_2\right] = 0.02\theta^2 + (1.2\theta - \theta)^2 = 0.06\theta^2$$

이다. 그러므로 $\hat{\theta}_1$가 $\hat{\theta}_2$보다 제곱평균오차의 기준에서 더 좋은 추정량이다.

지금까지 오차의 기댓값 (편의) 기준과 오차 제곱의 기댓값 (제곱평균오차) 기준에서 각각 '더 좋은' 추정량이 어떤 것인지 살펴보았다. 그렇다면 이 두 기준을 함께 생각하여 불편 추정량이면서 제곱평균오차가 가장 작은 추정량이 가장 좋은 추정량이라고 할 수 있다.

뜻매김 5.2.5 최소분산 불편 추정량[24)]

편의가 0인 추정량 가운데에서 분산이 가장 작은 추정량을 최소분산 불편 추정량이라고 한다.

보기 5.2.10 모집단의 분포가 $N(\mu, \sigma^2)$일 때 표본 $X_1,\ X_2,\ \cdots,\ X_n$을 생각하자. 이때 모평균 μ의 최소분산 불편 추정량은 표본평균 $\overline{X}$이고, 모분산 σ^2의 최소분산 불편 추정량은 표본분산 S^2이라는 것이 알려져 있다.

일반적으로 어떤 모수에 대한 모든 불편 추정량 가운데에서 분산이 가장 작은 것을 찾기는 그리 쉽지 않다. 따라서 5.2.2절에서는 표본의 1차 항으로만 이루어진 선형함수 꼴의 불편 추정량을 고려하고, 그 가운데에서 분산이 가장 작은 것을 찾아본다.

---

24) minimum variance unbiased estimator (MVUE)

5.2.2 선형 추정량

모수 θ에 대한 추정량은 표본 X_1, X_2, $\cdots$, X_n의 함수 꼴이므로 일반적으로 $g(X_1, X_2, \cdots, X_n)$과 같이 나타낼 수 있다. 이때 $\hat{\theta} = g(X_1, X_2, \cdots, X_n)$이 최소분산 불편 추정량이 되도록 하는 함수 $g(\cdot)$를 찾는 것은 일반적으로 매우 어려운 문제이므로, 함수의 꼴을 제한하여 분산이 가장 작은 불편 추정량을 찾기도 한다. 이제 가장 단순한 함수 꼴, 다시 말하면, 표본의 1차 항으로만 이루어진 선형 함수 꼴의 불편 추정량 가운데에서 분산이 가장 작은 것을 찾아보자.

뜻매김 5.2.6 선형 추정량25), 최량 선형 불편 추정량26)

모수 θ에 대한 추정량 가운데에서 표본 $X_1, X_2, \cdots, X_n$을 선형 결합하여 얻은 추정량, 곧

$$\hat{\theta} = a_1 X_1 + a_2 X_2 + \cdots + a_n X_n \tag{5.2.6}$$

을 선형 추정량이라고 한다. 여기에서 $a_1, a_2, \cdots, a_n$은 상수이다. 또 편의가 0인 선형 추정량을 선형 불편 추정량이라고 하고, 선형 불편 추정량 가운데에서 분산이 가장 작은 것을 최량 선형 불편 추정량이라고 한다.

보기 5.2.11 최량 선형 불편 추정량

평균이 μ이고 분산이 σ^2인 모집단에서 표본 X_1과 X_2를 바탕으로 평균 μ의 선형 추정량

$$\hat{\mu} = a_1 X_1 + a_2 X_2$$

를 구성하였다. 이제 이 추정량 $\hat{\mu}$가 모평균 μ의 최량 선형 불편 추정량일 때 a_1과 a_2를 얻어 보자.

풀이 먼저 $\hat{\mu}$가 모평균 μ의 불편 추정량이려면

$$E[\hat{\mu}] = a_1 E[X_1] + a_2 E[X_2] = (a_1 + a_2)\mu = \mu$$

이어야 하므로, $a_1 + a_2 = 1$이다. 다음으로

$$Var[\hat{\mu}] = a_1^2 \, Var[X_1] + a_2^2 \, Var[X_2] = (a_1^2 + a_2^2)\sigma^2$$

---

25) linear estimator

26) best linear unbiased estimator (BLUE)

이므로, $a_1^2 + a_2^2$이 가장 작을 때 불편 추정량 가운데에서 $\hat{\mu}$의 분산이 가장 작다. 따라서

$$a_1^2 + a_2^2 = a_1^2 + (1 - a_1)^2 = 2\left(a_1 - \frac{1}{2}\right)^2 + \frac{1}{2}$$

이므로, $a_1 = \frac{1}{2}$이고 $a_2 = 1 - \frac{1}{2} = \frac{1}{2}$일 때 $\hat{\mu}$가 최량 선형 불편 추정량이다.

5.2.3 최대우도 추정량*

추정량의 함수 꼴을 선형으로 제한하지 않고 좋은 추정량을 찾을 때에는 모수를 변수로 본 확률밀도함수 또는 확률질량함수를 가장 크게 만드는 추정량을 찾는 방법이 널리 쓰인다.

뜻매김 5.2.7* 최대우도 추정량[27]

확률밀도함수가 $f_X(x,\theta)$이거나 확률질량함수가 $p_X(x,\theta)$인 표본 $X_1, X_2, \cdots, X_n$을 바탕으로 얻은 추정량

$$\hat{\theta} = \underset{\theta}{\arg\max}\, L(X_1, X_2, \cdots, X_n, \theta) \tag{5.2.7}$$

을 최대우도 추정량, 최대비슷함 추정량, 또는 최우 추정량이라고 하고 $L(X_1, X_2, \cdots, X_n, \theta)$를 우도함수[28]라고 한다. 여기에서 $\underset{\theta}{\arg\max}\, g(x,\theta)$는 $g(x,\theta)$를 가장 크게 만드는 θ를 가리키고, X가 연속 확률변수일 때

$$L(X_1, X_2, \cdots, X_n, \theta) = f_X(X_1, \theta) \times f_X(X_2, \theta) \times \cdots \times f_X(X_n, \theta) \tag{5.2.8}$$

이며, X가 이산 확률변수일 때

$$L(X_1, X_2, \cdots, X_n, \theta) = p_X(X_1, \theta) \times p_X(X_2, \theta) \times \cdots \times p_X(X_n, \theta) \tag{5.2.9}$$

이다.

우도함수는 각 표본의 확률밀도함수 또는 확률질량함수의 곱이므로 우도함수의 대수[29]를 취하면 곱이 덧셈으로 바뀌어 계산이 쉬워진다. 또한 대수 함수는 느는 함수이

27) maximum likelihood (ML) estimator
28) likelihood function

므로 최대우도 추정량은

$$\hat{\theta} = \underset{\theta}{\arg\max} \ln L(X_1, X_2, \cdots, X_n, \theta) \tag{5.2.10}$$

과 같이 얻을 수 있다. 이때 $\ln L(X_1, X_2, \cdots, X_n, \theta)$를 **대수 우도함수**[30]라고 한다.

최대우도 추정량으로 모수를 추정하는 점추정 기법을 **최대우도 추정법** 또는 줄여서 **최우추정법**이라고 한다.

보기 5.2.12* 베르누이 성공확률의 추정량

확률변수 X의 분포가 베르누이 분포임은 알고 있으나 성공확률 p를 모른다고 할 때, p의 최대우도 추정량을 얻어 보자.

풀이 확률변수 X의 확률질량함수가 $p_X(x,p) = p^x(1-p)^{1-x}$이므로, X에서 얻은 확률표본 $X_1, X_2, \cdots, X_n$은 서로 독립이고 확률질량함수가 $p_X(x,p)$인 확률변수들이다. 따라서 우도함수는

$$\begin{aligned} L(X_1, X_2, \cdots, X_n, p) &= \prod_{i=1}^{n} p^{X_i}(1-p)^{1-X_i} \\ &= p^{X_1+X_2+\cdots+X_n}(1-p)^{n-(X_1+X_2+\cdots+X_n)} \\ &= p^{n\overline{X}}(1-p)^{n-n\overline{X}} \end{aligned}$$

이고, 대수 우도함수는

$$\ln L(X_1, X_2, \cdots, X_n, p) = n\overline{X}\ln p + n(1-\overline{X})\ln(1-p)$$

이다. 대수 우도함수를 가장 크게 만드는 모수 p를 얻고자 대수 우도함수를 p로 미분한 뒤 그 값을 0으로 두면

$$\frac{d}{dp}\ln L(X_1, X_2, \cdots, X_n, p) = \frac{n\overline{X}}{p} - \frac{n(1-\overline{X})}{1-p} = 0$$

이다. 위 식을 p에 대하여 풀면, 베르누이 분포에서 성공확률 p의 최대우도 추정량은

$$\hat{p} = \overline{X} = \frac{1}{n}\sum_{i=1}^{n} X_i$$

임을 알 수 있다. 바꾸어 말하면, 성공확률 p의 최대우도 추정량은 표본 $X_1, X_2, \cdots, X_n$의 표본평균이다.

29) logarithm, log

30) log likelihood function

보기 5.2.13* **정규분포에서 기댓값과 분산의 추정량**

확률변수 X의 분포가 정규분포라고 하자. 이제 분산 σ^2을 알고 있을 때 기댓값 μ의 최대우도 추정량과 기댓값 μ를 알고 있을 때 분산 σ^2의 최대우도 추정량을 얻어 보자.

풀이 먼저 분산은 알고 있으나 기댓값을 모를 때 X의 확률밀도함수를 $f_X(x,\mu)=\dfrac{1}{\sqrt{2\pi\sigma^2}}\exp\left\{-\dfrac{(x-\mu)^2}{2\sigma^2}\right\}$으로 쓸 수 있고, X의 확률표본 X_1, $X_2,\cdots,X_n$은 서로 독립이고 확률밀도함수가 $f_X(x,\mu)$인 확률변수들이다. 따라서 우도함수는

$$\begin{aligned}L(X_1,X_2,\cdots,X_n,\ \mu) &= \prod_{i=1}^{n}\frac{1}{\sqrt{2\pi\sigma^2}}\exp\left[-\frac{(X_i-\mu)^2}{2\sigma^2}\right] \\ &= \left(\frac{1}{\sqrt{2\pi\sigma^2}}\right)^n \exp\left[-\frac{1}{2\sigma^2}\sum_{i=1}^{n}(X_i-\mu)^2\right]\end{aligned}$$

이고, 대수 우도함수는

$$\ln L(X_1,X_2,\cdots,X_n,\ \mu)=-\frac{n}{2}\ln(2\pi\sigma^2)-\frac{1}{2\sigma^2}\sum_{i=1}^{n}(X_i-\mu)^2$$

이다. 보기 5.2.12에서 거친 과정과 비슷하게 대수 우도함수를 가장 크게 만드는 모수 μ를 얻고자 대수 우도함수를 μ로 미분한 뒤 그 값을 0으로 두면

$$\frac{d}{d\mu}\ln L(X_1,X_2,\cdots,X_n,\ \mu) = \frac{1}{\sigma^2}\sum_{i=1}^{n}(X_i-\mu) = \frac{n}{\sigma^2}(\overline{X}-\mu) = 0$$

이다. 이 식을 풀면 정규분포에서 기댓값 μ의 최대우도 추정량은

$$\hat{\mu}=\overline{X}=\frac{1}{n}\sum_{i=1}^{n}X_i$$

임을 알 수 있다. 마찬가지 방법으로 기댓값은 알고 있으나 분산 σ^2을 모를 때 X의 확률밀도함수를 $f_X(x,\sigma^2)=\dfrac{1}{\sqrt{2\pi\sigma^2}}\exp\left[-\dfrac{(x-\mu)^2}{2\sigma^2}\right]$으로 쓸 수 있으므로, 대수 우도함수는

$$\ln L(X_1,X_2,\cdots,X_n,\ \sigma^2)=-\frac{n}{2}\ln(2\pi\sigma^2)-\frac{1}{2\sigma^2}\sum_{i=1}^{n}(X_i-\mu)^2$$

이다. 대수 우도함수를 σ^2으로 미분한 뒤 그 값을 0으로 두면

$$\begin{aligned}\frac{d}{d\sigma^2}\ln L(X_1,\cdots,X_n,\ \sigma^2) &= -\frac{n}{2\sigma^2}+\frac{1}{2\sigma^4}\sum_{i=1}^{n}(X_i-\mu)^2 \\ &= -\frac{1}{2\sigma^2}\left\{n-\frac{1}{\sigma^2}\sum_{i=1}^{n}(X_i-\mu)^2\right\} = 0\end{aligned}$$

이고, 이 식을 풀면 정규분포에서 분산 σ^2의 최대우도 추정량은

$$\widehat{\sigma^2} = \frac{1}{n}\sum_{i=1}^{n}(X_i - \mu)^2$$

임을 알 수 있다.

보기 5.2.14* 지수 분포에서 비율의 추정량

확률변수 X의 분포가 지수 분포임은 알고 있으나 비율 λ를 모를 때, λ의 최대우도 추정량을 얻어 보자.

풀이 확률변수 X의 확률밀도함수가 $f_X(x,\lambda) = \lambda e^{-\lambda x}$이므로, X에 대한 확률표본 $X_1, X_2, \cdots, X_n$은 서로 독립이고 확률밀도함수가 $f_X(x,\lambda)$인 확률변수들이다. 따라서 우도함수는

$$L(X_1, X_2, \cdots, X_n, \lambda) = \prod_{i=1}^{n} \lambda e^{-\lambda X_i} = \lambda^n e^{-\lambda(X_1 + X_2 + \cdots + X_n)}$$

이고, 대수 우도함수는

$$\ln L(X_1, X_2, \cdots, X_n, \lambda) = n \ln \lambda - \lambda \sum_{i=1}^{n} X_i$$

이다. 대수 우도함수를 가장 크게 만드는 모수 λ를 얻고자 대수 우도함수를 미분한 뒤 그 값을 0으로 두면

$$\frac{d}{d\lambda} \ln L(X_1, X_2, \cdots, X_n, \lambda) = \frac{n}{\lambda} - \sum_{i=1}^{n} X_i = 0$$

이다. 이 식을 풀면 지수 분포에서 모수 λ의 최대우도 추정량은

$$\hat{\lambda} = \frac{n}{\sum_{i=1}^{n} X_i} = \frac{1}{\overline{X}}$$

임을 알 수 있다. 한 가지 덧붙이자면 모수가 λ일 때 지수 분포의 기댓값이 $\frac{1}{\lambda}$이므로 $\frac{1}{\lambda} = \mu$로 두고 $\ln L(X_1, X_2, \cdots, X_n, \mu)$를 가장 크게 만드는 μ를 찾으면, 지수 분포에서 기댓값의 최대우도 추정량이

$$\hat{\mu} = \sum_{i=1}^{n} X_i = \overline{X} = \frac{1}{\hat{\lambda}}$$

임을 알 수 있다.

5.3 신뢰구간 추정

5.2절에서는 표본을 써서 모집단의 모수를 점추정하는 방법을 살펴보았다. 불편 추정일 때에는 표본이 끝없이 많으면 점추정이 모수에 수렴하지만 표본 수가 유한한 실제 환경에서는 점추정 값과 모수의 참값 사이에 오차가 생기기 마련이다. 그러나 이 오차가 얼마인지 알 수 없고, 따라서 점추정 값이 얼마나 믿을 만한지를 알 수 없다. 이 절에서는 어느 정도의 확신을 가지고 모수의 참값이 포함될 것으로 생각되는 구간을 추정하는 방법을 소개한다.

5.3.1 신뢰구간과 신뢰수준

미리 정해진 어느 정도의 확률로 모수 θ의 참값을 포함하리라고 생각되는 구간을 추정하는 것을 구간 추정이라고 한다. 이때 미리 정해진 어느 정도의 확률을 신뢰수준 또는 신뢰계수라고 하며, 일반적으로 $1-\alpha$로 나타낸다.

뜻매김 5.3.1 구간 추정량[31], 신뢰구간[32], 신뢰수준[33]

모수 θ에 대한 확률표본 $X_1, X_2, \cdots, X_n$으로 얻은 두 통계량 Θ_L과 Θ_U에 대해

$$P(\Theta_L < \theta < \Theta_U) = 1-\alpha \tag{5.3.1}$$

을 만족시키는 (Θ_L, Θ_U)를 모수 θ의 구간 추정량이라고 하고, 표본 값이 $X_1 = x_1,\ X_2 = x_2,\ \cdots,\ X_n = x_n$일 때 얻은 구간 추정량의 실현 값 (θ_L, θ_U)를 모수 θ에 대한 신뢰수준 $1-\alpha$인 신뢰구간이라고 한다.

신뢰수준 $1-\alpha$는 백분율로 표기하며, 주로 90%, 95%, 99%를 사용한다. 이때 95% 신뢰수준이라고 함은 표본을 여러 번 발생시켜 신뢰구간에 대한 추정값을 m개 얻었을 때, 그 가운데에서 신뢰구간 추정값 $0.95m$개쯤이 모수 θ의 참값을 포함할 것임을 나타낸다. 한편, 신뢰수준이 $1-\alpha$일 때 α를 **유의수준**이라고 부르며, 주로 쓰는 신뢰수준 90%, 95%, 99%에 해당하는 유의수준 α는 0.1, 0.05, 0.01이다.

---

31) interval estimator
32) confidence interval
33) level of confidence

보기 5.3.1 선거에서의 신뢰구간과 신뢰수준의 적용

방송에서 "이번 선거에 대해 성인 1000명으로 표본조사한 결과 신뢰수준 95%에서 '가' 후보에 대한 지지율이 48%이고 오차 한계가 ±2%이다." 라고 말했다고 하자. 그러면, 그 뜻은 $\alpha = 0.05$인 구간 추정량 (Θ_L, Θ_U)에 이번 표본조사의 대상자 1000명의 지지율 값을 대입하여 얻은 결과가 $(\theta_L, \theta_U) = (0.46,\ 0.50)$이라는 것이다. 다시 말하면, 결과를 95% 정도 신뢰하는 방법으로 얻은 표본 조사 결과에서 '가' 후보에 대한 지지율이 46%에서 50% 사이로 나타났다는 것이다.

뜻매김 5.3.2 두쪽 신뢰구간[34]과 한쪽 신뢰구간[35]

신뢰구간의 아래 끝 (하한) θ_L과 위 끝 (상한) θ_U가 모두 유한하면 두쪽 신뢰구간, θ_U만 유한하면 위 끝이 있는 한쪽 신뢰구간, θ_L만 유한하면 아래 끝이 있는 한쪽 신뢰구간이라고 한다.

쉽게 알 수 있듯이 두쪽 신뢰구간은 여러 개 존재할 수 있는데, 그 가운데에서 모수의 특성과 분포에 따라 알맞게 고른다. 일반적으로 점추정량 값을 두쪽 신뢰구간의 한 가운데에 둔다. 그림 5.3.1은 모수 θ에 대한 신뢰구간을 그림으로 보인 것이다.

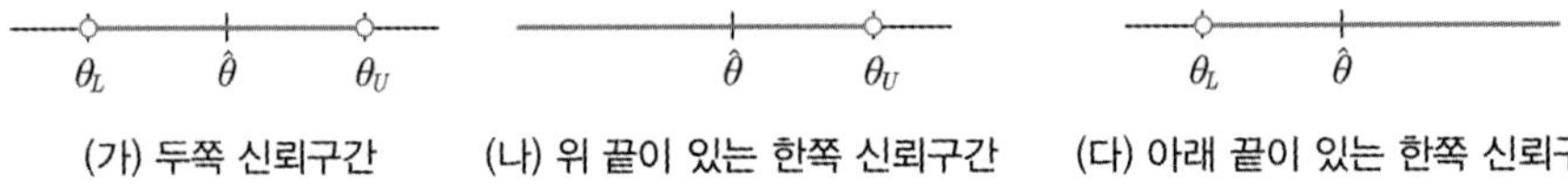

그림 5.3.1 모수 θ에 대한 신뢰구간

5.3.2 모평균 신뢰구간 추정: 모분산을 알 때

이 절에서는 모집단의 분산을 알고 있을 때, 가장 대표적인 통계량인 표본평균 $\overline{X} = \frac{1}{n}\sum_{i=1}^{n} X_i$를 바탕으로 $z-$통계량을 써서 모평균의 신뢰구간을 얻는 방법을 소개한다. 한편, 모집단의 분산을 모를 때에는 다른 통계량을 써서 모평균의 신뢰구간을 얻어야 하며, 그 방법은 6장에서 자세히 다루기로 한다.

---

34) two-sided confidence interval
35) one-sided confidence interval

뜻매김 5.3.3 z-통계량

평균이 μ이고 분산이 σ^2인 모집단에서 추출한 표본 $X_1, X_2, \cdots, X_n$을 생각하자. 이제 표본평균이 $\overline{X}$일 때 확률변수

$$Z = \frac{\sqrt{n}(\overline{X} - \mu)}{\sigma} \tag{5.3.2}$$

를 z-통계량이라고 한다.

정리 5.3.1 **z-통계량의 분포**

표본 수 n이 충분히 크면 z-통계량 Z의 분포는 표준정규분포 $N(0,1)$로 어림할 수 있다.

증명 모집단의 분포가 정규분포일 때에는 표본평균 $\overline{X} = \frac{1}{n}\sum_{i=1}^{n} X_i$의 분포가 정규분포 $N\left(\mu, \frac{\sigma^2}{n}\right)$이고, 따라서 z-통계량 $Z = \frac{\sqrt{n}(\overline{X} - \mu)}{\sigma}$의 분포가 표준정규분포 $N(0,1)$이라는 것을 쉽게 알 수 있다. 모집단의 분포가 정규분포가 아닐 때에는 표본 수 n이 충분히 크면 정리 5.1.1을 바탕으로 표본평균 $\overline{X} = \frac{1}{n}\sum_{i=1}^{n} X_i$의 분포를 $N\left(\mu, \frac{\sigma^2}{n}\right)$으로 어림할 수 있다. 바꾸어 말하면, $Z = \frac{\sqrt{n}(\overline{X} - \mu)}{\sigma}$의 분포는 $N(0,1)$로 어림할 수 있다.

표준정규분포를 띠는 z-통계량의 구간과 확률을 얻을 때 식 (3.3.15)에서 다룬 함수 $Q(z)$가 자주 쓰인다. 함수 $Q(z)$는 표준정규 확률변수 Z가 z보다 클 확률, 다시 말하면 그림 5.3.2에 보인 것처럼 표준정규분포의 오른쪽 꼬리 부분을 적분하여 얻은 확률 $P(Z > z)$이다. 이제 상수 α를 생각할 때

$$Q(z) = \int_z^\infty \frac{1}{\sqrt{2\pi}} \exp\left(-\frac{x^2}{2}\right) dx = \alpha \tag{5.3.3}$$

을 만족시키는 z 값인

$$z_\alpha = Q^{-1}(\alpha) \tag{5.3.4}$$

를 **표준정규분포의 임계값**[36]이라고 하고, z-통계량을 바탕으로 하는 신뢰구간 추정에 자주 쓴다.

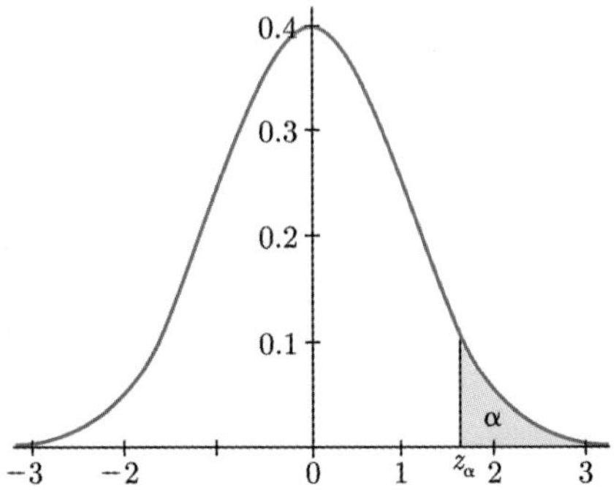

그림 5.3.2 표준정규분포의 임계값 z_α

정리 5.3.2 모평균의 신뢰구간 추정: 모분산을 알 때

모분산 σ^2을 알고 있고 표본 크기 n이 크다면, 모평균 μ를 표본평균 $\overline{X}$로 추정할 때 신뢰수준이 $1-\alpha$인 두쪽 신뢰구간은

$$\left(\overline{X}-\frac{\sigma}{\sqrt{n}}z_{\frac{\alpha}{2}},\ \overline{X}+\frac{\sigma}{\sqrt{n}}z_{\frac{\alpha}{2}}\right) \tag{5.3.5}$$

이고, 위 끝이 있는 한쪽 신뢰구간은

$$\left(-\infty,\ \overline{X}+\frac{\sigma}{\sqrt{n}}z_\alpha\right) \tag{5.3.6}$$

이며, 아래 끝이 있는 한쪽 신뢰구간은

$$\left(\overline{X}-\frac{\sigma}{\sqrt{n}}z_\alpha,\ \infty\right) \tag{5.3.7}$$

이다. 식 (5.3.5)~(5.3.7)을 모평균에 대한 z-구간이라고 하기도 한다.

두쪽 신뢰구간은 점추정량을 한 가운데에 두므로, 모평균 μ를 표본평균 $\overline{X}$로 추정할 때 두쪽 신뢰구간은 $(\overline{X}-d,\ \overline{X}+d)$ 모양으로 둘 수 있다. 신뢰수준이 $1-\alpha$인, 다시 말하면

36) critical value

$$P(\overline{X}-d<\mu<\overline{X}+d)=1-\alpha \tag{5.3.8}$$

을 만족시키는 d를 찾으면 신뢰수준이 $1-\alpha$인 두쪽 신뢰구간을 얻을 수 있다. 이제 표본 크기 n이 충분히 크다면 정리 5.3.1에 따라 Z의 분포를 $N(0,1)$로 어림할 수 있으므로

$$\begin{aligned} P(\overline{X}-d<\mu<\overline{X}+d) &= P\left(-\frac{d\sqrt{n}}{\sigma}<Z<\frac{d\sqrt{n}}{\sigma}\right) \\ &\approx 1-2Q\left(\frac{d\sqrt{n}}{\sigma}\right) \end{aligned} \tag{5.3.9}$$

를 얻을 수 있고, (5.3.8)을 $2Q\left(\frac{d\sqrt{n}}{\sigma}\right)\approx\alpha$ 또는

$$\frac{d\sqrt{n}}{\sigma}\approx Q^{-1}\left(\frac{\alpha}{2}\right)=z_{\frac{\alpha}{2}} \tag{5.3.10}$$

처럼 쓸 수 있다. 따라서 $d\approx\frac{\sigma}{\sqrt{n}}z_{\frac{\alpha}{2}}$이며, 신뢰구간 추정량 (5.3.5)를 얻을 수 있다.

마찬가지로 신뢰수준이 $1-\alpha$인 한쪽 신뢰구간은 모평균 μ가 표본평균 $\overline{X}$를 중심으로 $(-\infty,\ \overline{X}+d)$ 또는 $(\overline{X}-d,\ \infty)$ 구간에 있을 확률이 $1-\alpha$인, 다시 말하면

$$P(\mu<\overline{X}+d)=1-\alpha \text{ 또는 } P(\overline{X}-d<\mu)=1-\alpha \tag{5.3.11}$$

을 만족시키는 d를 각각 얻으면 된다. 이제

$$P(\mu<\overline{X}+d)=P\left(Z>-\frac{d\sqrt{n}}{\sigma}\right)\approx 1-Q\left(\frac{d\sqrt{n}}{\sigma}\right) \tag{5.3.12}$$

이고

$$P\left(\overline{X}-d<\mu\right)=P\left(Z<\frac{d\sqrt{n}}{\sigma}\right)\approx 1-Q\left(\frac{d\sqrt{n}}{\sigma}\right) \tag{5.3.13}$$

이므로 (5.3.11)을 $Q\left(\frac{d\sqrt{n}}{\sigma}\right)\approx\alpha$처럼 쓸 수 있다. 따라서 $d\approx z_{\alpha}\frac{\sigma}{\sqrt{n}}$이고, 한쪽 신뢰구간은 식 (5.3.6)과 (5.3.7)처럼 쓸 수 있다.

신뢰구간은 임계값 $z_{\frac{\alpha}{2}}$와 z_{α}를 알면 쉽게 얻을 수 있으므로, 자주 쓰는 신뢰수준 90%, 95%, 99%에, 곧 유의수준 $\alpha=0.10$, 0.05, 0.01에 해당하는 $z_{\frac{\alpha}{2}}$와 z_{α} 값을 얻어서 표 5.3.1에 정리하였다. 임계값은 무리수일 때가 많으며, 표 5.3.1에서는 임계값을 소수점 이하 넷째 자리에서 반올림하여 소수점 이하 셋째 자리로 나타내었다.

표 5.3.1 임계값 z_c

c	0.100	0.050	0.025	0.010	0.005
z_c	1.282	1.645	1.960	2.326	2.576

그림 5.3.3과 그림 5.3.4는 신뢰수준이 95%인 두쪽 신뢰구간과 한쪽 신뢰구간을 얻는 z−통계량 Z의 분포를 그림으로 보인 것이다. 특히, 그림 5.3.4의 (가)와 같이 z−통계량이 임계값보다 클 확률에서 위 끝이 있는 한쪽 신뢰구간을 얻고, 그림 5.3.4의 (나)와 같이 z−통계량이 임계값보다 작을 확률에서 아래 끝이 있는 한쪽 신뢰구간을 얻음을 새겨 두자.

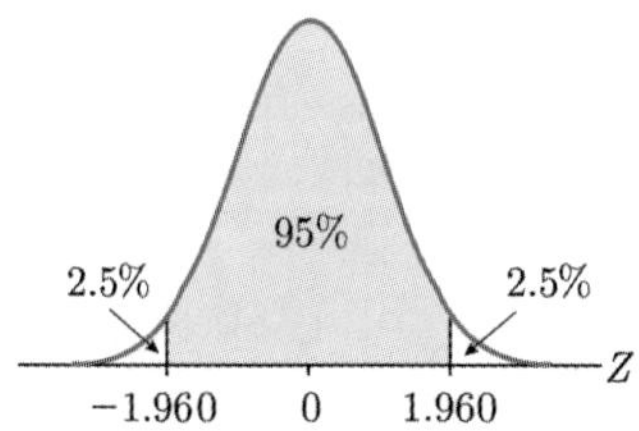

그림 5.3.3 신뢰수준이 95%인 두쪽 신뢰구간을 얻는 통계량의 분포

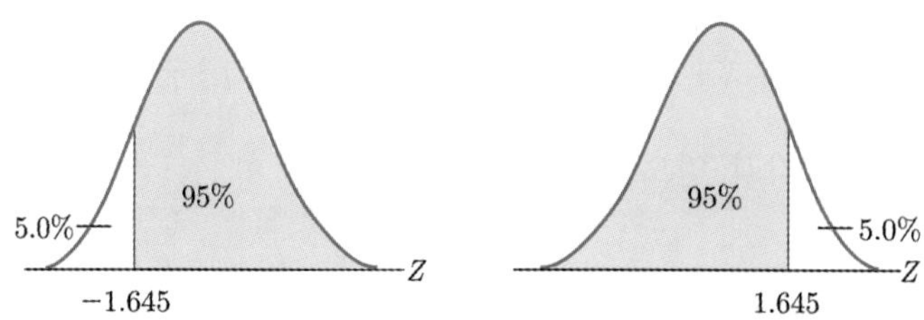

(가) 식 (5.3.12)를 얻는 분포 (나) 식 (5.3.13)을 얻는 분포

그림 5.3.4 신뢰수준이 95%인 한쪽 신뢰구간을 얻는 통계량의 분포

정리 5.3.2에서 볼 수 있듯이 표본 크기 (표본 수) n을 고정하고 신뢰수준을 높이면 신뢰구간이 길어짐을 볼 수 있다. 바꾸어 말하면, 동일한 신뢰수준을 유지하면서 신뢰구간의 정밀도를 높이려면 표본 크기를 늘려야 한다.

보기 5.3.2 신뢰수준이 95%인 두쪽 신뢰구간

신뢰수준이 95%이면 유의수준은 $\alpha = 0.05$이고 두쪽 신뢰구간의 문턱값을 얻을 때에 필요한 임계값 $z_{\frac{\alpha}{2}} = z_{0.025}$는 표 5.3.1에서 1.960임을 알 수 있다. 이에 해당하는 z−통계량의 분포는 그림 5.3.3과 같고, 모평균의 두쪽 신뢰구간은

$$\left(\overline{X}-1.960\frac{\sigma}{\sqrt{n}},\ \overline{X}+1.960\frac{\sigma}{\sqrt{n}}\right)$$

이다.

보기 5.3.3 신뢰수준이 99%인 두쪽 신뢰구간

신뢰수준이 99%이면 유의수준은 $\alpha = 0.01$이고 두쪽 구간의 문턱값을 얻을 때에 필요한 임계값 $z_{\frac{\alpha}{2}} = z_{0.005}$는 표 5.3.1에서 2.576이다. 따라서 모평균의 두쪽 신뢰구간은

$$\left(\overline{X}-2.576\frac{\sigma}{\sqrt{n}},\ \overline{X}+2.576\frac{\sigma}{\sqrt{n}}\right)$$

이다.

보기 5.3.4 신뢰수준이 95%인 한쪽 신뢰구간

신뢰수준이 95%이면 $\alpha = 0.05$이므로 한쪽 구간의 문턱값을 얻을 때에 필요한 임계값 $z_{\alpha}=z_{0.05}$를 표 5.3.1에서 찾으면 1.645이다. 따라서 모평균의 위 끝이 있는 한쪽 신뢰구간은

$$\left(-\infty,\ \overline{X}+1.645\frac{\sigma}{\sqrt{n}}\right)$$

이고, 아래 끝이 있는 한쪽 신뢰구간은

$$\left(\overline{X}-1.645\frac{\sigma}{\sqrt{n}},\ \infty\right)$$

이다.

보기 5.3.5 저항 값의 신뢰구간

한 회사에서 저항을 만들 때 그 표준편차가 20 Ω이라고 한다. 어떤 저항 값을 갖는 저항 100개를 표본추출하여 표본평균 502 Ω을 얻었다. 저항 값의 모평균에 대해 신뢰수준이 95%와 99%인 두쪽 신뢰구간을 유효숫자 네 자리로 얻어 보자.

풀이 표준편차를 알고 있으므로 신뢰구간은 z-통계량으로 얻을 수 있다. 표본 크기가 $n = 100$이고 표준편차가 20 Ω이며, 표본평균은 502 Ω이므로 신뢰수준이 95%인 두쪽 신뢰구간은

$$\left(502-1.960\times\frac{20}{\sqrt{100}},\ 502+1.960\times\frac{20}{\sqrt{100}}\right)\approx(498.1,\ 505.9)\ \Omega$$

이고, 신뢰수준이 99%인 두쪽 신뢰구간은

$$\left(502-2.576\times\frac{20}{\sqrt{100}},\ 502+2.576\times\frac{20}{\sqrt{100}}\right)\approx(496.8,\ 507.2)\ \Omega$$

이다.

보기 5.3.6 중학생 키에 대한 한쪽 신뢰구간

한 도시에서 중학생 400명의 키를 재어 얻은 표본평균이 168 cm이다. 그 도시의 중학생 키의 표준편차는 10 cm로 알려져 있다. 이때 신뢰수준 95%에서 모평균에 대한 한쪽 신뢰구간을 유효숫자 네 자리로 얻어 보자.

풀이 표준편차를 알고 있으므로 신뢰구간은 z–통계량으로 얻을 수 있다. 표본 크기가 $n=400$이고 표준편차가 10 cm이며 표본평균은 168 cm이므로, 95% 신뢰수준에서 위 끝이 있는 한쪽 신뢰구간은

$$\left(-\infty,\ 168+1.645\times\frac{10}{\sqrt{400}}\right)\approx(-\infty,\ 168.8)\ \text{cm}$$

이고, 아래 끝이 있는 한쪽 신뢰구간은

$$\left(168-1.645\times\frac{10}{\sqrt{400}},\ \infty\right)\approx(167.2,\infty)\ \text{cm}$$

이다. 사람의 키는 현실적으로 0보다 크기 때문에, 이 문제에서는 위 끝이 있는 한쪽 신뢰구간을 $(0,\ 168.8)$ cm로 나타내기도 한다.

보기 5.3.7 신뢰구간과 최소 표본 수

분산이 100인 어떤 통계 자료의 모집단에서 표본을 추출하여 표본평균으로 모평균을 추정할 때 신뢰수준이 90%, 95%, 99%인 두쪽 신뢰구간의 길이가 2보다 작게 되는 최소 표본 수를 각각 얻어 보자.

풀이 식 (5.3.5)에서 알 수 있듯이 신뢰구간의 길이는 $2\frac{\sigma}{\sqrt{n}}z_{\frac{\alpha}{2}}$이다. 그러므로 모표준편차가 $\sigma=10$이라는 것을 새기면, $2\times\frac{10}{\sqrt{n}}z_{\frac{\alpha}{2}}<2$이고, 따라서

$$n > 100 \times z_{\frac{\alpha}{2}}^2$$

이다. 신뢰수준 90%, 95%, 99%에 해당하는 $z_{\frac{\alpha}{2}}$는 각각 1.645, 1.960, 2.576이므로, 필요한 표본 수는 각각

$$n = 271 > 100 \times (1.645)^2 \approx 270.6,$$
$$n = 385 > 100 \times (1.960)^2 \approx 384.2,$$
$$n = 664 > 100 \times (2.576)^2 \approx 663.6$$

이다.

5.3.3 모비율 신뢰구간 추정

특정 사건이 발생할 확률인 모비율 p에 대한 불편 추정량으로 5.2절에서 표본비율 $\hat{p}$를 살펴보았다. 이 절에서는 표본비율 $\hat{p}$를 이용한 모비율 p의 신뢰구간을 추정하고자 한다. 표본 수가 충분히 크면 표본비율의 어림 분포는 정리 5.1.3에서 볼 수 있듯이 $N\left(p, \frac{p(1-p)}{n}\right)$이다. 따라서 표본비율 $\hat{p}$의 분포를 정규분포로 어림할 때 모비율 p에 대한 신뢰구간을 다음과 같이 추정할 수 있다.

정리 5.3.3 모비율에 대한 신뢰구간 추정

표본 n개로 얻은 표본비율 $\hat{p}$로 모비율 p를 추정할 때, 신뢰수준이 $1-\alpha$인 두 쪽 신뢰구간은

$$\left(\hat{p} - z_{\frac{\alpha}{2}}\sqrt{\frac{\hat{p}(1-\hat{p})}{n}},\ \hat{p} + z_{\frac{\alpha}{2}}\sqrt{\frac{\hat{p}(1-\hat{p})}{n}}\right) \tag{5.3.14}$$

이고, 위 끝이 있는 한쪽 신뢰구간은

$$\left(0,\ \hat{p} + z_{\alpha}\sqrt{\frac{\hat{p}(1-\hat{p})}{n}}\right) \tag{5.3.15}$$

이며, 아래 끝이 있는 한쪽 신뢰구간은

$$\left(\hat{p} - z_{\alpha}\sqrt{\frac{\hat{p}(1-\hat{p})}{n}},\ 1\right) \tag{5.3.16}$$

이다.

정규분포로 어림하여 얻은 모비율에 대한 신뢰구간 추정은 표본 수 n이 충분히 클 때, 곧 $n\hat{p} \ge 5$ 그리고 $n(1-\hat{p}) \ge 5$일 때 적용하는 것이 좋다. 또한 두쪽 신뢰구간에서 신뢰구간의 길이를 $2d$ 이하로 하려면, 표본 수는

$$n \ge \frac{\hat{p}(1-\hat{p})}{d^2} z_{\frac{\alpha}{2}}^2 \tag{5.3.17}$$

이어야 한다.

보기 5.3.8 몬테카를로 모의실험을 이용한 모비율 추정

몬테카를로 모의실험은 특정 사건의 확률 값을 예측하기 위에 독립 실험을 거듭 수행하는 것이다. 보기를 들어, 어떤 기계가 동작할 때마다 0 또는 1을 출력한다고 하자. 그 기계가 1을 출력할 확률 p를, 곧 모비율을, 추정하기 위해 기계를 n번 동작시켜 나온 출력 n개를 고려하자. 모든 출력을 보았을 때 1이 나온 수가 k이면 모비율 p를 표본비율 $\hat{p} = \frac{k}{n}$라고 추정할 수 있다. 이제 출력 표본 수가 $n = 10$이고 출력이 1인 표본 수가 $k = 4$일 때 신뢰수준이 95%인 모비율 p의 신뢰구간을 얻어 소수점 이하 넷째 자리로 나타내어 보자.

풀이 두쪽 신뢰구간을 추정하면 $\hat{p} = 0.4$이고 $z_{\frac{\alpha}{2}} \approx 1.960$이므로 식 (5.3.14)에서

$$\left(0.4 - 1.960 \times \sqrt{\frac{0.4 \times 0.6}{10}},\ 0.4 + 1.960 \times \sqrt{\frac{0.4 \times 0.6}{10}}\right)$$
$$\approx (0.0964, 0.7036)$$

이다. 한쪽 신뢰구간을 추정하면 $\hat{p} = 0.4$이고 $z_\alpha \approx 1.645$이므로 식 (5.3.15)와 (5.3.16)에서

$$\left(0,\ 0.4 + 1.645 \times \sqrt{\frac{0.4 \times 0.6}{10}}\right) \approx (0, 0.6548)$$

또는

$$\left(0.4 - 1.645 \times \sqrt{\frac{0.4 \times 0.6}{10}},\ 1\right) \approx (0.1452, 1)$$

이다.

보기 5.3.9 몬테카를로 모의실험을 이용한 모비율 추정

보기 5.3.8에서 기계 출력 표본 수를 $n=100$으로 바꾸어 실험하였을 때 $k=40$이었다. 신뢰수준이 95%인 모비율 p의 신뢰구간을 얻어 소수점 이하 넷째 자리로 나타내어 보자.

풀이 두쪽 신뢰구간을 추정하면 $\hat{p}=0.4$이고 $z_{\frac{\alpha}{2}} \approx 1.960$이므로 식 (5.3.14)에서

$$\left(0.4-1.960\times\sqrt{\frac{0.4\times0.6}{100}},\ 0.4+1.960\times\sqrt{\frac{0.4\times0.6}{100}}\right)$$
$$\approx(0.3040,0.4960)$$

이고, 한쪽 신뢰구간을 추정하면 $\hat{p}=0.4$이고 $z_{\alpha}\approx1.645$이므로 식 (5.3.15)와 (5.3.16)에서

$$\left(0,\ 0.4+1.645\times\sqrt{\frac{0.4\times0.6}{100}}\right)\approx(0,0.4806)$$

또는

$$\left(0.4-1.645\times\sqrt{\frac{0.4\times0.6}{100}},\ 1\right)\approx(0.3194,1)$$

이다. 표본 수가 $n=10$일 때와 $n=100$일 때를 비교하면 표본 크기가 커질수록 신뢰구간이 줄어드는 것을 볼 수 있다.

5.4 가설검정

이제까지는 표본을 바탕으로 모수의 값이나 범위를 추정하는 방법을 다루었다. 이 절에서는 모집단의 통계적 성질 또는 모수에 대하여 두 가지 가설을 세우고, 어느 가설이 더 믿을 만한지를 표본을 바탕으로 판단하는 방법을 살펴보자.

5.4.1 가설검정

가설검정 문제는 표본을 바탕으로 모집단의 모수 또는 분포에 대한 통계적 가설의 참 또는 거짓을 판정하는 것이다. 검정의 대상이 되는 가설을 **귀무가설**[37]이라고 하

37) null hypothesis

고 H_0으로 나타내며, 이에 반대되는 가설을 **대립가설**[38]이라고 하고 H_1로 나타낸다. 가설검정 문제에서는 모집단에 대한 귀무가설 H_0과 대립가설 H_1 가운데에서 좀 더 믿을 만한 가설을 선택한다.

뜻매김 5.4.1 가설검정

가설검정 문제는 모집단의 통계적 특성에 대한 귀무가설

$$H_0\text{: 모집단의 분포는 } F_0\text{이다}$$

와 그에 대한 대립가설

$$H_1\text{: 모집단의 분포는 } F_1\text{이다}$$

에서 어떤 가설이 옳은지 결정하는 것이다.

그림 5.4.1은 모집단의 확률밀도함수를 보인 것이다. 두 모집단의 분포 모양이 완전히 다를 수도 있고, 모양은 같으나 평균과 분산이 다를 수도 있다.

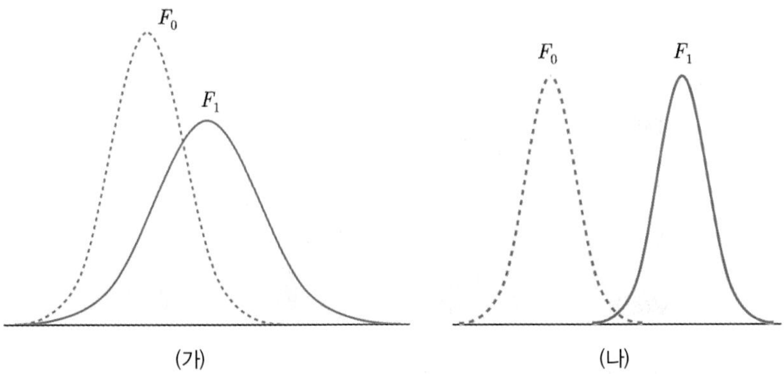

그림 5.4.1 서로 다른 통계적 특성을 보이는 모집단

대체로 모평균 또는 모분산과 같은 모수가 모집단의 분포를 잘 나타내기 때문에, 보통 이런 모수의 참값에 대한 가설검정 문제를 많이 다룬다. 모집단의 모수 θ에 대한 가설검정 문제는 귀무가설이 H_0: $\theta = \theta_0$이고, 그에 대한 대립가설은 H_1: $\theta \neq \theta_0$, H_1: $\theta > \theta_0$, 또는 H_1: $\theta < \theta_0$ 가운데 하나로 주어진다.

38) alternative hypothesis

뜻매김 5.4.2 모수에 대한 두쪽 가설검정[39)]

모집단의 모수 θ에 대해

$$H_0:\ \theta = \theta_0 \qquad (5.4.1)$$
$$H_1:\ \theta \neq \theta_0$$

을 검정하는 것을 두쪽 가설검정이라고 한다.

뜻매김 5.4.3 모수에 대한 한쪽 가설검정[40)]

모집단의 모수 θ에 대해

$$\begin{aligned} H_0&:\ \theta = \theta_0 \\ H_1&:\ \theta < \theta_0 \end{aligned} \qquad (5.4.2)$$

를 검정하는 것을 왼쪽 가설검정이라고 하고,

$$\begin{aligned} H_0&:\ \theta = \theta_0 \\ H_1&:\ \theta > \theta_0 \end{aligned} \qquad (5.4.3)$$

을 검정하는 것을 오른쪽 가설검정이라고 한다.

모집단의 모수에 대해 두쪽 가설검정을 할 것인지 한쪽 가설검정을 할 것인지는 가설검정의 목적과 뜻 있는 대립가설이 무엇인지를 보아 결정한다. 보기로 "도시 '가'의 고등학생 평균 키가 170 cm이다."라는 가설을 고려해 보자. 도시 '가'의 고등학생 평균 키 μ에 대한 귀무가설은 H_0: $\mu = 170$이다. 이때 가설검정 문제가 단순히 그 도시의 고등학생 키가 170 cm가 아님을 보이고자 한다면 대립가설을 H_1: $\mu \neq 170$로 설정하고 두쪽 가설검정을 수행한다. 그러나 가설검정 문제가 그 도시의 특정 요인으로 고등학생 키가 170 cm보다 큰지를 살펴보고자 하는 것이라면 대립가설을 H_1: $\mu > 170$로 설정하고 한쪽 가설검정을 수행한다.

39) two-sided test
40) one-sided test

보기 5.4.1 변압기 품질 조사

변압기를 생산하는 회사에서 제품의 품질을 확인하고자 한다. 변압기 정격 출력 전압이 7 V일 때, 출력 전압이 이보다 너무 높거나 낮으면 문제를 일으킬 수 있다. 따라서 변압기 품질 조사 시험은

$$H_0:\ \mu = 7$$
$$H_1:\ \mu \neq 7$$

로 가설을 세우고 두쪽 가설검정을 수행한다.

보기 5.4.2 미세먼지 농도 검정

한 공기청정기 회사에서 출시한 제품의 공기 정화 능력이 100 l/분을 넘는다고 광고하였다. 그러나 소비자들이 이 제품을 써 본 뒤 공기 정화 능력이 광고만큼 크지 않다고 생각하여 소비자 단체에 제보하였다. 이 공기청정기 회사에서는 출시한 제품의 광고가 과장이 아님을 보이기 위해

$$H_0:\ \mu = 100$$
$$H_1:\ \mu > 100$$

와 같이 가설을 세우고 한쪽 가설검정을 수행하는 것이 바람직하다. 여기에서 공기청정기 회사의 주장은 대립가설 H_1이며, 회사는 출시된 제품을 표본 조사하여 대립가설 H_1이 귀무가설 H_0보다 더 믿을 만하다는 것을 보여야 한다.

보기 5.4.3 새로운 약의 효과 조사

몸무게를 줄인다는 새로운 약이 효과가 있는지를 판정하는 가설검정 문제를 고려해 보자. 이 약을 먹기 전에 피실험자의 평균 몸무게가 60 kg이었을 때 이 약이 효과가 있는지를 살펴본다고 하자. 이 약은 몸무게가 줄어야 효과가 있으므로 약을 먹은 뒤 피실험자의 평균 몸무게를 모수 μ로 둘 때 귀무가설과 대립가설을

$$H_0:\ \mu = 60$$
$$H_1:\ \mu < 60$$

으로 두어 한쪽 가설검정을 수행하는 것이 바람직하다.

이와 같이 가설을 세운 뒤에는 가설검정에 쓰는 통계량인 **검정 통계량**41)을 결정하고 검정 통계량을 쓸 때 일어나는 오류의 허용 수준을 결정하여야 한다. 보기를 들어, 모집단의 모분산을 알고 있으면 모평균에 대한 검정 통계량으로 z-통계량을 쓰고 모분산을 모르면 다른 통계량을 쓴다. 이 절에서는 모분산을 알고 있다고 두고 z-통계량을 바탕으로 하는 가설검정을 설명하고, 모분산을 모를 때의 가설검정 문제는 6장에서 자세히 다루기로 한다.

모분산이 σ^2인 모집단에서 추출한 표본 n개를 바탕으로 모평균 μ가 μ_0라는 귀무가설을 검정하는 데에 쓰는 검정 통계량은 식 (5.3.2)의 μ 자리에 μ_0을 넣은

$$Z_0 = \frac{\sqrt{n}\left(\overline{X} - \mu_0\right)}{\sigma} \tag{5.4.4}$$

이다.

보기 5.4.4 변압기 검정을 위한 z-통계량

보기 5.4.1의 변압기 검정 문제에서 변압기 출력 전압의 표준편차가 0.1 V일 때, 변압기 100개를 추출하여 얻은 출력 전압 표본의 표본평균 $\overline{X}$을 써서 가설을 검정한다면, 검정 통계량은 $Z_0 = 100\left(\overline{X} - 7\right)$이다.

5.4.2 기각역과 유의수준

가설검정에 쓸 검정 통계량이 결정되면 검정 통계량을 바탕으로 귀무가설 H_0을 받아들이는 (채택하는) 영역과 대립가설 H_1을 받아들이는, 다시 말해 H_0을 버리는 (기각하는) 영역을 얻은 뒤 가설검정을 수행한다.

뜻매김 5.4.4 채택역과 기각역

가설검정 문제에서 귀무가설 H_0을 받아들이는 영역을 채택역이라고 하고, 귀무가설 H_0을 버리고 대립가설 H_1을 받아들이는 영역을 기각역이라고 한다.

여기에서 "대립가설 H_1을 받아들인다42)"라는 것은 "귀무가설 H_0을 버린다43)"라는 뜻이므로, 채택역과 기각역을 각각 A_0과 A_1이라고 쓰면, 이 두 영역은 $A_1 = A_0^c$

41) test statistic
42) accept
43) reject

인 관계에 있다.

가설검정 문제에서는 표본을 바탕으로 판정을 내리기 때문에 오류가 일어날 수 있다. 먼저 실제로는 귀무가설 H_0이 참인데 H_0을 버리는 오류를 제1종 오류라고 하고, 대립가설 H_1이 참인데 귀무가설 H_0을 받아들이는 오류를 제2종 오류라고 한다. 표 5.4.1은 검정 결과와 그에 따른 오류를 정리한 것이다.

표 5.4.1 검정 결과 및 검정 오류

검정 결과	H_0이 참	H_1이 참
H_0을 받아들임	옳은 결정	제2종 오류
H_0을 버림 (H_1을 받아들임)	제1종 오류	옳은 결정

뜻매김 5.4.5 제1종 오류 확률

가설검정 문제에서 귀무가설 H_0이 참일 때 귀무가설 H_0을 버리고 대립가설 H_1을 받아들이는 확률을 제1종 오류 확률이라고 한다.

일반적으로 가설검정에서 제1종 오류가 발생할 확률을 유의수준 α로 두고 이를 기준으로 가설을 검정한다. 그림 5.4.2는 표본평균을 바탕으로 모평균에 대한 두쪽 가설을 검정할 때 검정 통계량의 분포와 기각역을 보인 것이다. 이 그림에서 아래 문턱값 k_1보다 작거나 위 문턱값 k_2보다 큰 값들의 모임이 기각역 A_1인데, 검정 통계량이 기각역 A_1에 들어갈 확률이 α가 되도록 문턱값을 결정한다. 일반적으로 모평균에 대한 두쪽 가설검정일 때에는 왼쪽 기각역과 오른쪽 기각역의 확률을 $\frac{\alpha}{2}$로 같게 둔다.

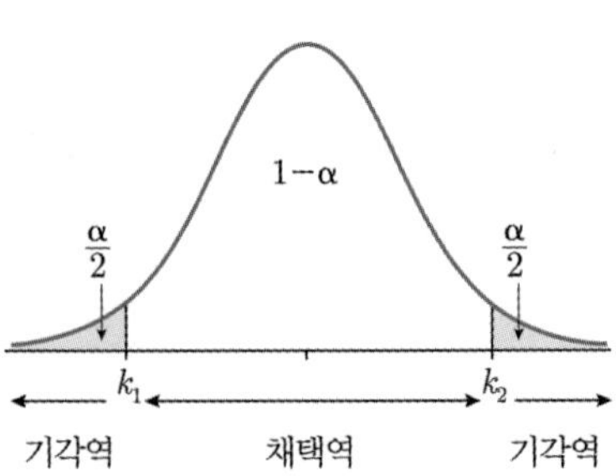

그림 5.4.2 두쪽 가설검정의 기각역과 유의수준

한편, 모평균에 대한 한쪽 가설검정일 때에는 그림 5.4.3에 보인 것과 같이 기각역의 확률이 α가 되도록 왼쪽 문턱값 k_1 또는 오른쪽 문턱값 k_2를 정한다.

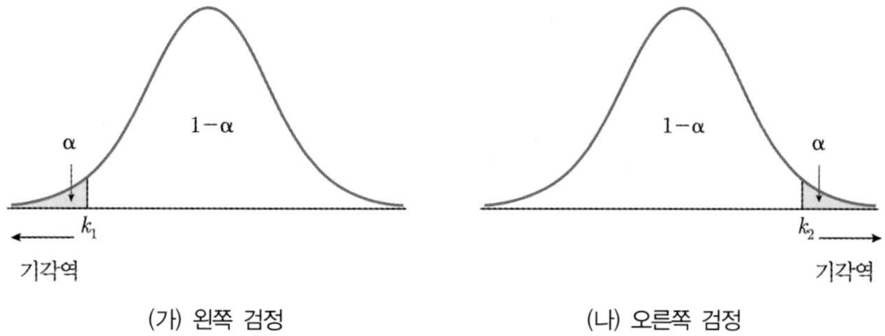

그림 5.4.3 한쪽 가설검정의 기각역과 유의수준

정리 5.4.1 모분산을 알 때 모평균 가설검정의 기각역

모평균 가설검정에서 검정 통계량으로 z−통계량 (5.4.4)를 쓸 때, 유의수준이 α인 기각역 A_1은 다음과 같다.

(1) 두쪽 검정

$$A_1 = \left\{ |Z_0| \geq z_{\frac{\alpha}{2}} \right\} \tag{5.4.5}$$

(2) 왼쪽 검정

$$A_1 = \{ Z_0 \leq -z_{\alpha} \} \tag{5.4.6}$$

(3) 오른쪽 검정

$$A_1 = \{ Z_0 \geq z_{\alpha} \} \tag{5.4.7}$$

정리 5.4.1의 식 (5.4.5)~(5.4.7)이 나타내는 기각역을 표 5.4.2에 정리하였다.

표 5.4.2 모평균 가설검정 문제와 기각역

검정의 종류	귀무가설과 대립가설	기각역 (색칠한 부분의 가로축 좌표)
두쪽 검정	$H_0 : \mu = \mu_0$ $H_1 : \mu \neq \mu_0$	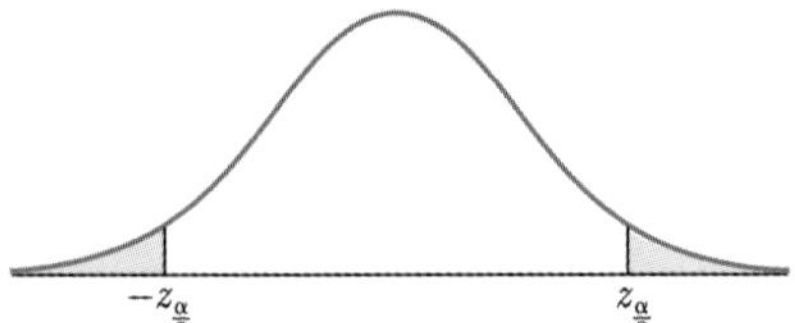
왼쪽 검정	$H_0 : \mu = \mu_0$ $H_1 : \mu < \mu_0$	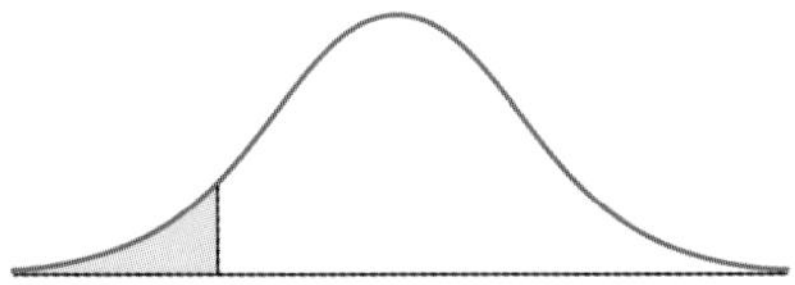
오른쪽 검정	$H_0 : \mu = \mu_0$ $H_1 : \mu > \mu_0$	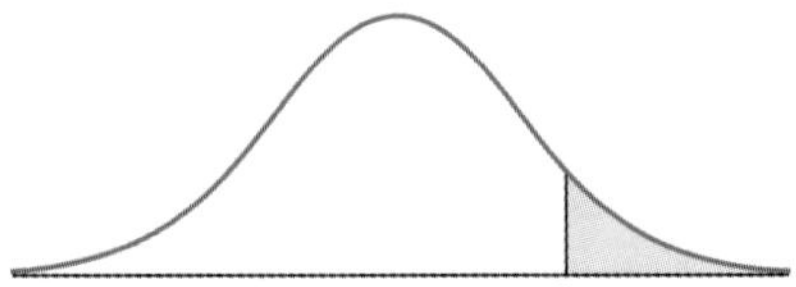

유의수준 α가 0.10, 0.05, 0.01일 때 두쪽 검정과 한쪽 검정의 기각역을 표 5.4.3에 보였다.

표 5.4.3 유의수준에 따른 기각역

기각역 \ 유의수준	$\alpha = 0.1$	$\alpha = 0.05$	$\alpha = 0.01$
두쪽 검정 기각역	$\vert Z_0 \vert \geq 1.645$	$\vert Z_0 \vert \geq 1.960$	$\vert Z_0 \vert \geq 2.576$
왼쪽 검정 기각역	$Z_0 \leq -1.282$	$Z_0 \leq -1.645$	$Z_0 \leq -2.326$
오른쪽 검정 기각역	$Z_0 \geq 1.282$	$Z_0 \geq 1.645$	$Z_0 \geq 2.326$

5.4.3 가설검정 순서와 보기

가설검정의 순서를 정리하면 표 5.4.4와 같다.

표 5.4.4 가설검정 순서

1. 귀무가설과 대립가설을 세운다.
2. 유의수준 α를 정한다.
3. 검정 통계량을 정한다.
4. 기각역을 얻는다. 바꾸어 말하면, 기각역의 문턱값을 얻는다.
5. 통계량 값을 얻어 귀무가설을 채택 또는 기각한다.

보기 5.4.5 변압기 출력 전압 조사

한 공장에서 생산하는 변압기의 정격 출력 전압을 측정한 값은 정규분포를 띤다고 한다. 이 정규분포의 평균이 7 V인지 조사하고자 변압기 9대를 골라 출력 전압을 측정하여 다음의 결과를 얻었다. 출력 전압의 모표준편차가 0.2 V일 때 정격 전압이 7 V인지 유의수준 5%에서 검정해 보자. 계산 과정에서 표본평균과 통계량 값은 유효숫자 네 자리로 나타내어 검정에 사용하기로 하자.

변압기	1	2	3	4	5	6	7	8	9
전압	7.3	7.1	6.8	6.7	7.2	7.1	6.9	7.2	6.9

풀이 아래 순서에 따라 가설을 검정한다.

1. 귀무가설과 대립가설은 다음과 같이 세울 수 있다.

$$H_0:\ \mu = 7$$
$$H_1:\ \mu \neq 7$$

2. 유의수준은 $\alpha = 0.05$이다.

3. 모분산을 알고 있으므로

$$Z_0 = \frac{\sqrt{n}\left(\overline{X} - \mu_0\right)}{\sigma}$$

을 검정 통계량으로 쓴다.

4. 두쪽 검정의 기각역 A_1을 얻는다. 문턱값이 $z_{\frac{\alpha}{2}} = z_{0.025} \approx 1.960$이므로, 기각역은

$$A_1 = \{|Z_0| \geq 1.960\}$$

이다.

5. 통계량 값을 얻고 기각역에 있는지를 판단한다. 알려진 모표준편차가 $\sigma = 0.2$이고, 표본 크기가 $n = 9$이며, 표본평균이 $\overline{X} \approx 7.022$이므로, 통계량 값은

$$Z_0 \approx \frac{\sqrt{9} \times (7.022 - 7)}{0.2} \approx 0.3300$$

이고, $|0.3300| < 1.960$이므로 귀무가설 H_0을 받아들인다. 따라서 유의수준 5%에서 변압기의 정격 출력 전압이 7 V라고 할 수 있다.

보기 5.4.6 자동차 연비

자동차 연비가 정규분포를 따른다고 두자. 새 차의 연비를 추정하고자 새 차 16대의 연비를 조사하여 다음 자료를 얻었다. 모표준편차가 1 km/ℓ일 때 연비가 20 km/ℓ인지 유의수준 5%에서 검정하여라. 계산 과정에서 표본평균과 통계량 값은 유효숫자 네 자리로 나타내어 검정에 사용하기로 하자.

자동차 번호	1	2	3	4	5	6	7	8
연비	19.3	20.4	19.0	18.8	21.2	20.4	18.2	19.2
자동차 번호	9	10	11	12	13	14	15	16
연비	18.0	20.5	18.6	19.2	20.4	21.2	19.0	18.8

풀이 아래 순서에 따라 가설을 검정한다.

1. 귀무가설과 대립가설은 다음과 같이 세울 수 있다.

$$H_0:\ \mu = 20$$
$$H_1:\ \mu < 20$$

2. 유의수준은 $\alpha = 0.05$이다.
3. 모표준편차를 알고 있으므로

$$Z_0 = \frac{\sqrt{n}\left(\overline{X} - \mu_0\right)}{\sigma}$$

   을 검정 통계량으로 쓴다.
4. 기각역 A_1을 얻는다. 문턱값이 $-z_\alpha = -z_{0.05} \approx -1.645$이므로, 기각역은

$$A_1 = \{Z_0 \le -1.645\}$$

   이다.
5. 통계량 값을 얻고 기각역에 있는지를 판정한다. 알려진 모표준편차가 $\sigma = 1$이고, 표본 크기가 $n = 16$이며, 표본평균이 $\overline{X} \approx 19.51$이므로, 통계량 값은

$$Z_0 = \frac{\sqrt{n}\left(\overline{X} - \mu_0\right)}{\sigma} \approx \sqrt{16}\,(19.51 - 20) \approx -1.960$$

   이고, $-1.960 < -1.645$이므로 귀무가설 H_0을 버린다. 따라서 유의수준 5%에서 연비가 20 km/ℓ라고 말하기 어렵다.

연습문제

문제 5.1.1 어떤 반에서 학생 열 명의 시험 결과가 다음과 같을 때, 표본평균과 표본 표준편차를 얻으시오.

표본	10	8	6	12	14	18	16	14	10	12

문제 5.1.2 자연수로 이루어진 모집단에서 짝수의 비율은 70%인 것으로 알려져 있다. 이때 크기가 50인 확률표본을 얻었고 이 가운데에서 30개가 짝수라고 하자. 표본비율과 표본비율의 점근 분포를 얻으시오.

문제 5.1.3 봉투 속에 1이 적힌 종이, 2가 적힌 종이, …, 9가 적힌 종이가 한 장씩 들어 있다. 이 모집단에서 크기가 4인 표본을 추출하되, 한 장씩 꺼내어 숫자를 확인하고 다시 봉투에 넣었다. 종이에 적힌 숫자의 산술평균을 $\overline{X}$라고 할 때, $\overline{X}$의 분산을 얻으시오.

문제 5.1.4 평균이 μ이고 분산이 σ^2인 모집단에서 표본 $X_1, X_2, \cdots, X_n$을 추출하였을 때, 표본평균의 분산이 $Var[\overline{X}] = \dfrac{\sigma^2}{n}$임을 (5.1.4)에서 보았다. 모집단의 크기가 끝없이 크다고 하자. 크기가 끝없이 큰 표본의 표본평균의 분산과 크기가 1인 표본의 표본평균의 분산을 얻으시오.

문제 5.1.5 어떤 공장에서 만드는 반도체 부품 가운데에서 불량품은 5%라고 한다. 반도체 부품 200개를 추출하여 조사하였을 때,
(가) 불량품의 비율이 4.5% 이상 5.5% 이하가 될 확률을 얻으시오.
(나) 양호한 부품의 비율이 모비율에서 1% 이내의 범위에 들어갈 확률을 얻으시오.

문제 5.1.6* 분포가 $N(\mu_X, \sigma_X^2)$인 확률변수 X와 분포가 $N(\mu_Y, \sigma_Y^2)$인 확률변수 Y가 서로 독립이다. 확률변수 X에 대한 표본을 n개 추출하여 얻은 표본평균을 $\overline{X}$, 확률변수 Y에 대한 표본을 m개 추출하여 얻은 표본평균을 $\overline{Y}$라고 하자. 이때 $\overline{X} - \overline{Y}$의 분포를 얻으시오.

문제 5.2.1 평균이 μ이고 분산이 σ^2인 모집단에서 얻은 표본 X_1, X_2, X_3을 바탕으로 모평균에 대한 세 추정량

$$\hat{\mu}_1 = \frac{X_1}{3} + \frac{X_2}{3} + \frac{X_3}{3},$$

$$\hat{\mu}_2 = \frac{X_1}{3} + \frac{X_2}{4} + \frac{X_3}{5},$$

$$\hat{\mu}_3 = \frac{X_1}{4} + \frac{X_2}{4} + \frac{X_3}{4} + \frac{1}{4}$$

을 얻었다.

(가) 세 추정량 가운데에서 불편 추정량은 어느 것인가?

(나) 세 추정량 가운데에서 분산이 가장 작은 추정량은 어느 것인가?

(다) 모평균이 $\mu > 5$이고 모분산이 $\sigma^2 = 1$임이 알려져 있을 때, 세 추정량 가운데에서 제곱평균오차가 가장 작은 추정량은 어느 것인가?

문제 5.2.2 모수 θ의 추정량을 $\hat{\theta}$라고 할 때, 제곱평균오차를

$$MSE[\hat{\theta}] = Var[\hat{\theta}] + E^2[\epsilon(\hat{\theta})]$$

과 같이 추정량의 분산과 편의로 나타낼 수 있음을 보이시오.

문제 5.2.3 평균이 0이고 분산이 σ^2인 정규분포를 따르는 모집단에서 얻은 확률표본 X_1과 X_2를 바탕으로 분산 σ^2의 추정량

$$\widehat{\sigma^2} = a_1 X_1^2 + a_2 X_2^2$$

을 생각하자. 추정량 $\widehat{\sigma^2}$가 분산이 가장 작은 불편 추정량일 때, a_1과 a_2를 얻으시오.

문제 5.2.4 확률변수 X의 분포가 포아송 분포임은 알고 있으나 포아송 매개변수 α를 모른다고 할 때, α의 최대우도 추정량을 얻으시오.

문제 5.2.5* 어떤 장치의 수명이 지수 분포를 따른다고 알려져 있다. 이 장치 n개를 T초 동안 시험하였더니 k개가 시험 기간 안에 망가졌다. 이 장치의 평균 수명에 대한 최대우도 추정량을 얻으시오.

문제 5.2.6* 모집단의 분포가 평균이 μ이고 분산이 σ^2인 정규분포이다. 이때 확률표본 $X_1, X_2, \cdots, X_n$을 바탕으로 얻은 기댓값 μ의 최량 선형 불편 추정량이 최대우도 불편 추정량과 같음을 보이시오.

문제 5.3.1 어느 회사에서 만든 전구 수명의 모표준편차가 10시간이라고 알려져 있다. 그 회사 전구 225개의 수명을 재어 보니 표본평균이 223시간이었다. 평균 수명에 대한 95% 두쪽 신뢰구간을 유효숫자 네 자리로 얻으시오.

문제 5.3.2 문제 5.1.1의 표본은 학생들이 20점 만점인 시험을 치른 결과이며 모집단의 분포는 표준편차가 2인 정규분포라고 알려져 있다.

(가) 신뢰수준이 95%인 두쪽 신뢰구간을 유효숫자 네 자리로 얻으시오.

(나) 위 (가)에서 얻은 신뢰구간의 길이를 반으로 줄이려면 표본 크기가 얼마이어야 하는가?

문제 5.3.3 보기 5.3.5에서 저항 표본 100개로 얻은 모평균에 대한 99% 두쪽 신뢰구간이 $(496.85,\ 507.15)$이었다. 이제 99% 신뢰수준에서 구간의 길이가 10보다 작은 신뢰구간을 얻으려면, 표본이 적어도 몇 개 더 필요한가?

문제 5.3.4 자연수로 이루어진 모집단에서 짝수의 비율을 생각하자. 크기가 100인 확률표본에서 80개가 짝수이었다. 이때 신뢰수준이 95%인 모비율의 신뢰구간을 얻으시오.

문제 5.3.5 표본 크기가 충분히 커서 표본비율의 분포를 정규분포로 어림할 수 있을 때, 어떤 사람이 표본비율 $\hat{p}$로 모비율 p를 추정하고자 한다. 이 사람이 크기가 200인 표본을 분석하여 표본비율 $\hat{p}=0.3$을 얻었고, 따라서 신뢰수준 95%로 모비율이 0.25와 0.35 사이의 값이라고 주장한다면, 이 사람의 말을 믿을 수 있는가?

문제 5.3.6* 디지털 통신 시스템의 비트 오류율 p를 추정하고자 보기 5.3.8에서 다룬 몬테카를로 모의실험을 수행한다고 하자. 모의실험을 n번 수행할 때 비트 오류가 나온 수행 횟수가 k이면 비트 오류율을 $\hat{p}=\dfrac{k}{n}$라고 추정한다.

(가) 추정한 비트 오류율이 $\hat{p}=10^{-3}$일 때 신뢰수준이 99%인 두쪽 신뢰구간을 n의 함수로 나타내시오.

(나) 신뢰구간이 추정한 비트 오류율 $\hat{p}=10^{-3}$의 $\pm 10^{-4}$ 이내로 나오려면, 모의실험을 몇 번 수행하여야 하는가?

문제 5.4.1 표적 탐지 시스템에서 표적이 없을 때 관측되는 값은 평균이 0이고 분산이 0.16인 정규분포를 따르는 잡음이라고 알려져 있다. 이 표적 탐지 시스템에서 얻은 표본 20개의 표본평균이 0.31일 때, 표적이 없다고 할 수 있는지를 유의수준 1%에서 검정하시오.

문제 5.4.2 전압만을 보내고 받는 매우 단순한 매개체를 생각하자. 이 매개체는 잡음을 일으켜 전압을 받을 때 잡음이 더해진다. 이 잡음은 평균이 0 V이고 분산이 1 V^2인 정규분포를 따르는 확률변수라고 한다. 이 매개체를 거쳐 광수가 한재에게 정보 0 또는 1을 보내는데, 정보 0을 보낼 때는 -1 V의 전압으로, 정보 1을 보낼 때는 $+1$ V의 전압으로 동일하게 10번 보낼 것이라고 한재와 미리 약속해 두었다. 한재가

$$H_0\text{: 받은 전압이 0 V보다 작거나 같다}$$
$$H_1\text{: 받은 전압이 0 V보다 크다}$$

로 가설을 세우고, 귀무가설 H_0이 대립가설 H_1보다 더 믿을 만하면 광수가 0을 보낸 것으로 생각하고, 대립가설 H_1이 귀무가설 H_0보다 더 믿을 만하면 광수가 1을 보낸 것으로 생각한다. 받은 10개의 표본을 분석해 보니 표본평균이 0.2 V이었다. 한재는 광수가 어느 정보를 보낸 것이라고 생각하겠는가? 이 가설검정 결과의 오류확률을 유효숫자 네 자리로 얻으시오.

문제 5.4.3 자연수로 이루어진 모집단의 원소 가운데에서 짝수의 비율을 생각하자. 크기가 100인 확률표본에서 65개가 짝수이다. 모비율을 p라고 할 때,

$$H_0: \ p = 0.5$$
$$H_1: \ p \neq 0.5$$

로 가설을 세우고, 유의수준 0.05로 두쪽 가설검정을 수행하시오.

문제 5.4.4 어떤 수신기의 출력이 입력 전압과 잡음을 더한 것이고, 이때 잡음은 기댓값이 0 V이고 분산이 4 V^2인 정규분포를 따른다.

(가) 수신기 출력을 n번 독립적으로 측정한 결과를 바탕으로 수신기 출력이 0인지를 유의수준 1%에서 검정하는 방법을 표본 크기의 함수로 나타내시오.

(나) 측정 횟수가 16회일 때의 표본평균이 -0.75 V이었다면 검정의 결과는 무엇인가?

문제 5.4.5* 레이더 시스템에서는 수신 신호의 확률표본을 활용하여 적기가 없는지 있는지를 검출한다. 레이더 수신 신호는 적기가 없을 때 모평균이 0이고 모표준편차가 4인 정규분포를, 적기가 있을 때 모평균이 0보다 크면서 모표준편차가 4인 정규분포를 따른다.

(가) 표본평균을 바탕으로 적기가 있는지 없는지를 판정하는 가설검정 문제를 세우고 유의수준 5%에서 검정하는 방법을 표본 크기의 함수로 나타내시오.

(나) 표본 크기가 100이고 표본평균이 1일 때 적기가 있는지를 판별하시오.

문제 5.4.6* 어떤 모집단에 대한 아래 두 가설

H_0: 평균이 4이고 표준편차가 8인 정규분포

H_1: 평균이 12이고 표준편차가 2인 정규분포

를 생각하자. 이 모집단에서 얻은 크기가 n인 표본에서 표본평균 $\overline{X}$를 얻고 $\overline{X}$가 10보다 크면, 귀무가설 H_0을 버리고 대립가설 H_1을 받아들인다. 이때 제1종 오류 확률을 표본 크기의 함수로 나타내시오.

6장

통계의 활용

모집단의 분산을 알고 있을 때에는 5장에서 다룬 z-통계량을 바탕으로 구간 추정이나 가설검정을 거쳐 모평균에 대해 통계적으로 추론할 수 있다. 그러나 실제 표본조사에서는 모집단의 분산을 모르는 상태에서 통계적으로 추론해야 하는 때가 많이 일어난다. 이 장에서 정규분포를 따르는 모집단에서 모분산을 모를 때의 분석법을 다룬다. 더 나아가 두 모집단이 통계적으로 차이가 있는지 여부를 다루는 모집단 비교 분석법과 두 모집단에서 얻은 표본의 통계적 관계를 알아보는 회귀분석의 기초를 살펴본다.

6.1 모평균 분석

표본 크기가 충분히 클 때는 표본평균의 분포를 정규분포로 어림할 수 있고, 이에 더하여 모집단의 분산을 알고 있다면 $z-$통계량을 표준정규 확률변수로 둘 수 있다는 점을 활용하여, 표본 크기가 충분히 클 때 모평균에 대해 추론하는 방법을 5장에서 살펴보았다. 이 절에서는 정규분포를 따르는 모집단에서 얻은 표본을 바탕으로, 모분산을 모를 때 모분산 대신에 표본분산을 쓰는 모평균 분석 방법을 다루어 보자.

6.1.1 모평균 신뢰구간 추정: 모분산을 모를 때

모집단의 분산에 대한 정보 없이 수집한 표본 자료만으로 모평균을 분석하려면 평균의 추정량인 표본평균뿐만 아니라 분산의 추정량인 표본분산까지 고려하는 통계량을 써야 한다.

뜻매김 6.1.1 $t-$통계량[1)]

평균이 μ인 모집단에서 추출한 표본 $X_1, X_2, \cdots, X_n$의 표본평균이 $\overline{X}$, 표본분산이 S^2일 때, 확률변수

$$T = \frac{\sqrt{n}(\overline{X} - \mu)}{S} \tag{6.1.1}$$

을 $t-$통계량이라고 한다.

5장에서 모평균 분석에 쓴 $z-$통계량 $Z = \dfrac{\sqrt{n}(\overline{X} - \mu)}{\sigma}$와 이 장에서 쓸 $t-$통계량 (6.1.1)을 견주어 보자. 표본평균 $\overline{X}$에서 표본평균의 기댓값 μ를 빼고 표본평균의 표준편차 $\dfrac{\sigma}{\sqrt{n}}$로 나누어 표준화한, 다시 말하면 평균이 0, 분산이 1이 되도록 만든 확률변수가 5장에서 다룬 $z-$통계량이라면, 표본평균 $\overline{X}$에서 표본평균의 기댓값 μ를 빼고 표본평균의 '추정한 표준편차'인 $\dfrac{S}{\sqrt{n}}$로 나눈 확률변수가 $t-$통계량이다. 모집단의 분포가 정규분포일 때 표본평균 $\overline{X}$의 분포는 정규분포이고, 그 선형변환인 $z-$통계량은 여전히 정규 확률변수이지만, 모집단의 분포가 정규분포이더라도 $t-$통계량은 아래 정리에서 볼 수 있듯이 정규 확률변수가 아니라 중심 t 확률변수이다.

---

1) t- statistics

정리 6.1.1 t-통계량의 분포

모집단이 정규분포를 따를 때, 크기가 n인 표본으로 얻은 t-통계량은 자유도[2]가 $n-1$인 중심 t 분포[3], 곧 분포 $CT(n-1)$[4]을 따른다.

중심 t 분포의 뜻매김과 정리 6.1.1의 증명은 부록에서 다룬다. 자유도가 ν인 중심 t 분포의 보누적확률 표와 – 이 보누적확률 표를 t 분포표라고 부른다 – 임계값 $t_{\alpha,\nu}$를 나타낸 표는 부록에 두었다. 여기에서 t 분포표는 확률변수 T의 분포가 $CT(\nu)$일 때 가로 ν, 세로 t에 해당하는 값이 확률 $P(T>t)$인 표이다. 또 그림 6.1.1에 보인 것처럼 임계값 $t_{\alpha,\nu}$는 분포 $CT(\nu)$에서 오른쪽 꼬리확률이 α인 지점을 나타낸다. 다시 말하면, 임계값 표에서 가로 α, 세로 ν에 해당하는 값은 확률변수 T의 분포가 $CT(\nu)$일 때 $P(T>t_{\alpha,\nu})=\alpha$인 $t_{\alpha,\nu}$이다. 표준정규분포표의 확률과 임계값이 무리수일 때가 많은 것처럼 중심 t 분포의 확률과 임계값도 무리수일 때가 많으므로, t 분포표와 임계값 $t_{\alpha,\nu}$ 표에서 소수점 이하 셋째 자리까지의 숫자로 나타내었다.

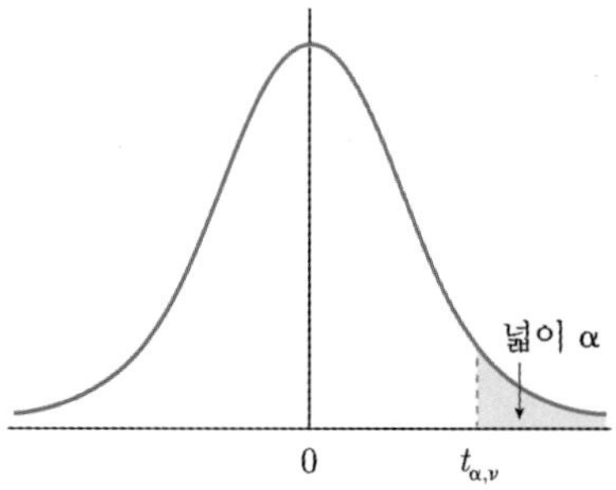

그림 6.1.1 자유도가 ν인 중심 t 분포의 확률밀도함수와 임계값 $t_{\alpha,\nu}$

보기 6.1.1 중심 t 분포

확률변수 T가 자유도 10인 중심 t 분포라고 두자. 이때, 확률 $P(T\geq 1.3)$는 t 분포표의 일부를 뽑아온 표 6.1.1에서 가로 $\nu=10$, 세로 $t=1.3$에 해당하는 값인 0.111이다. 또한 임계값 $t_{0.01,10}$는 중심 t 분포의 임계값 표의 일부를 뽑아온 표 6.1.2에서 가로 $\alpha=0.01$, 세로 $\nu=10$에 해당하는 2.764이다.

---

2) degree of freedom
3) central t distribution 또는 Student's t distribution
4) 중심 t 분포는 일반적으로 T(자유도) 꼴로 쓰지만, 이 책에서는 확률변수 또는 통계량 T와 구별하기 쉽도록 CT(자유도)로 나타낸다.

표 6.1.1 t 분포표 (일부)

$t \setminus \nu$	1	2	3	4	5	6	7	8	9	10	11	12	13	14	15
1.2	.221	.177	.158	.148	.142	.138	.135	.132	.130	.129	.128	.127	.126	.124	.124
1.3	.209	.162	.142	.132	.125	.121	.117	.115	.113	.111	.110	.109	.108	.107	.107
1.4	.197	.148	.128	.117	.110	.106	.102	.100	.098	.096	.095	.093	.092	.091	.091

표 6.1.2 중심 t 분포의 임계값 표 (일부)

자유도 ν	α						
	0.10	0.05	0.025	0.01	0.005	0.001	0.0005
10	1.372	1.812	2.228	2.764	3.169	4.144	4.587
11	1.363	1.796	2.201	2.718	3.106	4.025	4.437
12	1.356	1.782	2.179	2.681	3.055	3.930	4.318

정리 6.1.2 모평균의 신뢰구간: 모분산을 모를 때

정규분포를 따르는 모집단에서 추출한 표본 $X_1, X_2, \cdots, X_n$의 표본평균이 $\overline{X}$이고 표본분산이 S^2라고 하자. 이때 모평균 μ에 대하여 신뢰수준이 $1-\alpha$인 두쪽 신뢰구간은

$$\left(\overline{X} - \frac{S}{\sqrt{n}} t_{\frac{\alpha}{2}, n-1},\ \overline{X} + \frac{S}{\sqrt{n}} t_{\frac{\alpha}{2}, n-1}\right) \tag{6.1.2}$$

이고, 위 끝이 있는 한쪽 신뢰구간은

$$\left(-\infty,\ \overline{X} + \frac{S}{\sqrt{n}} t_{\alpha, n-1}\right) \tag{6.1.3}$$

이며, 아래 끝이 있는 한쪽 신뢰구간은

$$\left(\overline{X} - \frac{S}{\sqrt{n}} t_{\alpha, n-1},\ \infty\right) \tag{6.1.4}$$

이다. 위 신뢰구간 (6.1.2)~(6.1.4)를 t-구간이라고 한다.

먼저 그림 6.1.2 (가)를 써서 신뢰수준이 $1-\alpha$인 두쪽 t-구간에 대하여 좀 더 구체적으로 살펴보자. 자유도가 ν인 중심 t 분포에서 임계값 $t_{\frac{\alpha}{2},\nu}$을 생각하면, 구간 $\left(-t_{\frac{\alpha}{2},\nu}, t_{\frac{\alpha}{2},\nu}\right)$의 확률은 $1-\alpha$가 된다. 또한 표본이 정규분포를 따르면 t-통계량은 분포 $CT(n-1)$을 따르므로

$$
\begin{aligned}
&P\left(-t_{\frac{\alpha}{2},n-1} < T < t_{\frac{\alpha}{2},n-1}\right) \qquad (6.1.5)\\
&= P\left(-t_{\frac{\alpha}{2},n-1} < \frac{\sqrt{n}(\overline{X}-\mu)}{S} < t_{\frac{\alpha}{2},n-1}\right)\\
&= P\left(\overline{X}-\frac{S}{\sqrt{n}}t_{\frac{\alpha}{2},n-1} < \mu < \overline{X}+\frac{S}{\sqrt{n}}t_{\frac{\alpha}{2},n-1}\right)\\
&= 1-\alpha
\end{aligned}
$$

이다. 따라서 신뢰수준이 $1-\alpha$인 모평균 μ의 범위는 식 (6.1.2)와 같다.

다음으로 한쪽 t-구간은 그림 6.1.2 (나)와 (다)에 보인 것처럼 한쪽 꼬리확률이 α인 때이다. 그러므로

$$
\begin{aligned}
P(T > -t_{\alpha,n-1}) &= P\left(\frac{\sqrt{n}(\overline{X}-\mu)}{S} > -t_{\alpha,n-1}\right) \qquad (6.1.6)\\
&= P\left(\mu < \overline{X}+\frac{S}{\sqrt{n}}t_{\alpha,n-1}\right) = 1-\alpha
\end{aligned}
$$

과

$$
\begin{aligned}
P(T < t_{\alpha,n-1}) &= P\left(\frac{\sqrt{n}(\overline{X}-\mu)}{S} < t_{\alpha,n-1}\right) \qquad (6.1.7)\\
&= P\left(\mu > \overline{X}-\frac{S}{\sqrt{n}}t_{\alpha,n-1}\right) = 1-\alpha
\end{aligned}
$$

을 새기면 신뢰수준이 $1-\alpha$인 모평균의 범위 (6.1.3)과 (6.1.4)를 얻을 수 있다.

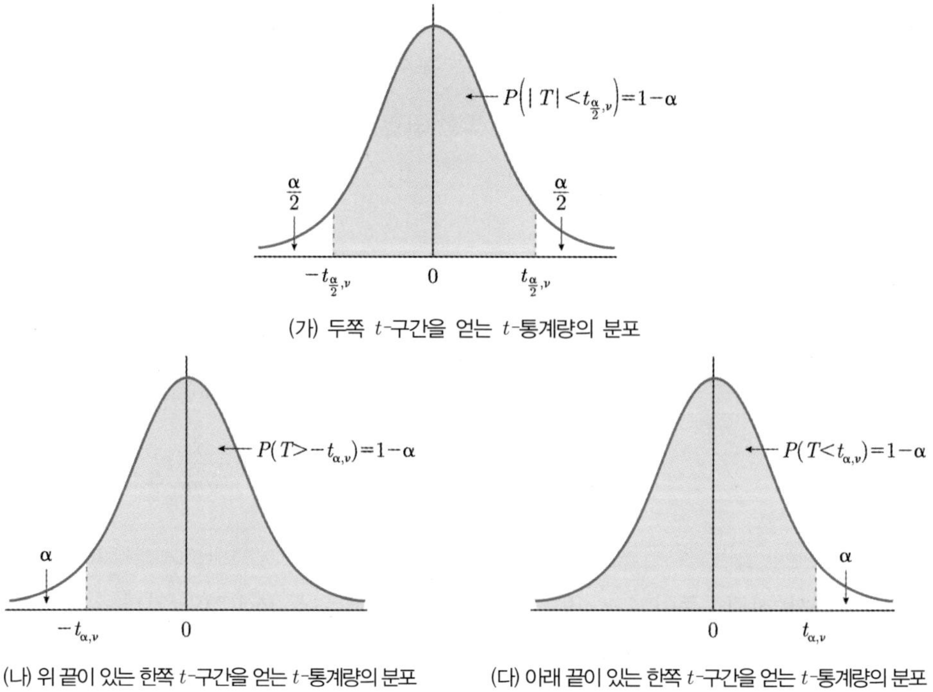

그림 6.1.2 자유도가 ν인 중심 t 분포의 확률밀도함수와 t-구간의 관계

보기 6.1.2 두쪽 t-구간

50 Ω짜리 저항을 만드는 어떤 공장에서 생산한 저항 값의 분포가 정규분포라고 한다. 아래 자료는 이 공장에서 생산한 저항 가운데에서 표본을 30개 뽑아 실제로 측정한 저항 값이다. 이 공장에서 만든 50 Ω 저항의 평균에 대하여 신뢰수준 95%의 신뢰구간을 얻어 보자. 계산 과정에서 모든 통계량 값은 유효숫자 네 자리로 나타내기로 한다.

50.1	50.5	50.1	48.7	49.6	51.3	49.7	48.3	49.9	49.5
50.7	49.6	50.3	50.2	50.2	49.4	51.1	50.0	50.6	51.3
48.8	49.1	49.9	52.0	51.4	49.8	49.2	47.6	50.8	50.0

풀이 모분산을 모르므로 신뢰구간을 $t-$구간으로 얻어 보자. 먼저 표본평균을 얻으면 $\overline{X} \approx 49.99$이고 표본표준편차를 얻으면 $S \approx 0.9611$이며 $\alpha = 1 - 0.95 = 0.05$이다. 그러므로 $t_{0.025,29} \approx 2.045$를 적용하면 두쪽 $t-$구간은

$$\left(49.99 - \frac{0.9611}{\sqrt{30}} \times 2.045,\ 49.99 + \frac{0.9611}{\sqrt{30}} \times 2.045\right)$$
$$\approx (49.63,\ 50.35)\,\Omega$$

이다.

보기 6.1.3 위 끝이 있는 한쪽 t-구간

한 회사에서 생산된 자동차 연비의 분포가 정규분포라고 한다. 이 회사 자동차 61대의 연비를 측정해 보니 표본평균이 16.9 km/ℓ이고 표본표준편차가 1.2 km/ℓ였다. 이 회사 자동차의 평균 연비에 대하여 위 끝이 있는 한쪽 t-구간을 신뢰수준 99%에서 얻어 보자. 계산 과정에서 모든 통계량 값은 유효숫자 네 자리로 나타내기로 한다.

풀이 표본 크기가 $n = 61$이고, 유의수준이 $\alpha = 1 - 0.99 = 0.01$이며, $\overline{X} = 16.9$, $S = 1.2$이다. 그러므로 $t_{0.01,60} \approx 2.390$을 적용한 t-구간의 위 끝은

$$16.9 + \frac{1.2}{\sqrt{61}} \times 2.390 \approx 17.27$$

이고, 한쪽 t-구간은 $(-\infty, 17.27)$ km/ℓ이다. 자동차의 평균 연비는 현실적으로 0보다 크기 때문에, 이 문제에서는 한쪽 t-구간을 $(0, 17.27)$ km/ℓ 라고 나타내기도 한다.

보기 6.1.4 아래 끝이 있는 한쪽 t-구간

한 회사에서 생산된 충전기 121개의 충전 시간을 측정해 보니 표본평균이 2.05시간이고 표본표준편차가 0.25시간이었다. 이 회사 충전기의 평균 충전 시간에 대하여 아래 끝이 있는 한쪽 t-구간을 신뢰수준 99%에서 얻어 보자. 계산 과정에서 모든 통계량 값은 유효숫자 네 자리로 나타내기로 한다.

풀이 표본 크기가 $n = 121$이고, 유의수준이 $\alpha = 1 - 0.99 = 0.01$이며, 표본평균이 $\overline{X} = 2.05$이고, 표본표준편차가 $S = 0.25$이다. 그러므로 $t_{0.01,120} \approx 2.358$을 적용한 t-구간의 아래 끝은

$$2.05 - \frac{0.25}{\sqrt{121}} \times 2.358 \approx 1.996$$

이다. 따라서 한쪽 t-구간은 $(1.996, \infty)$ 시간이다.

6.1.2 가설검정: 모분산을 모를 때

모평균의 구간을 추정할 때 모분산을 모르면 6.1.1절에서 살펴본 바와 같이 모분산 대신 표본분산을 쓴 t-통계량을 쓴다. 이제 이 절에서는 모분산을 모를 때 t-통계

량을 검정 통계량으로 써서 가설을 검정하는 방법을 다루는데, 이러한 가설검정 방법을 t-**검정**[5])이라고 한다.

정리 6.1.3 **t-검정의 기각역**

정규분포를 따르는 모집단에서 추출한 표본 $X_1, X_2, \cdots, X_n$의 표본평균이 $\overline{X}$이고 표본분산이 S^2이라고 하자. 모평균 가설검정에서 귀무가설 H_0: $\mu = \mu_0$에 대하여 유의수준이 α인 두쪽 t-검정의 기각역은

$$A_1 = \left\{ |T_0| \geq t_{\frac{\alpha}{2}, n-1} \right\} \tag{6.1.8}$$

이고, 왼쪽 t-검정의 기각역은

$$A_1 = \{ T_0 \leq -t_{\alpha, n-1} \} \tag{6.1.9}$$

이며, 오른쪽 t-검정의 기각역은

$$A_1 = \{ T_0 \geq t_{\alpha, n-1} \} \tag{6.1.10}$$

이다. 여기에서 검정 통계량은 $T_0 = \dfrac{\sqrt{n}\left(\overline{X} - \mu_0\right)}{S}$이다.

위와 같은 t-검정에서는 귀무가설의 평균 μ_0을 사용하여 검정 통계량 T_0을 계산한 뒤, 기각역의 문턱값을 찾아 크기를 비교하여 가설을 검정한다. 그림 6.1.3에 t-검정의 기각역을 보였다.

5) t-test

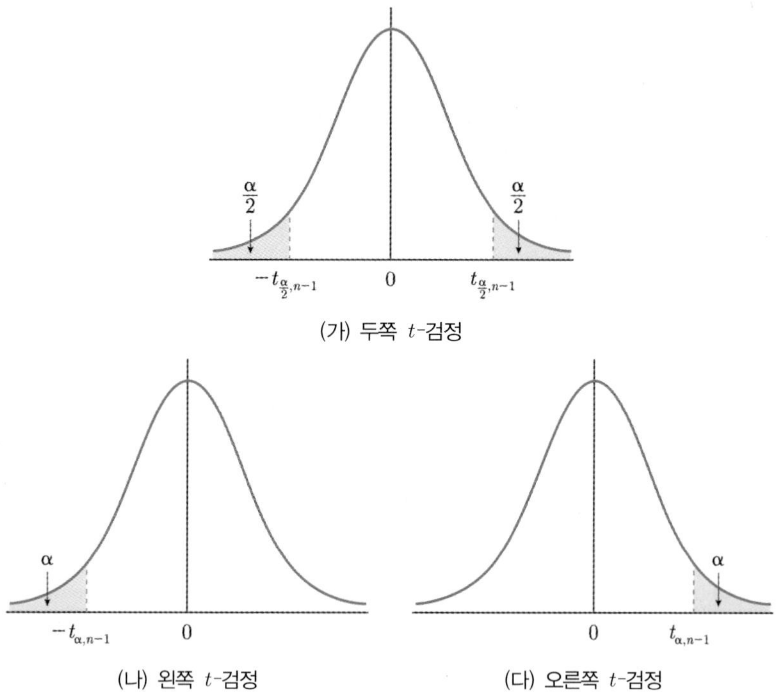

그림 6.1.3 자유도가 $n-1$인 중심 t 분포의 확률밀도함수와 t-검정의 기각역

보기 6.1.5 두쪽 t-검정

보기 6.1.2의 표본을 바탕으로 유의수준 0.05에서 다음 가설을 검정해 보자.

H_0: 저항의 평균이 50 Ω이다

H_1: 저항의 평균이 50 Ω이 아니다

풀이 보기 6.1.2에서 표본평균 $\overline{X} \approx 49.99$과 표본표준편차 $S \approx 0.9611$을 얻었다. 또 $n = 30$, $\alpha = 0.05$, $\mu_0 = 50$이므로,

$$T_0 \approx \frac{\sqrt{30}\,(49.99 - 50)}{0.961} \approx -0.05699$$

이다. 따라서 $|T_0| \approx 0.05699 \le t_{0.025,29} \approx 2.045$이므로 귀무가설을 받아들일 수 있다. 바꾸어 말하면, 보기 6.1.2의 표본으로는 유의수준 0.05에서 저항의 평균이 50 Ω이라고 말할 수 있다.

보기 6.1.6 왼쪽 t-검정

보기 6.1.3의 표본을 바탕으로 유의수준 0.01에서 다음 가설을 검정해 보자.

H_0: 자동차 연비의 평균이 17.5 km/ℓ이다

H_1: 자동차 연비의 평균이 17.5 km/ℓ보다 작다

풀이 표본평균이 $\overline{X}=16.9$이고, 표본표준편차가 $S=1.2$이며, $n=61$, $\alpha=0.01$, $\mu_0=17.5$이므로,

$$T_0 \approx \frac{\sqrt{61}\,(16.9-17.5)}{1.2} \approx -3.905$$

이다. 따라서 $T_0 \approx -3.905 < -t_{0.01,60} \approx -2.390$이므로 귀무가설을 버린다. 바꾸어 말하면, 보기 6.1.3의 표본으로는 유의수준 0.01에서 자동차 연비의 평균이 17.5 km/ℓ라고 판단하기 어렵다.

보기 6.1.7 오른쪽 t-검정

보기 6.1.4의 표본을 바탕으로 유의수준 0.01에서 다음 가설을 검정해 보자.

H_0: 충전기 충전 시간의 평균이 2시간이다

H_1: 충전기 충전 시간의 평균이 2시간보다 크다

풀이 보기 6.1.4에서 표본평균과 표본표준편차가 각각 $\overline{X}=2.05$, $S=0.25$로 주어졌고, $n=121$, $\alpha=0.01$, $\mu_0=2.0$이므로,

$$T_0 \approx \frac{\sqrt{121}\,(2.05-2.0)}{0.25} \approx 2.200$$

이다. 따라서 $T_0 \approx 2.200 < t_{0.01,120} \approx 2.358$이므로 귀무가설을 받아들일 수 있다. 바꾸어 말하면, 보기 6.1.4의 표본으로는 유의수준 0.01에서 충전기 충전 시간의 평균이 2시간이라고 말할 수 있다.

이제 t-통계량을 검정 통계량으로 사용하는 가설검정 방법을 조금 변형하여, 어떤 확률을 유의수준 α와 견주어 봄으로써 기각과 채택을 결정하는 방법을 생각하자. 이때 '어떤 확률'은 p-값[6]이라고 하며, '관측된 (자료에서 얻은) 유의수준[7]' 또는 '귀무

6) p-value

가설이 실제로 옳음에도 불구하고 데이터가 귀무가설을 버릴 확률[8]'을 뜻한다.

그림 6.1.4에 보인 바와 같이 일반적으로 p−값이 α보다 크면 귀무가설 H_0이 신빙성이 있음 (채택), 다시 말하면 대립가설 H_1이 참이라고 판단할 충분한 근거가 없음을 뜻하고, p−값이 α보다 작으면 귀무가설 H_0이 신빙성이 없음 (버림 또는 기각), 다시 말하면 대립가설 H_1이 참이라고 판단할 충분한 근거가 있음을 뜻한다.

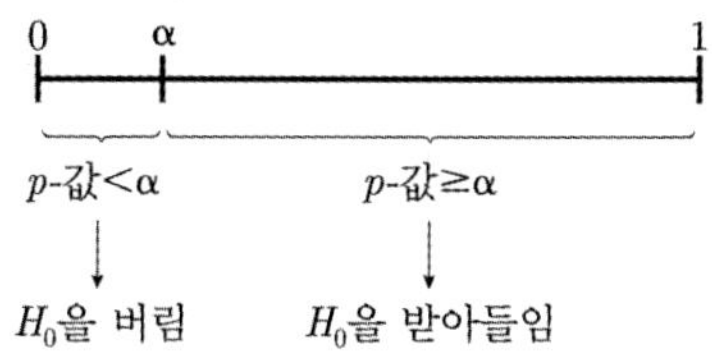

그림 6.1.4 p-값을 이용한 가설검정

정리 6.1.4에 가설의 종류마다 p−값을 얻는 방법을 정리하였다. 그림 6.1.5로 t−검정의 기각역과 p−값의 관계를 보이면서 정리 6.1.4를 설명해 보자.

정리 6.1.4 p−값을 이용한 가설검정

정규분포를 따르는 모집단에서 추출한 표본 $X_1, X_2, \cdots, X_n$의 표본평균이 $\overline{X} = \overline{x}$이고 표본분산이 $S^2 = s_0^2$이라고 하자. 모평균 가설검정에서 유의수준이 α일 때, p−값이 α보다 작으면 귀무가설 H_0: $\mu = \mu_0$을 버리고, p−값이 α보다 크면 귀무가설 H_0을 받아들인다. 이때 p−값은

$$p\text{-값} = \begin{cases} 2P(T > |t_0|), & \text{두 쪽 } t\text{-검정에서} \\ P(T < t_0), & \text{왼쪽 } t\text{-검정에서} \\ P(T > t_0), & \text{오른쪽 } t\text{-검정에서} \end{cases} \tag{6.1.11}$$

이다. 여기에서 T는 분포가 $CT(n-1)$인 확률변수이고, $t_0 = \dfrac{\sqrt{n}(\overline{x} - \mu_0)}{s_0}$이다.

7) observed significance level (OSL)
8) 5장에서 다룬 제1종 오류와 같다.

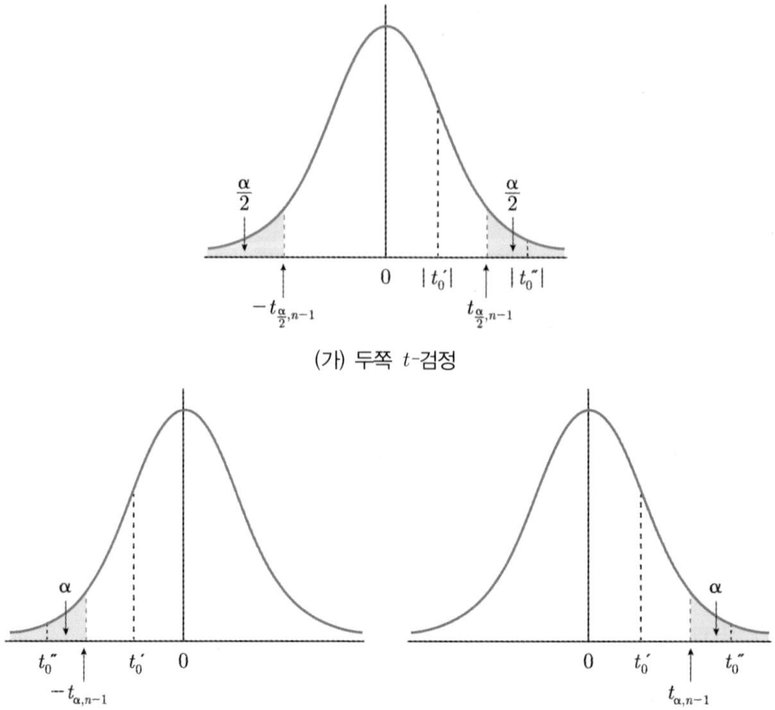

(가) 두쪽 t-검정

(나) 왼쪽 t-검정 (다) 오른쪽 t-검정

그림 6.1.5 t-검정의 기각역과 p-값의 관계

먼저 두쪽 $t-$검정에서 $p-$값을 살펴보자. 한 표본 집합에서 얻은 검정 통계량 값을 $T_0 = t_0{}'$이라고 하자. 그림 6.1.5 (가)에 보인 바와 같이 확률 $2P(T > |t_0{}'|)$이 α보다 크면 두쪽 $t-$검정에서 $|t_0{}'| \le t_{\frac{\alpha}{2}, n-1}$이므로, 검정 통계량 값 $T_0 = t_0{}'$은 채택역에 들어간다. 한편, 다른 표본 집합에서 얻은 검정 통계량 값 $T_0 = t_0{}''$으로 얻은 확률 $2P(T > |t_0{}''|)$이 α보다 작으면, $|t_0{}''| > t_{\frac{\alpha}{2}, n-1}$이므로 검정 통계량 값 $T_0 = t_0{}''$은 기각역에 들어간다. 따라서 두쪽 $t-$검정에서는 검정 통계량 값이 $T_0 = t_0$일 때 확률 $2P(T > |t_0|)$를 $p-$값으로 두어, $p-$값이 α보다 크면 귀무가설을 받아들이고 $p-$값이 α보다 작으면 귀무가설을 버린다.

다음으로 그림 6.1.5 (나)에 보인 바와 같이 왼쪽 $t-$검정에서는 한 표본 집합에서 얻은 검정 통계량 값 $T_0 = t_0{}'$으로 얻은 확률 $P(T < t_0{}')$이 α보다 크면 $t_0{}' \ge -t_{\alpha, n-1}$이므로 검정 통계량 값 $T_0 = t_0{}'$은 채택역에 들어간다. 한편, 다른 표본 집합에서 얻은 검정 통계량 값 $T_0 = t_0{}''$으로 얻은 확률 $P(T < t_0{}'')$이 α보다 작으면 $t_0{}'' < -t_{\alpha, n-1}$이므로, 검정 통계량 값 $T_0 = t_0{}''$은 기각역에 들어간다. 따라서 왼쪽 $t-$검정에서는 검정 통계량 값이 $T_0 = t_0$일 때 확률 $P(T < t_0)$을 $p-$값으로 두어,

$p-$값이 α보다 크면 귀무가설을 받아들이고 작으면 귀무가설을 버린다.

마지막으로 그림 6.1.5 (다)에 보인 바와 같이 오른쪽 $t-$검정에서는 표본 집합에서 얻은 검정 통계량 값을 $T_0 = t_0{}'$으로 얻은 확률 $P(T > t_0{}')$이 α보다 크면 $t_0{}' \le t_{\alpha, n-1}$이므로 검정 통계량 값 $T_0 = t_0{}'$은 채택역에 들어간다. 한편, 다른 표본 집합에서 얻은 검정 통계량 값 $T_0 = t_0{}''$으로 얻은 확률 $P(T > t_0{}'')$이 α보다 작으면 $t_0{}'' > t_{\alpha, n-1}$이므로 검정 통계량 값 $T_0 = t_0{}''$은 기각역에 들어간다. 따라서 오른쪽 $t-$검정에서는 검정 통계량 값이 $T_0 = t_0$일 때 확률 $P(T > t_0)$을 $p-$값으로 두어, $p-$값이 α보다 크면 귀무가설을 받아들이고 작으면 귀무가설을 버린다.

보기 6.1.8 두쪽 t-검정

보기 6.1.5의 가설을 유의수준 0.05에서 $p-$값을 써서 검정해 보자. 이때, 중심 t 분포의 확률은 부록 가.3의 t 분포표를 활용하여 소수점 아래 셋째 자리의 어림값으로 얻는다.

풀이 보기 6.1.2에서 표본평균과 표본표준편차를 각각 $\overline{X} \approx 49.99$, $S \approx 0.9611$로 얻었고, $n = 30$, $\alpha = 0.05$, $\mu_0 = 50$이므로, $t_0 \approx -0.05699$이다. 자유도가 29인 중심 t 분포에서

$$p-\text{값} = 2P(T > |-0.05699|) > 2P(T > 0.1) \approx 0.922$$

이고, 이 값이 $\alpha = 0.05$보다 크므로 귀무가설을 받아들인다. 이 결과는 보기 6.1.5의 가설검정 결과와 같다.

보기 6.1.9 왼쪽 t-검정

보기 6.1.6의 가설을 유의수준 0.01에서 $p-$값을 써서 검정해 보자. 이때, 중심 t 분포의 확률은 부록 가.3의 t 분포표를 활용하여 소수점 아래 셋째 자리의 어림값으로 얻는다.

풀이 보기 6.1.3에서 표본평균과 표본표준편차가 각각 $\overline{X} = 16.9$, $S = 1.2$로 주어졌고, $n = 61$, $\alpha = 0.01$, $\mu_0 = 17.5$이므로, $t_0 \approx -3.905$이다. 자유도가 60인 중심 t 분포에서

$$p-\text{값} = P(T < -3.905) < P(T > 3.9) \approx 0.000$$

이다. 반올림하여 소수점 아래 셋째 자리로 나타낸 어림값이 0.000이므로 $p-$값은 0.0005보다 작다는 뜻이고, 이 값이 $\alpha = 0.01$보다 작으므로 귀무가설을 버린다. 이 결과는 보기 6.1.6의 가설검정 결과와 같다.

보기 6.1.10 오른쪽 t-검정

보기 6.1.7의 가설을 유의수준 0.01에서 p-값을 사용하여 검정해 보자. 이때, 중심 t 분포의 확률은 부록 가.3의 t 분포표를 활용하여 소수점 아래 셋째 자리의 어림값으로 얻는다.

풀이 보기 6.1.4에서 표본평균과 표본표준편차가 각각 $\overline{X}=2.05$, $S=0.25$로 주어졌고, $n=121$, $\alpha=0.01$, $\mu_0=2.0$이므로, $t_0\approx 2.200$이다. 자유도가 120인 중심 t 분포에서

$$p\text{-값}=P(T>2.200)\approx 0.015$$

이고, 이 값이 $\alpha=0.01$보다 크므로 귀무가설을 받아들인다. 이 결과는 보기 6.1.7의 가설검정 결과와 같다.

마지막으로 6.1.1절에서 살펴본 신뢰구간 추정 결과를 활용하여 가설을 검정하는 방법을 살펴보자.

정리 6.1.5 신뢰구간과 가설검정과의 관계

(1) 두쪽 t-검정에서 유의수준 α로 귀무가설 H_0: $\mu=\mu_0$을 받아들이는 것은 같은 유의수준으로 얻은 두쪽 신뢰구간 안에 μ_0이 들어 있음을 뜻한다.

(2) 왼쪽 t-검정에서 유의수준 α로 귀무가설 H_0: $\mu=\mu_0$을 받아들이는 것은 같은 유의수준으로 얻은 위 끝이 있는 한쪽 신뢰구간 안에 μ_0이 들어 있음을 뜻한다.

(3) 오른쪽 t-검정에서 유의수준 α로 귀무가설 H_0: $\mu=\mu_0$을 받아들이는 것은 같은 유의수준으로 얻은 아래 끝이 있는 한쪽 신뢰구간 안에 μ_0이 들어 있음을 뜻한다.

증명 (1) 두쪽 t-검정일 때 채택역이 $A_0=\left\{|T_0|<t_{\frac{\alpha}{2},n-1}\right\}$이므로

$$-t_{\frac{\alpha}{2},n-1}<\frac{\sqrt{n}\left(\overline{X}-\mu_0\right)}{S}<t_{\frac{\alpha}{2},n-1} \tag{6.1.12}$$

에서 구간

$$\overline{X}- \frac{S}{\sqrt{n}} t_{\frac{\alpha}{2}, n-1} < \mu_0 < \overline{X}+ \frac{S}{\sqrt{n}} t_{\frac{\alpha}{2}, n-1} \tag{6.1.13}$$

을 얻을 수 있다. 그림 6.1.6 (가)에 이 관계를 그림으로 보였다.

(2) 왼쪽 $t-$검정일 때 채택역이 $A_0 = \{T_0 > -t_{\alpha, n-1}\}$이므로

$$\frac{\sqrt{n}\left(\overline{X}-\mu_0\right)}{S} > -t_{\alpha, n-1} \tag{6.1.14}$$

에서 구간

$$\mu_0 < \overline{X}+ \frac{S}{\sqrt{n}} t_{\alpha, n-1} \tag{6.1.15}$$

를 얻을 수 있다. 그림 6.1.6 (나)에 이 관계를 그림으로 보였다.

(3) 오른쪽 $t-$검정일 때 채택역이 $A_0 = \{T_0 < t_{\alpha, n-1}\}$이므로

$$\frac{\sqrt{n}\left(\overline{X}-\mu_0\right)}{S} < t_{\alpha, n-1} \tag{6.1.16}$$

에서 구간

$$\mu_0 > \overline{X}- \frac{S}{\sqrt{n}} t_{\alpha, n-1} \tag{6.1.17}$$

을 얻을 수 있다. 그림 6.1.6 (다)에 이 관계를 그림으로 보였다.

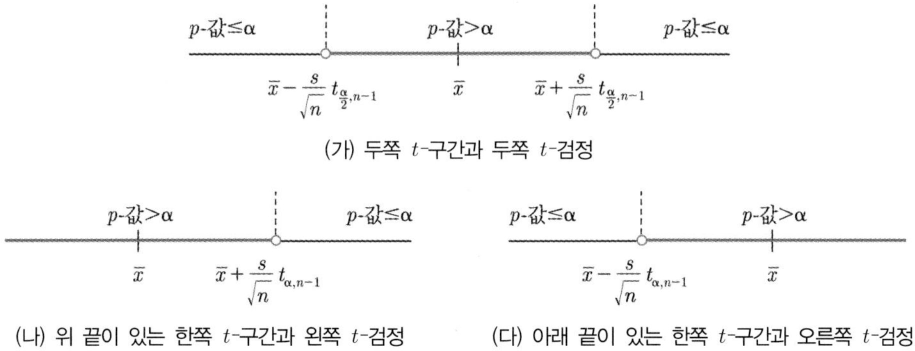

그림 6.1.6 t-구간과 t-검정과의 관계

보기 6.1.11 두쪽 t-구간과 두쪽 t-검정

보기 6.1.2의 표본에 대해 신뢰수준 95%로 추정한 두쪽 신뢰구간을 바탕으로 보기 6.1.5의 가설을 유의수준 0.05에서 검정해 보자.

풀이 보기 6.1.2에서 얻은 95% 두쪽 t-구간은 $(49.63,\ 50.35)$이다. 이 신뢰구간에 $\mu_0 = 50$이 들어 있으므로 유의수준 $\alpha = 1 - 0.95 = 0.05$에서 귀무가설 $H_0 : \mu = 50$을 받아들인다. 이 결과는 보기 6.1.5와 보기 6.1.8의 두쪽 t-검정 결과와 같다.

보기 6.1.12 위 끝이 있는 한쪽 t-구간과 왼쪽 t-검정

보기 6.1.3의 표본에 대해 신뢰수준 99%로 추정한 한쪽 신뢰구간을 사용하여 보기 6.1.6의 가설을 유의수준 0.01에서 검정해 보자.

풀이 보기 6.1.3에서 얻은 99% 위 끝이 있는 한쪽 t-구간은 $(-\infty, 17.27)$이다. 이 신뢰구간에 $\mu_0 = 17.5$가 들어 있지 않으므로 유의수준 $\alpha = 1 - 0.99 = 0.01$에서 귀무가설 $H_0 : \mu = 17.5$를 버린다. 이 결과는 보기 6.1.6과 보기 6.1.9의 왼쪽 t-검정 결과와 같다.

보기 6.1.13 아래 끝이 있는 한쪽 t-구간과 오른쪽 t-검정

보기 6.1.4의 표본에 대해 신뢰수준 99%로 추정한 한쪽 신뢰구간을 사용하여 보기 6.1.7의 가설을 유의수준 0.01에서 검정해 보자.

풀이 보기 6.1.4에서 얻은 99% 아래 끝이 있는 한쪽 t-구간은 $(1.996, \infty)$이다. 이 신뢰구간에 $\mu_0 = 2$가 들어 있으므로 유의수준 0.01에서 귀무가설 H_0: $\mu = 2$를 받아들인다. 이 결과는 보기 6.1.7과 보기 6.1.10의 오른쪽 t-검정 결과와 같다.

t-통계량은 표본 크기에 따라 자유도가 달라지는데, 표본 크기가 충분히 클 때에는, 곧 자유도가 충분히 클 때에는, t-통계량의 분포가 z-통계량의 분포와 거의 같아진다. 통상적으로 표본 크기가 120보다 크면 중심극한 정리를 적용하여 z-통계량을 추론에 활용하기에 충분히 크다고 할 수 있다. 따라서 그럴 때에는 식 (6.1.2)~(6.1.4)로 얻은 신뢰구간이 식 (5.3.6)~(5.3.8)의 모표준편차 σ 자리에 표본표준편차 S를 넣어 얻은 신뢰구간과 거의 같아지고, 마찬가지로 정리 6.1.3의 기각역이 정리 5.4.1의 기각역과 거의 같아진다.

모집단이 정규분포를 따를 때에는 표본 크기가 작을 때에도 t-구간 추정과 t-검정의 결과가 충분히 뜻이 있으며, 모집단의 분포가 정규분포는 아니지만 정규분포와 비슷할 때에는 표본 크기가 충분히 크지 않을 때에도 경험적으로 뜻 있는 추정 결과를 보인다.

모집단의 분포가 정규분포와 전혀 비슷하지 않으면서 표본이 충분히 크지 않을 때에는 비모수[9] 통계적 추론을 활용하기도 하는데, 이 추론법은 고급 통계 기법에 해당하므로 이 책에서는 다루지 않는다.

6.2 모집단 비교

6.1절에서는 단일 모집단에서 얻은 표본을 바탕으로 모평균을 추정하거나 모평균의 신뢰구간을 추정하는 방법을 살펴보았다. 이제 이를 응용하여 이 절에서는 두 모집단에서 각각 추출한 표본을 바탕으로 두 모집단의 평균이 같은지 다른지를 분석하는 방법을 다루어 본다. 이러한 분석 방법은 주로 어떤 분야에서 새로운 기술이나 기법이 기존의 것과 견주어 더 효과적인지를 분석해야 할 때 널리 활용된다.

먼저 두 모집단을 견주어 보고자 할 때 표본을 어떻게 추출할 것인지 생각하자. 이때 가장 좋은 방법은 같은 피실험체에서 추출한 표본을 얻는 것이다. 보기를 들면, 새 약의 효과를 증명하고자 할 때 같은 실험 대상에게 그 약을 투여하기 전과 투여한 다음의 반응을 각각 관찰하여 차이가 있는지 살펴보는 것이 약의 효과에 다른 변동 요인이 영향을 주지 않도록 하는 방법이다. 이와 같이 같은 피실험체에서 두 모집단의 표본을 모두 추출하는 것을 쌍체실험이라고 하고, 이렇게 얻은 표본을 **쌍체표본**[10]이라고 한다.

그러나 실험이나 관측의 특성에 따라 같은 피실험체에서 두 표본을 각각 추출할 필요가 없거나 추출할 수 없는 때가 있다. 두 작업장에서 만들어진 회로기판의 오류 정도를 견주어 보거나, 서로 다른 시간대의 통신망 소통 특성을 견주어 보고자 하는 때가 그 보기라고 할 수 있다. 이와 같이 두 모집단에서 독립적으로 표본을 각각 추출하는 것을 독립실험이라고 하고, 이렇게 얻은 표본을 **독립표본**[11]이라고 한다.

---

9) non-parametric 또는 distribution-free

10) paired samples

11) independent samples

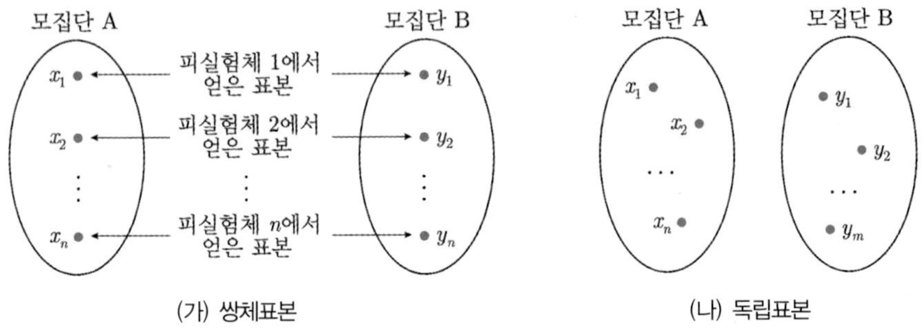

그림 6.2.1 쌍체표본과 독립표본

그림 6.2.1에 쌍체표본과 독립표본을 그림으로 나타내었다. 그림 6.2.1 (가)에서 볼 수 있듯이 쌍체표본은 같은 피실험체에서 추출한 모집단의 표본이 반드시 짝으로 존재한다. 모집단 A에서 추출한 표본 X_1과 모집단 B에서 추출한 Y_1은 같은 피실험체에서 추출한 한 짝의 표본이다. 그러므로 쌍체표본일 때에는 반드시 두 표본의 크기가 같다. 한편, 독립표본은 그림 6.2.1 (나)와 같이 모집단 A에서 추출한 표본 $X_1, X_2, \cdots, X_n$과 모집단 B에서 추출한 표본 $Y_1, Y_2, \cdots, Y_m$이 서로 관계가 없으며, 심지어 표본의 크기가 서로 다를 수도 있다. 따라서 표본을 어떻게 추출하였느냐에 따라 모집단의 평균을 견주어 보는 방법이 다를 것이다.

6.2.1 쌍체표본 분석

정규분포를 따르는 두 모집단 A와 B를 생각하자. 쌍체실험으로 평균이 μ_A인 모집단 A에서 추출한 표본 X_i와 평균이 μ_B인 모집단 B에서 추출한 표본 Y_i를 묶은 n개의 표본 짝을 (X_1, Y_1), (X_2, Y_2), $\cdots$, (X_n, Y_n)이라고 두고, 같은 피실험체에서 얻은 표본 X_i와 Y_i의 결합 분포는 결합 정규분포라고 두자. 이때 두 모평균이 같은지, 다시 말해 $\mu_A = \mu_B$인지 추론하는 방법을 살펴본다.

먼저 같은 피실험체에서 얻은 표본의 차를

$$D_i = X_i - Y_i \tag{6.2.1}$$

이라고 두자. 표본 X_i와 Y_i가 결합 정규분포를 따르므로 정리 4.4.6의 결과로 D_i는 정규 확률변수임을 알 수 있으며, 이 표본 차 $D_1, D_2, \cdots, D_n$의 통계적 성질은 두 모집단 A와 B의 통계적 성질을 비교하는 데에 뜻있게 활용될 수 있다. 보기를 들어, 새로 개발한 약이 효능이 있는지를 추론하는 데에는 같은 실험 대상에게 새 약을 투여하기 전과 투여한 다음의 반응에 차이가 얼마나 있는지를 기록한 자료가 매우 쓸모 있다.

이제 표본 차를 사용하여 $\mu_A = \mu_B$인지 추론하는 방법을 생각하자. 표본 차의 기댓값이

$$E[D_i] = E[X_i - Y_i] = E[X_i] - E[Y_i] = \mu_A - \mu_B \tag{6.2.2}$$

이므로, $\mu_A = \mu_B$인지를 검증하는 문제는 $D_1, D_2, \cdots, D_n$의 표본평균 $\overline{D}$를 두 모평균의 차

$$\mu_D = \mu_A - \mu_B \tag{6.2.3}$$

의 추정량으로 두고 $\mu_D = 0$인지를 검증하는 단일 모평균 분석 문제와 같다고 할 수 있다. 다시 말하면, $D_1, D_2, \cdots, D_n$의 표본평균이 $\overline{D}$이고 표본분산이 S_D^2일 때, 가설을

$$\begin{aligned} H_0&: \mu_D = 0 \\ H_1&: \mu_D \neq 0 \end{aligned} \tag{6.2.4}$$

처럼 세우고, 검정 통계량

$$T_0 = \frac{\sqrt{n}\left(\overline{D} - \mu_0\right)}{S_D} = \frac{\sqrt{n}\left(\overline{D} - 0\right)}{S_D} \tag{6.2.5}$$

를 써서 가설을 검정한다. 검정의 결과가 귀무가설을 받아들이는 것이면 '모집단 A와 모집단 B의 평균에 차이가 있음을 나타내는 충분한 근거가 없다.'라는 것을 뜻하고, 귀무가설을 버리는 것이면 '모집단 A와 모집단 B의 평균에 차이가 있음을 나타내는 충분한 근거가 있다.'라는 것을 뜻한다.

보기 6.2.1 쌍체표본 분석: 가설검정

케이블 고장의 위치를 측정하는 두 계측기가 평균적으로 성능이 같은지를 살펴보려고 한다. 두 계측기가 측정하는 고장의 위치는 정규분포를 따른다고 하자. 고장 난 케이블 20개에 대하여 두 계측기로 고장 난 곳을 측정해 보니, 같은 케이블에 대하여 측정된 고장 위치의 차이는 표본평균이 220 cm이고 표본표준편차가 759 cm였다. 이때 두쪽 가설

H_0: 두 계측기의 고장 위치 측정에 평균적인 차이가 없다
H_1: 두 계측기의 고장 위치 측정에 평균적인 차이가 있다

를 유의수준 $\alpha = 0.01$에서 검정해 보자.

풀이 같은 케이블에 대한 두 계측기의 측정 자료이므로 쌍체표본 분석을 활용하여 가설을 검정해 보자. 주어진 자료에 따르면 표본 크기가 $n = 20$, 고장 위치의 차 D_i의 표본평균이 $\overline{D} = 220$이고, D_i의 표본표준편차가 $S_D = 759$이므로, 검정 통계량은

$$T_0 = \frac{\sqrt{20}(220-0)}{759} \approx 1.296$$

이다. 유의수준 $\alpha = 0.01$에서 두쪽 가설검정의 문턱값은 임계값 $t_{0.005,19} \approx 2.861$이므로 $|T_0| \approx 1.296 < t_{0.005,19} = 2.861$이다. 따라서 귀무가설을 받아들이며, 유의수준 $\alpha = 0.01$에서 두 계측기의 고장 위치 측정에 평균적인 차이가 있다고 판단할 근거가 없다.

이제까지는 쌍체표본이 주어졌을 때 가설검정을 활용하여 두 모집단의 평균에 차이가 있는지 또는 없는지에 대하여 추론해 보았다. 이제 좀 더 구체적으로 쌍체표본의 차 $D_1, D_2, \cdots, D_n$을 바탕으로 모평균 차 μ_D에 대한 신뢰구간을 추정하여 모평균 μ_A와 μ_B의 차이가 얼마인지에 대하여 추론해 보자.

보기 6.2.2 **쌍체표본 분석: 신뢰구간**

한 노트북 회사에서 새로 개발한 축전지의 성능을 살펴보고자 실험 자료를 얻었다. 동일 사양의 축전지를 사용한 노트북의 방전 시간은 정규분포를 따른다고 하자. 먼저 노트북 30대에 새 축전지를 연결하고 켜놓은 상태로 두어 노트북이 꺼질 때까지 걸리는 방전 시간 X_i, $i = 1, 2, \cdots, 30$을 기록하였다. 다음으로 이 노트북 30대에 기존의 축전지를 연결하여 같은 실험을 하고 방전 시간 Y_i, $i = 1, 2, \cdots, 30$을 기록하였다. 같은 노트북에 대하여 새 축전지와 기존 축전지의 방전 시간 차 $D_i = X_i - Y_i$는 표본평균이 4.9시간이고 표본표준편차가 0.21시간이었다. 새 축전지의 성능이 기존 축전지보다 얼마나 더 뛰어나다고 할 수 있는가?

풀이 주어진 자료에서 두 축전지의 방전 시간 차에 대한 99% 두쪽 신뢰구간을 얻으면, $t_{0.005,29} \approx 2.756$이므로

$$\mu_D \in \left(4.9 - 2.756 \times \frac{0.21}{\sqrt{30}},\ 4.9 + 2.756 \times \frac{0.21}{\sqrt{30}}\right) \approx (4.794,\ 5.006)$$

이다. 따라서 위 실험에서는 새 축전지가 기존 축전지보다 평균적으로 4.794시간에서 5.006시간쯤 더 오래간다고 추론할 수 있다.

보기 6.2.3 쌍체표본 분석: 신뢰구간

고혈압 환자 61명이 새 혈압약을 복용하였을 때의 혈압과 기존 혈압약을 복용하였을 때의 혈압을 기록하였다. 혈압약을 복용한 고혈압 환자의 혈압은 정규분포를 따른다고 하자. 같은 고혈압 환자에 대한 혈압 차의 표본평균이 -2.5 mmHg, 표본표준편차가 4.1 mmHg일 때, 새 혈압약이 기존 혈압약보다 혈압을 내리는 데에 더 효과가 있다고 할 수 있는가?

풀이 두 혈압약이 떨어뜨린 평균 혈압 차에 대한 99% 두쪽 신뢰구간을 얻어 보면, $t_{0.005,60} \approx 2.660$이므로

$$\begin{aligned} \mu_D &\in \left(-2.5 - 2.660 \times \frac{4.1}{\sqrt{61}},\ -2.5 + 2.660 \times \frac{4.1}{\sqrt{61}}\right) \\ &\approx (-3.896,\ -1.104) \end{aligned}$$

이다. 따라서 위 실험에서는 새 혈압약이 기존 혈압약보다 평균적으로 1.104 mmHg에서 3.896 mmHg쯤 혈압을 더 떨어뜨린다고 추론할 수 있다.

6.2.2 독립표본 분석

5장과 6.1절에서 살펴본 바와 같이 모평균의 점추정량으로 표본평균을 이용할 때, 모평균에 대한 두쪽 신뢰구간은

$$\begin{aligned} \text{모평균} \in \Big(&\text{표본평균} - \text{표본평균의 표준편차} \times \text{유의수준에 따른 임계값}, \\ &\text{표본평균} + \text{표본평균의 표준편차} \times \text{유의수준에 따른 임계값} \Big) \end{aligned} \tag{6.2.6}$$

으로 나타낼 수 있고, 모평균에 대한 검정 통계량은

$$\text{검정 통계량} = \frac{\text{표본평균} - \text{모평균}}{\text{표본평균의 표준편차}} \tag{6.2.7}$$

로 표현할 수 있음을 새겨 독립표본 분석에 활용해 보자.

정규분포를 따르는 두 모집단 A와 B를 생각하자. 평균이 μ_A이고 분산이 σ_A^2인 모집단 A에서 독립실험으로 추출한 n개의 표본을 $X_1, X_2, \cdots, X_n$이라고 두고, 평균이

μ_B이고 분산이 σ_B^2인 모집단 B에서 독립실험으로 추출한 m개의 표본을 $Y_1, Y_2, \cdots, Y_m$이라고 두자. 이때 두 모평균의 차 $\mu_D = \mu_A - \mu_B$에 대하여 추론하는 방법을 살펴본다. 이때, 독립표본을 쓸 때는 두 표본의 크기가 다를 수 있고, 표본 크기가 같다고 하더라도 같은 피실험체에서 얻은 표본이 아니기 때문에 표본 차 D_i의 표본평균 $\overline{D}$과 표본분산 S_D^2을 써서 μ_D를 추론하는 것은 뜻이 없다.

독립표본에서는 모평균 차 μ_D의 추정량으로 모집단 A의 표본평균과 모집단 B의 표본평균의 차

$$\hat{\mu}_D = \overline{X} - \overline{Y} = \frac{1}{n}\sum_{i=1}^{n} X_i - \frac{1}{m}\sum_{j=1}^{m} Y_j \tag{6.2.8}$$

을 생각하자. 독립적으로 추출한 표본 X_i와 Y_i가 각각 정규분포를 따르므로 정리 4.4.5의 결과로 $\overline{X}$와 $\overline{Y}$가 정규분포를 따르고, 이어서 정리 4.4.6의 결과로 $\hat{\mu}_D$도 정규분포를 따름을 알 수 있다. 독립표본에서는 이 표본평균의 차 $\hat{\mu}_D$의 통계적 성질을 두 모집단 A와 B의 통계적 성질을 비교하는 데에 뜻있게 활용할 수 있다.

먼저 추정량 $\hat{\mu}_D$의 기댓값은

$$E\left[\hat{\mu}_D\right] = E\left[\overline{X}\right] - E\left[\overline{Y}\right] = \mu_A - \mu_B = \mu_D \tag{6.2.9}$$

이므로, $\hat{\mu}_D$는 μ_D에 대한 불편 추정량이다. 다음으로 $\hat{\mu}_D$의 표준편차를 σ_D라고 두자. 여기에서 $\hat{\mu}_D$의 표준편차는 $\sigma_{\hat{\mu}_D}$라고 쓰는 것이 좀 더 뜻이 명확하지만 기호가 너무 복잡해지므로 σ_D로 쓴다. 이제 $\hat{\mu}_D$를 써서 모평균의 차 μ_D에 대하여 추론하면, 식 (6.2.6)에 해당하는 신뢰구간은

$$\mu_D \in \left(\hat{\mu}_D - \sigma_D\, c_\alpha,\ \hat{\mu}_D + \sigma_D\, c_\alpha\right) \tag{6.2.10}$$

이고, 귀무가설이 H_0: $\mu_D = \mu_0$일 때 식 (6.2.7)에 해당하는 검정 통계량은

$$T_0 = \frac{\hat{\mu}_D - \mu_0}{\sigma_D} \tag{6.2.11}$$

이라고 할 수 있다. 여기에서 c_α는 유의수준이 α인 임계값으로써 검정 통계량의 분포에 따라 값이 달라진다. 추정량 $\hat{\mu}_D$의 표준편차 σ_D를 알 때에는 (6.2.11)을 검정 통계량으로 쓰고, σ_D를 모를 때에는 (6.2.11)에서 σ_D의 자리에 σ_D의 추정량을 넣은 검정 통계량을 쓴다. 이 절에서는 독립표본이 주어졌을 때 모평균 차에 대한 추론 방법을 크게 세 가지로 나누어 살펴보자.

① 두 표본 z-절차[12)]

먼저 두 모분산 σ_A^2과 σ_B^2을 알고 있을 때에는 $Var[\overline{X}]=\dfrac{\sigma_A^2}{n}$과 $Var[\overline{Y}]=\dfrac{\sigma_B^2}{m}$에서 $\hat{\mu}_D$의 분산을

$$\sigma_D^2 = Var[\hat{\mu}_D] = \frac{\sigma_A^2}{n} + \frac{\sigma_B^2}{m} \tag{6.2.12}$$

처럼 쉽게 얻을 수 있으므로, $\hat{\mu}_D$의 표준편차는

$$\sigma_D = \sqrt{\frac{\sigma_A^2}{n} + \frac{\sigma_B^2}{m}} \tag{6.2.13}$$

이고, 모집단의 분포가 정규분포를 따른다고 두었으므로 $\hat{\mu}_D$이 정규분포를 따르며, (6.2.11)에 보인 검정 통계량 T_0은 표준정규분포를 따른다.

두 모분산 σ_A^2과 σ_B^2을 모르지만 표본의 크기가 클 때, 다시 말하면 $n \geq 30$이고 $m \geq 30$일 때에도, σ_D 대신

$$\hat{\sigma}_D = \sqrt{\frac{S_X^2}{n} + \frac{S_Y^2}{m}} \tag{6.2.14}$$

를 쓰면 검정 통계량 T_0의 분포가 중심극한정리에 의해 표준정규분포로 수렴한다.

따라서 모분산 σ_A^2과 σ_B^2을 알고 있거나, 모분산을 모르지만 $n \geq 30$이고 $m \geq 30$일 때에는 통계량 T_0의 분포를 표준정규분포로 둘 수 있으므로, 5장에서 다룬 z-통계량을 사용한 신뢰구간 분석 방법과 가설검정 방법을 적용할 수 있다. 이와 같이 검정 통계량 T_0의 분포를 표준정규분포로 두고 모평균의 차를 추론하는 방법을 **두 표본 z-절차**라고 한다.

② 합동분산 절차[13)]

다음으로 표본의 크기가 작을 때, 다시 말하면 $n < 30$이거나 $m < 30$일 때, 두 모분산 σ_A^2과 σ_B^2을 모르지만 $\sigma_A^2 = \sigma_B^2 = \sigma^2$임을 알고 있다면, 전체 표본으로 얻은 모분산 σ^2의 추정량

$$\begin{aligned}\widehat{\sigma^2} &= \frac{1}{(n-1)+(m-1)}\left\{\sum_{i=1}^{n}(X_i - \overline{X})^2 + \sum_{j=1}^{m}(Y_j - \overline{Y})^2\right\} \\ &= \frac{(n-1)S_X^2 + (m-1)S_Y^2}{n+m-2}\end{aligned} \tag{6.2.15}$$

12) two-sample z-procedure

13) pooled variance procedure

를 생각할 수 있다. 이제 모분산 σ^2 대신 $\widehat{\sigma^2}$를 바탕으로 $\hat{\mu}_D$의 표준편차 추정량을

$$\begin{aligned}\hat{\sigma}_D &= \sqrt{\frac{\widehat{\sigma^2}}{n} + \frac{\widehat{\sigma^2}}{m}} \\ &= \sqrt{\left(\frac{1}{n} + \frac{1}{m}\right)\frac{(n-1)S_X^2 + (m-1)S_Y^2}{n+m-2}}\end{aligned} \tag{6.2.16}$$

으로 두면 검정 통계량 T_0의 분포가 자유도 $n+m-2$인 중심 t 분포, 곧 $CT(n+m-2)$가 된다. 여기에서 (6.2.16)에 보인 $\hat{\sigma}_D$를 **합동표본표준편차**[14)]라고 하고, 그 제곱을 **합동표본분산**[15)]이라고 한다. 부록에서 t–통계량의 분포가 자유도 $n-1$인 중심 t 분포임을 증명하는 것과 비슷한 과정을 거쳐서 합동표본분산을 분산의 추정량으로 사용하는 검정 통계량 T_0의 분포가 자유도 $n+m-2$인 중심 t 분포, 곧 $CT(n+m-2)$임을 증명할 수 있으나 이 책에서는 그 증명을 생략한다.

이제 $n < 30$이거나 $m < 30$이면서 두 모분산 σ_A^2과 σ_B^2을 모르지만 $\sigma_A^2 = \sigma_B^2$임은 알고 있을 때에는 합동표본분산을 바탕으로 $\hat{\mu}_D$의 표준편차를 얻어서 자유도 $n+m-2$인 t–통계량을 사용한 신뢰구간 분석 방법과 가설검정 방법을 적용할 수 있다. 이와 같이 합동표본분산을 활용하여 모평균의 차를 추론하는 방법을 **합동분산 절차**라고 한다.

③ 일반 절차[16)]

마지막으로 모분산에 대하여 전혀 모르고 $n < 30$이거나 $m < 30$인 때, 모분산 대신 표본분산을 써서 $\hat{\mu}_D$의 표준편차를 (6.2.14)와 같이 두면, 검정 통계량 T_0의 분포를 자유도가

$$\nu = \left\lfloor \frac{\left(\dfrac{S_X^2}{n} + \dfrac{S_Y^2}{m}\right)^2}{\dfrac{\left(\dfrac{S_X^2}{n}\right)^2}{n-1} + \dfrac{\left(\dfrac{S_Y^2}{m}\right)^2}{m-1}} \right\rfloor \tag{6.2.17}$$

인 중심 t 분포로 어림할 수 있는데, 이 책에서 그 증명은 생략한다.

---

14) pooled sample standard deviation
15) pooled sample variance
16) general procedure

다시 말하자면, $n < 30$이거나 $m < 30$이면서 두 모분산 σ_A^2과 σ_B^2에 대하여 전혀 모를 때에는 표본분산을 바탕으로 $\hat{\mu}_D$의 표준편차를 얻어서 자유도가 식 (6.2.17)인 $t-$통계량을 사용하여 모평균의 차를 추론할 수 있다. 이와 같은 방법을 **일반 절차**라고 한다.

위의 세 가지 절차를 한데 묶어서 독립실험으로 얻은 표본을 바탕으로 모평균 차의 신뢰구간을 얻는 방법과 모평균 차에 대한 가설을 검정하는 방법을 정리해 보자.

정리 6.2.1 독립표본을 바탕으로 한 신뢰구간 분석

정규분포를 따르는 두 모집단에서 얻은 독립표본을 바탕으로 두 모집단의 평균의 차 μ_D를 추정할 때, 신뢰수준 $1-\alpha$인 또는 유의수준 α인 신뢰구간은

$$\left(\hat{\mu}_D - \hat{\sigma}_D c_{\frac{\alpha}{2}},\ \hat{\mu}_D + \hat{\sigma}_D c_{\frac{\alpha}{2}}\right) \tag{6.2.18}$$

이고, 위 끝이 있는 한쪽 신뢰구간은

$$\left(-\infty,\ \hat{\mu}_D + \hat{\sigma}_D c_{\alpha}\right) \tag{6.2.19}$$

이며, 아래 끝이 있는 한쪽 신뢰구간은

$$\left(\hat{\mu}_D - \hat{\sigma}_D c_{\alpha},\ \infty\right) \tag{6.2.20}$$

이다. 여기에서

$$\hat{\sigma}_D = \begin{cases} \sqrt{\dfrac{\sigma_A^2}{n} + \dfrac{\sigma_B^2}{m}}, & \sigma_A^2\text{과 } \sigma_B^2\text{을 알 때,} \\ \sqrt{\left(\dfrac{1}{n} + \dfrac{1}{m}\right)\dfrac{(n-1)S_X^2 + (m-1)S_Y^2}{n+m-2}}, & \\ & \sigma_A^2\text{과 } \sigma_B^2\text{을 모르지만 } \sigma_A^2 = \sigma_B^2\text{이고,} \\ & n < 30\text{이거나 } m < 30\text{일 때,} \\ \sqrt{\dfrac{S_X^2}{n} + \dfrac{S_Y^2}{m}}, & \text{그 밖에는} \end{cases} \tag{6.2.21}$$

이고, 두쪽 신뢰구간에서

$$c_{\frac{\alpha}{2}} = \begin{cases} z_{\frac{\alpha}{2}}, & \sigma_A^2\text{과 } \sigma_B^2\text{을 알거나 } n \ge 30\text{이고 } m \ge 30\text{일 때,} \\ t_{\frac{\alpha}{2},\nu}, & \text{그 밖에는} \end{cases} \tag{6.2.22}$$

이며, 한쪽 신뢰구간에서

$$c_\alpha = \begin{cases} z_\alpha, & \sigma_A^2\text{과 } \sigma_B^2\text{을 알거나 } n \geq 30\text{이고 } m \geq 30\text{일 때,} \\ t_{\alpha,\nu}, & \text{그 밖에는} \end{cases} \tag{6.2.23}$$

이다. 또한 중심 t 분포의 임계값에서, 곧 $t_{\frac{\alpha}{2},\nu}$ 나 $t_{\alpha,\nu}$에서 자유도 ν는

$$\nu = \begin{cases} n+m-2, & \sigma_A^2\text{와 } \sigma_B^2\text{를 모르지만 } \sigma_A^2 = \sigma_B^2\text{이고,} \\ & n < 30\text{이거나 } m < 30\text{일 때,} \\ \left\lfloor \dfrac{\left(\dfrac{S_X^2}{n} + \dfrac{S_Y^2}{m}\right)^2}{\dfrac{\left(\dfrac{S_X^2}{n}\right)^2}{n-1} + \dfrac{\left(\dfrac{S_Y^2}{m}\right)^2}{m-1}} \right\rfloor, & \text{그 밖에는} \end{cases} \tag{6.2.24}$$

이다.

정리 6.2.2 독립표본을 바탕으로 한 가설검정

정규분포를 따르는 두 모집단에서 얻은 독립표본을 바탕으로 두 모집단의 평균의 차 μ_D에 대한 가설을 검정할 때, 귀무가설 H_0: $\mu_D = \mu_0$에 대하여 유의수준이 α인 두쪽 검정의 기각역은

$$A_1 = \left\{ |T_0| \geq c_{\frac{\alpha}{2}} \right\} \tag{6.2.25}$$

이고, 왼쪽 검정의 기각역은

$$A_1 = \{ T_0 \leq -c_\alpha \} \tag{6.2.26}$$

이며, 오른쪽 검정의 기각역은

$$A_1 = \{ T_0 \geq c_\alpha \} \tag{6.2.27}$$

이다. 여기에서 검정 통계량은

$$T_0 = \frac{\hat{\mu}_D - \mu_0}{\hat{\sigma}_D} \tag{6.2.28}$$

이고, $\hat{\sigma}_D$는 (6.2.21)로, $c_{\frac{\alpha}{2}}$와 c_α는 각각 (6.2.22)와 (6.2.23)으로 얻는다.

독립표본을 바탕으로 한 추론 방법인 정리 6.2.1과 6.2.2를 요약하여 표 6.2.1로 나타내었다.

표 6.2.1 두 모집단 A와 B가 정규분포를 따를 때, 평균이 μ_A이고 분산이 σ_A^2인 모집단 A에서 추출한 표본 $X_1, X_2, \cdots, X_n$과 평균이 μ_B이고 분산이 σ_B^2인 모집단 B에서 추출한 표본 $Y_1, Y_2, \cdots, Y_m$을 바탕으로 두 모평균의 차 $\mu_D = \mu_A - \mu_B$를 추론하는 방법

(가) 모평균 차에 대한 신뢰구간 및 가설검정 기각역

신뢰구간 추정: 모평균 차 μ_D의 추정량 $\hat{\mu}_D = \overline{X} - \overline{Y}$	
두쪽 구간	$\left(\hat{\mu}_D - \hat{\sigma}_D c_{\frac{\alpha}{2}}\ ,\ \hat{\mu}_D + \hat{\sigma}_D c_{\frac{\alpha}{2}}\right)$
위 끝이 있는 한쪽 구간	$\left(-\infty\ ,\ \hat{\mu}_D + \hat{\sigma}_D c_\alpha\right)$
아래 끝이 있는 한쪽 구간	$\left(\hat{\mu}_D - \hat{\sigma}_D c_\alpha\ ,\ \infty\right)$
가설검정: 검정 통계량 $T_0 = \left(\hat{\mu}_D - \mu_0\right)/\hat{\sigma}_D$	
두쪽 검정 기각역	$A_1 = \left\{\lvert T_0 \rvert \geq c_{\frac{\alpha}{2}}\right\}$
왼쪽 검정 기각역	$A_1 = \left\{T_0 \leq -c_\alpha\right\}$
오른쪽 검정 기각역	$A_1 = \left\{T_0 \geq c_\alpha\right\}$

(나) 모평균 차에 대한 추론 절차별 조건과 분포 정보

절차	조건	추정량 $\hat{\mu}_D$의 표준편차 $\hat{\sigma}_D$	임계값 c_α	자유도 ν
두 표본 z-절차	σ_A^2과 σ_B^2을 알 때	$\sqrt{\frac{\sigma_A^2}{n} + \frac{\sigma_B^2}{m}}$	z_α 또는 $z_{\frac{\alpha}{2}}$	없음
두 표본 z-절차	σ_A^2과 σ_B^2을 모르지만, $n \geq 30$이고 $m \geq 30$일 때	$\sqrt{\frac{S_X^2}{n} + \frac{S_Y^2}{m}}$	z_α 또는 $z_{\frac{\alpha}{2}}$	없음
합동 분산 절차	σ_A^2과 σ_B^2을 모르고, $n < 30$이거나 $m < 30$이지만, $\sigma_A^2 = \sigma_B^2$일 때	$\sqrt{\left(\frac{1}{n} + \frac{1}{m}\right)\frac{(n-1)S_X^2 + (m-1)S_Y^2}{n+m-2}}$	$t_{\alpha,\nu}$ 또는 $t_{\frac{\alpha}{2},\nu}$	$n+m-2$
일반 절차	σ_A^2과 σ_B^2에 대하여 전혀 모르고, $n < 30$이거나 $m < 30$일 때	$\sqrt{\frac{S_X^2}{n} + \frac{S_Y^2}{m}}$	$t_{\alpha,\nu}$ 또는 $t_{\frac{\alpha}{2},\nu}$	식 (6.2.17)

보기 6.2.4 **신뢰구간: 두 표본 z-절차**

두 회사의 신입사원 나이는 정규분포를 따른다고 한다. 이 두 회사에서 어느 해 신입사원을 100명씩 추출하여 나이를 조사한 결과가 표 6.2.2와 같을 때, 신입사원 평균 나이의 차에 대한 95% 신뢰구간을 유효숫자 네 자리로 얻어 보자.

표 6.2.2 신입사원 100명의 나이 조사 결과

회사	A	B
표본평균	27.8세	26.4세
표본표준편차	5.7세	4.1세

풀이 두 모집단에서 표본을 30개 이상씩 추출하였으므로 두 표본 z-절차에 따라 신뢰구간을 얻을 수 있다. 표본평균의 차는 $\hat{\mu}_D = 27.8 - 26.4 = 1.4$이고, $\hat{\mu}_D$의 표준편차의 추정량은

$$\hat{\sigma}_D = \sqrt{\frac{S_X^2}{n} + \frac{S_Y^2}{m}} = \sqrt{\frac{5.7^2}{100} + \frac{4.1^2}{100}} \approx 0.7021$$

이다. 따라서 신뢰수준이 $1-\alpha = 0.95$일 때 임계값은 $z_{0.025} \approx 1.960$이므로, 신입사원 평균 나이의 차에 대한 95% 두쪽 신뢰구간은

$$(1.4 - 0.7021 \times 1.960,\ 1.4 + 0.7021 \times 1.960) \approx (0.02388,\ 2.7761)$$

이다. 곧, 95% 신뢰수준에서 그 해에는 A 회사의 신입사원이 B 회사의 신입사원보다 평균적으로 나이가 0.02388~2.7761살쯤 더 많다고 할 수 있다.

보기 6.2.5 **신뢰구간: 합동분산 절차**

어떤 무선 청소기 회사에서 판매하는 동일 사양 청소기의 축전지 방전 시간은 정규분포를 따른다고 한다. 이 회사에서 새로 개발한 부품을 더하였을 때 축전지 소모량이 늘어나는지를 확인하고자, 이 부품을 더하기 전과 더한 다음의 무선 청소기 방전 시간에 대하여 조사한 결과가 표 6.2.3과 같았다. 부품을 더하기 전의 무선 청소기 방전 시간과 부품을 더한 다음의 무선 청소기 방전 시간이 서로 독립이고 분산이 같은 정규분포를 따른다고 알려져 있을 때, 평균 방전 시간의 차에 대한 90% 신뢰구간을 유효숫자 네 자리로 얻어 보자.

표 6.2.3 무선 청소기 방전 시간 조사 결과

부품 추가	전	후
조사 개수	10대	15대
표본평균	30.6분	28.9분
표본표준편차	2.5분	2.8분

풀이 두 모집단의 분산이 같다고 알려져 있고 표본을 30개 미만으로 추출하였으므로 합동분산 절차에 따라 신뢰구간을 얻어 보자. 표본평균의 차는 $\hat{\mu}_D = 30.6 - 28.9 = 1.7$이고, $\hat{\mu}_D$의 표준편차의 추정량은

$$\begin{aligned}\hat{\sigma}_D &= \sqrt{\left(\frac{1}{n}+\frac{1}{m}\right)\frac{(n-1)S_X^2+(m-1)S_Y^2}{n+m-2}} \\ &= \sqrt{\left(\frac{1}{10}+\frac{1}{15}\right)\frac{9\times 2.5^2+14\times 2.8^2}{10+15-2}} \approx 1.263\end{aligned}$$

이다. 또, 신뢰수준이 $1-\alpha=0.90$이고 자유도가 $\nu = n+m-2 = 10+15-2 = 23$일 때 임계값이 $t_{0.05,23} \approx 1.714$이다. 그러므로 평균 방전 시간의 차에 대한 90% 두쪽 신뢰구간은

$$(1.7-1.263\times 1.714,\ 1.7+1.263\times 1.714) \approx (-0.4648,\ 3.865)$$

이다.

보기 6.2.6 신뢰구간: 일반 절차

어떤 공장이 두 작업소에서 같은 제품을 생산하고 있는데, 제품이 완성되기까지 걸리는 시간이 정규분포를 따른다고 한다. 두 작업소에서 몇 개의 제품을 추출하여 완성되는 시간을 조사한 결과가 표 6.2.4와 같을 때, 제품 완성에 걸리는 평균 시간의 차에 대한 99% 두쪽 신뢰구간을 유효숫자 네 자리로 얻어 보자.

표 6.2.4 제품 완성 시간 조사 결과

작업소	(가)	(나)
조사 개수	20대	23대
표본평균	15.6분	18.3분
표본표준편차	2.3분	2.7분

풀이 두 모집단의 분산이 알려져 있지 않고 표본 크기가 30보다 작으므로 일반 절차에 따라 신뢰구간을 얻어 보자. 표본평균의 차는 $\hat{\mu}_D = 15.6 - 18.3 = -2.7$이고, $\hat{\mu}_D$의 표준편차의 추정량은

$$\hat{\sigma}_D = \sqrt{\frac{S_X^2}{n} + \frac{S_Y^2}{m}} = \sqrt{\frac{2.3^2}{20} + \frac{2.7^2}{23}} \approx 0.7625$$

이다. 또, 신뢰수준이 $1 - \alpha = 0.99$이고 자유도가

$$\nu = \left\lfloor \frac{\left(\frac{S_X^2}{n} + \frac{S_Y^2}{m}\right)^2}{\frac{\left(\frac{S_X^2}{n}\right)^2}{n-1} + \frac{\left(\frac{S_Y^2}{m}\right)^2}{m-1}} \right\rfloor \approx \left\lfloor \frac{0.7625^4}{\frac{2.3^4}{20^2 \times 19} + \frac{2.7^4}{23^2 \times 22}} \right\rfloor = 40$$

일 때 임계값이 $t_{0.005,40} \approx 2.704$이다. 그러므로 제품 완성에 걸리는 평균 시간의 차에 대한 99% 두쪽 신뢰구간은

$$\begin{aligned}&(-2.7 - 0.7625 \times 2.704,\ -2.7 + 0.7625 \times 2.704)\\ &\approx (-4.762,\ -0.638)\end{aligned}$$

이다. 따라서 99% 신뢰수준에서 작업소 (가)가 작업소 (나)보다 평균적으로 0.638~4.762분 정도 더 짧은 시간에 제품을 완성한다고 말할 수 있다.

보기 6.2.7 가설검정: 두 표본 z-절차

어느 대학의 A 학부와 B 학부에서 같은 시험지로 통계학 시험을 치르게 하였다. 두 학부의 통계학 점수는 정규분포를 따르고, A 학부의 표준편차는 15.2점, B 학부의 표준편차는 13.4점이다. 두 학부에서 수강생을 추출하여 얻은 조사 결과가 표 6.2.5와 같을 때, 두 학부의 통계학 점수 평균이 다른지를 유의수준 5%에서 검정해 보자.

표 6.2.5 통계학 점수 조사 결과

학부	A	B
추출 인원	30명	40명
표본평균	95.3점	94.1점

풀이 두 학부의 표준편차가 알려져 있으므로 두 표본 z-절차에 따라 검정해 보자. 표본평균의 차는 $\hat{\mu}_D = 95.3 - 94.1 = 1.2$이고, $\hat{\mu}_D$의 표준편차의 추정량은

$$\hat{\sigma}_D = \sqrt{\frac{\sigma_A^2}{n} + \frac{\sigma_B^2}{m}} = \sqrt{\frac{15.2^2}{30} + \frac{13.4^2}{40}} \approx 3.491$$

이다. 또, 유의수준이 $\alpha = 0.05$일 때 두쪽 검정의 문턱값은 임계값 $z_{0.025} \approx 1.960$이다. 이제 검정 통계량이

$$T_0 = \frac{\hat{\mu}_D - \mu_0}{\sigma_D} \approx \frac{1.2 - 0}{3.491} \approx 0.3437$$

이므로 $|T_0| \approx 0.3437 < z_{0.025} \approx 1.960$이다. 다시 말하면, 검정 통계량 값이 기각역 (6.2.25)에 들어가지 않는다. 따라서 주어진 자료로는 유의수준 5%에서 귀무가설을 받아들이며, 두 학부의 통계학 시험점수 평균이 다르지 않다고 말할 수 있다.

보기 6.2.8 가설검정: 합동분산 절차

표 6.2.6의 표본은 두 모집단 (가)와 (나)에서 독립적으로 추출한 자료이고, 두 모집단은 분산이 같고 정규분포를 따르는 것으로 알려져 있다. 두 모집단의 평균이 다른지를 유의수준 1%에서 검정해 보자.

표 6.2.6 두 모집단에서 추출한 표본

모집단	표본
(가)	51 50 44 58 50 51 49 46 49 53 50 55 55 48 52 47
(나)	53 52 52 49 43 48 49 51 57 43 47 49 46 54

풀이 두 모집단의 분산이 같다고 알려져 있고 표본 수가 30 미만이므로 합동분산 절차에 따라 검정해 보자. 표 6.2.6에서 모집단 (가)에서 추출한 16개 표본의 표본평균은 50.5, 표본표준편차는 약 3.578이고, 모집단 (나)에서 추출한 14개 표본의 표본평균은 49.5, 표본표준편차는 약 4.014를 얻을 수 있다. 표본평균의 차는 $\hat{\mu}_D = 50.5 - 49.5 = 1.0$이고, $\hat{\mu}_D$의 표준편차의 추정량은

$$\begin{aligned}\hat{\sigma}_D &= \sqrt{\left(\frac{1}{n} + \frac{1}{m}\right)\frac{(n-1)S_X^2 + (m-1)S_Y^2}{n+m-2}} \\ &= \sqrt{\left(\frac{1}{16} + \frac{1}{14}\right)\frac{15 \times 3.578^2 + 13 \times 4.014^2}{16+14-2}} \approx 1.386\end{aligned}$$

이다. 또, 유의수준이 $\alpha = 0.01$이고 자유도가 $\nu = n+m-2 = 16+14-2 = 28$일 때 임계값은 $t_{0.005,28} \approx 2.763$이다. 한편, 검정 통계량은

$$T_0 = \frac{\hat{\mu}_D - \mu_0}{\hat{\sigma}_D} \approx \frac{1.0 - 0}{1.386} \approx 0.7215$$

이므로 $|T_0| \approx 0.7215 < t_{0.005,28} \approx 2.763$이다. 다시 말하면, 검정 통계량 값이 기각역 (6.2.25)에 들어가지 않는다. 따라서 유의수준 1%에서 귀무가설을 받아들이며, 두 모집단의 평균이 다르다고 말하기 어렵다.

보기 6.2.9 **가설검정: 일반 절차**

보기 6.2.6과 표 6.2.4에서 두 작업소의 제품 완성에 걸리는 평균 시간이 다른지를 유의수준 1%에서 검정하여라.

풀이 두 모집단의 분산이 알려져 있지 않고 표본 수가 30 미만이므로 일반 절차에 따라 추론해 보자. 보기 6.2.6에서 얻은 $\hat{\mu}_D = -2.7$, $\hat{\sigma}_D \approx 0.7625$, $\nu = 40$, $t_{0.005,40} \approx 2.704$를 적용하면, 검정 통계량

$$T_0 = \frac{\hat{\mu}_D - \mu_0}{\hat{\sigma}_D} \approx \frac{-2.7 - 0}{0.7625} \approx -3.541$$

이 기각역 (6.2.25)에 들어간다. 따라서 유의수준 1%에서 귀무가설을 버리며, 제품 완성에 걸리는 평균 시간이 다르다고 말할 수 있다.

6.3 단순 선형회귀

어떤 실험이나 관측에서 쌍체표본 $(X_1, Y_1), (X_2, Y_2), \cdots, (X_n, Y_n)$을 얻었다고 할 때, 표본 값 $X_i = x_i$를 가로축 값으로, $Y_i = y_i$를 세로축 값으로 두어 좌표평면 위에 쌍체표본을 점으로 나타낸 산포도를 그릴 수 있다. 이때 그림 6.3.1과 같은 산포도를 살펴보면 X_i와 Y_i 사이에 어떤 관계가 있지 않을까라고 생각할 수 있다. 이와 같이 두 변수의 관계를 해석하는 방법을 이 절에서 살펴본다.

변수들 사이의 결정되지 않은 관계를 조사하는 통계적인 해석 기법을 일반적으로 **회귀분석**[17)]이라고 한다. '회귀'라는 용어는 19세기 영국의 유전학자인 프랜시스 골턴[18)]이 키가 큰 선대 부모들이 낳은 자식들의 키가 점점 더 커지지 않고 평균 키로 다시 돌아가는 경향을 발견하고 사용하기 시작하였다. 회귀분석은 변수들 사이의 관계

17) regression analysis
18) Francis Galton, 1822~1911

를 일차함수, 곧 선형으로 모형화하여 분석하는 **선형회귀**[19] 분석과 곡선으로 모형화하여 분석하는 비선형회귀[20] 분석으로 나눌 수 있다. 또 선형회귀분석은 어떤 변수를 다른 한 변수의 일차함수 꼴로 모형화하는 **단순 선형회귀**[21] 분석과 둘 이상의 변수들의 일차함수 꼴로 모형화하는 **다중 선형회귀**[22] 분석으로 나눌 수 있는데, 이 책에서는 가장 기본적인 분석 방법인 단순 선형회귀분석만 다루어 보자.

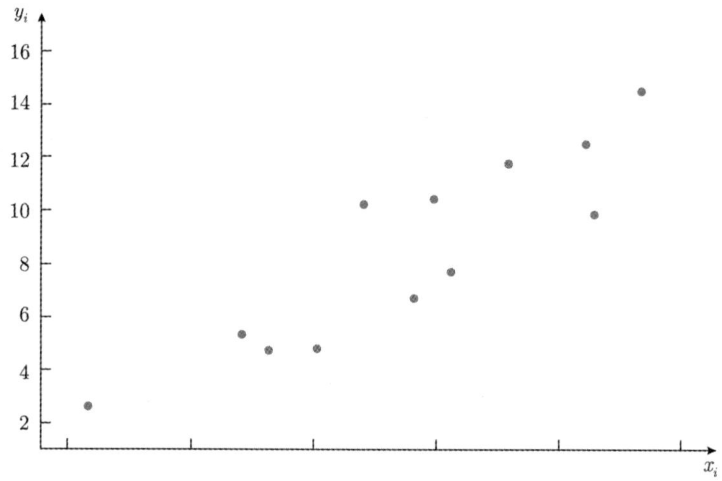

그림 6.3.1 쌍체표본의 산포도

6.3.1 단순 선형회귀 모형

어떤 실험에서 조건을 나타내는 변수를 X_i로 두고 그 조건에서의 측정값을 Y_i로 두어 쌍체표본 $(X_1, Y_1), (X_2, Y_2), \cdots, (X_n, Y_n)$을 얻었다고 하자. 이때 조건을 나타내는 변수 X_i를 **독립변수**[23]라고 하고 측정값을 나타내는 변수 Y_i를 **종속변수**[24]라고 한다. 보기를 들어, 이동통신 기지국에서 일정 시간마다 접속자 수를 관찰하였다면, 관찰한 시간이 독립변수가 되고 그 시간의 접속자 수가 종속변수가 될 수 있다. 그러나 보기 6.2.1에서 살펴본 케이블 20개에 대한 두 계측기의 측정 자료처럼 실험이나 관찰의 특성에 따라 독립변수와 종속변수가 명확하지 않은 때가 있다. 이러한 때에는 아무렇게나 한 변수를 독립변수로, 다른 변수를 종속변수로 두어도 큰 문제가 없다.

---

19) linear regression
20) nonlinear regression, curvilinear regression
21) simple linear regression
22) multiple linear regression
23) independent variable, explanatory variable, 또는 predictor
24) dependent variable 또는 response variable

뜻매김 6.3.1 단순 선형회귀 모형[25)]

쌍체표본 $(X_1, Y_1), (X_2, Y_2), \cdots, (X_n, Y_n)$에서 독립변수가 $X_i = x_i$일 때, 종속변수 Y_i의 조건부 분포를 $N(a_0 + a_1 x_i\,,\ \sigma_\epsilon^2)$으로 모형화하는 것을 단순 선형회귀 모형이라고 한다. 여기에서 a_0, a_1, σ_ϵ은 모두 실수이다.

바꾸어 말하면, 단순 선형회귀 모형은 쌍체표본 $(X_1, Y_1), (X_2, Y_2), \cdots, (X_n, Y_n)$에서 독립변수가 $X_i = x_i$로 주어졌을 때, 종속변수 Y_i의 조건부 기댓값을

$$E[Y_i | X_i = x_i] = a_0 + a_1 x_i \tag{6.3.1}$$

과 같이 독립변수의 일차함수 꼴로 둔 것이다. 여기에서 a_0은 직선의 절편, a_1은 직선의 기울기를 나타내는 모수이다. 또한 단순 선형회귀 모형에서는 변수와 조건부 기댓값의 차이

$$\epsilon(x_i, Y_i) = Y_i - E[Y_i | X_i = x_i] = Y_i - a_0 - a_1 x_i \tag{6.3.2}$$

를 표본 (X_i, Y_i)와 서로 독립이고 평균이 0, 분산이 σ_ϵ^2인 정규분포라고 둔다. 이때 종속변수 Y_i의 조건부 분산은

$$Var[Y_i | X_i = x_i] = E[(Y_i - E[Y_i | X_i = x_i])^2] = E[\epsilon^2(x_i, Y_i)] = \sigma_\epsilon^2 \tag{6.3.3}$$

이므로 $\epsilon(x_i, Y_i)$의 분산과 같다.

그림 6.3.2에서 볼 수 있는 바와 같이 단순 선형회귀 모형은 종속변수와 독립변수의 관계를 직선 $y = a_0 + a_1 x$으로 모형화하는 것인데, 이 직선을 **회귀직선**[26)]이라고 하고 표본 값에 알맞은 회귀직선의 절편 a_0과 기울기 a_1을 찾는 것을 **회귀직선을 맞춘다**[27)]라고 말한다. 이 그림에서 알 수 있는 것처럼, 독립변수의 표본 값이 x_i일 때 종속변수 Y_i의 분포는 기댓값이 회귀직선의 y 좌표인 $a_0 + a_1 x_i$이고 분산이 σ_ϵ^2인 정규분포로서, 표본 값 y_i가 직선 $x = x_i$ 위에 분포한다.

---

25) simple linear regression model
26) regression line
27) fit

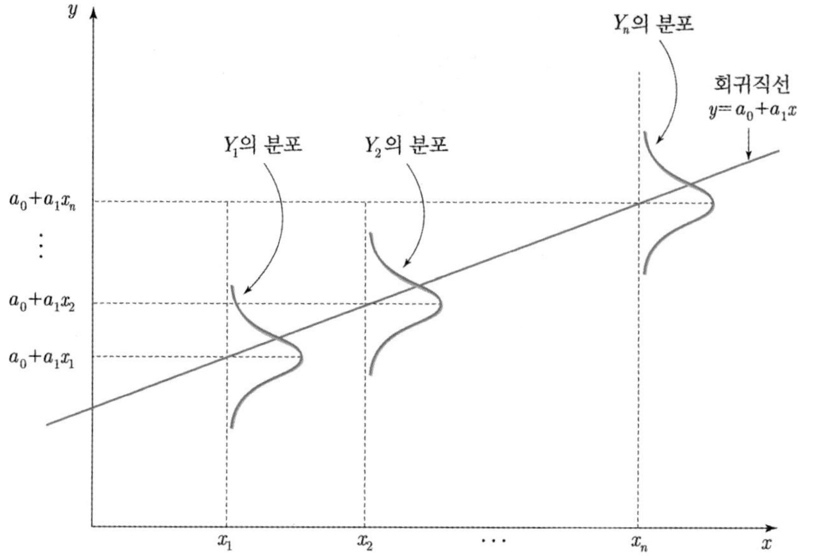

그림 6.3.2 단순 선형회귀 모형

그림 6.3.3은 표본 값과 회귀직선의 관계를 나타내고 있다. 회귀직선 $y = a_0 + a_1 x$를 맞추었을 때, 종속변수 Y_i와 회귀직선 위의 기댓값 $a_0 + a_1 x_i$의 차이인 $\epsilon(x_i, Y_i)$를 **맞춤오차**[28] 또는 적합오차라고 한다. 그림에서 볼 수 있는 것과 같이 맞춤오차 $\epsilon(x_i, Y_i)$는 표본 Y_i가 기댓값 $a_0 + a_1 x_i$에서 얼마나 벗어나는지를 나타낸다.

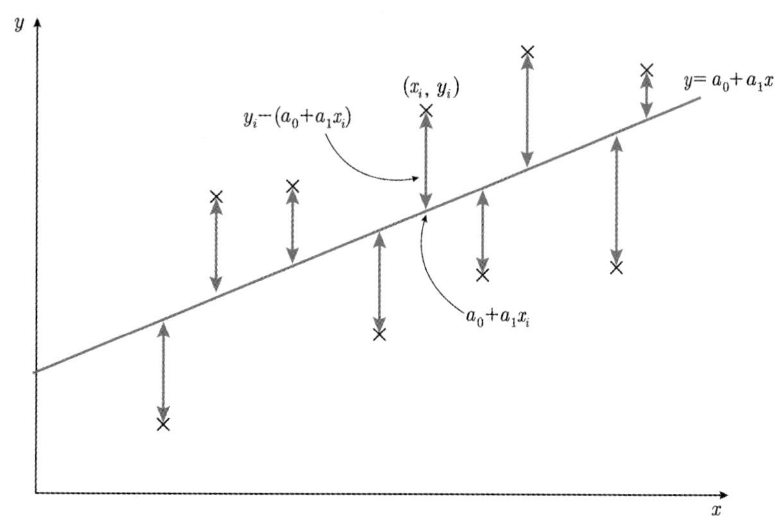

그림 6.3.3 단순 선형회귀 모형의 맞춤오차

28) fitting error

보기 6.3.1 단순 선형회귀 모형

어떤 자료를 바탕으로 $y = 25x + 3$이라는 회귀직선을 얻었을 때, 맞춤오차는 평균이 0이고 분산이 56.2인 정규분포를 따른다고 한다. 독립변수가 $x = 5$일 때, 종속변수가 100보다 클 확률을 표준정규분포표를 활용하여 얻으시오.

풀이 독립변수가 $x = 5$일 때, 종속변수의 기댓값은 $25 \times 5 + 3 = 78$이고 분산은 맞춤오차의 분산 56.2와 같으므로, 종속변수의 분포는 $N(78, 56.2)$이다. 따라서 종속변수가 100보다 클 확률은

$$P(Y > 100) = P\left(\frac{Y - 78}{\sqrt{56.2}} > \frac{100 - 78}{\sqrt{56.2}}\right)$$
$$\approx 1 - \Phi(2.93) \approx 1 - 0.9983 = 0.0017$$

이다.

보기 6.3.2 맞춤오차

디지털 통신 시스템에서는 송신부에서 오류정정부호를 추가하여 전송한 뒤 수신부에서 복호하여 비트의 오류를 바로잡을 수 있는데, 어떤 오류정정부호를 쓰면 복호를 거듭하여 비트의 오류를 단계적으로 줄일 수 있음이 알려져 있다. 표 6.3.1은 이와 같은 디지털 통신 시스템에서 복호를 거듭한 횟수와 비트 오류율을 나타낸 자료이다. 이 자료를 바탕으로 복호 횟수를 독립변수, 비트 오류율을 종속변수로 두고 선형회귀분석하여 회귀직선 $y = -0.0031x + 0.0350$을 얻었다. 그림 6.3.4는 가로축을 복호 횟수, 세로축을 비트 오류율로 두고 표 6.3.1의 자료와 회귀직선을 그래프로 나타낸 것이다. 이 분석 결과에 따르면 $x = 4$일 때 맞춤오차는

$$\epsilon(x_4, y_4) = y_4 - (-0.0031x_4 + 0.0350)$$
$$= 0.0260 - (-0.0031 \times 4 + 0.0350) = 0.0034$$

이고, $x = 6$일 때 맞춤오차는

$$\epsilon(x_6, y_6) = y_6 - (-0.0031x_6 + 0.0350)$$
$$= 0.0171 - (-0.0031 \times 6 + 0.0350) = 0.0007$$

이다.

표 6.3.1 복호한 다음의 비트 오류율 자료

복호 횟수	비트 오류율
1	0.0331
2	0.0277
3	0.0212
4	0.0260
5	0.0216
6	0.0171
7	0.0082
8	0.0145
9	0.0079
10	0.0018

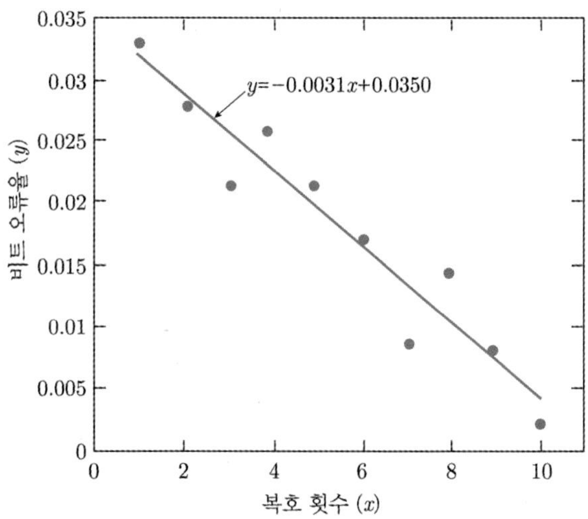

그림 6.3.4 복호한 다음의 비트 오류율 선형 회귀분석

보기 6.3.3 회귀직선

레이더는 일정 전력의 신호를 보낸 뒤 표적에서 반사되어 되돌아오는 신호의 전력을 측정하여 표적과의 거리를 추정한다. 표 6.3.2는 같은 위치의 표적에 레이더 신호를 20회 보낸 뒤 각각의 반사 신호 전력을 측정한 자료이다. 이 자료를 바탕으로 독립변수를 레이더 송신 전력, 종속변수를 레이더 수신 전력으로 두고 두 가지 방법으로 회귀분석하여, 방법 '가'로는 회귀직선 $y_A = 1.0502x - 54.176$을, 방법 '나'로는 회귀직선 $y_B = 0.8501x - 40.476$을 얻었다. 그림 6.3.5에서는 가로축을 레이더 송신 전력, 세로축을 레이더 수신 전력으로 두고, 표 6.3.2의 자료를 점으로, 회귀직선 y_A를 실선으로, 회귀직선 y_B를 점선으로 나타내었다.

표 6.3.2 레이더 송수신 전력 자료

실험	송신 전력 (dBm)	수신 전력 (dBm)	실험	송신 전력 (dBm)	수신 전력 (dBm)
1	52	2.1	11	72	23.0
2	54	3.5	12	74	24.5
3	56	2.5	13	76	25.9
4	58	7.4	14	78	26.4
5	60	8.3	15	80	32.0
6	62	10.2	16	82	31.7
7	64	11.7	17	84	32.6
8	66	14.9	18	86	38.7
9	68	14.0	19	88	37.6
10	70	21.9	20	90	38.9

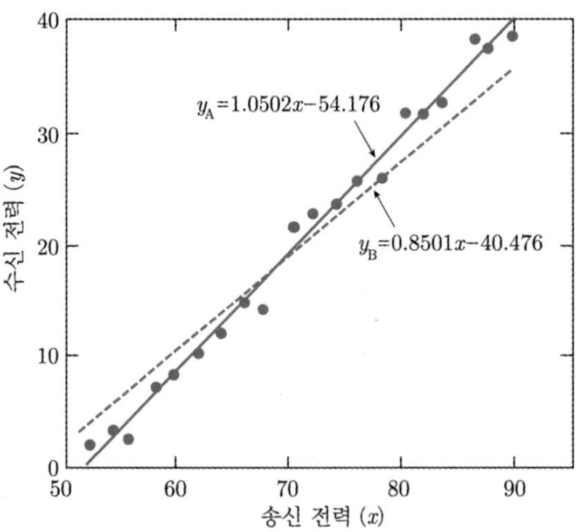

그림 6.3.5 레이더 송수신 전력의 선형 회귀분석

회귀분석 방법 '가'의 결과에 따르면 맞춤오차의 제곱합은

$$\sum_{i=1}^{20}\epsilon^2(x_i, y_i) = \sum_{i=1}^{20}\{y_i - (1.0502x_i - 54.176)\}^2 \approx 49.49$$

이고, 방법 '나'의 결과에 따르면 맞춤오차의 제곱합은

$$\sum_{i=1}^{20}\epsilon^2(x_i, y_i) = \sum_{i=1}^{20}\{y_i - (0.8501x_i - 40.476)\}^2 \approx 161.2$$

이다. 따라서 방법 '가'가 방법 '나'보다 오차가 작은 분석 방법이라고 말할 수 있다.

6.3.2 회귀직선 맞춤

표본 자료에 회귀직선을 맞춘다는 것은 맞춤오차가 작은 회귀직선을 찾는다는 뜻과 같다. 회귀직선 맞춤에 가장 널리 쓰이는 방법은 맞춤오차의 제곱합을 가장 작게 하는 절편과 기울기를 찾는 방법이다.

뜻매김 6.3.2 최소제곱 맞춤[29)]

회귀분석에서 맞춤오차의 제곱합이 가장 작도록 절편 a_0과 기울기 a_1을 추정하는 것을 최소제곱 맞춤이라고 한다.

정리 6.3.1 쌍체표본 $(X_1, Y_1), (X_2, Y_2), \cdots, (X_n, Y_n)$의 값이 $(x_1, y_1), (x_2, y_2), \cdots, (x_n, y_n)$으로 주어졌을 때, 독립변수 $X_1, X_2, \cdots, X_n$의 표본평균 값이 $\overline{X} = \overline{x}$이고, 종속변수 $Y_1, Y_2, \cdots, Y_n$의 표본평균 값이 $\overline{Y} = \overline{y}$이면, 최소제곱 맞춤으로 얻은 회귀직선 $y = \hat{a}_0 + \hat{a}_1 x$의 기울기는

$$\hat{a}_1 = \frac{\sum_{i=1}^{n} x_i y_i - n\overline{x}\overline{y}}{\sum_{i=1}^{n} x_i^2 - n\overline{x}^2} \tag{6.3.4}$$

이고, 절편은

$$\hat{a}_0 = \overline{y} - \hat{a}_1 \overline{x} \tag{6.3.5}$$

이다.

증명 먼저 맞춤오차의 제곱합을

$$Q = \sum_{i=1}^{n} \epsilon^2(x_i, y_i) = \sum_{i=1}^{n} \{y_i - (a_0 + a_1 x_i)\}^2 \tag{6.3.6}$$

처럼 쓸 수 있다. 이제, 식 (6.3.6)을 가장 작게 만드는 계수 a_0과 a_1을 얻어보자. 곧, Q를 a_0과 a_1로 각각 편미분하여 0으로 두면

29) least squares fit

$$\frac{\partial Q}{\partial a_0} = -\sum_{i=1}^{n} 2\{y_i - (a_0 + a_1 x_i)\} = 0 \tag{6.3.7}$$

에서

$$\sum_{i=1}^{n} y_i = n a_0 + a_1 \sum_{i=1}^{n} x_i \tag{6.3.8}$$

을 얻고,

$$\frac{\partial Q}{\partial a_1} = -\sum_{i=1}^{n} 2x_i\{y_i - (a_0 + a_1 x_i)\} = 0 \tag{6.3.9}$$

에서

$$\sum_{i=1}^{n} x_i y_i = a_0 \sum_{i=1}^{n} x_i + a_1 \sum_{i=1}^{n} x_i^2 \tag{6.3.10}$$

을 얻는다. 식 (6.3.8)과 (6.3.10)을 a_0과 a_1에 대한 연립방정식으로 보아 풀면 (6.3.4)와 (6.3.5)를 얻을 수 있다.

보기 6.3.4 회귀직선 맞춤

표 6.3.1의 복호 횟수와 비트 오류율 자료에 대하여 최소제곱 맞춤으로 회귀직선을 얻어 보자. 이때, 계수 a_0과 a_1는 유효숫자 네 자리로 나타내자.

풀이 주어진 자료에서

$$\sum_{i=1}^{10} x_i = 55,\ \ \sum_{i=1}^{10} y_i = 0.1791,\ \ \sum_{i=1}^{10} x_i y_i = 0.7292,\ \ \sum_{i=1}^{10} x_i^2 = 385$$

이므로, 식 (6.3.4)와 (6.3.5)에서

$$\hat{a}_1 = \frac{0.7292 - \dfrac{55 \times 0.1791}{10}}{385 - \dfrac{55^2}{10}} \approx -0.003101$$

$$\hat{a}_0 \approx \frac{0.1791}{10} - (-0.0031) \times \frac{55}{10} \approx 0.03497$$

과 같이 기울기와 절편을 얻을 수 있다. 따라서 최소제곱 맞춤으로 얻은 회귀직선은 $y = -0.003101x + 0.03497$이다.

보기 6.3.5 회귀직선 맞춤

표 6.3.2의 레이더 송수신 전력 자료에 대하여 최소제곱 맞춤으로 회귀직선을 얻어 보자. 이때, 계수 a_0과 a_1는 유효숫자 네 자리로 나타내자.

풀이 주어진 자료에서

$$\sum_{i=1}^{20} x_i = 1420,\ \sum_{i=1}^{20} y_i = 407.8,\ \sum_{i=1}^{20} x_i y_i = 31747.4,\ \sum_{i=1}^{20} x_i^2 = 103480$$

이므로, 식 (6.3.4)와 (6.3.5)에서

$$\hat{a}_1 = \frac{31747.4 - \dfrac{1420 \times 407.8}{20}}{103480 - \dfrac{1420^2}{20}} \approx 1.050$$

$$\hat{a}_0 \approx \frac{407.8}{20} - 1.050 \times \frac{1420}{20} \approx -54.16$$

과 같이 기울기와 절편을 얻을 수 있다. 따라서 최소제곱 맞춤으로 얻은 회귀직선은 $y = 1.050x - 54.16$이다.

이제까지 Y_i의 기댓값인 $a_0 + a_1 x_i$에 초점을 맞추었다. 다음으로 Y_i의 조건부 분산이자 맞춤오차의 분산인 σ_ϵ^2을 살펴보자. 종속변수 Y_i의 조건부 분산이라는 뜻 그대로 σ_ϵ^2은 (x_i, Y_i)가 회귀직선에서 얼마나 벗어나 있는지를 나타내는 모수이다. 바꾸어 말하면, σ_ϵ^2이 크면 산포도에서 회귀직선에서 멀리 떨어져 있는 점들이 많다는 것을 뜻하고, σ_ϵ^2이 작으면 회귀직선에 가까이 있는 점들이 많다는 것을 뜻한다. 먼저, 맞춤오차 분산 σ_ϵ^2의 점추정량으로는

$$\widehat{\sigma_\epsilon^2} = \frac{1}{n-2} \sum_{i=1}^{n} \left(y_i - \hat{y}_i\right)^2 \tag{6.3.11}$$

을 주로 사용하며, 여기에서 $\hat{y}_i = a_0 + a_1 x_i$이다. 이제 식 (6.3.7)과 (6.3.9)가 성립하도록 기울기 $\hat{a}_1$과 절편 $\hat{a}_0$을 얻을 때에는

$$\sum_{i=1}^{n} \left\{ y_i - \left(\hat{a}_0 + \hat{a}_1 x_i\right) \right\} = 0 \tag{6.3.12}$$

이고,

$$\sum_{i=1}^{n} x_i\{y_i - (\hat{a}_0 + \hat{a}_1 x_i)\} = 0 \qquad (6.3.13)$$

이다. 그러므로 식 (6.3.11)에서 합 부분은

$$\begin{aligned}\sum_{i=1}^{n}(y_i - \hat{y}_i)^2 &= \sum_{i=1}^{n}\{y_i - (\hat{a}_0 + \hat{a}_1 x_i)\}^2 \qquad (6.3.14)\\ &= \sum_{i=1}^{n} y_i\{y_i - (\hat{a}_0 + \hat{a}_1 x_i)\} - \hat{a}_0\sum_{i=1}^{n}\{y_i - (\hat{a}_0 + \hat{a}_1 x_i)\}\\ &\quad - \hat{a}_1\sum_{i=1}^{n} x_i\{y_i - (\hat{a}_0 + \hat{a}_1 x_i)\}\\ &= \sum_{i=1}^{n} y_i^2 - \hat{a}_0\sum_{i=1}^{n} y_i - \hat{a}_1\sum_{i=1}^{n} x_i y_i\end{aligned}$$

와 같이 나타낼 수 있다. 따라서 최소제곱 맞춤으로 회귀직선을 얻었을 때에는 맞춤오차 분산 σ_ϵ^2의 점추정량을

$$\widehat{\sigma_\epsilon^2} = \frac{1}{n-2}\left(\sum_{i=1}^{n} y_i^2 - \hat{a}_0\sum_{i=1}^{n} y_i - \hat{a}_1\sum_{i=1}^{n} x_i y_i\right) \qquad (6.3.15)$$

처럼 나타낼 수 있다.

보기 6.3.6 맞춤오차 분산

표 6.3.1의 복호 횟수와 비트 오류율 자료를 바탕으로 최소제곱 맞춤으로 회귀직선을 얻었을 때, 맞춤오차의 분산을 유효숫자 네 자리로 얻으시오.

풀이 주어진 자료에서

$$\sum_{i=1}^{10} y_i^2 = 0.00409045,\quad \sum_{i=1}^{10} y_i = 0.1791,\quad \sum_{i=1}^{10} x_i y_i = 0.7292$$

이므로, 보기 6.3.4에서 얻은 $\hat{a}_1$과 $\hat{a}_0$을 쓰면, 식 (6.3.15)에서

$$\begin{aligned}\widehat{\sigma_\epsilon^2} &\approx \frac{1}{10-2}\{0.00409045 - 0.03497\times 0.1791 - (-0.003101)\times 0.7292\}\\ &\approx 1.107\times 10^{-5}\end{aligned}$$

을 얻을 수 있다.

보기 6.3.7 **맞춤오차 분산**

표 6.3.2의 레이더 송수신 전력 자료를 바탕으로 최소제곱 맞춤으로 회귀직선을 얻었을 때, 맞춤오차의 분산을 유효숫자 네 자리로 얻으시오.

풀이 주어진 자료에서

$$\sum_{i=1}^{20} y_i^2 = 11298.44,\ \sum_{i=1}^{20} y_i = 407.8,\ \sum_{i=1}^{20} x_i y_i = 31747.4$$

이므로, 보기 6.3.5에서 얻은 $\hat{a}_1$과 $\hat{a}_0$을 쓰면, 식 (6.3.15)에서

$$\begin{aligned}\widehat{\sigma_\epsilon^2} &\approx \frac{1}{20-2}\{11298.44-(-54.16)\times 407.8-1.050\times 31747.4\} \\ &\approx 2.784\end{aligned}$$

를 얻을 수 있다.

6.3.3 선형회귀와 상관

앞 6.3.1절과 6.3.2절에서 다룬 단순 선형회귀 모형은 쌍체표본 (X_1, Y_1), (X_2, Y_2), $\cdots$, (X_n, Y_n)에서 X_i와 Y_i 사이의 관계를 선형적으로 나타내는 방법이었다. 4장에서도 이와 비슷하게 두 변수의 '관계'를 나타내는 값을 몇 가지 뜻매김하였는데, 그 가운데에서 두 변수의 관계를 $[-1,\ 1]$ 안의 값으로 나타내는 상관계수 ρ를 생각해 보자. 상관계수가 $\rho=0$일 때 두 변수는 상관 관계가 없고, $\rho>0$일 때에는 양의 상관 관계에, $\rho<0$일 때에는 음의 상관 관계에 있음을 뜻하며, 특별히 $\rho=\pm 1$일 때에는 두 변수가 선형적인 관계에 있음을 뜻한다. 이 절에서는 표본을 바탕으로 X_i와 Y_i 사이의 상관계수 ρ의 추정량을 얻어 보고 단순 선형회귀 모형과의 관계를 살펴본다.

두 확률변수 X와 Y의 상관계수의 추정량을 얻기 위하여 각 확률변수에 대하여 같은 크기의 표본 $X_1,\ X_2,\ \cdots,\ X_n$과 $Y_1,\ Y_2,\ \cdots,\ Y_n$을 얻었다고 하자. 먼저 표본평균을 평균의 추정량으로 활용하여 공분산 C_{XY}의 추정량 $\hat{C}_{XY}$을

$$\hat{C}_{XY} = \frac{1}{n-1}\sum_{i=1}^{n}\left(X_i-\overline{X}\right)\left(Y_i-\overline{Y}\right) \tag{6.3.16}$$

과 같이 얻을 수 있다. 위 $\hat{C}_{XY}$를 X와 Y의 표본공분산이라고 한다. 표본평균 $\overline{X}$보다 큰 값의 X_i, 곧 $X_i-\overline{X}>0$인 표본에 대응하는 Y_i가 $Y_i-\overline{Y}>0$인 경향을 보

이면 $\hat{C}_{XY} > 0$이며, $X_i - \overline{X} > 0$인 표본에 대응하는 Y_i가 $Y_i - \overline{Y} < 0$인 경향을 보이면 $\hat{C}_{XY} < 0$이다.

식 (6.3.16)을 전개하면, 공분산을 두 변수의 곱의 평균에서 평균의 곱을 빼 얻은 것과 비슷하게, 공분산 C_{XY}의 추정량인 표본공분산 $\hat{C}_{XY}$를

$$\begin{aligned}\hat{C}_{XY} &= \frac{1}{n-1}\left(\sum_{i=1}^{n} X_i Y_i - \overline{X}\sum_{i=1}^{n} Y_i - \overline{Y}\sum_{i=1}^{n} X_i + n\overline{X}\,\overline{Y}\right) \\ &= \frac{1}{n-1}\left(\sum_{i=1}^{n} X_i Y_i - n\overline{X}\,\overline{Y}\right) \\ &= \frac{1}{n-1}\left(\sum_{i=1}^{n} X_i Y_i - \frac{1}{n}\sum_{i=1}^{n} X_i \sum_{j=1}^{n} Y_j\right)\end{aligned} \qquad (6.3.17)$$

처럼 나타낼 수도 있다.

상관계수는 공분산을 표준편차의 곱으로 나눈 값이라는 것을 새겨서 X_i의 표본분산 S_X^2, Y_i의 표본분산 S_Y^2, X_i와 Y_i의 표본공분산 $\hat{C}_{XY}$를 바탕으로 X_i와 Y_i의 상관계수의 추정량인 표본상관계수를 얻을 수 있다.

뜻매김 6.3.3 표본상관계수[30]

크기가 같은 표본 $X_1, X_2, \cdots, X_n$과 $Y_1, Y_2, \cdots, Y_n$으로 얻은

$$\begin{aligned}\hat{\rho} &= \frac{\hat{C}_{XY}}{S_X S_Y} \\ &= \frac{\sum_{i=1}^{n} X_i Y_i - \frac{1}{n}\sum_{i=1}^{n} X_i \sum_{j=1}^{n} Y_j}{\sqrt{\left(\sum_{i=1}^{n} X_i^2\right) - \frac{1}{n}\left(\sum_{i=1}^{n} X_i\right)^2}\sqrt{\left(\sum_{i=1}^{n} Y_i^2\right) - \frac{1}{n}\left(\sum_{i=1}^{n} Y_i\right)^2}}\end{aligned} \qquad (6.3.18)$$

을 표본상관계수라고 한다.

표본상관계수는 두 표본의 선형 관계가 얼마나 강한지를 나타내며, 그 범위는 상관계수와 마찬가지로 $-1 \le \hat{\rho} \le 1$이다. 이때 $\hat{\rho}$가 1에 가까울수록 두 표본이 양의 기울기를 가지는 선형 관계가 더 강하다는 뜻이고, $\hat{\rho}$가 -1에 가까울수록 음의 기울기를 가지는 선형 관계가 더 강하다는 뜻이다. 또, $\hat{\rho}$가 0에 가까울수록 두 표본 사이의 선형 관계가 더 적다는 뜻이다.

30) sample correlation coefficient

보기 6.3.8 표본상관계수

표 6.3.1의 복호 횟수와 비트 오류율 자료를 바탕으로 표본상관계수를 얻어 보자. 이때, 표본표준편차와 표본공분산은 유효숫자 네 자리로 계산하여 활용한다.

풀이 주어진 자료에서

$$\sum_{i=1}^{10} x_i = 55, \ \sum_{i=1}^{10} y_i = 0.1791, \ \sum_{i=1}^{10} x_i y_i = 0.7292,$$
$$\sum_{i=1}^{10} x_i^2 = 385, \ \sum_{i=1}^{10} y_i^2 = 0.00409045$$

를 얻어서

$$S_X = \sqrt{\frac{1}{10-1}\left(385 - \frac{1}{10} \times 55^2\right)} \approx 3.028,$$
$$S_Y = \sqrt{\frac{1}{10-1}\left(0.00409045 - \frac{1}{10} \times 0.1791^2\right)} \approx 0.009904,$$
$$\hat{C}_{XY} = \frac{1}{10-1}\left(0.7292 - \frac{1}{10} \times 55 \times 0.1791\right) \approx -0.02843$$

을 얻고, 이 결과를 식 (6.3.18)에 쓰면

$$\hat{\rho} \approx \frac{-0.02843}{3.028 \times 0.009904} \approx -0.9480$$

을 얻을 수 있다. 표본상관계수가 -1에 가깝기 때문에 복호 횟수와 비트 오류율 표본 간에는 음의 기울기를 가지는 선형 관계가 강하다고 할 수 있다.

보기 6.3.9 표본상관계수

표 6.3.2의 레이더 송수신 전력 자료를 바탕으로 표본상관계수를 얻어 보자. 이때, 표본표준편차와 표본공분산은 유효숫자 네 자리로 계산하여 활용한다.

풀이 주어진 자료에서

$$\sum_{i=1}^{20} x_i = 1420, \ \sum_{i=1}^{20} y_i = 407.8, \ \sum_{i=1}^{20} x_i y_i = 31747.4,$$
$$\sum_{i=1}^{20} x_i^2 = 103480, \ \sum_{i=1}^{20} y_i^2 = 11298.44$$

를 얻어서

$$S_X = \sqrt{\frac{1}{20-1}\left(103480 - \frac{1}{20} \times 1420^2\right)} \approx 11.83,$$

$$S_Y = \sqrt{\frac{1}{20-1}\left(11298.44 - \frac{1}{20} \times 407.8^2\right)} \approx 12.53,$$

$$\hat{C}_{XY} = \frac{1}{20-1}\left(31747.4 - \frac{1}{20} \times 1420 \times 407.8\right) \approx 147.0$$

을 얻고, 이 결과를 식 (6.3.18)에 쓰면

$$\hat{\rho} \approx \frac{147.0}{11.83 \times 12.53} \approx 0.9917$$

을 얻을 수 있다. 표본상관계수가 $+1$에 가깝기 때문에 레이더 송신 전력과 수신 전력의 표본 사이에는 양의 기울기를 가지는 선형 관계가 강하다고 할 수 있다.

보기 6.3.10 표본상관계수

표 6.3.3의 자료에서 표본상관계수를 얻어 보자. 이때, 표본표준편차와 표본 공분산은 유효숫자 네 자리로 계산하여 활용한다.

표 6.3.3 보기 6.3.10의 자료

i	X_i	Y_i
1	35	11.174
2	38	−10.891
3	14	0.326
4	34	5.525
5	33	11.006
6	8	15.442
7	6	0.859
8	25	−14.916
9	48	−7.423
10	17	−10.616
11	29	23.505
12	11	−6.156

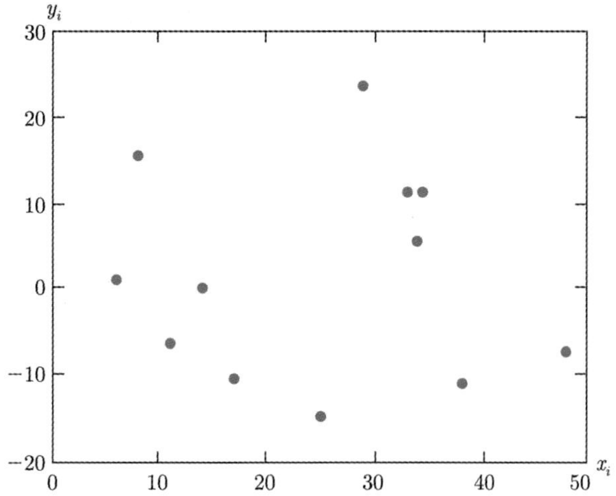

그림 6.3.6 보기 6.3.10 자료의 산포도

풀이 주어진 자료에서

$$\sum_{i=1}^{12} x_i = 298,\ \sum_{i=1}^{12} y_i = 17.835,\ \sum_{i=1}^{12} x_i y_i = 365.787,$$
$$\sum_{i=1}^{12} x_i^2 = 9390,\ \sum_{i=1}^{12} y_i^2 = 1615.098141$$

이므로

$$S_X = \sqrt{\frac{1}{12-1}\left(9390 - \frac{1}{12}\times 298^2\right)} \approx 13.45,$$
$$S_Y = \sqrt{\frac{1}{12-1}\left(1615.098141 - \frac{1}{12}\times 17.835^2\right)} \approx 12.02,$$
$$\hat{C}_{XY} = \frac{1}{12-1}\left(365.787 - \frac{1}{12}\times 298 \times 17.835\right) \approx -7.011$$

을 얻고, 식 (6.3.18)에서

$$\hat{\rho} \approx \frac{-7.011}{13.45 \times 12.02} \approx -0.04337$$

을 얻을 수 있다. 표본상관계수가 0에 가깝기 때문에 표본 X_i와 Y_i 간에는 선형 관계가 거의 없다고 할 수 있다. 그림 6.3.6은 표 6.3.3의 표본을 점으로 나타낸 것인데, 그림에서도 표본 X_i와 Y_i 사이에 선형 관계가 거의 없음을 알 수 있다.

참고로, 식 (6.3.17)을 쓰면 회귀직선 기울기의 최소제곱 추정량 (6.3.4)를 간단히

$$\hat{a}_1 = \frac{\hat{C}_{XY}}{S_X^2} \tag{6.3.19}$$

처럼 나타낼 수도 있다.

보기 6.3.11 보기 6.3.8을 활용하여 표 6.3.1의 자료에 대한 회귀직선 기울기를 얻어 보자.

풀이 보기 6.3.8에서 얻은 $S_X \approx 3.028$과 $\hat{C}_{XY} \approx -0.02843$을 (6.3.19)에 쓰면

$$\hat{a}_1 \approx \frac{-0.02843}{3.028^2} \approx -0.003101$$

을 얻을 수 있다.

보기 6.3.12 보기 6.3.9를 활용하여 표 6.3.2의 자료에 대한 회귀직선 기울기를 얻어 보자.

풀이 보기 6.3.9에서 얻은 $S_X \approx 11.83$과 $\hat{C}_{XY} \approx 147.0$을 (6.3.19)에 쓰면

$$\hat{a}_1 \approx \frac{147.0}{11.83^2} \approx 1.050$$

을 얻을 수 있다.

이 절에서는 단순 선형회귀 모형에서 회귀직선의 기울기, 절편, 맞춤오차 분산의 점추정량과 두 표본에서 상관계수의 추정량인 표본상관계수를 간단히 살펴보았다. 이러한 추정량을 사용하여 6.1절에서 다룬 것처럼 각각의 모수에 대한 신뢰구간을 얻거나 가설을 검정하는 등의 통계적 추론을 더 깊이 있게 생각할 수 있으나 이 책에서는 다루지 않는다.

마지막으로, 단순 선형회귀 모형을 사용할 때의 주의사항을 몇 가지 살펴보자. 첫째, 선형회귀 모형은 이름 그대로 두 표본을 '선형적인 관계'로 모형화하는 것이므로 산포도에서 대략적으로 선형적인 관계를 보일 때 활용하는 것이 좋다. 표 6.3.3의 자료를 회귀분석하여 얻은 회귀직선을 그림 6.3.7에 나타내었는데, 이 그림처럼 산포도가 선형에서 많이 벗어나는 자료에는 선형회귀 모형을 적용하는 것이 그리 뜻이 없다. 둘째,

가진 자료의 독립변수 범위에서 선형적인 관계에 있다고 하더라도, 자료에서 주어지지 않은 범위에서도 마찬가지로 선형적인 관계에 있을 것이라는 예측은 위험할 수 있다. 그림 6.3.8에서 독립변수의 구간 $[x_1, x_{15}]$에서만 존재하는 표본을 가지고 있을 때, x_{25}의 위치에 대한 Y_{25} 값을 선형적으로 추정하면 오차가 매우 커지게 된다. 다시 말하면, 표본의 범위에서 벗어날수록 선형회귀 모형의 오차가 더 커질 수 있다.

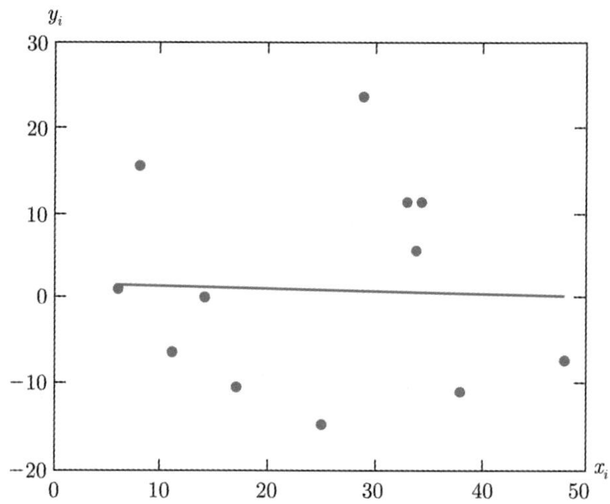

그림 6.3.7 보기 6.3.10 자료의 선형 회귀분석

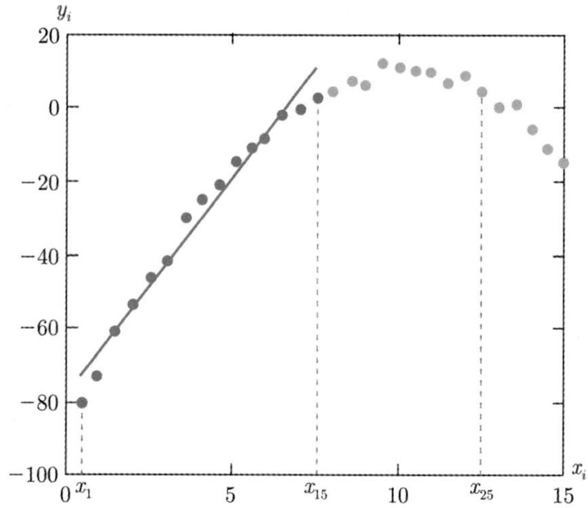

그림 6.3.8 $x_1, x_2, \cdots, x_{15}$만을 써서 얻은 선형 회귀분석

연습문제

문제 6.1.1 학생들이 20점 만점인 시험을 치른 결과를 모집단으로 할 때 모집단의 분포가 정규분포를 따른다고 한다. 어떤 반에서 학생 열 명의 시험 결과가 다음과 같을 때 모평균에 대한 신뢰수준이 95%인 두쪽 신뢰구간을 유효숫자 네 자리로 얻으시오.

표본	10	8	6	12	14	18	16	14	10	12

문제 6.1.2 어떤 지역에서 미세먼지 농도 값이 정규분포를 띤다고 한다. 하루 동안 미세먼지 농도를 12번 측정해 보니 표본평균이 81 μg/m³, 표본표준편차가 15 μg/m³이었다. 미세먼지 농도가 31~80 μg/m³의 구간에 있을 때 '보통', 80 μg/m³을 넘으면 '나쁨' 상태로 분류한다고 하자. 유의수준 5%에서 이 지역의 미세먼지 상태가 보통인지 검정하시오.

문제 6.1.3 제한속력 60 km/h인 도로의 한 지점을 지나가는 자동차의 속력이 정규분포를 띤다고 할 때, 이 지점에서의 자동차 속력 자료를 5분 동안 모았다. 자동차 41대가 표본평균 62.7 km/h, 표본표준편차 9.5 km/h로 지나갔을 때, 이 도로를 지나는 자동차들이 평균적으로 제한속력을 초과하여 지나가는지를 유의수준 10%에서 다음에 주어진 방법으로 검정하시오.

(가) 기각역을 이용한 가설검정

(나) p-값을 이용한 가설검정

(다) 신뢰구간을 이용한 가설검정

문제 6.1.4 모집단의 평균 μ를 추정하려고 한다. 이때 크기가 n인 확률표본을 얻은 다음, $\mu=\mu_0$이라고 두고, t-통계량 t_0을 얻었다. 한편, 확률변수 X가 자유도가 $n-1$인 중심 t 분포를 따를 때, $P(X \le t_0)=0.032$이다. 유의수준 $\alpha=0.05$로 다음 가설들을 검정하시오.

(가) H_0: $\mu = \mu_0$

H_1: $\mu \neq \mu_0$

(나) H_0: $\mu = \mu_0$

H_1: $\mu < \mu_0$

(다) H_0: $\mu = \mu_0$

H_1: $\mu > \mu_0$

문제 6.1.5 정규분포를 띠는 모집단의 기댓값과 분산을 모른다고 두자. 이 모집단에서 크기가 10인 확률표본 $X_1, X_2, \cdots, X_{10}$을 얻어

$$\sum_{j=1}^{10} X_j = 350 \ , \ \sum_{j=1}^{10} X_j^2 = 12645$$

를 얻었다. 이때 모평균에 대한 90% 두쪽 신뢰구간을 유효숫자 네 자리로 얻으시오.

문제 6.1.6** 모집단의 크기와 표본의 크기가 끝없이 커질 때, t−통계량의 분포가 z−통계량의 분포와 같아짐을 보이시오. (귀띔: 평균이 μ이고 분산이 σ^2인 모집단에서 추출한 표본 $X_1, X_2, \cdots, X_n$의 표본평균이 $\overline{X}$, 표본분산이 S^2일 때, t−통계량은 확률변수 $T = \dfrac{\sqrt{n}(\overline{X} - \mu)}{S}$이고, z−통계량은 확률변수 $Z = \dfrac{\sqrt{n}(\overline{X} - \mu)}{\sigma}$임을 새겨 보시오.)

문제 6.2.1 수학연산 소프트웨어의 프로그램 수행 시간은 정규분포를 띤다고 한다. 새로 개발한 수학연산 소프트웨어와 기존의 소프트웨어 연산 처리 속도를 견주어 보고자, 성능이 같은 전산기 한 대에는 기존의 소프트웨어를 설치하고 다른 한 대에는 새로 개발한 소프트웨어를 설치하였다. 두 전산기에 설치된 수학연산 소프트웨어로 프로그램 여섯 종류를 수행한 결과가 아래 표와 같을 때, 새로 개발한 소프트웨어의 연산 처리 속도가 더 빠르다고 주장할 수 있는지 유의수준 5%에서 검정하시오.

프로그램 번호	1	2	3	4	5	6
기존 소프트웨어 수행 시간 (ms)	9.12	2.55	2.87	0.45	8.30	6.22
신규 소프트웨어 수행 시간 (ms)	7.63	2.55	2.66	0.49	7.06	3.25

문제 6.2.2 정규분포를 띠는 두 모집단에서 추출한 독립표본을 바탕으로 두 모집단의 평균의 차 μ_D를 추정하려고 한다. 모분산이 9인 한 모집단에서 얻은 확률표본 100개의 표본평균이 10이고, 모분산이 8인 다른 모집단에서 얻은 확률표본 50개의 표본평균이 9이다. 이때 신뢰수준이 0.95인 두쪽 신뢰구간을 소수점 아래 셋째 자리 값으로 얻으시오.

문제 6.2.3 어떤 사람이 자신이 개발한 두 회로를 전류 관점에서 견주어 보고자 한다. 두 회로의 전류 값은 정규분포를 띤다고 한다. 첫째 회로를 쓸 때에는 $n_1 = 35$번 전류를 재어 표본평균 $\overline{X_1} = 24.2$ A와 표본표준편차 $S_1 = \sqrt{10.0}$ A를 얻었다. 둘째 회로를 쓸 때에는 $n_2 = 40$번 전류를 재어 표본평균 $\overline{X_2} = 23.9$ A와 표본표준편차 $S_2 = \sqrt{14.3}$ A를 얻었다. 이때 첫째 회로의 전류가 둘째 회로의 전류와 통계적으로 같은지 유의수준 5%에서 검정하시오.

문제 6.2.4 성장제를 섭취한 초등학생 6학년의 키는 정규분포를 띤다고 한다. 한 회사가 키 성장제를 개발하여 초등학생 6학년 100명씩 두 뭉치에 대해 성장제 섭취 횟수에 따른 효과를 살펴보았다. 첫 뭉치 학생들에게는 성장제를 날마다 한 알씩 먹도록 하고, 둘째 뭉치 학생들에게는 성장제를 날마다 두 알씩 먹도록 하였다. 약을 먹기 시작한지 여섯 달 뒤에 두 뭉치의 학생들의 키의 평균과 표준편차를 살펴보니 다음과 같았다.

뭉치	성장제 한 알	성장제 두 알
학생 수	100명	100명
표본평균	148 cm	150 cm
표본표준편차	7 cm	6 cm

이때 두 가설

H_0: 성장제를 날마다 한 알씩 먹는 것과 두 알씩 먹는 것은 성장에 차이가 없다.
H_1: 성장제를 날마다 두 알씩 먹는 것이 한 알씩 먹는 것보다 성장에 더 도움이 된다.

를 유의수준 $\alpha = 0.01$에서 검정하시오.

문제 6.2.5 정규분포를 띠는 두 모집단에서 독립적으로 추출한 표본으로 얻은 통계량과 알려진 모수 값이 다음과 같다. 이 네 가지 상황에서 각각 모평균의 차에 대한 가설검정으로 알맞은 방법을 골라 유의수준 5%에서 수행하시오.

(가)

모집단	표본 수	표본평균	표본분산
A	47	61.3	8.4
B	51	59.9	6.2

(나)

모집단	표본 수	표본평균	표본분산
A	12	3.4	2.1
B	8	3.7	1.8

(모분산이 같다고 알려져 있음.)

(다)

모집단	표본 수	표본평균	표본분산
A	9	17.8	9.6
B	13	14.7	10.0

(라)

모집단	표본 수	표본평균	분산
A	24	0.86	0.52
B	23	0.91	0.58

문제 6.3.1 단순 선형회귀 모형의 쌍체표본 $(X_1, Y_1), (X_2, Y_2), \cdots, (X_n, Y_n)$에서 독립변수가 $X_i = x_i$로 주어졌을 때, 종속변수 Y_i의 조건부 기댓값은 식 (6.3.1)에서

$$E[Y|X_i = x_i] = a_0 + a_1 x_i$$

이다. 이때 $E[Y]$를 얻으시오.

문제 6.3.2 어떤 자료를 바탕으로 $y = 1 - 2x$라는 회귀직선을 얻었을 때, 맞춤오차는 평균이 0이고 표준편차가 2인 정규분포를 따른다고 한다.

(가) 먼저 $x = 3$일 때 종속변수의 기댓값과 분산을 얻으시오.

(나) 독립변수의 값이 $x = 2$일 때의 종속변수 값보다 $x = 3$일 때의 종속변수의 값이 클 확률을 얻으시오.

문제 6.3.3 크기가 100인 쌍체표본에 대해서 독립변수 $x_1, x_2, \cdots, x_{100}$의 표본평균이 1.2이고 종속변수 $y_1, y_2, \cdots, y_{100}$의 표본평균이 3이다. 또 $\sum_{i=1}^{100} x_i^2 = 150$이고 $\sum_{i=1}^{100} x_i y_i = 380$이다. 이때 최소제곱 맞춤으로 얻은 회귀직선의 맞춤오차가 평균이 0이고 분산이 100인 정규분포를 따른다고 한다. 이제, 독립변수가 12일 때, 종속변수가 30보다 클 확률을 얻으시오.

문제 6.3.4 어떤 디지털 통신 시스템에서 비트 오류율 P_B를 신호대잡음비 γ의 함수로 $\ln P_B = a_1\gamma + a_0$처럼 어림하여 나타낼 수 있음이 알려져 있다. 신호대잡음비 γ를 독립변수 x로 두고 비트 오류율의 대수 값 $\ln P_B$를 y로 둘 때, 다음 자료를 보고 최소제곱맞춤으로 선형회귀 직선을 얻으시오. 이때 계수 a_0과 a_1은 유효숫자 네 자리로 나타내시오.

신호대잡음비	비트 오류율의 대수값
2	−1.0
4	−3.2
6	−4.3
8	−6.2
10	−8.2
12	−10.2
14	−12.3
16	−13.5
18	−15.3
20	−17.8

문제 6.3.5 확률변수 X에 대한 표본 $X_1, X_2, \cdots, X_{12}$와 확률변수 Y에 대한 표본 $Y_1, Y_2, \cdots, Y_{12}$에서 다음과 같은 자료를 얻었다.

$$\sum_{i=1}^{12} x_i = 58.62,\ \sum_{i=1}^{12} y_i = 34.15,\ \sum_{i=1}^{12} x_i y_i = 169.2532,$$

$$\sum_{i=1}^{12} x_i^2 = 291.2310,\ \sum_{i=1}^{12} y_i^2 = 98.6967$$

확률변수 X와 Y의 표본상관계수를 얻으시오. 이때, 표본표준편차와 표본공분산은 유효숫자 네 자리로 계산하시오.

문제 6.3.6** 두 확률변수 X와 Y에 대하여 크기가 같은 표본 $X_1, X_2, \cdots, X_n$과 $Y_1, Y_2, \cdots, Y_n$을 얻었다고 하자. 표본을 끝없이 많이 추출하였을 때, 두 확률변수 X와 Y의 상관계수 ρ와 표본들로 얻은 표본상관계수 $\hat{\rho}$가 같아짐을 보이시오.

부록

가 분포표와 임계값

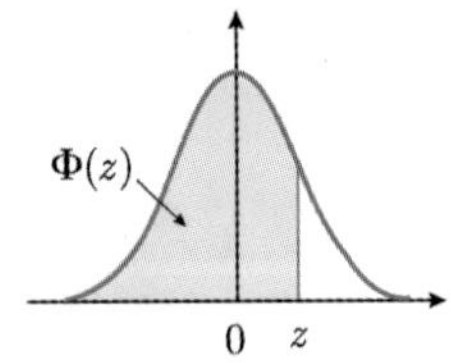

가.1 표준정규분포표

z	0.00	0.01	0.02	0.03	0.04	0.05	0.06	0.07	0.08	0.09
0.0	0.5000	0.5040	0.5080	0.5120	0.5160	0.5199	0.5239	0.5279	0.5319	0.5339
0.1	0.5398	0.5438	0.5478	0.5517	0.5557	0.5596	0.5636	0.5675	0.5714	0.5753
0.2	0.5793	0.5832	0.5871	0.5910	0.5948	0.5987	0.6026	0.6064	0.6103	0.6141
0.3	0.6179	0.6217	0.6255	0.6293	0.6331	0.6368	0.6406	0.6443	0.6480	0.6517
0.4	0.6554	0.6591	0.6628	0.6664	0.6700	0.6736	0.6772	0.6808	0.6844	0.6879
0.5	0.6915	0.6950	0.6985	0.7019	0.7054	0.7088	0.7123	0.7157	0.7190	0.7224
0.6	0.7257	0.7291	0.7324	0.7357	0.7389	0.7422	0.7454	0.7486	0.7517	0.7549
0.7	0.7580	0.7611	0.7642	0.7673	0.7704	0.7734	0.7764	0.7794	0.7823	0.7852
0.8	0.7881	0.7910	0.7939	0.7967	0.7995	0.8023	0.8051	0.8078	0.8106	0.8133
0.9	0.8159	0.8186	0.8212	0.8238	0.8264	0.8289	0.8315	0.8340	0.8365	0.8389
1.0	0.8413	0.8438	0.8461	0.8485	0.8508	0.8531	0.8554	0.8577	0.8599	0.8621
1.1	0.8643	0.8665	0.8686	0.8708	0.8729	0.8749	0.8770	0.8790	0.8810	0.8830
1.2	0.8849	0.8869	0.8888	0.8907	0.8925	0.8944	0.8962	0.8980	0.8997	0.9015
1.3	0.9032	0.9019	0.9066	0.9082	0.9099	0.9115	0.9131	0.9147	0.9162	0.9177
1.4	0.9192	0.9207	0.9222	0.9236	0.9251	0.9265	0.9278	0.9292	0.9306	0.9319
1.5	0.9332	0.9345	0.9357	0.9370	0.9382	0.9394	0.9406	0.9418	0.9429	0.9441
1.6	0.9452	0.9463	0.9474	0.9484	0.9495	0.9505	0.9515	0.9525	0.9535	0.9545
1.7	0.9554	0.9564	0.9573	0.9582	0.9591	0.9599	0.9608	0.9610	0.9625	0.9633
1.8	0.9641	0.9649	0.9656	0.9664	0.9671	0.9678	0.9686	0.9693	0.9699	0.9706
1.9	0.9713	0.9719	0.9726	0.9732	0.9738	0.9744	0.9750	0.9756	0.9761	0.9767
2.0	0.9772	0.9778	0.9783	0.9788	0.9793	0.9798	0.9803	0.9808	0.9812	0.9817
2.1	0.9821	0.9826	0.9830	0.9834	0.9838	0.9842	0.9846	0.9850	0.9854	0.9857
2.2	0.9861	0.9864	0.9868	0.9871	0.9875	0.9878	0.9881	0.9884	0.9887	0.9890
2.3	0.9893	0.9896	0.9898	0.9901	0.9904	0.9906	0.9909	0.9911	0.9913	0.9916
2.4	0.9918	0.9920	0.9922	0.9925	0.9927	0.9929	0.9931	0.9932	0.9934	0.9936
2.5	0.9938	0.9940	0.9941	0.9943	0.9945	0.9946	0.9948	0.9949	0.9951	0.9952
2.6	0.9953	0.9955	0.9956	0.9957	0.9959	0.9960	0.9961	0.9962	0.9963	0.9964
2.7	0.9965	0.9966	0.9967	0.9968	0.9969	0.9970	0.9971	0.9972	0.9973	0.9974
2.8	0.9974	0.9975	0.9976	0.9977	0.9977	0.9978	0.9979	0.9979	0.9980	0.9981
2.9	0.9981	0.9982	0.9982	0.9983	0.9984	0.9984	0.9985	0.9985	0.9986	0.9986
3.0	0.9987	0.9987	0.9987	0.9988	0.9988	0.9989	0.9989	0.9989	0.9990	0.9990
3.1	0.9990	0.9991	0.9991	0.9991	0.9992	0.9992	0.9992	0.9992	0.9993	0.9993
3.2	0.9993	0.9993	0.9994	0.9994	0.9994	0.9994	0.9994	0.9995	0.9995	0.9995
3.3	0.9995	0.9995	0.9995	0.9996	0.9996	0.9996	0.9996	0.9996	0.9996	0.9997
3.4	0.9997	0.9997	0.9997	0.9997	0.9997	0.9997	0.9997	0.9997	0.9997	0.9998

가.2 표준정규분포의 임계값

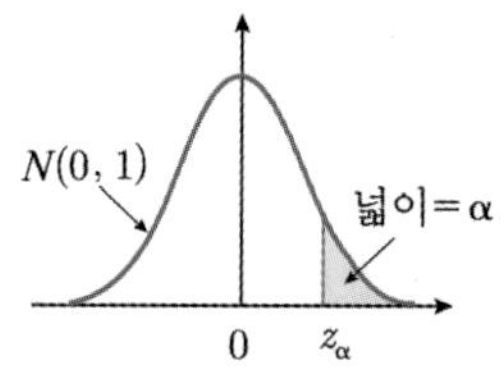

α	z_α
0.10	1.282
0.05	1.645
0.025	1.960
0.01	2.326
0.005	2.576

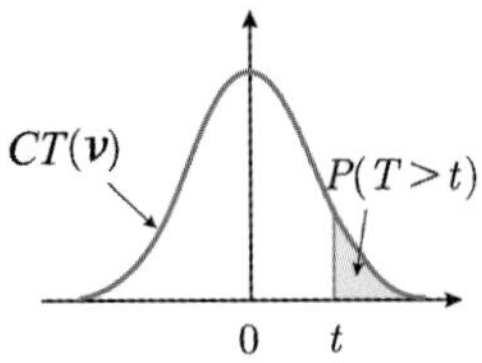

가.3 t 분포표: 자유도가 ν인 중심 t 분포의 보누적분포표

t \ ν	1	2	3	4	5	6	7	8	9	10	11	12	13	14	15	16	17	18
0.1	.468	.465	.463	.463	.462	.462	.462	.461	.461	.461	.461	.461	.461	.461	.461	.461	.461	.461
0.2	.437	.430	.427	.426	.425	.424	.424	.423	.423	.423	.423	.422	.422	.422	.422	.422	.422	.422
0.3	.407	.396	.392	.390	.388	.387	.386	.386	.386	.385	.385	.385	.384	.384	.384	.384	.384	.384
0.4	.379	.364	.358	.355	.353	.352	.351	.350	.349	.349	.348	.348	.348	.347	.347	.347	.347	.347
0.5	.352	.333	.326	.322	.319	.317	.316	.315	.315	.314	.313	.313	.313	.312	.312	.312	.312	.312
0.6	.328	.305	.295	.290	.287	.285	.284	.283	.282	.281	.280	.280	.279	.279	.279	.278	.278	.278
0.7	.306	.278	.267	.261	.258	.255	.253	.252	.251	.250	.249	.249	.248	.247	.247	.247	.247	.246
0.8	.285	.254	.241	.234	.230	.227	.225	.223	.222	.221	.220	.220	.219	.218	.218	.218	.217	.217
0.9	.267	.232	.217	.210	.205	.201	.199	.197	.196	.195	.194	.193	.192	.191	.191	.191	.190	.190
1.0	.250	.211	.196	.187	.182	.178	.175	.173	.172	.170	.169	.169	.168	.167	.167	.166	.166	.165
1.1	.235	.193	.176	.167	.162	.157	.154	.152	.150	.149	.147	.146	.146	.144	.144	.144	.143	.143
1.2	.221	.177	.158	.148	.142	.138	.135	.132	.130	.129	.128	.127	.126	.124	.124	.124	.123	.123
1.3	.209	.162	.142	.132	.125	.121	.117	.115	.113	.111	.110	.109	.108	.107	.107	.106	.105	.105
1.4	.197	.148	.128	.117	.110	.106	.102	.100	.098	.096	.095	.093	.092	.091	.091	.090	.090	.089
1.5	.187	.136	.115	.104	.097	.092	.089	.086	.084	.082	.081	.080	.079	.077	.077	.077	.076	.075
1.6	.178	.125	.104	.092	.085	.080	.077	.074	.072	.070	.069	.068	.067	.065	.065	.065	.064	.064
1.7	.169	.116	.094	.082	.075	.070	.065	.064	.062	.060	.059	.057	.056	.055	.055	.054	.054	.053
1.8	.161	.107	.085	.073	.066	.061	.057	.055	.053	.051	.050	.049	.048	.046	.046	.045	.045	.044
1.9	.154	.099	.077	.065	.058	.053	.050	.047	.045	.043	.042	.041	.040	.038	.038	.038	.037	.037
2.0	.148	.092	.070	.058	.051	.046	.043	.040	.038	.037	.035	.034	.033	.032	.032	.031	.031	.030
2.1	.141	.085	.063	.052	.045	.040	.037	.034	.033	.031	.030	.029	.028	.027	.027	.026	.025	.025
2.2	.136	.079	.058	.046	.040	.035	.032	.029	.028	.026	.025	.024	.023	.022	.022	.021	.021	.021
2.3	.131	.074	.052	.041	.035	.031	.027	.025	.023	.022	.021	.020	.019	.018	.018	.018	.017	.017
2.4	.126	.069	.048	.037	.031	.027	.024	.022	.020	.019	.018	.017	.016	.015	.015	.014	.014	.014
2.5	.121	.065	.044	.033	.027	.023	.020	.018	.017	.016	.015	.014	.013	.012	.012	.012	.011	.011
2.6	.117	.061	.040	.030	.024	.020	.018	.016	.014	.013	.012	.012	.011	.010	.010	.010	.009	.009
2.7	.113	.057	.037	.027	.021	.018	.015	.014	.012	.011	.010	.010	.009	.008	.008	.008	.008	.007
2.8	.109	.054	.034	.024	.019	.016	.013	.012	.010	.009	.009	.008	.008	.007	.007	.006	.006	.006
2.9	.106	.051	.031	.022	.017	.014	.011	.010	.009	.008	.007	.007	.006	.005	.005	.005	.005	.005
3.0	.102	.048	.029	.020	.015	.012	.010	.009	.007	.007	.006	.006	.005	.004	.004	.004	.004	.004
3.1	.099	.045	.027	.018	.013	.011	.009	.007	.006	.006	.005	.005	.004	.004	.004	.003	.003	.003
3.2	.096	.043	.025	.016	.012	.009	.008	.006	.005	.005	.004	.004	.003	.003	.003	.003	.003	.002
3.3	.094	.040	.023	.015	.011	.008	.007	.005	.005	.004	.004	.003	.003	.002	.002	.002	.002	.002
3.4	.091	.038	.021	.014	.010	.007	.006	.005	.004	.003	.003	.003	.002	.002	.002	.002	.002	.002
3.5	.089	.036	.020	.012	.009	.006	.005	.004	.003	.003	.002	.002	.002	.002	.002	.001	.001	.001
3.6	.086	.035	.018	.011	.008	.006	.004	.004	.003	.002	.002	.002	.002	.001	.001	.001	.001	.001
3.7	.084	.033	.017	.010	.007	.005	.004	.003	.002	.002	.002	.002	.001	.001	.001	.001	.001	.001
3.8	.082	.031	.016	.010	.006	.004	.003	.003	.002	.002	.001	.001	.001	.001	.001	.001	.001	.001
3.9	.080	.030	.015	.009	.006	.004	.003	.002	.002	.001	.001	.001	.001	.001	.001	.001	.001	.001
4.0	.078	.039	.014	.008	.005	.004	.003	.002	.002	.001	.001	.001	.001	.001	.001	.001	.000	.000

t 분포표 (계속)

t \ ν	19	20	21	22	23	24	25	26	27	28	29	30	35	40	60	120	∞
0.1	.461	.461	.461	.461	.461	.461	.461	.461	.461	.461	.461	.461	.460	.460	.460	.460	.460
0.2	.422	.422	.422	.422	.422	.422	.422	.422	.421	.421	.421	.421	.421	.421	.421	.421	.421
0.3	.384	.384	.384	.383	.383	.383	.383	.383	.383	.383	.383	.383	.383	.383	.383	.382	.382
0.4	.347	.347	.347	.347	.346	.346	.346	.346	.346	.346	.346	.346	.346	.346	.345	.345	.345
0.5	.311	.311	.311	.311	.311	.311	.311	.311	.311	.310	.310	.310	.310	.310	.309	.309	.309
0.6	.278	.278	.278	.277	.277	.277	.277	.277	.277	.277	.277	.277	.276	.276	.275	.275	.274
0.7	.246	.246	.246	.246	.245	.245	.245	.245	.245	.245	.245	.245	.244	.244	.243	.243	.242
0.8	.217	.217	.216	.216	.216	.216	.216	.215	.215	.215	.215	.215	.215	.214	.213	.213	.212
0.9	.190	.189	.189	.189	.189	.189	.188	.188	.188	.188	.188	.188	.187	.187	.186	.185	.184
1.0	.165	.165	.164	.164	.164	.164	.163	.163	.163	.163	.163	.163	.162	.162	.161	.160	.159
1.1	.143	.142	.142	.142	.141	.141	.141	.141	.141	.140	.140	.140	.139	.139	.138	.137	.136
1.2	.122	.122	.122	.121	.121	.121	.121	.120	.120	.120	.120	.120	.119	.119	.117	.116	.115
1.3	.105	.104	.104	.104	.103	.103	.103	.103	.102	.102	.102	.102	.101	.101	.099	.098	.097
1.4	.089	.089	.088	.088	.087	.087	.087	.087	.086	.086	.086	.086	.085	.085	.083	.082	.081
1.5	.075	.075	.074	.074	.074	.073	.073	.073	.073	.072	.072	.072	.071	.071	.069	.068	.067
1.6	.063	.063	.062	.062	.062	.061	.061	.061	.061	.060	.060	.060	.059	.059	.057	.056	.055
1.7	.053	.052	.052	.052	.051	.051	.051	.051	.050	.050	.050	.050	.049	.048	.047	.046	.045
1.8	.044	.043	.043	.043	.042	.042	.042	.042	.042	.041	.041	.041	.040	.040	.038	.037	.036
1.9	.036	.036	.036	.035	.035	.035	.035	.034	.034	.034	.034	.034	.033	.032	.031	.030	.029
2.0	.030	.030	.029	.029	.029	.028	.028	.028	.028	.028	.027	.027	.027	.026	.025	.024	.023
2.1	.025	.024	.024	.024	.023	.023	.023	.023	.023	.022	.022	.022	.022	.021	.020	.019	.018
2.2	.020	.020	.020	.019	.019	.019	.019	.018	.018	.018	.018	.018	.017	.017	.016	.015	.014
2.3	.016	.016	.016	.016	.015	.015	.015	.015	.015	.015	.014	.014	.014	.013	.012	.012	.011
2.4	.013	.013	.013	.013	.012	.012	.012	.012	.012	.012	.012	.011	.011	.011	.010	.009	.008
2.5	.011	.011	.010	.010	.010	.010	.010	.010	.009	.009	.009	.009	.009	.008	.008	.007	.006
2.6	.009	.009	.008	.008	.008	.008	.008	.008	.007	.007	.007	.007	.007	.007	.006	.005	.005
2.7	.007	.007	.007	.007	.006	.006	.006	.006	.006	.006	.006	.006	.005	.005	.004	.004	.003
2.8	.006	.006	.005	.005	.005	.005	.005	.005	.005	.005	.005	.004	.004	.004	.003	.003	.003
2.9	.005	.004	.004	.004	.004	.004	.004	.004	.004	.004	.004	.003	.003	.003	.003	.002	.002
3.0	.004	.004	.003	.003	.003	.003	.003	.003	.003	.003	.003	.003	.002	.002	.002	.002	.001
3.1	.003	.003	.003	.003	.003	.002	.002	.002	.002	.002	.002	.002	.002	.002	.001	.001	.001
3.2	.002	.002	.002	.002	.002	.002	.002	.002	.002	.002	.002	.002	.001	.001	.001	.001	.001
3.3	.002	.002	.002	.002	.002	.001	.001	.001	.001	.001	.001	.001	.001	.001	.001	.001	.000
3.4	.002	.001	.001	.001	.001	.001	.001	.001	.001	.001	.001	.001	.001	.001	.001	.000	.000
3.5	.001	.001	.001	.001	.001	.001	.001	.001	.001	.001	.001	.001	.001	.001	.000	.000	.000
3.6	.001	.001	.001	.001	.001	.001	.001	.001	.001	.001	.001	.001	.000	.000	.000	.000	.000
3.7	.001	.001	.001	.001	.001	.001	.001	.001	.000	.000	.000	.000	.000	.000	.000	.000	.000
3.8	.001	.001	.001	.000	.000	.000	.000	.000	.000	.000	.000	.000	.000	.000	.000	.000	.000
3.9	.000	.000	.000	.000	.000	.000	.000	.000	.000	.000	.000	.000	.000	.000	.000	.000	.000
4.0	.000	.000	.000	.000	.000	.000	.000	.000	.000	.000	.000	.000	.000	.000	.000	.000	.000

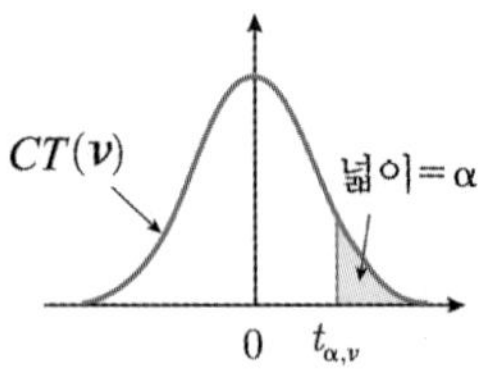

가.4 자유도가 ν인 t 분포의 임계값 $t_{\alpha,\nu}$

자유도 ν	α						
	0.10	0.05	0.025	0.01	0.005	0.001	0.0005
1	3.078	6.314	12.706	31.821	63.657	318.309	636.619
2	1.866	2.920	4.303	6.965	9.925	22.326	31.598
3	1.638	2.353	3.182	4.541	5.841	10.213	12.924
4	1.533	2.132	2.776	3.747	4.604	7.173	8.610
5	1.476	2.015	2.571	3.365	4.032	5.893	6.869
6	1.440	1.943	2.447	3.143	3.707	5.208	5.959
7	1.415	1.895	2.365	2.998	3.499	4.785	5.408
8	1.397	1.860	2.306	2.896	3.355	4.501	5.041
9	1.383	1.833	2.262	2.821	3.250	4.297	4.781
10	1.372	1.812	2.228	2.764	3.169	4.144	4.587
11	1.363	1.796	2.201	2.718	3.106	4.025	4.437
12	1.356	1.782	2.179	2.681	3.055	3.930	4.318
13	1.350	1.771	2.160	2.650	3.012	3.852	4.221
14	1.345	1.761	2.145	2.624	2.977	3.787	4.140
15	1.341	1.753	2.131	2.602	2.947	3.733	4.073
16	1.337	1.746	2.120	2.583	2.921	3.686	4.015
17	1.333	1.740	2.110	2.567	2.898	3.646	3.965
18	1.330	1.734	2.101	2.552	2.878	3.610	3.922
19	1.328	1.729	2.093	2.539	2.861	3.579	3.883
20	1.325	1.725	2.086	2.528	2.845	3.552	3.850
21	1.323	1.721	2.080	2.518	2.831	3.527	3.819
22	1.321	1.717	2.074	2.508	2.819	3.505	3.792
23	1.319	1.714	2.069	2.500	2.807	3.485	3.767
24	1.318	1.711	2.064	2.492	2.797	3.467	3.745
25	1.316	1.708	2.060	2.485	2.787	3.450	3.725
26	1.315	1.706	2.056	2.479	2.779	3.435	3.707
27	1.314	1.703	2.052	2.473	2.771	3.421	3.690
28	1.313	1.701	2.048	2.467	2.763	3.408	3.674
29	1.311	1.699	2.045	2.462	2.756	3.396	3.659
30	1.310	1.697	2.042	2.457	2.750	3.385	3.646
40	1.303	1.684	2.021	2.423	2.704	3.307	3.551
60	1.296	1.671	2.000	2.390	2.660	3.232	3.460
120	1.289	1.658	1.980	2.358	2.617	3.160	3.373
∞	1.282	1.645	1.960	2.326	2.576	3.090	3.291

나 정리와 증명

나.1 결합 정규 확률변수의 한계 분포

정리 나.1 (정리 4.4.1)

두 확률변수 X와 Y의 결합 분포가 $N(\mu_X, \mu_Y, \sigma_X^2, \sigma_Y^2, \rho)$이면, X의 분포는 $N(\mu_X, \sigma_X^2)$이고 Y의 분포는 $N(\mu_Y, \sigma_Y^2)$이다.

증명 먼저

$$\begin{aligned}&\frac{(x-\mu_X)^2}{\sigma_X^2}-2\rho\frac{(x-\mu_X)(y-\mu_Y)}{\sigma_X\sigma_Y}+\frac{(y-\mu_Y)^2}{\sigma_Y^2} \\ &=\frac{(x-\mu_X)^2}{\sigma_X^2}-2\rho\frac{(x-\mu_X)(y-\mu_Y)}{\sigma_X\sigma_Y}+\rho^2\frac{(y-\mu_Y)^2}{\sigma_Y^2} \\ &+\frac{(y-\mu_Y)^2}{\sigma_Y^2}-\rho^2\frac{(y-\mu_Y)^2}{\sigma_Y^2} \\ &=\left(\frac{x-\mu_X}{\sigma_X}-\rho\frac{y-\mu_Y}{\sigma_Y}\right)^2+(1-\rho^2)\frac{(y-\mu_Y)^2}{\sigma_Y^2}\end{aligned} \tag{나.1}$$

이므로, $\alpha=\frac{1}{2(1-\rho^2)}$처럼 두면

$$\begin{aligned}f_{X,Y}(x,y)=&\frac{1}{\sqrt{2\pi}\,\sigma_X\sigma_Y}\exp\left\{-\frac{(y-\mu_Y)^2}{2\sigma_Y^2}\right\} \\ &\times\sqrt{\frac{\alpha}{\pi}}\exp\left\{-\alpha\left(\frac{x-\mu_X}{\sigma_X}-\rho\frac{y-\mu_Y}{\sigma_Y}\right)^2\right\}\end{aligned} \tag{나.2}$$

이다. 또 확률밀도함수를 적분하면 1이므로, $\beta=\frac{1}{2\sigma_Y^2}$이라고 두면,

$$\int_{-\infty}^{\infty}\frac{1}{\sqrt{2\pi}\,\sigma_Y}\exp\left(-\frac{x^2}{2\sigma_Y^2}\right)dx=\int_{-\infty}^{\infty}\sqrt{\frac{\beta}{\pi}}\exp(-\beta x^2)dx=1 \tag{나.3}$$

이다. 이제 $\frac{x-\mu_X}{\sigma_X}-\rho\frac{y-\mu_Y}{\sigma_Y}=t$처럼 두면 $dx=\sigma_X dt$이므로, (나.3)을 새기면 결합 확률밀도함수 $f_{X,Y}(x,y)$를 x에 대해 적분하여 Y의 확률밀도함수를

$$f_Y(y) = \int_{-\infty}^{\infty} f_{X,Y}(x,y)dx \tag{나.4}$$

$$= \frac{1}{\sqrt{2\pi}\,\sigma_X\sigma_Y}\exp\left\{-\frac{(y-\mu_Y)^2}{2\sigma_Y^2}\right\}$$

$$\times\int_{-\infty}^{\infty}\sqrt{\frac{\alpha}{\pi}}\exp\left\{-\alpha\left(\frac{x-\mu_X}{\sigma_X}-\rho\frac{y-\mu_Y}{\sigma_Y}\right)^2\right\}dx$$

$$= \frac{1}{\sqrt{2\pi}\,\sigma_X\sigma_Y}\exp\left\{-\frac{(y-\mu_Y)^2}{2\sigma_Y^2}\right\}\int_{-\infty}^{\infty}\sqrt{\frac{\alpha}{\pi}}\exp(-\alpha t^2)\sigma_X dt$$

$$= \frac{1}{\sqrt{2\pi}\,\sigma_Y}\exp\left\{-\frac{(y-\mu_Y)^2}{2\sigma_Y^2}\right\}$$

처럼 얻을 수 있다. 그러므로 확률변수 Y의 분포는 $N(\mu_Y, \sigma_Y^2)$이다. 마찬가지로 X의 분포는 $N(\mu_X, \sigma_X^2)$이라는 것을 보일 수 있다.

나.2 결합 정규 확률변수의 조건부 분포

정리 나.2 (정리 4.4.4)

두 확률변수 X와 Y의 결합 분포가 $N(\mu_X, \mu_Y, \sigma_X^2, \sigma_Y^2, \rho)$라고 하자. 그러면 $X=x$라는 것을 알 때, Y는 정규 확률변수이고 그 기댓값은 $\mu_Y + \rho\frac{\sigma_Y}{\sigma_X}(x-\mu_X)$이며 분산은 $(1-\rho^2)\sigma_Y^2$이다.

증명 결합 분포 $N(\mu_X, \mu_Y, \sigma_X^2, \sigma_Y^2, \rho)$의 확률밀도함수를 나타내는 (4.4.1)과 분포 $N(\mu_X, \sigma_X^2)$의 확률밀도함수 $f_X(x) = \frac{1}{\sqrt{2\pi\sigma_X^2}}\exp\left\{-\frac{(\mathrm{x}-\mu_\mathrm{X})^2}{2\sigma_\mathrm{X}^2}\right\}$를 쓰면

$$f_{Y|X}(y|x) = \frac{f_{X,Y}(x,y)}{f_X(x)} \tag{나.5}$$

$$= \frac{\sqrt{2\pi\sigma_X^2}}{2\pi\sigma_X\sigma_Y\sqrt{1-\rho^2}}\exp\left[\frac{1}{2(1-\rho^2)}\left\{\frac{(x-\mu_X)^2}{\sigma_X^2}(1-\rho^2)\right\}\right]$$

$$\times\exp\left[-\frac{1}{2(1-\rho^2)}\left\{\frac{(x-\mu_X)^2}{\sigma_X^2}-2\rho\frac{(x-\mu_X)(y-\mu_Y)}{\sigma_X\sigma_Y}+\frac{(y-\mu_Y)^2}{\sigma_Y^2}\right\}\right]$$

이다. 이 식을 정리하면

$$f_{Y|X}(y|x) = \frac{1}{\sqrt{2\pi(1-\rho^2)\sigma_Y^2}} \exp\left\{ - \frac{\left(\frac{y-\mu_Y}{\sigma_Y} - \rho \frac{x-\mu_X}{\sigma_X} \right)^2}{2(1-\rho^2)} \right\} \tag{나.6}$$

$$= \frac{1}{\sqrt{2\pi(1-\rho^2)\sigma_Y^2}} \exp\left(- \frac{\left[y - \left\{ \mu_Y + \rho \frac{\sigma_Y}{\sigma_X}(x-\mu_X) \right\} \right]^2}{2(1-\rho^2)\sigma_Y^2} \right)$$

이다. 따라서 두 확률변수 X와 Y의 결합 분포가 $N(\mu_X, \mu_Y, \sigma_X^2, \sigma_Y^2, \rho)$이면, $X=x$일 때 Y는 기댓값이 $\mu_Y + \rho\frac{\sigma_Y}{\sigma_X}(x-\mu_X)$이고 분산이 $(1-\rho^2)\sigma_Y^2$인 정규 확률변수라는 것을 알 수 있다.

나.3 t-통계량의 분포

여기에서는 통계학에서 매우 중요한 자리를 차지하는 중심 카이제곱분포와 t 분포를 간단히 살펴보고, t-통계량의 분포를 얻어 보자.

뜻매김 나.1 중심 카이제곱분포

확률밀도함수가

$$f_X(x) = \begin{cases} \frac{1}{2^{\frac{\nu}{2}}\Gamma\left(\frac{\nu}{2}\right)} x^{\frac{\nu}{2}-1} \exp\left(-\frac{x}{2}\right), & x \ge 0 \\ 0, & x < 0 \end{cases} \tag{나.7}$$

인 분포를 자유도[31]가 ν인 중심 카이제곱분포[32]라고 하고, $\chi^2(\nu)$로 나타낸다.

식 (나.7)에서

$$\Gamma(x) = \int_0^\infty z^{x-1} e^{-z} dz \tag{나.8}$$

은 감마 함수이다.

31) degree of freedom

32) central chi-square distribution

정리 나.3 중심 카이제곱분포의 적률생성함수

분포가 $\chi^2(\nu)$인 확률변수 X의 적률생성함수는 $t < \frac{1}{2}$일 때

$$M_X(t) = (1-2t)^{-\frac{\nu}{2}} \tag{나.9}$$

이다.

증명 식 (나.7)을 바탕으로 확률변수 X의 적률생성함수를 얻으면

$$M_X(t) \;=\; E[e^{tX}] \;=\; \int_0^{\infty} \frac{1}{2^{\frac{\nu}{2}}\Gamma\left(\frac{\nu}{2}\right)} x^{\frac{\nu}{2}-1} \exp\left(-\frac{1-2t}{2}x\right) dx \tag{나.10}$$

이다. 이제 $t < \frac{1}{2}$일 때 $y = \frac{1-2t}{2}x$처럼 두면 $x = \frac{2y}{1-2t}$이고 $dx = \frac{2dy}{1-2t}$이므로, (나.8)을 새기면

$$\begin{aligned} M_X(t) &= \frac{1}{2^{\frac{\nu}{2}}\Gamma\left(\frac{\nu}{2}\right)} \int_0^{\infty} \left(\frac{2y}{1-2t}\right)^{\frac{\nu}{2}-1} e^{-y} \frac{2dy}{1-2t} \qquad (\text{나}.11) \\ &= (1-2t)^{-\frac{\nu}{2}} \frac{1}{\Gamma\left(\frac{\nu}{2}\right)} \int_0^{\infty} y^{\frac{\nu}{2}-1} e^{-y} dy \\ &= (1-2t)^{-\frac{\nu}{2}} \end{aligned}$$

을 얻을 수 있다.

정리 나.4 표준정규 확률변수 $X_1, X_2, \cdots, X_n$이 서로 독립일 때 그 제곱 합 $Y_n = \sum_{i=1}^{n} X_i^2$의 분포는 자유도가 n인 중심 카이제곱분포 $\chi^2(n)$이다.

증명 먼저 표준정규 확률변수 X_i의 제곱의 분포를 얻어 보자. 보기 2.2.15의 결과를 쓰면, 확률변수 $W_i = X_i^2$의 분포는

$$f_{W_i}(w) = \begin{cases} \frac{1}{2\sqrt{w}}\{f_X(\sqrt{w}) + f_X(-\sqrt{w})\}, & w \geq 0 \\ 0, & w < 0 \end{cases} \quad (나.12)$$

$$= \begin{cases} \frac{1}{\sqrt{2\pi w}} \exp\left(-\frac{w}{2}\right), & w \geq 0 \\ 0, & w < 0 \end{cases}$$

이다. 또한 $\Gamma\left(\frac{1}{2}\right) = \sqrt{\pi}$ 이므로 (나.12)는 (나.7)에서 $\nu = 1$일 때와 같다. 바꾸어 말하면, W_i의 분포는 $\chi^2(1)$이다. 이제 (나.9)에서 본 것처럼 확률변수 W_i의 적률생성함수가

$$M_{W_i}(t) = (1-2t)^{-\frac{1}{2}} \quad (나.13)$$

이고, W_1, W_2, $\cdots$, W_n이 서로 독립이므로, $Y_n = \sum_{i=1}^{n} W_i$의 적률생성함수는

$$M_{Y_n}(t) = \left\{(1-2t)^{-\frac{1}{2}}\right\}^n = (1-2t)^{-\frac{n}{2}} \quad (나.14)$$

이고, 이 식은 자유도가 n인 중심 카이제곱분포 $\chi^2(n)$의 적률생성함수와 같다.

정리 나.5 확률변수 $X_1, X_2, \cdots, X_n$이 서로 독립이고 X_i의 분포가 $\chi^2(\nu_i)$일 때, $S_n = \sum_{i=1}^{n} X_i$의 분포는 자유도가 $\sum_{i=1}^{n} \nu_i$인 중심 카이제곱분포 $\chi^2\left(\sum_{i=1}^{n} \nu_i\right)$이다.

증명 먼저 확률변수 X_i의 적률생성함수는

$$M_{X_i}(t) = (1-2t)^{-\frac{\nu_i}{2}} \quad (나.15)$$

이다. 그러므로 합 S_n의 적률생성함수는

$$M_{S_n}(t) = \prod_{i=1}^{n} (1-2t)^{-\frac{\nu_i}{2}} = (1-2t)^{-\frac{1}{2}\sum_{i=1}^{n} \nu_i} \quad (나.16)$$

이고, 이 식은 자유도가 $\sum_{i=1}^{n} \nu_i$인 중심 카이제곱분포 $\chi^2\left(\sum_{i=1}^{n} \nu_i\right)$의 적률생성함수와 같다.

뜻매김 나.2 중심 t 분포

확률밀도함수가

$$f_T(x) = \frac{\Gamma\left(\frac{\nu+1}{2}\right)}{\Gamma\left(\frac{\nu}{2}\right)\sqrt{\nu\pi}}\left(1+\frac{x^2}{\nu}\right)^{-\frac{\nu+1}{2}} \qquad (나.17)$$

인 분포를 자유도가 ν인 중심 t 분포[33]라고 하고, $CT(\nu)$로 나타낸다.

정리 나.6 분포가 $N(0,1)$인 확률변수 X와 분포가 $\chi^2(\nu)$인 확률변수 Y가 서로 독립일 때, 확률변수 $T=\frac{\sqrt{\nu}X}{\sqrt{Y}}$의 분포는 $CT(\nu)$이다.

증명 먼저 $W=Y$라고 두면, $X=T\sqrt{\frac{W}{\nu}}$이므로, 변환

$$X = h_1(t,w) = T\sqrt{\frac{W}{\nu}} \qquad (나.18)$$

$$Y = h_2(t,w) = W$$

의 함수 행렬식은

$$J(h_1(t,w), h_2(t,w)) = \begin{vmatrix} \sqrt{\frac{w}{\nu}} & \frac{1}{\sqrt{\nu}}\frac{t}{2\sqrt{w}} \\ 0 & 1 \end{vmatrix} = \sqrt{\frac{w}{\nu}} \qquad (나.19)$$

이다. 위 식을 바탕으로 (T, W)의 결합 확률밀도함수를 얻으면

$$f_{T,W}(t,w) = \begin{cases} \sqrt{\frac{w}{\nu}}\frac{\exp\left(-\frac{t^2w}{2\nu}\right)}{\sqrt{2\pi}}\frac{w^{\frac{\nu}{2}-1}}{2^{\frac{\nu}{2}}\Gamma\left(\frac{\nu}{2}\right)}e^{-\frac{w}{2}}, & w>0 \\ 0, & w<0 \end{cases} \qquad (나.20)$$

$$= \begin{cases} \frac{w^{\frac{\nu-1}{2}}}{\sqrt{2\pi\nu}\,2^{\frac{\nu}{2}}\Gamma\left(\frac{\nu}{2}\right)}\exp\left\{-\frac{w}{2}\left(1+\frac{t^2}{\nu}\right)\right\}, & w>0 \\ 0, & w<0 \end{cases}$$

33) central t distribution, Student's t distribution

이다. 이제 $z=\frac{w}{2}\left(1+\frac{t^2}{\nu}\right)$이라고 두면 $\left(1+\frac{t^2}{\nu}\right)dw=2\,dz$이므로,

$$
\begin{aligned}
f_T(t) &= \int_{-\infty}^{\infty} f_{T,W}(t,w)\,dw \qquad (\text{나}.21)\\
&= \frac{1}{\sqrt{\pi\nu}\,\Gamma\left(\frac{\nu}{2}\right)}\left(1+\frac{t^2}{\nu}\right)^{-\frac{\nu+1}{2}}\int_0^{\infty} z^{\frac{\nu-1}{2}}e^{-z}\,dz\\
&= \frac{\Gamma\left(\frac{\nu+1}{2}\right)}{\Gamma\left(\frac{\nu}{2}\right)\sqrt{\nu\pi}}\left(1+\frac{t^2}{\nu}\right)^{-\frac{\nu+1}{2}}
\end{aligned}
$$

을 얻는다.

정리 나.7 정규분포에서 얻은 확률표본 $X_1, X_2, \cdots, X_n$의 표본평균 $\overline{X}$와 표본분산 S^2은 서로 독립이다.

증명 표본평균은 $\overline{X}=\frac{1}{n}\sum_{i=1}^{n}X_i$이고 표본분산은 $S^2=\frac{1}{n-1}\sum_{i=1}^{n}\left(X_i-\overline{X}\right)^2$이므로, $W=\overline{X}$와 $V_i=X_i-\overline{X}$가 서로 독립임을 보이면 $\overline{X}$와 S^2이 서로 독립임을 보이는 셈이다. 이제 X_i의 분포가 $N(\mu,\sigma^2)$이라고 두고 W와 $(V_1, V_2, \cdots, V_n)$의 결합 적률생성함수를 얻으면

$$
\begin{aligned}
M(t,t_1,t_2,\cdots,t_n) &= E\left[\exp\{tW+t_1V_1+t_2V_2+\cdots+t_nV_n\}\right] \qquad (\text{나}.22)\\
&= E\left[\exp\left\{t\overline{X}+\sum_{i=1}^{n}t_i\left(X_i-\overline{X}\right)\right\}\right]\\
&= E\left[\exp\left\{\left(\sum_{i=1}^{n}t_iX_i\right)-(t_1+t_2+\cdots+t_n-t)\overline{X}\right\}\right]\\
&= E\left[\exp\left\{\sum_{i=1}^{n}\left(t_i-\frac{t_1+t_2+\cdots+t_n-t}{n}\right)X_i\right\}\right]
\end{aligned}
$$

이므로, $\bar{t}=\frac{1}{n}\sum_{i=1}^{n}t_i$라고 두면

$$\begin{aligned}M(t, t_1, t_2, \cdots, t_n) &= \prod_{i=1}^{n} E\left[\exp\left\{X_i\left(\frac{t+nt_i-n\bar{t}}{n}\right)\right\}\right] \qquad (나.23)\\ &= \prod_{i=1}^{n}\exp\left[\mu\left(\frac{t+nt_i-n\bar{t}}{n}\right)+\frac{\sigma^2}{2}\left(\frac{t+nt_i-n\bar{t}}{n}\right)^2\right]\\ &= \prod_{i=1}^{n}\exp\left(\frac{\mu}{n}t+\frac{\sigma^2}{2n^2}t^2\right)\\ &\quad\times\exp\left[\mu\left(t_i-\bar{t}\right)+\frac{\sigma^2}{2n^2}\left\{2tn\left(t_i-\bar{t}\right)+n^2\left(t_i-\bar{t}\right)^2\right\}\right]\\ &= \exp\left(\mu t+\frac{\sigma^2}{2n}t^2\right)\\ &\quad\times\prod_{i=1}^{n}\exp\left\{\left(\mu+\frac{\sigma^2 t}{n}\right)\left(t_i-\bar{t}\right)\right\}\prod_{i=1}^{n}\exp\left\{\frac{\sigma^2}{2}\left(t_i-\bar{t}\right)^2\right\}\\ &= \exp\left(\mu t+\frac{\sigma^2}{2n}t^2\right)\\ &\quad\times\exp\left\{\left(\mu+\frac{\sigma^2 t}{n}\right)\sum_{i=1}^{n}\left(t_i-\bar{t}\right)\right\}\exp\left\{\frac{\sigma^2}{2}\sum_{i=1}^{n}\left(t_i-\bar{t}\right)^2\right\}\end{aligned}$$

이다. 여기에서 $\sum_{i=1}^{n}\left(t_i-\bar{t}\right)=0$이므로

$$M(t, t_1, t_2, \cdots, t_n) = \exp\left(\mu t+\frac{\sigma^2}{2n}t^2\right)\exp\left\{\frac{\sigma^2}{2}\sum_{i=1}^{n}\left(t_i-\bar{t}\right)^2\right\} \qquad (나.24)$$

를 얻는다. 한편, 확률변수 W의 분포는 $N\left(\mu, \frac{\sigma^2}{n}\right)$이므로 W의 적률생성함수는

$$M_W(t) = \exp\left(\mu t+\frac{\sigma^2}{2n}t^2\right) \qquad (나.25)$$

이고, $(V_1, V_2, \cdots, V_n)$의 결합 적률생성함수는

$$\begin{aligned}M_{V_1, V_2, \cdots, V_n}(t_1, t_2, \cdots, t_n) &= E\left[\exp\left\{t_1V_1+t_2V_2+\cdots+t_nV_n\right\}\right] \qquad (나.26)\\ &= E\left[\exp\left\{\sum_{i=1}^{n}t_i\left(X_i-\overline{X}\right)\right\}\right]\\ &= \prod_{i=1}^{n}E\left[\exp\left\{X_i\left(t_i-\bar{t}\right)\right\}\right]\\ &= \prod_{i=1}^{n}\exp\left\{\mu\left(t_i-\bar{t}\right)+\frac{\sigma^2}{2}\left(t_i-\bar{t}\right)^2\right\}\\ &= \exp\left\{\mu\sum_{i=1}^{n}\left(t_i-\bar{t}\right)+\frac{\sigma^2}{2}\sum_{i=1}^{n}\left(t_i-\bar{t}\right)^2\right\}\\ &= \exp\left\{\frac{\sigma^2}{2}\sum_{i=1}^{n}\left(t_i-\bar{t}\right)^2\right\}\end{aligned}$$

이므로, 식 (나.24)는

$$M(t, t_1, t_2, \cdots, t_n) = M_W(t)\, M_{V_1, V_2, \cdots, V_n}(t_1, t_2, \cdots, t_n) \tag{나.27}$$

처럼 쓸 수 있다. 곧, 확률변수 W와 $(V_1, V_2, \cdots, V_n)$의 결합 적률생성함수가 W의 적률생성함수와 $(V_1, V_2, \cdots, V_n)$의 적률생성함수의 곱이므로, W와 $(V_1, V_2, \cdots, V_n)$은 서로 독립이다. 따라서 $\overline{X}$와 S^2은 서로 독립이다.

정리 나.8 (정리 6.1.1)
모집단의 분포가 평균 μ인 정규분포일 때, 표본 $X_1, X_2, \cdots, X_n$으로 얻은 t-통계량 $T = \dfrac{\sqrt{n}(\overline{X} - \mu)}{S}$는 $CT(n-1)$ 분포를 따른다.

증명 먼저 모집단의 분산을 σ^2이라고 두면, 표본 X_i는 분포가 $N(\mu, \sigma^2)$이므로, 표준화한 표본 $\dfrac{X_i - \mu}{\sigma}$의 분포는 $N(0,1)$이다. 여기에 정리 나.4를 적용하면 $\displaystyle\sum_{i=1}^{n}\left(\frac{X_i - \mu}{\sigma}\right)^2$의 분포는 $\chi^2(n)$이다. 다음으로, 표본평균 $\overline{X}$의 분포가 $N\left(\mu, \dfrac{\sigma^2}{n}\right)$이므로, $\overline{X}$를 표준화한

$$\frac{\overline{X} - \mu}{\sqrt{\dfrac{\sigma^2}{n}}} = \frac{\sqrt{n}(\overline{X} - \mu)}{\sigma} \tag{나.28}$$

의 분포는 $N(0,1)$이고, 정리 나.4를 적용하면

$$\left\{\frac{\sqrt{n}(\overline{X} - \mu)}{\sigma}\right\}^2 = \frac{n(\overline{X} - \mu)^2}{\sigma^2} \tag{나.29}$$

의 분포는 $\chi^2(1)$이다. 이제 표본분산이

$$\begin{aligned} S^2 &= \frac{1}{n-1}\sum_{i=1}^{n}(X_i - \overline{X})^2 \\ &= \frac{1}{n-1}\sum_{i=1}^{n}\{(X_i - \mu) - (\overline{X} - \mu)\}^2 \\ &= \frac{1}{n-1}\left[\left\{\sum_{i=1}^{n}(X_i - \mu)^2\right\} - n(\overline{X} - \mu)^2\right] \end{aligned} \tag{나.30}$$

이므로,

$$\sum_{i=1}^{n}\left(\frac{X_i-\mu}{\sigma}\right)^2 = \frac{n(\overline{X}-\mu)^2}{\sigma^2}+\frac{(n-1)S^2}{\sigma^2} \qquad (나.31)$$

을 얻는다. 식 (나.31)에서 적률생성함수를 생각하자. 먼저 $\sum_{i=1}^{n}\left(\frac{X_i-\mu}{\sigma}\right)^2$의 분포는 $\chi^2(n)$이므로

$$E\left[\exp\left\{t\sum_{i=1}^{n}\left(\frac{X_i-\mu}{\sigma}\right)^2\right\}\right] = (1-2t)^{-\frac{n}{2}} \qquad (나.32)$$

이다. 또한 $\frac{n(\overline{X}-\mu)^2}{\sigma^2}$의 분포는 $\chi^2(1)$이고, 정리 나.7에서 보았듯이 $\frac{n(\overline{X}-\mu)^2}{\sigma^2}$과 $\frac{(n-1)S^2}{\sigma^2}$이 서로 독립이므로

$$\begin{aligned} &E\left[\exp\left\{\frac{tn(\overline{X}-\mu)^2}{\sigma^2}+\frac{t(n-1)S^2}{\sigma^2}\right\}\right] \qquad (나.33)\\ &= E\left[\exp\left\{\frac{tn(\overline{X}-\mu)^2}{\sigma^2}\right\}\right]E\left[\exp\left\{\frac{t(n-1)S^2}{\sigma^2}\right\}\right]\\ &= (1-2t)^{-\frac{1}{2}}E\left[\exp\left\{\frac{t(n-1)S^2}{\sigma^2}\right\}\right] \end{aligned}$$

이다. 따라서 (나.31)–(나.33)에서 확률변수 $\frac{(n-1)S^2}{\sigma^2}$의 적률생성함수는

$$E\left[\exp\left\{\frac{t(n-1)S^2}{\sigma^2}\right\}\right] = (1-2t)^{-\frac{n-1}{2}} \qquad (나.34)$$

임을 알 수 있다. 곧, $\frac{(n-1)S^2}{\sigma^2}$의 분포는 $\chi^2(n-1)$이다. 이 결과와 $\frac{\sqrt{n}(\overline{X}-\mu)}{\sigma}$의 분포가 $N(0,1)$이라는 것을 새기면 t−통계량인

$$\frac{\sqrt{n-1}\times\frac{\sqrt{n}(\overline{X}-\mu)}{\sigma}}{\sqrt{\frac{(n-1)S^2}{\sigma^2}}} = \frac{\sqrt{n}(\overline{X}-\mu)}{S} \qquad (나.35)$$

의 분포는 $CT(n-1)$임을 정리 나.6에서 알 수 있다.

참고문헌

[1] 김달호, 김용구, 박병구, 손중권, 송재기, 이경은, 조교영, 조길호, 엑셀을 이용한 통계학, 자유아카데미, 서울, 2015.

[2] 김수택, 수리통계학, 자유아카데미, 서울, 2010.

[3] 송익호, 확률변수론, 생능, 파주, 2020.

[4] 송익호, 박철훈, 김광순, 박소령, 확률변수와 확률과정, 자유아카데미, 서울, 2014.

[5] 안승철, 이공계생을 위한 확률과 통계, 한빛아카데미, 서울, 2014.

[6] W. Feller, *An Introduction to Probability Theory and its Applications*, Third Ed., revised printing, John Wiley and Sons, New York, 1970.

[7] A. J. Hayter, *Probability and Statistics for Engineers and Scientists*, Fourth Ed., Brooks/Cole, Boston, 2012.

[8] N. L. Johnson and S. Kotz, *Distributions in Statistics: Continuous Univariate Distributions*, Vols. I, II, John Wiley and Sons, New York, 1970.

[9] N. L. Johnson and S. Kotz, *Distributions in Statistics: Continuous Multivariate Distributions*, John Wiley and Sons, New York, 1972.

[10] A. I. Khuri, *Advanced Calculus with Applications in Statistics*, Wiley, New York, 2003.

[11] J. K. Patel, C. H. Kapadia, and D. B. Owen, *Handbook of Statistical Distributions*, Marcel Dekker, New York, 1976.

[12] V. K. Rohatgi and A. K. Md. E. Saleh, *An Introduction to Probability and Statistics*, Second Ed., John Wiley and Sons, New York, 2001.

[13] I. Song, S. R. Park, and S. Yoon, *Probability and Random Variables: Theory and Applications*, Springer, Heidelberg, 2022.

[14] I. Song, S. R. Park, W. Zhang, and S. Lee, *Fundamentals of Order and Rank Statistics*, Springer, Heidelberg, 2024.

[15] J. M. Stoyanov, *Counterexamples in Probability*, Second Ed., Wiley, Chichester, 1997.

[16] A. A. Sveshnikov (Ed.), *Problems in Probability Theory, Mathematical Statistics and Theory of Random Functions*, Dover, New York, 1968.

[17] R. D. Yates and D. J. Goodman, *Probability and Stochastic Processes-A Friendly Introduction for Electrical and Computer Engineers*, Third Ed., Wiley, Singapore, 2015.

연습문제 답

1장

문제 1.1.1 $2^S = \{\varnothing, \{1\}, \{7\}, S\}$

문제 1.1.2 $B^c = [0,1]$

문제 1.1.3 $A \cap B = (7,\infty)$, $A \cap C = \phi$, $A \cup B = (5,\infty)$, $A - B = (5,7]$

문제 1.1.4 $2^5 = 32$개

문제 1.1.5 (가) 바르다. (나) 바르다. (다) 바르다. (라) 바르다. (마) 그르다.

문제 1.1.6 (가) $A = \{(2,1),(3,1),(3,2)\}$ (나) $B = \{(1,1),(2,4)\}$
(다) $C = \{(1,2),(1,3),(1,4),(1,5),(2,2),(2,3),(2,5),(3,3),(3,4),(3,5)\}$

문제 1.1.9 $A \cup B = (-\infty,4]$, $A \cap B = (0,1]$

문제 1.1.10 묶음 $\{\{1\},\{2,3\}\}$, 묶음 $\{\{2\},\{1,3\}\}$, 묶음 $\{\{3\},\{1,2\}\}$, 묶음 $\{\{1\},\{2\},\{3\}\}$

문제 1.1.11 53

문제 1.2.1 $\frac{6}{36} = \frac{1}{6}$

문제 1.2.2 $\frac{5}{6}$

문제 1.2.3 (가) $S = \{11, 121, 122, 22, 211, 212\}$ (나) 0.552

문제 1.2.4 묶음 $\{\{ㄱ\}, S, \phi\}$은 사건공간이 아니다. 묶음 $\{\{ㄱ\}, \{ㄴ, ㄷ\} S, \phi\}$은 사건공간이다.
집합 $\{ㄱ, ㄷ\}$은 사건이 아니므로 그 확률을 매길 수 없다.

문제 1.2.6 $\frac{1}{4}$

문제 1.3.1 $\frac{1}{3}$

문제 1.3.2 0.5962

문제 1.3.3 (가) 0.26 (나) $\frac{6}{13}$

문제 1.3.4 (가) 0.86 (나) $\frac{1}{172}$

문제 1.3.5 (가) 0.03184 (나) 0.9403 (다) 1.033×10^{-4}

문제 1.3.6 $\frac{6}{55} \approx 0.1091$

문제 1.3.7 (가) $P_0 = \frac{143}{280}$, $P_1 = \frac{122}{280}$, $P_2 = \frac{15}{280}$ (나) $\frac{8}{15}$

문제 1.3.8 $\frac{3}{1225}$

문제 1.3.9 (가) $P(A)=\frac{2}{3}$, $P(B_1)=\frac{1}{3}$, $P(B_2)=\frac{1}{2}$, $P(A|B_1)=\frac{1}{2}$, $P(A|B_2)=\frac{2}{3}$

(나) $\sum_{j=1}^{2} P(A\,|\,B_j)P(B_j)=\frac{1}{2}$ (다) $P(B_2|A)=\frac{1}{2}$

(라) $P(B_2\,|\,A)=\frac{2}{3}$. 이 결과는 (3)에서 얻은 것과 다르고, 바른 것이 아니다. 왜냐하면 $A=\{2,4,5,6\}$이 $B_1 \cup B_2=\{1,2,3,4,5\}$의 부분집합이 아니고, 따라서 $\sum_{j=1}^{2} P(A\,|\,B_j)P(B_j) \neq P(A)$이므로 $P(B_2|\,A)$를 얻을 때 (1.3.14)를 쓸 수 없기 때문이다.

문제 1.4.1 $\frac{12!}{12^{12}} \approx 5.372 \times 10^{-5}$

문제 1.4.2 (가) $\frac{1}{20}$ (나) $\frac{1}{10}$

문제 1.4.3 $\frac{50!}{30!15!5!}\frac{1}{2^{30}}\frac{3^{15}}{10^{15}}\frac{1}{5^5} \approx 3.125 \times 10^{-4}$

문제 1.4.4 $\frac{10!40!10!40!}{5!5!35!5!50!} \approx 0.01614$

문제 1.4.5 김 아무개

문제 1.4.6 사건 A와 B는 서로 독립이다. 사건 B와 C는 서로 독립이다.
사건 C와 A는 서로 독립이다. 세 사건 A, B, C는 서로 독립이 아니다.

문제 1.4.7 $\frac{194}{455} \approx 0.4264$

2장

문제 2.1.1 $p_X(x)=\begin{cases} \frac{1}{53}, & x=-1, \\ \frac{49}{53}, & x=0, \\ \frac{3}{53}, & x=1 \end{cases}$

문제 2.1.2

$$F_X(x)=\begin{cases} 0, & x<0, \\ \frac{1}{8}, & 0 \le x < 1, \\ \frac{1}{2}, & 1 \le x < 2, \\ \frac{7}{8}, & 2 \le x < 3, \\ 1, & x \ge 3 \end{cases}$$

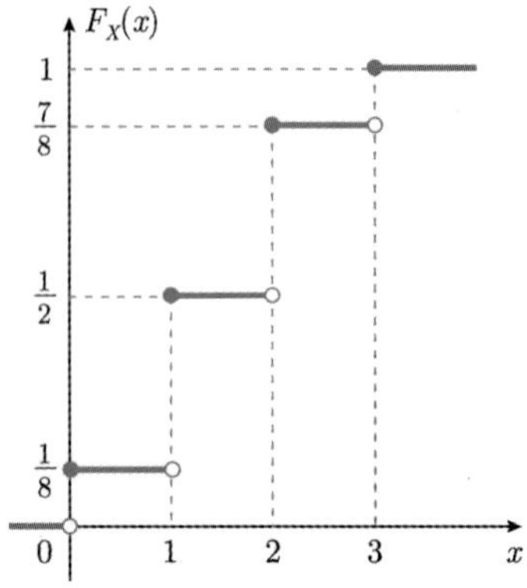

문제 2.1.3 $p_N(n)=\begin{cases}0.8\times 0.2^{n-1}, & n=1,2,3,4,\\ 0.2^4, & n=5,\\ 0, & \text{그 밖에는}\end{cases}$

문제 2.1.4 $a=\frac{1}{7}$, $F_X(x)=\begin{cases}0, & x<0,\\ \frac{3}{14}x^2, & 0\le x<1,\\ \frac{1}{7}x^2+\frac{1}{14}, & 1\le x<2,\\ \frac{1}{14}x^2+\frac{5}{14}, & 2\le x<3,\\ 1, & x\ge 3\end{cases}$

문제 2.1.5 (가) $P(A)=\frac{5}{8}$ (나) $P(B)=\frac{9}{20}$ (다) $f_X(x)=\begin{cases}\frac{3}{2}, & 0\le x<\frac{1}{3},\\ \frac{3}{4}, & \frac{1}{3}\le x<1,\\ 0, & \text{그 밖에는}\end{cases}$

문제 2.1.6 (가) $f_{X|A}(x)=\begin{cases}\frac{12}{5}, & 0\le x<\frac{1}{3},\\ \frac{6}{5}, & \frac{1}{3}\le x<\frac{1}{2},\\ 0, & \text{그 밖에는}\end{cases}$ (나) $f_{X|B}(x)=\begin{cases}\frac{10}{3}, & \frac{1}{5}\le x<\frac{1}{3},\\ \frac{5}{3}, & \frac{1}{3}\le x<\frac{2}{3},\\ 0, & \text{그 밖에는}\end{cases}$

문제 2.2.1 $p_Y(y)=\begin{cases}\frac{49}{53}, & y=0,\\ \frac{4}{53}, & y=1,\\ 0, & \text{그 밖에는}\end{cases}$

문제 2.2.2

(가)

y	−8	−3	0	1
$p_Y(y)$	0.25	0.25	0.20	0.30

(나)

z	−1	1
$p_Z(z)$	0.45	0.55

문제 2.2.3 $p_Y(y)=\begin{cases}F_X(0), & y=-1,\\ 1-F_X(0), & y=1,\\ 0, & \text{그 밖에는}\end{cases}$

문제 2.2.4 $f_Y(y)=\begin{cases}\frac{1}{4}(y+1), & -1\le y<1,\\ -\frac{1}{4}(y-3), & 1\le y<3,\\ 0, & \text{그 밖에는}\end{cases}$

문제 2.2.5 $f_Y(y)=\begin{cases}\frac{1}{5\sqrt{2y}}, & 0\le y\le\frac{25}{2},\\ 0, & \text{그 밖에는}\end{cases}$

문제 2.2.6 $f_Y(y)=\begin{cases}\sqrt{\frac{2}{y}}-2, & 0<y\le\frac{1}{2},\\ 0, & \text{그 밖에는}\end{cases}$

문제 2.3.1 $E[X]=\frac{2}{53}$, $Var[X]\approx 0.0740$

문제 2.3.2 $E[X]=\frac{1}{6}$, $Var[X]=\frac{11}{36}$

문제 2.3.3 $E[Y]=\frac{11000}{8}$ (원), 이익의 기댓값 $=-\frac{1000}{8}$ (원)

문제 2.3.4 $E[T]=1.4992$ (ms)

문제 2.3.5 $E[Y]=a_0+a_1E[X]+a_2E[X^2]+\cdots+a_nE[X^n]$

문제 2.3.6 (가) $E[X]=\frac{5}{12}$, $Var[X]=\frac{37}{432}$ (나) $E[X|A]=\frac{13}{60}$

문제 2.3.7 $E[A]=0$, $Var[A]=\frac{25}{3}$, $E[Y]=\frac{25}{6}$, $Var[Y]=\frac{125}{9}$

문제 2.3.8 $F_X(t^*)=\frac{k}{k+c}$를 만족시키는 t^*을 생각할 때, 약속 시간 t^*분 전에 출발하면 기대 비용을 가장 작게 할 수 있다.

문제 2.4.1 $M_X(t)=\frac{1}{53}(e^{-t}+49+3e^t)$, $E[X]=\frac{2}{53}$, $Var[X]=\frac{4}{53}-\left(\frac{2}{53}\right)^2\approx 0.0740$

문제 2.4.2 $M_X(t)=0.2+0.4e^t+0.4e^{2t}$, $E[X]=1.2$, $Var[X]=0.56$

문제 2.4.3 (가)

x	0	1	2
$p_X(x)$	0.7	0.2	0.1

(나) $E[X]=0.4$ (다) $E[(X-E[X])^3]=0.408$

문제 2.4.4 $Var[X]=1$

문제 2.4.5 $M_X(t)=\frac{1}{1-t^2}$, $-1<t<1$

문제 2.4.6 (가) $E[X]=np$ (나) $p_X(x)=\begin{cases} {}_nC_x(1-p)^{n-x}p^x, & x=0,1,\cdots,n, \\ 0, & \text{그 밖에는} \end{cases}$

3장

문제 3.1.1 (가) X의 확률질량함수 $p_X(x)=\begin{cases} {}_nC_x\left(\frac{1}{2}\right)^x\left(\frac{1}{2}\right)^{n-x}=\frac{{}_nC_x}{2^n}, & x=0,1,\cdots,n, \\ 0, & \text{그 밖에는.} \end{cases}$

(나) $P(X\geq 1)=1-P(X=0)=1-\frac{1}{2^{10}}$

문제 3.1.2 (가) $p_X(x)=\begin{cases} {}_kC_x\left(\frac{1}{10}\right)^x\left(\frac{9}{10}\right)^{k-x}, & x=0,1,\cdots,k, \\ 0, & \text{그 밖에는.} \end{cases}$

(나) $P(X\leq 3)=\sum_{x=0}^{3}{}_kC_x\left(\frac{1}{10}\right)^x\left(\frac{9}{10}\right)^{k-x}$

문제 3.1.3 $p_X(x)=\begin{cases} \binom{x-1}{3}\left(\frac{13}{15}\right)^{x-4}\left(\frac{2}{15}\right)^4, & x=4,5,6,\cdots, \\ 0, & \text{그 밖에는,} \end{cases}$ $E[X]=30$, $Var[X]=195$

문제 3.1.4 (가) $1-\sum_{k=0}^{4}\frac{1}{k!}\left(\frac{2}{3}\right)^k e^{-\frac{2}{3}}\approx 6.33\times 10^{-4}$ (나) $\sum_{k=0}^{5}\frac{8^k}{k!}e^{-8}\approx 0.1912$

문제 3.1.5 $p_X(x)=\begin{cases} \dfrac{10^x e^{-10}}{x!}, & x=0,1,2,\cdots, \\ 0, & \text{그 밖에는,} \end{cases}$ $P(X \le 1)=11e^{-10} \approx 4.994 \times 10^{-4}$

문제 3.1.6 (가) $e^{-0.6} \approx 0.5488$ (나) $\sum_{k=0}^{3} \dfrac{4.8^k}{k!} e^{-4.8} \approx 0.2942$

문제 3.2.1 $E[Y]=\dfrac{3}{2}$, $Var[Y]=\dfrac{3}{4}$

문제 3.2.2 (가) $1-e^{-0.1} \approx 0.0952$ (나) $f_Y(y)=\begin{cases} \dfrac{y}{5}\exp\left(-\dfrac{y^2}{10}\right), & y \ge 0, \\ 0, & y<0 \end{cases}$

문제 3.2.3 지수 비율이 $\alpha+\beta$인 지수 확률변수

문제 3.2.4 (가) 아침 6시 1분 (나) $\sqrt{240} \approx 15.4919$초 (다) $e^{-15} \approx 3.059 \times 10^{-7}$

문제 3.2.5 $M(t) = 1+\sqrt{2\pi}\,\sigma t \exp\left(\dfrac{\sigma^2 t^2}{2}\right)\Phi(\sigma t)$

문제 3.3.1 $\Phi(6.25)-\Phi(2.5)(\approx 0.0062)$

문제 3.3.2 $N(\mu_1+\mu_2, \sigma_1^2+\sigma_2^2)$

문제 3.3.3 (가) $f_Y(y)=\dfrac{1}{8\sqrt{2\pi}}\exp\left\{-\dfrac{(y-10)^2}{128}\right\}$ (나) $P(Y>16)=Q\left(\dfrac{3}{4}\right) \approx 0.2266$

문제 3.3.4 $P(0 \le X \le 6)=\Phi(2)+\Phi(1)-1(\approx 0.8185)$

문제 3.3.5 $E[X^n]=\begin{cases} 1\times 3\times 5\times\cdots\times(n-1), & n\text{이 짝수일 때} \\ 0, & n\text{이 홀수일 때} \end{cases}$

문제 3.4.1 $-\ln(0.9)$, $-\ln(0.5)$, $-\ln(0.8)$, $-\ln(0.1)$, $-\ln(0.4)$

문제 3.4.2 $Y=X^n$

문제 3.4.3 $Y=\dfrac{X^2}{2\lambda\alpha^2}$

문제 3.4.4 $X=\sqrt{-\ln(1-Y)}$

4장

문제 4.1.1 (가) $p_X(x)=\dfrac{2x+5}{16}$, $x=1,2$. $p_Y(y)=\dfrac{3+2y}{32}$, $y=1,2,3,4$

(나) $P(X>Y)=\dfrac{3}{32}$, $P(Y=2X)=\dfrac{9}{32}$, $P(X+Y=3)=\dfrac{3}{16}$, $P(X \le 3-Y)=\dfrac{1}{4}$

(다) 독립이 아니다.

문제 4.1.2 $f_{X,Y}(x,y)=f_X(x)f_Y(y)$이므로 독립이다.

문제 4.1.3 (가) $c=3$ (나) $M_X(t)=\dfrac{e^{2t}-1}{2t}$

문제 4.1.4 (가) $F_{X,Y}(x,y)=\begin{cases} \left(1-e^{-\frac{x}{2}}\right)(1-e^{-2y}), & x>0,\ y>0 \\ 0, & \text{그 밖에는} \end{cases}$

(나) $f_X(x)=\begin{cases} \dfrac{1}{2}e^{-\frac{x}{2}}, & x>0, \\ 0, & \text{그 밖에는,} \end{cases}$ $f_Y(y)=\begin{cases} 2e^{-2y}, & y>0, \\ 0, & \text{그 밖에는} \end{cases}$

문제 4.1.5 (가) $c=\frac{1}{8}$ (나) 0 (다) 상관이 있다.

문제 4.1.6 $a=\frac{1}{4}$, 독립이 아니다, 0

문제 4.2.1 $p_{X|Z}(3|2)=1,\quad p_{X|Z}(4|2)=0,\quad p_{X|Z}(5|2)=0,$

$p_{X|Z}(3|4)=0,\quad p_{X|Z}(4|4)=\frac{3}{5},\quad p_{X|Z}(5|4)=\frac{2}{5}$

$p_{Z|X}(2|3)=1,\quad p_{Z|X}(2|4)=0,\quad p_{Z|X}(2|5)=0,$
$p_{Z|X}(4|3)=0,\quad p_{Z|X}(4|4)=1,\quad p_{Z|X}(4|5)=1$

$p_{X,Z}(3,2)=\frac{1}{6},\quad p_{X,Z}(4,2)=0,\quad p_{X,Z}(5,2)=0,$

$p_{X,Z}(3,4)=0,\quad p_{X,Z}(4,4)=\frac{3}{6},\quad p_{X,Z}(5,4)=\frac{2}{6}$

문제 4.2.2 (가) $f_{Y|X}(y|x)=\begin{cases}\frac{x+2y}{x+1}, & 0\le x\le 1,\ 0\le y\le 1,\\ 0, & \text{그 밖에는}\end{cases}$

(나) $E[Y|X=x]=\begin{cases}\frac{3x+4}{6(x+1)}, & 0\le x\le 1,\\ 0, & \text{그 밖에는}\end{cases}$

문제 4.2.3 (가) $f_X(x)=\begin{cases}2e^{-2x}, & x>0,\\ 0, & \text{그 밖에는,}\end{cases}$ $E[X]=\frac{1}{2}$

(나) $f_{X|Y}(x|y)=\begin{cases}2e^{-2x}, & x>0,\ y>0,\\ 0, & \text{그 밖에는,}\end{cases}$ $E[X|Y=y]=\begin{cases}\frac{1}{2}, & y>0,\\ 0, & \text{그 밖에는}\end{cases}$

문제 4.2.4 $f_{Y|X}(y|x)=\begin{cases}\frac{2y}{x^2}, & 0\le y\le x\le 2,\\ 0, & \text{그 밖에는}\end{cases}$

문제 4.2.5 $f_{X|Y}(x\,|\,y)=\begin{cases}-\frac{1}{x\ln y}, & 0<y\le x\le 1,\\ 0, & \text{그 밖에는}\end{cases}$

문제 4.3.1 $f_W(w)=\begin{cases}2e^{-2w}+3e^{-3w}-5e^{-5w}, & w\ge 0,\\ 0, & \text{그 밖에는}\end{cases}$

문제 4.3.2 $f_Z(z)=\begin{cases}\frac{1}{(z+1)^2}, & z>0\\ 0, & \text{그 밖에는}\end{cases}$

문제 4.3.3 $\frac{\mu}{\lambda+\mu}$, $\frac{1}{2}$

문제 4.3.4 매개변수가 $\alpha_1+\alpha_2$인 포아송 분포

문제 4.3.5 $f_U(u)=\begin{cases}\frac{\lambda\mu}{\lambda+\mu}e^{-\lambda u}, & u\ge 0,\\ \frac{\lambda\mu}{\lambda+\mu}e^{\mu u}, & u<0\end{cases}$

문제 4.4.1 (가) $f_{X,Y}(x,\ y)=\frac{1}{\sqrt{8}\pi}\exp\left\{-\frac{x^2}{4}-\frac{(y-1)^2}{2}\right\}$

(나) 평균이 1이고 분산이 3인 정규분포

문제 4.4.2 $1-\Phi\left(\frac{3}{7}\right) \approx 0.3341$

문제 4.4.3 $\sigma_X^2 = \frac{1}{4},\ \sigma_Y^2 = 1,\ C_{XY} = 0$

문제 4.4.4 $N\left(9,9,21,12,\frac{5}{2\sqrt{7}}\right)$

문제 4.4.5 $\{a=-2,\ b=5\}$ 또는 $\{a=2,\ b=-5\}$

문제 4.5.1 $\frac{1}{\sqrt{2\pi \times 20 \times \frac{1}{3} \times \frac{2}{3}}} \exp\left\{-\frac{\left(7-20\times\frac{1}{3}\right)^2}{2\times 20\times\frac{1}{3}\times\frac{2}{3}}\right\} \approx 0.1869$

또는 $\Phi\left(\frac{\sqrt{10}}{4}\right) + \Phi\left(\frac{\sqrt{10}}{4}\right) - 1 \approx 0.1869$

문제 4.5.2 $1-\Phi\left(\frac{2}{\sqrt{3}}\right) \approx 0.1241$

문제 4.5.3 (가) $Q(2) \approx 0.02275$ (나) $1-2Q(1) \approx 0.6827$

문제 4.5.4 $1-\Phi\left(\frac{700-720}{\sqrt{2880}}\right) \approx 0.6443$

문제 4.5.5 $2\Phi(0.1\sqrt{n})-1$

5장

문제 5.1.1 $\overline{X} = 12,\ S = \sqrt{\frac{40}{3}} \approx 3.6515$

문제 5.1.2 $\hat{p} = 0.6,\ N(0.7, 0.0042)$

문제 5.1.3 $Var[\overline{X}] = \frac{5}{3}$

문제 5.1.4 $Var[\overline{X}] = \lim_{n\to\infty}\frac{\sigma^2}{n} = 0,\ Var[\overline{X}] = \frac{\sigma^2}{n}\bigg|_{n=1} = \sigma^2$

문제 5.1.5 (가) 0.2541 (나) 0.4837

문제 5.1.6 $N\left(\mu_X - \mu_Y, \frac{\sigma_X^2}{n} + \frac{\sigma_Y^2}{m}\right)$

문제 5.2.1 (가) $\hat{\mu}_1$ (나) $\hat{\mu}_3$ (다) $\hat{\mu}_1$

문제 5.2.3 $a_1 = \frac{1}{2},\ a_2 = \frac{1}{2}$

문제 5.2.4 $\hat{\alpha} = \overline{X} = \frac{1}{n}\sum_{i=1}^{n} X_i$

문제 5.2.5 $\hat{\tau}_{ML} = -\frac{T}{\ln\left(1-\frac{k}{n}\right)}$

문제 5.3.1 $(221.7,\ 224.3)$

문제 5.3.2 (가) (10.76, 13.24) (나) 표본 크기 n을 4배로 늘려야 한다.

문제 5.3.3 7개

문제 5.3.4 (0.7216, 0.8784)

문제 5.3.5 믿을 만하다고 하기 어렵다.

문제 5.3.6 (가) $\left(10^{-3}-\dfrac{0.08142}{\sqrt{n}},\ 10^{-3}+\dfrac{0.08142}{\sqrt{n}}\right)$ (나) 662,922번

문제 5.4.1 유의수준 1%에서 표적이 없다고 하기 어렵다.

문제 5.4.2 정보 1, 오류 확률 7.832×10^{-5}

문제 5.4.3 귀무가설 H_0을 버린다.

문제 5.4.4 (가) $|\overline{X}|\geq\dfrac{5.152}{\sqrt{n}}$이면 귀무가설을 버리고, 그렇지 않으면 귀무가설을 받아들인다.

(나) $|\overline{X}|=0.75<\dfrac{5.152}{\sqrt{16}}=1.288$이므로 H_0을 받아들인다.

문제 5.4.5 (가) $\overline{X}\geq\dfrac{7.840}{\sqrt{n}}$이면 귀무가설을 버리고 적기가 있다고 판단한다.

(나) 적기가 있다고 판정한다.

문제 5.4.6 $P(\overline{X}\geq 10\,|\,H_0)=Q\left(\dfrac{3}{4}\sqrt{n}\right)$

6장

문제 6.1.1 (9.388, 14.61)

문제 6.1.2 미세먼지 상태가 보통이 아니라고 할 충분한 근거가 없다.

문제 6.1.3 (가) 기각역의 문턱값 $t_{0.1,40}\approx1.684$보다 검정 통계량 값 $T_0\approx1.820$이 크기 때문에 귀무가설을 버린다.

(나) p-값$=P(T>1.820)<0.04$가 유의수준 $\alpha=0.1$보다 작기 때문에 귀무가설을 버린다.

(다) 아래 끝이 있는 한쪽 신뢰구간 (60.77, ∞) 안에 제한속력 60이 들어가지 않으므로 귀무가설을 버린다.

문제 6.1.4 (가) $p-$값 $=2P(X>|t_0|)=0.064$가 유의수준 $\alpha=0.05$보다 크므로 귀무가설 H_0을 받아들인다.

(나) $p-$값 $=P(X<t_0)=0.032$가 유의수준 $\alpha=0.05$보다 작으므로 귀무가설 H_0을 버린다.

(다) $p-$값 $=P(X>t_0)=0.968$이 유의수준 $\alpha=0.05$보다 크므로 귀무가설 H_0을 받아들인다.

문제 6.1.5 (31.16, 38.84)

문제 6.2.1 새로 개발한 소프트웨어의 연산 처리 속도가 더 빠르다고 주장할 수 있다.

문제 6.2.2 (0.020, 1.980)

문제 6.2.3 두 회로의 평균 전류 차는 없다고 할 수 있다.

문제 6.2.4 성장제를 날마다 한 알씩 먹는 것과 두 알씩 먹는 것은 키 성장에 차이가 없다고 판단할 수 있다.

문제 6.2.5 (가) 두 표본 $z-$절차의 결과, 두 모집단 모평균에 차이가 있다.
(나) 합동분산 절차의 결과, 두 모집단의 모평균에 차이가 없다.
(다) 일반 절차의 결과, 두 모집단의 모평균에 차이가 있다.
(라) 두 표본 $z-$절차의 결과, 두 모집단의 모평균에 차이가 없다.

문제 6.3.1 $E[Y] = a_0 + a_1 E[X]$

문제 6.3.2 (가) $E[\,Y|X=3\,]=-5,\ Var[\,Y|X=x\,]=4$ (나) $P\left(Z>\dfrac{2}{\sqrt{8}}\right)\approx 0.2398$

문제 6.3.3 $\Phi(0.9) \approx 0.8159$

문제 6.3.4 $y=-0.9158x+0.8738$

문제 6.3.5 $\hat{\rho} \approx 0.8959$

찾아보기

ㅇ

ㅊ

ㅋ

그 밖

책 쓴 사람

박소령

학력: 연세대학교 (전자공학) 공학사 1997.
한국과학기술원 (전기및전자공학) 공학석사 1999, 공학박사 2002.
경력: 한국과학기술원 박사후 연구원 2002.
가톨릭대학교 전임강사 2003, 조교수 2005, 부교수 2009, 교수 2014.
활동: 미국 전기전자공학회 준석학회원. 한국통신학회 회원.
지은 책: 확률과정의 원리 (교보) 2009. 확률변수와 확률과정 (자유아카데미) 2014.
Probability and Random Variables: Theory and Applications (Springer) 2022.
Fundamentals of Order and Rank Statistics (Springer) 2024.
논문: 통신과 신호 처리에 대한 논문 80편 남짓.

김윤희

학력: 한국과학기술원 (전기및전자공학) 공학사 1995, 공학석사 1997, 공학박사 2000.
경력: 한국전자통신연구원 선임연구원 2000.
경희대학교 조교수 2004, 부교수 2008, 교수 2013.
활동: 미국 전기전자공학회 준석학회원. 한국통신학회 회원 및 상임이사.
IEEE Wireless Communications Letters 편집위원.
Journal of Communications and Networks 편집위원.
논문: 통신과 신호 처리에 대한 국제논문지 논문 70편 남짓, 국제학술대회 논문 60편 남짓.
특허: 통신과 신호 처리에 대한 특허 40건 남짓.

김석찬

학력: 부산대학교 (전자공학) 공학사 1993.
한국과학기술원 (전기및전자공학) 공학석사 1995, 공학박사 2000.
경력: 부산대학교 조교수 2002, 부교수 2006, 교수 2011.
활동: 미국 전기전자공학회 준석학회원. 한국통신학회 상임이사, 부회장. 대한전자공학회 회원.
지은 책: Core-A 기반의 하드웨어 플랫폼 설계 (홍릉과학) 2014.
AI 기반 에너지 모니터링을 위한 IoT 시스템 (홍릉과학) 2020.
논문: 통신과 인공지능에 대한 논문지 논문 70편 남짓, 학술대회 논문 200편 남짓.
특허: 통신과 인공지능에 대한 국내외 특허 30건 남짓.
과제: 통신과 인공지능 관련 연구개발 과제 70건 남짓.

송익호

학력: 서울대학교 (전자공학) 공학사 1982, 공학석사 1984.
펜실베니아 대학교 (전기공학) 공학석사 1985, 공학박사 1987.
경력: 한국과학기술원 조교수 1988, 부교수 1991, 교수 1998, 명예교수 2025. 중국전자과기대학 교수 2025.
활동: 한국과학기술한림원 회원. 대한전자공학회, 한국음향학회, 한국정보전자통신기술학회 회원.
한국통신학회 석학회원. 미국 전기전자공학회 석학회원. 영국 공학기술학회 석학회원.
일본 전자정보통신학회 준석학회원.
지은 책: *Advanced Theory of Signal Detection* (Springer) 2002.
확률변수와 확률과정 (자유아카데미) 2014. 확률변수론 (생능) 2020.
Probability and Random Variables: Theory and Applications (Springer) 2022.
Fundamentals of Order and Rank Statistics (Springer) 2024.
논문: 통신과 신호 처리에 대한 논문 155편 남짓.

확률변수와 통계의 기초 제2판

지 은 이　박소령 · 김윤희 · 김석찬 · 송익호
펴 낸 이　김지영
펴 낸 곳　자유아카데미
주　　소　경기도 파주시 회동길 37-42
　　　　　파주출판도시
전　　화　031-955-1321
전　　송　031-955-1322
누 리 집　www.freeaca.com
전자우편　main@freeaca.com (대표)
　　　　　editor@freeaca.com (편집)
　　　　　crm@freeaca.com (영업)
등　　록　제406-2003-017호, 1980. 7. 12.
제2판1쇄　2025년 7월 10일 발행

지은이와
협의하여
인지생략

무단 복제를 금하며, 잘못된 책은 바꾸어 드립니다.
ISBN 979-11-5808-710-4　93310